物联网工程与技术系列教材

物联网导论

曾宪武　包淑萍　编著

電子工業出版社
Publishing House of Electronics Industry
北京 • BEIJING

内 容 简 介

本书从“全面感知、可靠传送、智能处理”的物联网特征出发，以物联网的三个层次为主线，较全面地介绍了物联网所涵盖的知识和技术。本书由13章构成，按物联网的层次分为3篇。

第1篇为感知控制层，主要内容包括物联网的基本概念和基本结构以及知识体系、RFID与EPC编码、传感器技术和无线传感器网络方面的基本知识与技术。第2篇为传输网络层，主要内容包括短距离通信技术、通信与网络技术、移动通信技术。第3篇为综合应用层，主要内容包括中间件技术、云计算与大数据、物联网定位技术、物联网安全和一些综合应用案例。在附录1中提供了5个基本实验，便于实践性学习。另外，在每章前给出了本章的学习目标、知识点、教学安排和教学建议，以便于教学参考；在每章后给出了一些适当的习题，以便于练习与巩固知识。本书配套PPT、习题解答。

本书可作为普通高校物联网工程专业本科生教材和相近专业的研究生教材，也可以作为相关专业技术人员学习物联网技术的参考资料。

图书在版编目 (CIP) 数据

物联网导论 / 曾宪武，包淑萍编著. —北京：电子工业出版社, 2016.4

ISBN 978-7-121-28446-5

I. ①物… II. ①曾… ②包… III. ①互联网络－应用－高等学校－教材 ②智能技术－应用－高等学校－教材 IV. ①TP393.4 ②TP18

中国版本图书馆CIP数据核字（2016）第059523号

策划编辑：任欢欢
责任编辑：任欢欢
印　　刷：北京七彩京通数码快印有限公司
装　　订：北京七彩京通数码快印有限公司
出版发行：电子工业出版社
　　　　　北京市海淀区万寿路173信箱　　邮编：100036
开　　本：787×1 092　1/16　印张：19　字数：486.4千字
版　　次：2016年4月第1版
印　　次：2024年7月第13次印刷
定　　价：42.00元

凡所购买电子工业出版社图书有缺损问题，请向购买书店调换。若书店售缺，请与本社发行部联系，联系及邮购电话：(010)88254888，(010)88258888。

质量投诉请发邮件至 zlts@phei.com.cn，盗版侵权举报请发邮件至 dbqq@phei.com.cn。

本书咨询联系方式：dcc@phei.com.cn，192910558(QQ群)。

前　言

物联网是近些年新兴的信息科学技术，是计算机、通信、自动控制等学科的高度交叉融合。从2010年第一届中国物联网大会至今已经历了6个年头，在这短短的6年之间，物联网从当时的概念已落实为具体的行动，全国的物联网产业、工程示范、应用服务、科研以及物联网专业教育和教学已逐渐发展壮大，初见成果。

物联网是信息技术发展到一定高度的结果，是以计算机技术为代表的，包括通信技术、电子技术、自动控制技术、智能科学等在内的多种技术与科学的融合与扩展。20世纪90年代发展起来的互联网是计算机技术与通信技术的一次融合创新，而近些年来发展起来的物联网又是继互联网后的又一次融合拓展与创新。

物联网的构建是一个复杂的系统工程，涉及多个层次与多个领域。从物联网的总体结构上来分，目前大多数学者认为它可分为感知控制、传输网络与综合服务三个层次。感知控制层主要负责信息的全面感知和相关反馈控制；传输网络层负责信息的安全、可靠传送；综合服务层负责信息的处理、存储、共享与服务应用。物联网特征体现为"全面感知、可靠传送、智能处理"。

本书是依据物联网的发展背景、物联网的层次结构和特征为主线进行编写的，由3篇共13章构成。

第1篇为"感知控制层"，由4章构成，分别是"概述"、"RFID与EPC编码"、"传感器技术"、"无线传感器网络"。"概述"主要讲述了物联网的起源、发展现状、涉及的应用领域与包含的科学与知识架构。"RFID与EPC编码"主要讲述了RFID的基本原理与构成、参数与应用场合，EPC编码的标准结构与各字段的含义与应用。"传感器技术"讲述了传感器的基本概念、所应用的物理定律、基本结构、分类，常用传感器的基本原理和应用范畴。"无线传感器网络"讲述了其基本构成与特点，关键技术与应用，介绍了IEEE 802.15.4标准及ZigBee协议规范、路由协议与拓扑控制、节点定位、时间同步的原理与算法等。

第2篇为"传输网络层"，由4章组成，它们是"短距离通信技术与信息融合"、"物联网通信系统与传输网"、"互联网与IP通信"以及"移动通信技术"。"短距离通信技术与信息融合"主要讲述了常用的串行通信总线与工业总线、蓝牙、红外及超宽带通信技术的基本概念和通信原理，以及信息融合、传感器管理和无线传感器网络的数据融合等相关原理。"物联网通信系统与传输网"主要讲述了物联网通信系统结构、通信网的基本概念与构成要素、SDH数字传输系统、数据通信网、数据交换的基本原理与特点。"互联网与IP通信"主要介绍了互联网与因特网的结构、TCP/IP协议、IEEE 802.11无线局域网等方面的基本原理与结构。"移动通信技术"简要讲述了移动通信的概念，移动通信的组网技术，第三代移动通信中的WCDMA、CDMA2000、TD-SCDAM及WiMAX移动通信技术的频谱分配、结构与组成。

第3篇为"综合应用层"，由5章构成，分别是"中间件技术"、"云计算与大数据"、"物联网定位技术"、"物联网安全"和"物联网综合应用案例"。"中间件技术"简要讲述了中间件的体系框架、中间件分类，以及无线传感器中间件的功能与体系结构参考模型、云计算中间件的基本概念等。“云计算与大数据”主要讲述了云计算的基本概念、模型、云机制以及云计算基本架构，简要讲述了大数据的概念和典型大数据处理系统、大数据处理基本流程和Hadoop分布式大数据系统。“物联网定位技术”简要讲述了GPS、移动蜂窝定位技术、WLAN室内定位技术、WSN定位技术的基本原理，及主要参数和应用场合。“物联网安全”讲述了物联网安全要素、物联网安全架构、感知控制层安全、无线传感器网络的安全、传输网络层的安全和综合应用层安全的关键技术等。“物联网综合应用案例”简要介绍了智慧城市、智慧校园、智能物流和智能家居四种典型的应用范例。

另外，本书在附录1相关实验中给出了5个一般性实验，它们分别是RFID实验、温湿度传感器实验、无线传感器网络的温湿度实验、网络交换机与路由器的VLAN分析与设计实验、虚拟机安装与克隆实验。通过这些基本实验，读者可以理解和领会物联网的总体结构和应用。

本书在每章的开头给出了本章的学习目标、知识点、教学安排和教学建议，以便于教学参考；在每章后给出了一些适当的习题，以便于练习与巩固知识。

本书按照导论性、通俗性、全面性、实践性和便于教学的原则来编著，概要性地讲述了物联网所涵盖的相关学科知识与技术，使读者能够了解物联网的基本概念、基本知识与相关技术，便于初学者掌握物联网的全貌。本书突出物联网的特色与关键技术、应用领域，突出了课堂教学与实验教学的相结合，另外还将云计算、大数据、物联网安全等方面的物联网新技术纳入了本书。

本书可作为普通高校物联网工程专业本科生教材和相近专业的研究生教材，也可以作为相关专业技术人员学习物联网技术的参考资料。参考教学学时为80学时，其中课堂教学75学时，实验教学5学时，也可根据具体教学大纲要求给予缩减。

本书由曾宪武组织统稿，第1、2篇由曾宪武编著，第3篇由包淑萍编著。在编著过程中得到了任春年、高剑、于旭老师及青岛科技大学物联网工程教研室其他老师的大力协助与支持，同时也得到了电子工业出版社任欢欢等编辑的指导与协助，在此表示衷心的感谢。

由于物联网技术发展迅速，以及编著者的水平有限，书中难免有不当之处，敬请读者批评指正。

编著者

2015年12月

目　录

第 1 篇　感知控制层

第3篇　综合应用层

第1篇

感知控制层

在物联网的层次框架中，感知控制层包含三个子层次，即数据采集子层、短距离通信传输子层和协同信息处理子层。

1. 数据采集子层

数据采集子层通过各种类型的感知设备获取现实世界中的物理信息，这些物理信息可以描述当前“物”属性和运动状态。感知装置主要有各种传感器、RFID、多媒体信息采集装置、条码（一维、二维条码和多维条码）识别装置等。

2. 短距离通信传输子层

短距离通信传输子层将局部范围内采集的信息汇聚到信息传送网络层的信息传送系统，主要包括短距离有线数据传输系统、无线传输系统、无线传感网络等；

3. 协同信息处理子层

协同信息处理子层是将局部采集到的信息通过汇聚装置及协同处理系统进行数据汇聚处理，以降低信息的冗余度、提高信息的综合应用度、降低与传送网络层的通信负荷为目的的。协同信息处理子层主要包括了信息汇聚系统、信息协同处理系统、中间件系统及传送网关系统等。

本篇将按照物联网的层次框架介绍数据采集子层、短距离通信传输子层和协同信息处理子层中的中间件技术。

第1章 概 述

本章学习目标

本章主要了解物联网的起源、物联网关键技术及其应用进展；掌握物联网的概念与定义、物联网的特征、信息处理流程与物联网框架结构、物联网的基本结构、物联网的层次框架。

本章知识点

- 物联网的概念与定义
- 物联网的特征
- 信息处理流程与物联网框架结构
- 物联网的基本结构、物联网的层次框架

教学安排

建议本章教学学时为4学时

1.1　物联网的概念与定义（1学时）

1.2　信息处理流程与物联网框架结构（2学时）

1.3　物联网关键技术及其应用进展（1学时）

1.4　物联网涉及的主要学科及其知识体系（自学）

教学建议

1．建议以情景教学方法，引入与建立物联网概念，信息处理流程与物联网的框架结构。

2．通过了解认识物联网实验室进一步巩固物联网的概念与框架。

1.1 物联网的概念与定义

1.1.1　物联网的起源

物联网的思想最早可追溯至1991年美国麻省理工学院（Massachusetts Institute of Technology，MIT）的Kevin Ashton教授，他首次提出物联网的概念。1995年，比尔·盖茨在《未来之路》一书中也曾提及物联网，但受到当时无线网络、传感设备等限制，该思想并未受到人们的广泛重视。

1999 年，美国麻省理工学院建立了“自动识别中心（Auto-ID）”，提出“万物皆可通过网络互连”，阐明了物联网的基本含义。早期的物联网是建立在射频识别（Radio Frequency Identification，RFID）技术、物品编码和互联网基础上的物流网络。

尽管物联网的思想起始于 20 世纪 90 年代，但在近些年才真正引起了人们的广泛关注。2005 年 11 月 17 日，在信息社会峰会（World Summit on the Information Society，WSIS）上，国际电信联盟（International Telecommunication Union-Telecommunication Sector，ITU-T）发布了有关物联网的报告《ITU 互联网报告 2005：物联网》。报告中提出：通过一些关键技术，利用互联网可以将世界上的物体都连接在一起，使世界万物都可以上网。这些关键技术包括通信技术、RFID、传感器、机器人技术、嵌入式技术和纳米技术等。在未来 10 年左右时间里，物联网将得到大规模应用，革命性地改变世界的面貌。

2004 年，日本总务省（The Japanese Ministry of internal affairs，MIC）提出“U-Japan”计划，该战略寻求实现人与人、物与物、人与物之间的互连，将日本建设成一个随时、随地、任何物体、任何人均可互连的泛在网络社会。2009 年 7 月，日本 IT 战略本部发布了日本新一代信息化“I-Japan”战略，提出到 2015 年通过数字技术实现“新的行政改革”，使行政流程效率化、标准化和透明化，同时推动电子病历、远程医疗、远程教育等应用的发展。

韩国于 2006 年确立了“U-Korea”计划，计划旨在建立无所不在的社会（ubiquitous society），在民众的生活环境里建设智能型网络和各种新型应用，让民众可以随时随地享受科技智慧服务。2009 年，韩国通信委员会出台了《物联网基础设施构建基本规划》，将物联网确定为新增长动力，提出到 2012 年实现“通过构建世界最先进的物联网基础实施，打造未来广播通信融合领域超一流信息通信技术强国”的目标。

2009 年，欧盟执委会发布了欧洲物联网行动计划，描绘了物联网技术的应用前景，提出欧盟政府要加强对物联网的管理，促进物联网的发展。行动方案的主要内容为：（1）加强物联网管理；（2）完善隐私和个人数据保护；（3）提高物联网的可信度、接受度和安全性；（4）评估现有物联网的有关标准并推动新标准的制定；（5）推进物联网方面的研发；（6）通过欧盟竞争力和创新框架计划推动物联网应用；（7）加强对物联网发展的监测、统计和管理等。

美国政府高度重视物联网的发展。2008 年，IBM 提出“智慧地球”理念后，迅速得到了奥巴马政府的响应，2009 年，“美国恢复和再投资法案”提出要在电网、教育、医疗卫生等领域加大政府投资力度带动物联网技术的研发应用，发展物联网已经成为美国推动经济复苏和重塑其国家竞争力的重点。

美国国家情报委员会（NIC）发表的《2025 年对美国利益潜在影响的关键技术报告》中，把物联网列为六种关键技术之一。与此同时，在美国以思科、德州仪器、英特尔、高通、IBM、微软等企业为代表的产业界也在强化核心技术，抢占标准建设制高点，纷纷加大投入用于物联网软硬件技术的研发及产业化。

在 2013 年的国际消费类电子产品展览会（International Consumer Electronics Show，CES）展上，美国电信企业将物联网推向了高潮。美国高通公司已于 2013 年 1 月推出物联网（IoE）开发平台，全面支持开发者在美国运营商 AT&T 的无线网络上进行相关应用的开发，双方商定该物联网开发平台在 2013 年年中提供给开发者。

与此同时，思科与 AT&T 合作建立了无线家庭安全控制面板。思科还于 2012 年发布了 ISR819 物联网路由器，大力地推广物联网技术。

目前，美国已在多个领域应用物联网，如得克萨斯州的电网公司建立了智慧的数字电网。这种数字电网可以在发生故障时自动感知和汇报故障位置，并且自动“路由”，10 秒钟之内就恢复供电。该电网还可以接入风能、太阳能等新能源，大大有利于新能源产业的成长。相配套的智能电表可以让用户通过手机控制家电，给居民提供便捷的服务。

我国也高度重视物联网的应用与研究。2009 年 8 月 7 日，时任国务院总理的温家宝在无锡视察时发表了重要的讲话，提出了“感知中国”的战略构想，表示中国要抓紧机遇，大力发展物联网技术。2009 年 11 月 3 日，温总理向首都科技界发表了《让科技引领中国可持续发展》的讲话，再次强调科学选择新兴战略性产业的重要性，并要求重点突破传感网、物联网关键技术。

从 2009 年起，我国政府积极推动物联网快速发展，各有关部委相继出台和颁布了一些政策推动物联网的发展。2009 年 9 月，国务院出台了支持无锡建设国家传感网创新示范区，启动了物联网示范工程；2010 年 3 月，国务院在“两会”的政府工作报告中首次提出了物联网的概念；2010 年 10 月，国务院在发布的《关于加快培育和发展战略新兴产业的决定》中将包含物联网在内的新一代信息技术列为战略性新兴产业；2011 年 4 月，财政部和工信部共同制订了《物联网发展专项资金管理暂行办法》，对物联网的发展从资金上给予大力支持，与此同时，工信部将本年度标准化的重点放在了物联网标准的制订上；2012 年 2 月，国务院先后颁布了《“十二五”物联网发展规划》和《关于物联网有序健康发展的指导意见》两项政策，积极引导物联网的健康发展；2013 年 3 月，工信部、发改委等多部委印发《物联网发展专项行动计划（2013-2015）》拟定关于物联网发展的 10 个专项计划；2014 年 1 月，国务院在召开的全国物联网工作的电视电话会议中明确指出，需突破一批核心关键技术，多领域开展物联网应用示范和规模化应用；2015 年 3 月，国务院在《2015 政府工作报告》提出“互联网+”战略，更加明确了物联网的发展方向。

1.1.2 物联网的概念与定义

1．物联网的概念

物联网是一种新兴的信息技术，按照它的中文与英文（The Internet of Things）字面来解释，即为“物”的互联网。这意味着“物联网”或“The Internet of Things”具有以下三层含义：

（1）“物联网”依然是一个网，是一个在现有互联网基础上的网，应具有互联网的共性，这些共性应包括信息传输、信息交换、信息存储与信息的应用。

（2）物联网中的“物”应具有互联网中的终端或端点的特性，即“物”可以被寻址，“物”可以“产生”信息、交换信息。

（3）物联网中的“物”“所产生”的信息可以加以应用，或者说，人们可以应用“物”的信息。

（4）物联网应为人服务，能满足人的某些方面的需求，如果不能为人服务，它是没有意义的。

2．学术机构对物联网的定义

（1）面向互联网的定义

“全球化的基础设施，连接物理与虚拟的对象，以应用其捕获的数据和通信功能。这个基础设施包括了现存的和演进的互联网和网络，它将提供特殊的对象识别、感知和连接能力，以作为开发独立的、协作的服务和应用的基础。这些将是以高度自治的数据捕获、事件传输、网络互联和交互为特征的。”

该定义是由全球RFID运作及标准化协调支持行动（Coordination and Support Action for Global RFID-related Activities and Standardization，CASAGRAS）提出的。该定义第一强调了物联网是一个全球的设施，不是局部的；第二，强调了全球作为基础物联网，包括了当前的互联网和将来的互联网；第三，强调了感知、互连和交互；第四，强调了自动数据捕获、数据传输和信息交换。

（2）面向物的定义

“在智能空间，被辨识的、拟人化操作的物，通过界面连接，与社区、环境和用户进行交互。”

该定义首先明确了物联网中“物”的具体含义，即物是可以被辨识、被操作、被互连的，物通过互连与人交互，为人提供服务；其次，强调了智能空间，即物处于智能空间中，或者说，可被辨识的、可互连的、可被操作的物构成了物联网的智能空间；再次，定义了应用，即物的互连的环境是为人服务的，该服务是人通过界面得到的。社区、环境和人都是以人为主构成的。

（3）面向语义的定义

“利用适当的建模解决方案，对物体进行描述，对物联网产生的数据进行推理，适应物联网需求的语义执行环境和架构、可扩展性存储和通信基础设施。”

面向语义的定义来源于IPSO（IP for Smart Objects）联盟。根据IPSO的观点，IP协议栈是一种高级协议，它连接大量的通信设施，在微小、电池供电的嵌入式设备上运行。这保证IP具有使物联网成为现实的所有品质。将互联网设备移向物联网，这是最明智的做法。物联网让任何物体可寻址，并可以从任何地点访问。面向语义的物联网理念产生于该事实：物联网的物体数量将会极其众多，因此有关如何表征、存储、相互连接、搜索和组织物联网产生的信息将变得很有挑战性。在这种情况下，语义技术将发挥重要作用。与物联网相关的更远的构想被称为“物网”（Web of Things），根据其定义网络标准被重新用于连接和整合到包含嵌入式设备或计算机的网络日常生活中。

3．我国及国际组织对物联网的定义

（1）我国的定义

2010年温家宝总理在十一届人大三次会议上所做政府工作报告中对物联网做了这样的定义：物联网是指通过信息传感设备，按照约定的协议，把任何物品与互联网连接起来，进行信息交换和通信，以实现智能化识别、定位、跟踪、监控和管理的一种网络。它是在互联网基础上延伸和扩展的网络。

（2）国际组织的定义

欧盟定义：将现有的互连的计算机网络扩展到互连的物品网络。

国际电信联盟（ITU）的定义：物联网主要解决物品到物品（Thing to Thing，T2T）、人到物品（Human to Thing，H2T）、人到人（Human to Human，H2H）之间的互连。

ITU物联网研究组指出：物联网的核心技术主要是普适网络、下一代网络和普适计算。这3项核心技术的简单定义如下，普适网络，即无处不在的、普遍存在的网络；下一代网络，即可以在任何时间、任何地点互连任何物品，提供多种形式信息访问和信息管理的网络；普适计算，即无处不在的、普遍存在的计算。其中下一代网络中“互连任何物品”的定义是ITU物联网研究组对下一代网络定义的扩展，是对下一代网络发展趋势的高度概括。从现在已经成为现实的多种装置的互连网络，例如手机互连、移动装置互连、汽车互连、传感器互连等，都揭示了下一代网络在“互连任何物品”方面的发展趋势。

总之，结合上述各种定义，总体上物联网可以概括为：通过传感器、射频识别技术、全球定位系统等技术，实时采集任何需要监控、连接、互动的物体或过程的声、光、热、电、力学、化学、生物、位置等各种需要的信息，通过各种可能的网络接入，实现物与物、物与人的泛在连接，从而实现对物和过程的智能化感知、识别和管理及控制。

1.1.3 物联网的特征

根据以上物联网的概念与定义，可以看到物联网应具有感知、交互以及信息处理的能力。

1. 物联网的感知特征

感知是物联网的基本特征之一。“物”的描述以及运动状态是通过感知得到的。感知的手段是采用监测的方法，即通过传感器、射频识别等设备对“物”的物理参数、化学参数、生物参数、空间参数等进行实时采集，所采集的这些参数表征了“物”的属性及运动状态，能客观、完整地描述“物”。

在物联网中，感知应具有以下三个特性。

（1）全局性和共享性

物联网是一个全球范围的信息基础设施，对“物”的感知或采集到的“物”的信息是全局性的，即该信息应能被物联网上的任何人或物共享。

（2）局限性

由于“物”具有多种属性及多种运动状态，而对“物”的感知，也不可能采集所有的属性及运动状态的数据，所以感知具有局限性。

（3）应用相关性

对“物”的感知是具有一定目的的，该目的一般与具体的应用有关，因此，感知与应用有密切的关系。

2. 物联网的交互特征

“物”的感知信息需要与特定的应用相联系，也就是需要与相关的人或“物”进行交互，以达到信息共享或信息处理的目的。交互性应具有以下特征。

（1）信息传送的可靠性

所交互的信息应准确可靠，也就是信息应能传送到目的地，并且所传送的信息不能有差错。

（2）时效性

对于应用相关的信息交互，信息的共享与信息的处理应具有较强的时效性，以使应用能及时达成。

3. 物联网的信息处理特征

物联网不但应具有信息传送与存储能力，而且更重要的是具有信息处理能力。物联网感知的“物”具有全局性，而全局性意味着信息的多样性和海量性，这些多样性、海量性的数据必须通过信息处理来为某个特定的应用服务。物联网的信息处理应具有以下特征。

（1）目的性

物联网应用是具有明确目的的，从全局性感知的数据中得到对应用相关的信息是信息处理的基本功能。

（2）尽量减少人的参与

面对多种海量的感知数据，依靠人来识别、处理这些信息显然是不现实的，而需要采用智能数据处理技术来进行数据处理，但目前智能处理技术还处于发展阶段，不能完全取代人的参与，但减小人参与处理的强度是可行的。

（3）辅助决策与决策

多种海量数据的处理，其目的是产生决策，但这种决策需要人的进一步参与，因此，物联网的信息处理应为人的决策提供帮助，最终实现无人参与的决策与控制。

4．物联网对“物”的要求

在物联网中，“物”已不是简单的物，它应是装备某种特殊性能的“物”，因此“物”应满足以下条件。

（1）具有信息通信与处理能力

应具有信息接收与发送装置，应具有信息的存储、运算能力。

（2）信息的通信与处理应符合一定的规范和标准

物联网中的“物”进行通信时，应按照一定的通信协议和规范进行，并且“物”要有能被全局识别或定位的唯一标识和编码。

1.2 信息处理流程与物联网框架结构

物联网是全球性的信息处理系统，也就具有一般信息处理系统的结构和性能。信息处理主要包括信息的采集与处理、信息的传送以及信息处理及应用这三个方面。

1.2.1 信息采集处理流程

一个信息处理系统一般由源信息采集与源信息处理（或源信息预处理）、信息传送和信息处理及应用三部分构成。其结构如图 1.2.1 所示。

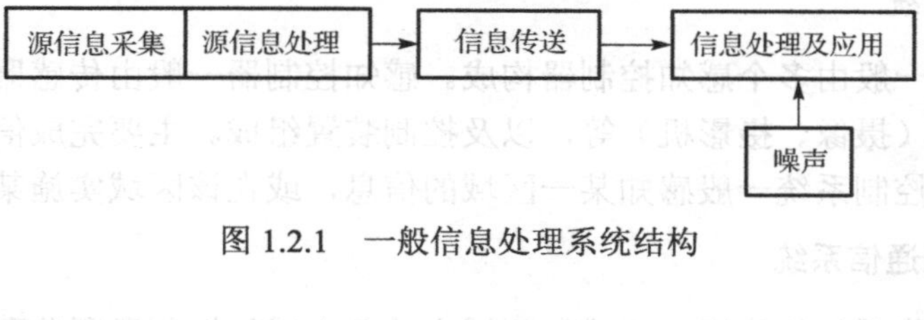

图 1.2.1 一般信息处理系统结构

1．源信息采集

源信息采集就是采用各种传感器获取监测对象的物理的、化学的、生物的信息，或采集监测对象的图形图像信息。源信息采集首先需要有监测对象，该对象可以是物、人或者是其他实体；其次，源信息的采集需要传感器，包括摄影摄像等方面的设备，因此，源信息采集所用的传感器的种类非常多；再次，源信息的采集不仅仅只采集监测对象的一种信息，可以同时采集多种信息。

2．源信息处理

一般来说，采集的源信息需要经过一定的处理才能通过通信系统的传输设备传送出去。这是因为传感器采集的信息一般是一个电压或电流信号，而这样的信号不能直接由通信系统传送，需经过一定的处理、编码、变换才能传送。

3．信息传送

信息传送就是将经过处理的源信息通过通信系统传送到信息处理与应用部分。它主要由通信系统组成，包括有线与无线通信系统。最简单的传输系统是两根导线。

4．信息处理与应用

经过传输到达的源信息需要进一步处理，将该信息处理为人或机器能理解的信息，如采集的是温度信息，需要将它转换为具有物理含义的摄氏或华氏温度表示。处理后的源信息需要加以应用为人们提供各种服务。例如，当我们获得了天气温度信息后，就可以提供气象服务，人们就会知道冷暖，继而根据温度的情况添减衣物。

5．噪声

在源信息传送过程中，由于各种干扰会对所传送的信息造成影响，产生信息的畸变，严重时会使信息无法获得；另外，由于源信息的采集和处理不可能绝对保证数据的精度，会产生误差，因此，我们将产生的误差和传输过程中对信息的干扰统统认为是噪声。噪声对信息非常有害，因此在信息处理过程中消除噪声也是信息处理的一个重要任务。

1.2.2 物联网基本结构

物联网是全球性的信息系统，它是由众多的、完成不同任务的子信息系统组成的，因此，物联网不但具有信息系统的一般结构，而且也有其特殊性。物联网主要由感知控制系统、短距离汇聚通信系统、网络通信系统以及信息处理与应用系统组成，其基本结构如图 1.2.2 所示。

1．感知控制系统

感知控制系统一般由多个感知控制器构成。感知控制器一般由传感器、射频识别设备、图形图像获取设备（摄像、摄影机）等，以及控制装置组成。主要完成信息的获取或完成某种控制任务。感知控制系统一般感知某一区域的信息，或在该区域实施某种控制。

2．短距离汇聚通信系统

短距离汇聚通信系统的作用是将感知区域内的各个感知控制器所获取的信息进行汇聚，以适合传送通信系统的方式。此外，它还接收信息处理与应用系统的信息或命令完成感知和控制。目前主要应用短距离有线、无线通信技术来实现。

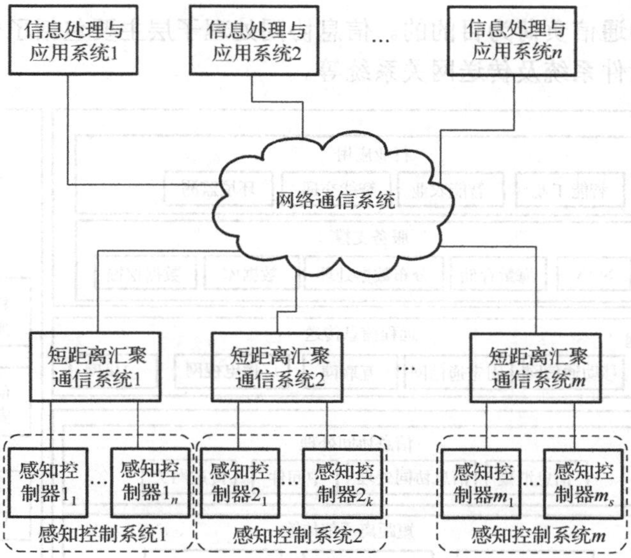

图 1.2.2 物联网系统结构

3．网络通信系统

网络通信系统可以完成全球性的感知信息的传送与交换与共享。由各种无线、有线通信系统组成通信网，在通信网上由各种主机（计算机）、网络交换机、路由器等组成数据通信网络，以实现互联网功能，进而实现物联网的信息传送、交互与共享。

4．信息处理与应用系统

信息处理与应用系统是将管辖区域内感知获取的信息进行处理与应用，它还可以处理与应用其他非管辖区域感知到的信息，同时也可与其他信息处理与应用系统的信息实现共享与交互。

1.2.3 物联网层次框架

通过物联网的系统结构可以看出，它是由提供多种信息服务的信息处理与应用系统、网络通信系统及执行多种任务、感知多种信息的感知控制系统构成的，因此它是一个复杂的信息系统的融合，我们可它抽象为如图 1.2.3 所示的层次框架。

物联网的层次框架包含三个层次，即信息的感知控制层、信息的传输网络层和信息的综合应用层。

1．感知控制层

感知控制层包含三个子层次，即数据采集子层、短距离通信传输子层和信息协同处理子层。

数据采集子层是通过各种类型的感知设备获取现实世界中的物理信息，这些物理信息可以描述当前“物”的属性和运动状态。感知装置主要有各种传感器、RFID、多媒体信息采集装置、条码（一维、二维条码）识别装置和实时定位装置等。短距离通信传输子层是将局部范围内采集到的信息汇聚到信息传输网络层的信息传送系统，主要包括短距离有线数据传输系统、无线数据传输系统、无线传感网络等。信息协同处理子层是将局部采集到的信息通过汇聚装置及协同处理系统进行数据汇聚处理，以降低信息的冗余度，提高信息的综合应用度，降低与传输网络层的通信负荷为目的的。信息协同处理子层主要包括了信息汇聚系统、信息协同处理系统、中间件系统及传送网关系统等。

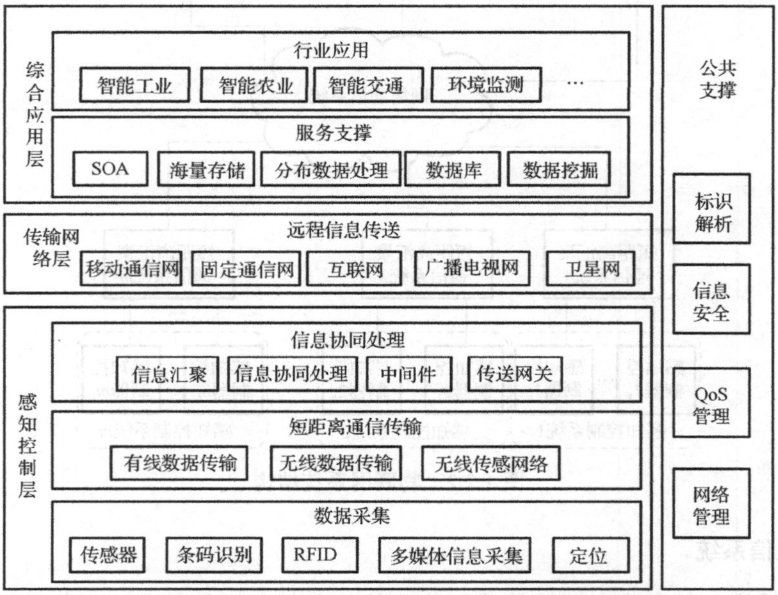

图 1.2.3 物联网层次框架结构

2. 传输网络层

传输网络层是将来自感知控制层的信息通过网络通信系统传送到综合应用层。网络通信系统包括了现有的各种公用通信网络、专业通信网络，目前这些通信网主要有移动通信网、固定通信网、互联网、广播电视网、卫星网等。

3. 综合应用层

综合应用层是物联网框架结构的最高层次，是“物”的信息综合应用的最终体现。“物”的信息综合应用与行业有密切的关系，依据行业的不同而不同。

综合应用层主要分为两个子层次，即服务支撑层和行业应用层。服务支撑层主要用于各种行业应用的信息协同、信息处理、信息共享、信息存储等，是一个公用的信息服务平台；行业应用层主要面向诸如环境、电力、智能、工业、农业、家居等方面的应用。

另外，物联网框架还应有公共支撑层，其作用是保障整个物联网安全、有效地运行，主要包括了网络管理、QoS 管理、信息安全和标识解析等运行管理系统。

1.3 物联网关键技术及其应用进展

1.3.1 物联网关键技术

物联网发展的过程是一个逐渐演进的过程，在此过程中必然有一些基础技术作为支撑，有一些关键技术作为物联网的核心技术，两者的相互支撑推动着物联网的发展。

1. 物联网的技术基础

从目前来看，物联网的基础技术主要有：射频识别技术（Radio Frequency Identification，RFID）、产品电子编码 （Electronic Product Code，EPC）、短距离通信技术、互联网等。

（1）RFID

射频识别技术，是一种自动识别技术，通过无线射频方式，RFID 进行非接触双向数据通信，以对目标进行识别。与传统的识别方式相比，RFID 无须直接接触、无须光学可视、无须人工干预就可完成信息的采集与处理，其方便、快捷。

（2）EPC

RFID 电子标签是产品电子代码 EPC 的载体，可采用互联网或其他数据通信系统进行信息的传送。EPC 旨在为每一件物品建立全球的、开放的标识标准，实现全球范围内对单个物品的跟踪与追溯，从而有效提高物流的管理水平、降低物流成本。EPC 是一个完整复杂的综合系统。

（3）短距离通信技术

短距离通信技术是构成短距离通信系统的各种有线或无线通信技术，主要有线短距离通信技术包括各种串行、并行总线、现场工业总线等；短距离无线通信技术主要包括蓝牙、红外、超宽带、无线传感网络等技术。短距离无线通信技术种类较多、应用灵活、组网技术复杂，是物联网的主要支撑技术之一。

（4）互联网

互联网是物联网的重要的基础技术，是重要的数据通信技术，它将海量的包括个人计算机在内的各种计算机、数据终端以标准的通信协议有机地互连在一起，成为信息传送、信息共享、信息存储和信息处理的一个巨大的系统。目前，移动通信已进入了 4G 时代，从 3G 开始，移动通信实现了移动互连，各种智能移动终端（智能手机、手持电脑等）实现了以前互联网上的计算机功能，从而将互联网从有线网扩展到了无线网范围，构成了全球性的、可以灵活移动的、能随时、随地进行信息交互、存储、处理的互联网，即移动互联网。

2. 物联网的关键技术

物联网的关键技术是在物联网技术基础上的进一步扩展与深化，是支撑其发展的关键。物联网的关键技术主要有：RFID 与 EPC 技术、感知控制技术、无线网络技术、中间件技术和智能处理技术等。

（1）RFID 与 EPC 技术

在物联网中，通过采用 EPC 编码赋予物品上的 RFID 标签以规范的、具有交互性的信息，并以无线通信的方式将这些信息通过包括互联网在内的通信网络传送到信息处理与应用系统中，实现物品的识别。RFID 和 EPC 编码是保证物品“说话”的关键技术。

（2）感知控制技术

感知是应用传感器采集“物”的信息，控制器是按照信息处理与应用系统的决策对“物”进行控制。传感器涉及非电量的信息获取、将非电量信息转换为电量信息，以及对电量信息的处理传输等方面，与材料、机械制造、微电子、信息处理、通信等技术密切相关，是多种技术的综合。控制主要是应用决策信息改变“物”的某一运动状态，它涉及测量与执行等多个方面。由于感知控制器一般用在环境状况不佳的地方，如何保障它的可靠性、持久性是设计、制造感知控制器的关键，另外感知控制器如部署在无人的恶劣环境中，还要考虑它的电能供给的有效性和持续性，以尽量提高其生命周期。

（3）无线网络技术

无线网络技术主要包括短距离无线网络技术、基于 IEEE 802.11 系列的无线物联网技术、移动通信技术，以及其他无线网络技术。短距离无线网络技术主要包括无线传感网、蓝牙等技术。尤其是无线传感网，由于其节点的通信距离有限、携带的电能有限，因此长距离的通信需要多个节点通过组网技术来实现，因此，如何在有限的电能与有限的通信距离约束的条件下持久地工作，是无线传感网络的关键技术。

另外，如何将这些无线网络与有线网络有机组合起来，使其高效地为物联网服务也是物联网的关键技术。

（4）中间件技术

在物联网中的感知控制层存在着大量的硬件接口不同、软件接口不同的感知控制器，它们要接入到传输网络并与信息处理与应用系统交互，必须采用相同的软硬件接口，但目前尚没有统一的标准规范保证其接入和实现交互，因此需要一个中间件来完成。如何保证有效地接入，又使得技术与成本较低也是物联网的关键技术之一。

（5）智能处理技术

在物联网中，感知层获得了海量的信息，这些信息只有通过处理才能为人们提供某一领域的服务。就像互联网中的搜索引擎一样，当人们输入关键字后，引擎就将给出与关键字相关的信息，人们可以在给出的信息中进一步筛选获得所需的信息，但这需要人的参与，对引擎给出的信息做进一步的处理。然而，物联网中的信息是巨量的，如何从这些巨量的信息中获得人们所需的信息是需要考虑的，人们无法完成对海量信息的进一步处理，因此智能处理技术是物联网必需的关键技术。另外，人们在获得信息服务的同时，也需要获得某种决策服务，如在智能交通服务中，系统可根据道路交通情况为人们选择一条合理的道路。决策服务也需要进行智能处理，以提供高效的服务。可以说，物联网的最终目标之一就是让机器替人来思考。

1.3.2 物联网应用

物联网的广泛应用将推动社会、经济的全方位发展，它将改变人们的生活方式，对整个社会产生深刻的变革。

物联网在工业上的应用可以持续提高工业自动化的能力与管理水平，实现灵活、绿色、智能和精细化生产，推动工业的升级转型。物联网在农业上的应用，可以改善农业生产、管理、流通以及农产品的深度加工，实现传统农业向智慧化农业转换。物联网在零售、物流、金融等服务业方面的应用，将改变传统的服务模式，使服务更加便捷、高效、优质。物联网在电网、交通、环境等方面的应用将极大提高这些基础设施的效率，为绿色、环保和节能做出贡献。物联网在教育、医疗、家居等方面的应用将提高教育质量、医疗水平、生活品质，深刻改变人们的日常生活。另外，物联网在国防军事方面的应用将使我国的国防从机械化转变到信息化，为建设强大的国防力量做出贡献。以下介绍物联网的主要应用领域。

1. 智能物流

物流是供应链的一个重要环节，物流效率的提高可以降低整个供应链的成本，提高用户的满意度，增加企业的收益。物流涉及仓储、配送和运输等环节。物联网在物流方面的应用，即智能物流可提高仓储的效率，使配送更加合理有效，提高运输效率和及时补货率。

智能物流是基于 RFID、无线传感器网络和互联网等技术，应用了运筹学、供应链管理等经济学理论的一个综合应用，它将各种物流环节所涉及的信息通过 RFID、条码、无线传感器网络等感知设备进行采集，并将采集到的信息进行智能化的处理，形成物流决策服务于企业，从而提高物流管理水平，降低成本、提高及时到货率和用户的满意度。

2．智能交通

随着城市的发展，城市的人口越来越多，车辆也越来越多，而为满足人们出行需要的道路等基础设施却增长缓慢，交通拥堵日益严重。如何解决人们快速出行问题成为一个重大课题。

如何根据实时的道路交通状况，为人们的出行选择一条科学、合理的道路成为智能交通主要的目标。现有的交通管理无法及时获取实时的交通状况，也无法为人们提供及时的道路情况，更无法合理调度交通资源。

物联网在交通领域的应用，为人们智慧地管理交通，优化调度交通资源，提供人们出行的合理路线提供了可能。

采用物联网技术，使得人们能通过部署在城市道路上的感知设备及时感知道路状况，人们可根据此情况在智能调度系统的帮助下，选择合理的出行线路；交通管理者可利用实时感知的交通道路信息在智能调度系统的辅助下，合理调整交通信号的时长，进行全局性的交通流量优化，最大限度地提高现有交通资源的效率。

3．智能家居

现代家庭中，人们的家用电器和基础设施也越来越多，从空调、电视、照明、炊具，到自来水、煤气等都成为人们家居生活的必需品，这就需要人们有效地管理这些设备，从而享受到更优质的家庭生活。

物联网在家居中的应用，使得家庭中的所有这些设备能够互连在一起，并能依据人们的喜好提供舒适节能的环境、安全放心的生活。

4．环境监测

环境监测是物联网最早的应用之一，是无线传感器网络应用的主要领域。大量低成本的无线传感器节点部署在人们不便于观测的环境中，可有效地监测各种水污染、大气参数、海洋参数、森林生态、火山活动等。传感器网络在环境监测中的应用使得长期、连续和大规模的环境监测成为现实，为绿色、环保的可持续发展奠定了良好的基础。

5．金融与服务业

物联网的广泛应用使得人与人、人与物以及物与物能广泛地互连互通。对于金融业，人们可以应用个人计算机、智能手机等各种互连终端实现实时交易，从而加快金融流通，享受便捷的服务。目前出现的各种“电子银行”、“手机银行”、“支付宝”等都是物联网在金融上的应用，可以预见将来的无现金交易将很快成为现实。

3G 及 4G 移动通信的广泛应用，使得人们可以随时随地地享受各种移动服务，如手机订票、订餐、取货、服务信息的推送等，服务业在物联网技术的推动下日益发生着深刻的变化。

6．智慧医疗

健康对个人来说非常重要，但人生病是不可避免的，如何使人们少生病、生小病、生病后能及时诊断和治疗成为目前卫生领域的重大课题。

物联网在医疗卫生方面的广泛应用可以解决上述问题。目前可穿戴设备已面市，它的出现可以使得人们及时了解自身如呼吸、心跳、血糖等一些生理参数，这些参数可与正常生理参数相比对，为人们提供健康辅助信息与建议；同时这些参数可以上传到医疗信息中心，一来为个人建立一个实时的健康参数库，二来可以通过这些参数自动诊断健康状况，从而使人们达到少生病、生小病、生病后能及时诊断和医疗的目的。

目前，看病难困扰着整个卫生系统，其原因是医疗资源的分配不公。采用物联网技术可以解决医疗资源分配不公的问题。通过物联网采集的病理数据可远程传输给权威医疗机构，专家通过对这些数据的分析可诊断病情，提出医疗方案，在远端的病人可根据医疗方案，由当地医疗人员处置，这样就保障了优良医疗资源的高效应用。

物联网的应用还可以减少排队就医的时间，病人可通过物联网终端以及病情的缓急来预约就诊时间，就诊后可用移动支付的手段减少付费的麻烦，附着在药品上的 RFID 标签可大大减少药品的误服率，保障了用药安全。

7．智慧农业

物联网在农业上的应用可以使得农业生产更加智慧。在农田里部署的无线传感器网络可实时采集田地里的水、肥等与农作物生长有关的参数，及时控制农作物生长所需的各种环境，使得农作物的品质更高。

物联网中的大数据分析与数据挖掘技术可以用来指导农户科学地生产、种植，从全局上考虑种植与需求，以保证丰产丰收。

在养殖方面，RFID 标签可植入动物体内，动物的全生长过程均存于监控之中，这样就可以保障动物肉品的全方位可追溯，保障了食品的安全。

8．智慧工业

物联网与工业的融合应用产生了智慧工业，工业从大规模的生产逐渐演变成了个性化生产。企业从供应链的角度出发，通过虚拟现实指导用户消费和订购，将用户的个性化需求通过物联网实时传送到企业的生产线上，通过工业的自动控制技术，在一个生产线上可生产不同的个性化的产品，从而提高了企业的竞争力。

物联网与 3D 打印技术的结合，使得工业生产“可见即可得”。通过各种感知技术将用户想象的个性化产品图形化，图形化的虚拟产品可通过 3D 打印变成实际产品，这样就加快了产品研发、生产的速度，更快速地响应用户需求，提高企业的效益。

9．智能电网

智能电网来源于电力自动化，其目标是在保障电力系统可靠性的同时，以更加经济的方式合理调配电能，使得电力企业和用户获得满意的效益。

电能是由其他如水力、火力、核能等能源转化而成的，它是一个无法存储的能量，因此多发电会产生浪费、而少发电则供电不足。采用物联网技术后，电力企业可以通过在每个用户的用电设备上部署传感器，实时获得其用电信息，将该信息传送给电力企业，企业就可以及时调整发电量，以保障用电需求。另外，企业也可根据这些信息以及感知到的其他与社会生活、生产有关的信息，估算出用电需求量，依据需求量可有计划地安排发电所需的煤、油等发电物料，以保障企业的经济效益。

此外，用户可根据自身经济情况，合理安排用电时间，在用电高峰期时，由于此时电价高，可减少用电，当在用电低谷时，由于电价较低，可加大用电量。采用物联网技术，电力企业和用户可以全面感知用电情况，准确获得用电的高峰和低谷信息，指导企业和用户，使双方均获得较好的经济效益。

10. 国防军事

物联网在国防军事上有着广泛的应用。全面的感知可获得战场上的全面情况，为合理部署战斗力量提供了保障。现代战争是一个精确打击的战争，感知了全面战场信息就获得了精确打击的对象，火力能有效地打击敌人，保护自己。全面感知还可以有效地调配战斗资源，合理分配各种轻、重及远程火力、战斗人员和后勤保障。

在国防军事上，通过各种地面、空中、海洋、空间感知设备获取全方位的信息，这些信息与武器互连，从而形成了强大的武装网络和战斗力，为我国的国防现代化做出应有的贡献。

1.3.3 物联网的发展

物联网是下一代信息网络，将极大地改变整个社会、经济和生活，因此受到了各国政府、企业和学术界的重视。目前，美国、欧盟、日本等都在投入巨资深入研究物联网，我国政府也非常重视物联网的建设。

1. 物联网在国外的发展

在美国，自从 2009 年 IBM 推出“智慧地球”概念后，“智慧地球”框架下的多个典型智能解决方案已经在全球开始推广。智慧地球要达到的效果是利用物联网技术改变政府、公司和人们之间的交互方式，从而实现更透彻的感知、更广泛的互连互通和更深入的智能化。因此，美国各界非常重视物联网相关技术的研究，尤其在标准、体系架构、安全和管理等方面，希望借助于核心技术的突破能占有物联网领域的主导权。同时，美国众多科技企业也积极加入物联网的产业链，希望通过技术和应用创新促进物联网的快速发展。

在欧洲，“物联网”概念受到了欧盟委员会（EC）的高度重视和大力支持，已被正式确立为欧洲信息通信技术的战略性发展计划，成为近三次国会讨论关注的焦点。2008 年，EC 制定了欧洲物联网政策路线图；2009 年正式出台了四项权威文件，尤其《欧盟物联网行动计划》，作为全球首个物联网发展战略规划，该计划的制定标志着欧盟已经从国家层面将“物联网”实现提上日程。除此之外，在技术层面也有很多组织致力于物联网项目的研究，如欧洲 FP7 项（CASAGRAS）、欧洲物联网项目组（CERP-IoT）、全球标准互用性论坛（Grifs）、欧洲电信标准协会（ETSI），以及欧盟智慧系统整合科技平台（ETP EPoSS）等。同时，欧洲各大运营商和企业在物联网领域也纷纷采取行动，加强物联网应用领域的部署，如 Vodafone 推出了全球服务平台及应用服务的部署，T-mobile、Telenor 与设备商合作，特别关注汽车、船舶和导航等行业。

在日本，2004 年总务省（Ministry of Internal Affairs and Communications，MIC）提出“U-Japan”战略，目的是通过无所不在的泛在网络技术实现随时、随地、任何物体、任何人

(Anytime，Anywhere，Anything，Anyone）均可连接的社会，受到了日本政府和索尼、三菱、日立等大公司的通力支持。此前，日本政府紧急出台了数字日本创新项目“ICT 鸠山计划行动大纲”，此宏观性的指导政策更是推动了日本物联网技术的快速发展。

此外，新加坡公布的“智慧国 2015”大蓝图显示澳大利亚、新加坡、法国、德国等国家都在加快下一代网络基础设施的建设步伐。

2．物联网在国内的发展

自从 2009 年温家宝总理提出“感知中国”后，“物联网”一时成为国内热点，迅速得到了广泛关注。加快物联网技术研发，促进物联网产业的快速发展已成为国家战略需求。

政府目前为物联网的发展营造了良好的政策环境，如已经发布的《国家中长期科学与技术发展规划（2006—2020）》，《2009—2011 年电子信息产业调整和振兴规划》，2010 年“新一代宽带移动无线通信网”国家科技重大专项中涉及“短距离无线互连与无线传感器网络研发和产业化”，国家重点基础研究发展计划（973 计划）涉及信息领域中的“物联网体系、理论建模与软件设计方法”，以及国家自然科学基金委员会-中国工程院启动的“中国工程科技中长期发展战略研究”联合基金项目涉及“信息与电子工程技术领域”中的面向“物联网”的未来网络技术发展战略研究等，这些都将“物联网”相关技术列入了重点研究和支持对象。物联网的发展也受到了国家各大部委和地方政府的大力支持。未来各部委可能将从不同的角度进行分工协作以共同推动我国物联网产业的发展，如国家科技部主要支持物联网方面的共性基础研发和各类应用，工信部主要负责支持物联网产业在工业领域以及工信融合领域中的应用；发改委主要负责我国物联网产业发展规划和重大工程示范。地方政府也在积极行动，如无锡市正在建设物联网技术研究院，积极打造物联网产业基地；北京市已将物联网技术纳入北京市发展规划，大力推进“感知北京”示范工程建设；广东省也启动了南方物联网的框架性设计，正在加快试点工程建设。

经过这几年的发展，物联网的理念和相关技术产品已经广泛渗透到社会经济民生的各个领域，在越来越多的行业创新中发挥重要的作用。

在工程机械行业中，通过采用 M2M、GPS 和传感技术，实现了百万台重工设备在线状态监控、故障诊断、软件升级和后台大数据分析，使传统的机械制造引入了智能技术。采用基于无线传感器技术的温度、压力、温控系统，在油田单井野外输送原油过程中彻底改变了人工监控的传统方式，大量降低能耗，现已在大庆油田等大型油田中规模应用。物联网技术还被广泛用于全方位监控企业的污染排放状况和水、气质量监测，我国已经建立工业污染源监控网络。

物联网在农业资源和生态环境监测、农业生产精细化管理、农产品储运等方面的应用激发出了更高效的农业生产力。例如。国家粮食储运物联网示范工程采用先进的连网传感节点技术，每年可以节省数亿元的清仓查库费用，并减少数百万吨的粮食损耗。

物联网在智能公交、电子车牌、交通疏导、交通信息发布等典型应用方面已经得到了应用实践。智能公交系统可以实时预告公交到站信息，如广州试点线路上实现了运力客流优化匹配，使公交车运行速度提高，惠及沿线 500 万居民公交出行。ETC 是解决公路收费站拥堵的有效手段，也是确保节能减排的重要技术措施，到 2013 年年底，全国 ETC 用户超过 500 万人。交通部计划于 2015 年年底前完成 ETC 全国连网，主线公路收费站 ETC 覆盖率达到 100%，ETC 用户数量达到 2000 万人。我国已有 5 个示范机场依托 RFID 等技术，实现了航空运输行李全生命周期的可视化跟踪与精确化定位，使工人劳动强度降低 20%，分拣效率提高 15%以上。

在食品安全方面，我国大力开展食品安全溯源体系建设，采用二维码和 RFID 标识技术，建成了重点食品质量安全追溯系统国家平台和 5 个省级平台，覆盖了 35 个试点城市、789 家乳品企业和 1300 家白酒企业。目前药品、肉菜、酒类和乳制品的安全溯源正在加快推广，并向深度应用拓展。

在医疗卫生方面，集成了金融支付功能的一卡通系统推广到全国 300 多家三甲医院，使大医院接诊效率提高 30%以上，加速了社会保障卡、居民健康卡等“医疗一卡通”的试点和推广进程。在智能家居方面，结合移动互联网技术，以家庭网关为核心，集安防、智能电源控制、家庭娱乐、亲情关怀、远程信息服务等于一体的物联网应用，大大提升了家庭的舒适程度和安全节能水平。

目前，国内很多科研机构也积极致力于“物联网”的研发，如中科院上海微系统与信息技术研究所、清华大学、北京邮电大学、东南大学、南京邮电大学、重庆邮电大学等科研单位已在无锡成立了“物联网研究中心”；北京航空航天大学在物联网科普基础研究和产业政策方面也做了一些重要的研究。

1.4 物联网涉及的主要学科及其知识体系

1.4.1 物联网涉及的主要学科

物联网是一个跨学科的专业，从上述的系统结构和层次框架上来看，它涉及电子技术、传感器技术、控制技术、通信技术、计算机等方面的技术。因此，物联网涉及了电子、通信与自动控制技术、计算机科学与技术一级学科内的多个二级学科和机械工程内的多个二级学科。所涉及的学科如表 1.4.1 所示。

表 1.4.1 物联网涉及的学科

一级学科	电子、通信与自动控制技术	计算机科学与技术	机械工程
二级学科	电子技术	计算机科学技术基础	仪器仪表
	信息处理技术	人工智能	
	通信技术	计算机系统与结构	
	自动控制技术	计算机软件	
		计算机工程	

物联网工程专业是教育部批准新设立的战略性新兴专业，学科基础一般是依托表 1.4.1 中的相关二级学科来建立的，因此需要掌握上述这些学科的基础知识和相应的物联网专业知识。

1.4.2 物联网专业知识体系

按照一般工程专业划分，物联网工程分为三大知识领域，即通识基础类知识领域、综合管理类知识领域和专业技术类知识领域。通识基础类知识领域主要是非专业、非职业性的教育，通过这部分知识的学习让学生掌握最基本的常识性知识；综合管理类知识领域包括人文环境、法律法规、经济与管理、心理素质、职业修养及道德教育等；专业技术类知识领域涉及学科基础、技术技能及学科发展方向的相关领域。

物联网的知识体系是建立在物联网层次框架基础上的，每个层次之间都是紧密联系、相互作用的，这就构成了物联网的知识模块，知识模块又可以细分为若干知识单元，知识单元代表某一具体类别的知识、技术，其由最小单位知识点构成，如图 1.4.1 所示。

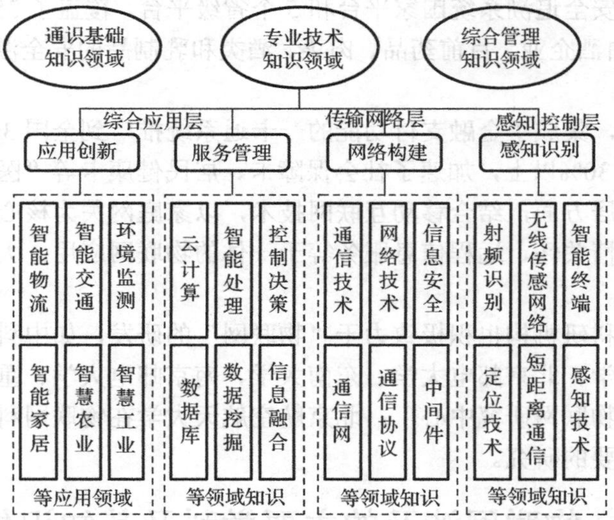

图 1.4.1　物联网专业知识体系

物联网专业的知识体系是由物联网层次架构来构建的。综合应用层分别对应了应用创新和服务管理两大知识领域，主要涵盖了物联网的应用和服务支持两个方面；传输网络层对应网络构建知识领域，分别涵盖了通信、网络、协议、信息安全等方面的知识；感知控制层对应了感知识别知识领域，包括了 RFID、无线传感网络、定位技术、短距通信技术等方面的知识。具体内容如表 1.4.2 所示。

表 1.4.2　专业知识模块

知识模块名称	内　容
感知识别	由数据采集子层、短距离通信技术和信息协同处理子层组成。数据采集包括传感器、RFID、多媒体信息采集、二维码和实时定位等技术，涉及各种物理量、标识、音频和视频多媒体数据。通过短距离通信技术和信息协同处理子层将采集到的数据在局部范围内进行协同处理，以提高信息的精度，降低信息冗余度，并通过自组织能力的短距离传感网接入广域承载网络
网络构建	将来自感知控制层的各类信息通过基础承载网络传输到应用层，包括移动通信网、互联网、卫星网、广电网、行业专网及形成的融合网络等。涉及传感网技术、通信协议等技术单元
服务管理	由云计算和引擎等数据存储、分析、处理系统等组成，在高性能计算和海量存储技术的支撑下，管理服务层将大规模数据高效、可靠地组织起来，为上层行业应用提供智能的支撑平台
应用创新	主要将物联网技术与行业专业系统相结合，提供广泛的人—人、人—物、物—物互连的应用解决方案，主要包括业务中间件和行业应用领域

小　结

本章主要介绍了物联网的起源、物联网的概念与定义、物联网的特征、信息处理流程与物联网框架结构、物联网的基本结构、物联网的层次框架及关键技术及其应用进展，并介绍了物联网的知识体系与涉及的学科。

习　题

1. 物联网的含义包含哪些方面？
2. 学术界、我国及国际组织对物联网是如何定义的？
3. 物联网的主要特征有哪些？试简要加以说明。
4. 一般的信息处理系统主要由哪些部分构成？其主要作用是什么？
5. 物联网的系统结构主要由哪些部分构成？其主要作用是什么？
6. 物联网框架主要由哪些层次构成？
7. 物联网的关键技术主要有哪些？
8. 物联网主要应用在哪些领域？试举出几个应用场景。
9. 能否举出一些你身边的物联网应用的例子？这些例子都应用了哪些物联网相关的技术？

第2章 RFID与EPC编码

本章学习目标

了解 RFID、EPC 编码和条码的发展过程，掌握 RFID 的基本构成与基本原理、参数与应用场合；掌握 EPC 编码的标准结构与各字段的含义与应用；掌握一维与二维条码的特性。

本章知识点

- RFID 的构成与特点
- 标签的分类与主要技术参数、应用领域
- GSI 编码体系、SSCC 编码结构、GLN 编码结构
- EPC 编码规则及标准
- 条码技术

教学安排

2.1 RFID 的发展，2.2 RFID 的构成与特点（2 学时）
2.3 EPC 编码（2 学时）
2.4 校园一卡通（自学）

教学建议

建议采用课堂与认知实践（实验）相结合的方式进行本章教学，将典型认知实践（实验）环节与理论教学结合使学生能将抽象的理论知识转化为具体的实际认知。一卡通认知实验是学生学习射频识别技术与 EPC 编码的必要环节。

2.1 RFID 的发展

RFID 是英文 Radio Frequency Identification（射频识别）的缩写。RFID 技术是利用射频信号实现无接触自动识别的技术。RFID 技术是物联网的核心技术之一，它的应用范围非常广泛，应用已涉及制造业、物流业、医疗、零售、国防等领域。

现代意义上的 RFID 技术最早出现在 20 世纪 80 年代，但实际上 RFID 技术的历史可以追溯到第二次世界大战期间，当时，是为了应用雷达信号进行敌我飞机的识别而发明的一种

技术。由于该技术实现起来占空间较大、造价较高，所以仅用于军事目的。当大规模集成电路、计算机技术得到发展后，RFID 技术才逐渐推广到了商业民用领域。

1964 年，R. F Harrington 开始研究和 RFID 相关的电磁理论，并于 1964 年发表了“*Theory of Loaded Scatters*”的论文，为 RFID 的研究奠定了理论基础。与此同时，RFID 的商业应用也逐渐出现，如 Sensormatic、Checkpoint Systems 等公司开发出用于电子物品监控（Electronic Article Surveillance，EAS）的应用。这种早期的商业应用被称为 1bit 标签系统，因为它只能检测被标识的目标是否存在，从而防止物体被偷窃。标签不能携带更大的存储容量，当有多个物体存在时，甚至无法区分出被标识物体的差别。

20 世纪 70 年代，一些学者、公司和政府等都开始认识到 RFID 的巨大潜力，并进行积极研究。其中最早也最重要的研究成果是由 Los Alamos 科学实验室 Koelle，Depp 和 Freymaan 于 1975 年发表的“*Short-Range Radio-Telemetry for Electronic Identification Using Modulated Backscatter*”。他们成功开发出了能够适用于特殊环境下，传输距离可达 5 米的被动标签原型。

20 世纪 80 年代，更加完善的 RFID 应用开始涌现。世界各个国家对 RFID 的应用兴趣不尽相同，在美国 RFID 技术主要应用于传输业和访问控制，在欧洲则是将短距离通信的 RFID 技术应用于动物监控。

20 世纪 90 年代是 RFID 发展史上最为重要的 10 年，在这期间电子收费系统在美国开始大量部署，在北美约有 3 亿个 RFID 标签被安装在汽车尾部。1991 年，世界第一个高速公路不停车收费系统在美国俄克拉荷马州（Oklahoma）开始投入使用。1992 年，世界第一个电子收费系统和交通管理系统的集成系统在美国休斯敦安装并使用。多个地区和公司开始注意到系统之间的互操作性，即运行频率和通信协议的标准化问题。只有提供了统一的标准，RFID 才能在更广泛的领域得到应用。例如，当时 E-Z Pass 系统能够兼容美国七大地区的电子收费系统，通过这套系统，附带同一个标签的汽车在七大地区均可使用。

21 世纪初，如沃尔玛零售巨头及美国国防部政府机构都开始推进 RFID 应用，并要求他们的供应商也采用此项技术。同时，标准化的纷争催生了多个全球性的 RFID 标准和技术联盟，主要有 EPCglobal、AIM Global、ISO/IEC、UID、IP-X 等。这些组织试图在标签频率数据标准、传输和接口协议、网络运营和管理、行业应用等方面获得统一平台。

RFID 技术在国外发展较早也较快，尤其是在美国、英国、德国、日本等发达国家具有较为先进而且成熟的 RFID 系统。

全球最大的零售商沃尔玛通过一项决议，要求其前 100 家供应商在 2005 年 1 月之前向其配送中心发送货盘和包装箱时使用 RFID 技术，小供应商也得在 2006 年年底赶上 RFID 的末班车。通过采用 RFID，沃尔玛预计每年可以节约 83.5 亿美元的物流成本。欧洲最大的超市麦德龙也跟着宣布了类似的计划，它们在 2006 年年初已经在德国最大的配送中心完成 RFID 阅读器和标签的安装工作。

为保护本土安全，美国于 2002 年 1 月由美国海关出台了以提升世界贸易中的全球海运货物集装箱运输这一重要环节的安全性为要旨的“集装箱安全协议（CSI）”。为使 CSI 得到有效落实，华盛顿安全技术策略委员会推出了智能保安贸易路线（Smart and Secure Trade lines，SST）。SST 其实是一个安全网络系统，可提供实时可视化管理、非正常开箱自动报警、从始发地到目的地全程追踪等功能。实施 SST 方案的货运公司需要在集装箱码头安装 Smart Chain 软件平台、运输安全系统软件和射频识别标签数据阅读器。这些数据阅读器可从安装在集装箱上的电子封条中获取数据，然后将信息实时传送到 Smart Chain 公用信息平台。当货柜受到损坏、运输线路变更或延迟等意外情况发生时，集装箱管理者可通过计算机、手机或PDA迅速接收系统的自动报警，使集装箱的安全得到强有力的保障，从而能够为货运公司提供与美国海关互连的自动化数据传输接口，增强安全防范以及提高出口货运的清关速度。货柜抵美后，通关、检验一路绿灯，极大地缩减了货物周转时间，节约了运输成本。目前，已有60余家全球领先的港口运营商、发货商、服务及解决方案供应商参与了SST计划，包括港口经营商、付货人、物流服务供应商及船运公司，已在欧洲、美国及亚洲间形成网络，并建立了一个公共信息平台。全球还有15个百万吨级港口安装并实施了SST安全网络基础架构，这些港口的吞吐量占全球总额的70%。实时安全网络系统已在全球港口部署，同时建立一个公共信息平台，利用实时信息监察整个运输安全流程。

除此之外，美国的军品管理、我国的第二代身份证及火车机车管理系统、日本的手机支付与近场通信等都是业界比较成功的大规模应用案例。中国已经将RFID技术应用于铁路车号识别、身份证和票证管理，动物标识、特种设备与危险品管理、公共交通以及生产过程管理等多个领域，并且正在尝试应用于图书馆、血液管理等新的领域。2007年，诺基亚开始在中国推出全球第一款全面集成近场通信（Near Field Communication，NFC）技术的手机。目前，我国已掌握HF（高频）芯片的设计技术，并且成功地实现了产业化，同时UHF（超高频）芯片也已经开发完成。表2.1.1为RFID发展历程。

表2.1.1　RFID发展历程

时　期	事　件
1941—1950年	雷达技术催生了RFID技术，1948年奠定了RFID的理论基础
1951—1960年	早期RFID技术的探索阶段，处于实验室研究阶段
1961—1970年	RFID技术的理论得到进一步发展，人们开始尝试一些新应用
1971—1980年	RFID技术与产品研发处于高潮期，各种RFID技术测试加速，出现了早期应用
1981—1990年	RFID技术及产品进入商业应用阶段，各种规模应用开始出现
1991—2000年	RFID标准化问题日趋得到重视，RFID应用更加丰富，已成为人们生活中的一部分
2000年至今	RFID产品种类更加丰富，各类标签得到大力发展，标签的成本也不断降低，规模应用行业开始扩张

2.2　RFID的构成与特点

RFID系统由电子标签、阅读器和主机系统构成，其构成如图2.2.1所示。RFID来源于雷达技术，因此它的工作原理和雷达相似。首先，阅读器（读写器）通过自身的天线发送射频信号，电子标签接收到信号后，发送内部存储的标识信息，当阅读器接收到标签发送的信号后，将信号所携带的信息发送给主机系统（信息系统），由主机处理该信息。

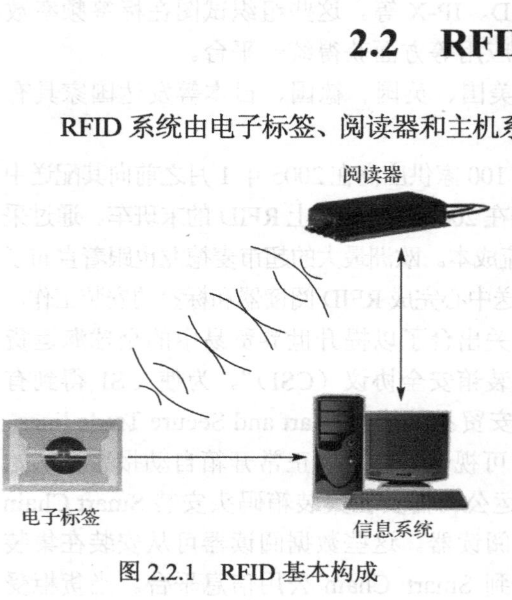

图2.2.1　RFID基本构成

2.2.1　电子标签

1. 电子标签的特点

RFID的电子标签，简称为标签（Tag），是由耦合元件、芯片和天线组成的。每个电子标签具有唯一的电子编码，存储着被识别物体的相关信息，附着在物品上，用来标识物品。它具有多种多样的外形。图 2.2.2 所示为部分标签的外形。

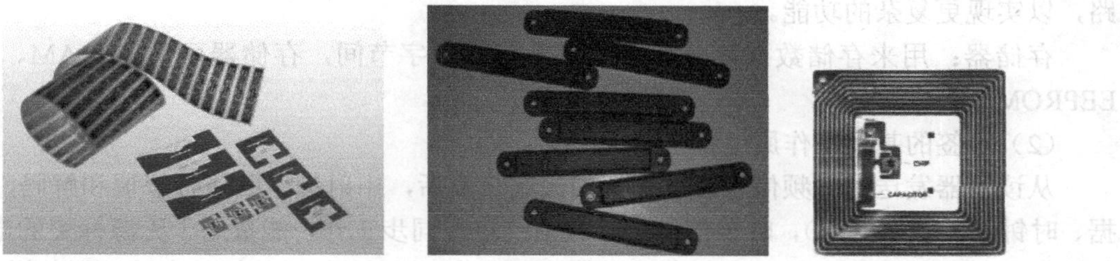

图 2.2.2　RFID 标签外形示例

当标签接近 RFID 阅读器，接收到阅读器发送的信号后，将自身携带的电子编码信息通过天线发送出去。

RFID 标签的作用与条码相似，都是附着在物品上来标识物品的。但 RFID 与标签相比还具有以下优点：

第一，容易小型化和多样化的形状。RFID 在读取上并不受尺寸大小与形状的限制，无须为读取精确度而配合纸张的固定尺寸和印刷品质。此外，RFID 可往小型化与多样形态发展，以应用在不同产品上。其具有耐环境性，纸张受到脏污就会看不清，但 RFID 对水、油和药品等物质却有强力的抗污性，RFID 在黑暗或脏污的环境之中也可以读取数据。

第二，可重复使用。由于 RFID 标签中为电子数据，可以被覆写，因此可以回收标签重复使用，如被动式 RFID，不需要电池就可以使用，没有维护保养的需要。

第三，不受包装物的限制。标签若被纸张、木材和塑料等非金属或非透明的材质包覆，也可以进行穿透性通信。不过如果是铁质金属的话，就无法进行通信。

第四，数据的记忆容量大。数据容量会随着记忆规格的发展而扩大，未来物品所需携带的数据量越来越大，对扩充容量的需求也不断增加，然而对此 RFID 标签不会受到限制。

第五，具有较好的安全性和准确性。标签内的数据通过一定的编码可保障应有的安全。另外，标签在与阅读器通信时，数据采用循环冗余校验来保证标签发送信息的准确性。

2．基本原理

RFID 标签由天线、射频电路、控制电路、存储器和电源等组成，如图 2.2.3 所示。

（1）组成部件的功能

天线：接收射频信号，发送射频信号。

射频电路：具有收、发两个方面的功能。在接收功能方面，对天线接收射频信号进行处理，以获得电磁能量，并将其获得的电磁能量转换为直流电能供整个无源标签使用；另外，将接收的电磁信号进行解调、获取数据和时钟。在发送功能方面，将控制电路（CPU）送来的数据进行调制后，经天线发射出去。

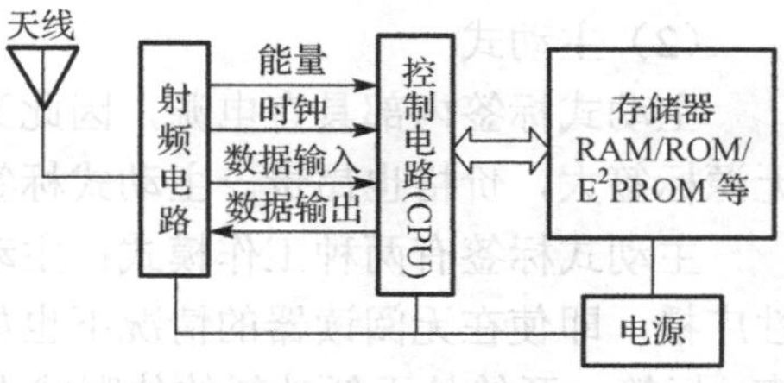

图 2.2.3　RFID 标签组成原理图

控制电路（CPU）：控制整个标签系统的工作，所有的数据存储、读取、发送、接收、能量的获取等都需要在 CPU 的控制下进行。不同类型的标签，对控制电路的要求不同，对于可读写的，就需要内部逻辑控制电路对读写操作进行支持，具有读写使能功能；对于加密要求的，需要控制电路能进行相应的数据加密和验证要求。另外，可以用微处理器来代替控制电路，以实现更复杂的功能。

存储器：用来存储数据，一般在几字节到几千字节间，存储器可以是 RAM、ROM、EEPROM 等。

（2）标签的基本工作原理

从读写器发送的射频信号经过标签的天线接收后，由射频电路进行解调和解码，获得数据、时钟和能量（电能），时钟信号供标签系统进行同步工作，能量用于无源标签的电源。获得的数据送给控制电路用于控制存储器的读写操作。相反，如果从标签向读写器传送数据时，存储中存储的数据将在控制电路（CPU）的控制下，传送到射频电路，经过编码、调制后经天线以射频信号的方式发送给读写器。

3．标签的分类

根据标签是否有内置电源，可将其分为被动式、主动式和半主动式三类。

（1）被动式

被动式标签内部没有电源，因此又称为无源标签，是应用最广的一类标签。被动式标签的工作电源由接收的射频信号的能量提供。被动式标签采用高频（HF）或超高频（UHF）通信频率。第一代被动式标签采用高频通信，通信中心频率为 13.56MHz，通信距离较短，最长仅为 1m 左右，主要用于非接触式标识。第二代被动式标签采用超高频通信，通信频段为 860~960MHz，通信距离较长，可达到 3~5m，并支持多标签识别。目前，第二代被动式标签是应用最广的，主要用于工业自动化、资产管理、物品监控、个人标识等领域。第一、二代被动式标签的比较如表 2.2.1 所示。

表 2.2.1　第一、二代被动式标签的比较

协议与性能	超高频（第二代）	高频（第一代）	
协议	EPC Gen2（ISO 18800-6C）	ISO 15693	ISO 14443
频率/MHz	860~960（区域依赖）	13.56（全球）	
通信距离/m	3~5	1	0.1
存储大小/bit	96~1000	256~64k	
应用	供应链、自动化生产、资产管理、物品跟踪	访问控制、安全付款、验证	

（2）主动式

主动式标签内部具有电源，因此又称为有源标签。因其内部自带电源，所以它的体积比无源标签大，价格也昂贵。主动式标签的通信距离较远，可达百米以上。

主动式标签有两种工作模式：主动式和唤醒式两种。在主动模式下，标签主动进行周期性广播，即使在无阅读器的情况下也如此。在唤醒模式下，为了节约电源并减少射频信号噪声，标签一开始处于低功耗的休眠状态，当阅读器识别时，需先发送一条广播命令唤醒标签，只有当标签处于唤醒状态时，标签才开始与阅读器交互信息，进行标识工作。这种低能耗的唤醒模式使得标签的工作寿命得以延长。

（3）半主动式

半主动式标签具有被动式和主动式标签的各种优点，内部携带电源，但该电源多用做维持存储器内部数据状态和标签与阅读器信息交互时的计算、控制等辅助工作，通信所用的电源依然由接收到的射频信号提供。这种标签可以携带传感器，可用于检测环境参数。

2.2.2　阅读器

通过 RFID 阅读器可实现对 RFID 标签内存储器的访问，实现物品标识。图 2.2.4 所示为不同类型及外观的 RFID 阅读器。

图 2.2.4　RFID 阅读器示例

1. RFID 阅读器工作原理

（1）RFID 阅读器的基本组成

RFID 阅读器主要由天线、射频电路、控制器、通信接口和电源组成，如图 2.2.5 所示。

天线：向标签发送射频信号、接收标签发送的射频信号。

射频电路：将控制器送来的数据进行编码、调制为射频信号，并送到天线发送；接收标签发送的射频信号，将其解调、解码后交给控制器。

控制器：控制射频电路的接收与发送，并将通信接口送来的数据转交给射频电路或将射频电路送来的数据交给通信接口。

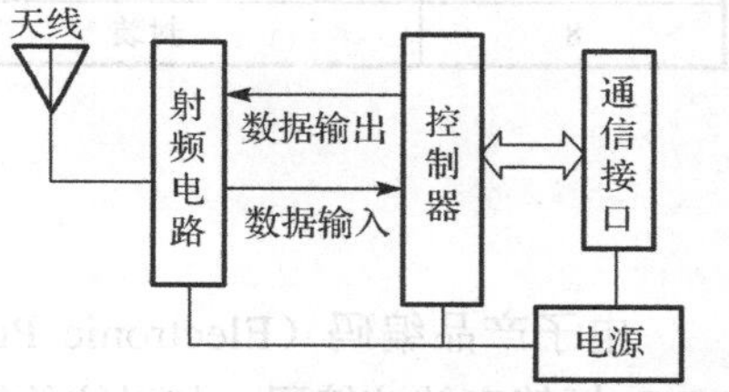

图 2.2.5　RFID 阅读器组成原理图

通信接口：完成信息系统与 RFID 阅读器的通信连接。一般采用串行通信接口或网络接口。

（2）工作原理

接收时，天线接收标签发送的射频信号，经射频电路解调、解码后送到控制器，控制器将解码后的数据按照通信接口电路及信息系统协议的要求进行转换，交由通信接口电路输出到信息系统。

发送时，通信接口将信息系统送来的数据交给控制电路，控制电路将其转换为标签约定的数据格式后，交由射频电路对数据进行编码、调制为射频信号，然后由天线发送出去。

2. 阅读器的种类

RFID 阅读器一般是按照其工作的通信频率分类的，阅读器与标签的工作频率需要调制到相同的工作频点，两者才能正常工作。RFID 阅读器分为低频（LF），工作频点在 125kHz 附近；高频（HF），工作频点在 13.54MHz 附近；超高频（UHF），工作频段为 850~910MHz 附近；2.4GHz 微波频段。

不同频率有不同的特点，其用途也不同。例如，低频标签比超高频阅读器更便宜，更节能，穿透力更强，更适合于含水成分较高的物品。超高频阅读器作用范围较广，传输数据的速率较快，但应用区域不能有太多的干扰，适合于监测货物的运输及仓库管理。

在阅读器的应用中会出现阅读器冲突的问题，即一个阅读器接收到的信息和另一个阅读器接收到的信息发生冲突，产生重叠。解决该问题的方式是使用时分多址（Time Division Multiple Access，TDMA）技术。

3．阅读器的性能参数

对于 RFID 阅读器，它有很多参数，常用的参数主要有：工作频率、输出功率、数据传输速率、输出端口形式、容量、读写速度、封装形式、读写数据的安全性等。如表 2.2.2 所示为某一阅读器的主要参数。

表 2.2.2　阅读器的常用参数

序　号	参　数	参 数 值
1	识别距离	远距离，2~8m，可调，只读
2	防冲突特性	同时可识别多达 200 个冲突
3	工作频段	全球 ISM 工作频段 2.45GHz
4	功耗	微功耗
5	通信机制	基于 HDLC（High-Level Data Link Control，高级数据链路控制规程）的 TDMA 通信机制
6	识别能力	高速多通道识别能力
7	使用寿命	6~8 年
8	封装	固态，抗高强度跌落和震动

2.3　EPC 编码

电子产品编码（Electronic Product Code，EPC）为商品提供了全球唯一的编码，并通过 RFID 标签存储该编码。与以往的编码（例如条码）相比，电子产品编码是在全球化经济的前提下统一制定的编码规则，因而编码具有全球唯一性的特点。另外，电子标签与条码也是不同的，信息在读写速度、易于控制和可重复利用等方面占有很大的优势。以射频识别为主要载体的电子产品编码技术适应了当前的产品标记、流通和存储过程中产品的透明、快速管理的新要求。

2.3.1　电子产品编码概述

1．主要的编码组织

对各种物品编码，其目的就是为了人类和物品之间、物品与物品之间能够进行信息交互。针对编码标准，目前已形成了两大协会组织：一是欧洲产品编码协会（European Article Numbering Association，EANA），二是美国和加拿大的统一代码委员会（Uniform Code Council，UCC）。两大组织合并以后，形成了 EAN • UCC 组织，该组织于 2005 年后改名为 GS1（Global Standard），可认为是全球第一商务标准化组织，提供全球统一标识系统。

EAN • UCC 系统形成后，以全球化、系统化、标准化的要求，对已在应用中形成的全球物品标识体系进行了统一规划，使其更加科学、规范、实用，并逐步建立了一整套国际通行的跨行业的产品、物流单元、资产、位置和服务的标识体系及供应链管理、电子商务相关的技术与应用标准。

EAN • UCC 系统是应市场需求应运而生的。它以提高整个供应链的效率，简化电子商务过程，为产品与服务增值为目的，积极采用先进技术，快速反应市场需求，是真正的“全球商务语言”。

中国物品编码中心（ANCC）成立于 1988 年，由国务院授权统一组织、协调、管理全国的条码工作。1991 年，其代表中国加入国际物品编码协会，是目前全世界 140 个国家（地区）编码组织之一，负责在我国推广应用 EAN・UCC 系统。依据 EAN・UCC 系统规则，编码中心经过二十多年的工作摸索与探索，研究制定了一套适合我国国情的、技术上与国际接轨的产品与服务标识系统——ANCC 全球统一标识系统，简称“ANCC 系统”。

2．编码的应用示例

图 2.3.1 所示为一个 UPS 包裹上粘贴的标签，上面有一些条码和信息。当收到 UPS 的包裹时，上面所贴的标签对于用户来讲可能没有多大意义，但这些只有用识读设备才能读取的条码和字符能够告诉 UPS 包裹将送往何处，需要多快可以送达，以及包裹的来源等信息，因而对于 UPS 公司来讲意义重大。特别是通过读写器读写的条码和字符信息是准确无误的，读取的信息还可以通过通信网络即时地将信息传递到公司的服务器上，为物流的监控和管理提供了数据支持。从上面的实例可以看出，通过物品编码技术，其实质是将物品的信息编码为适合机器读写的信息，从而实现物流的信息化。

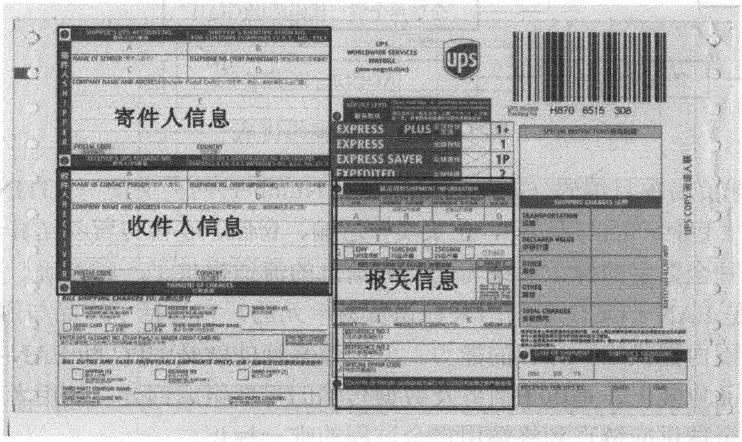

图 2.3.1　UPS 编码示例

3．编码的作用和意义

产品属于客观物理世界中物质的范畴，而编码属于信息学的范畴。在电子产品编码没有出现之前，产品与编码是没有交集的，至少不是一一对应的，但是自从产品编码出现之后物质与信息进行了一次有效的结合，编码的终极目标就是在物质与信息编码之间建立完全的一一对应关系。普遍认为，这种结合并非是简单的组合，而是一种全新的具有极强生命力的事物。

作为编码技术的一个典型的应用是在物流领域兴起的物流信息技术，物流信息技术对于加快物流各个环节提供了必要的信息技术，包括计算机、网络、信息编码技术、自动识别、电子数据交换、全球定位系统以及地理信息系统等技术。这些技术的综合应用对于改变传统物流企业业务的运作水平，完善物流管理中的管理手段、管理组织结构以及企业决策管理起到了积极的作用。

2.3.2 电子产品编码技术

1. GS1编码体系

全球第一商务标准化组织（Globe Standard 1，GS1）提供了全球通用的商业语言。编码体系是整个GS1系统的核心，是对流通领域中所有的产品与服务（包括贸易项目、物流单元、资产、位置和服务关系等）的标识代码及附加属性代码，如图 2.3.2 所示。附加属性代码不能脱离标识代码独立存在。

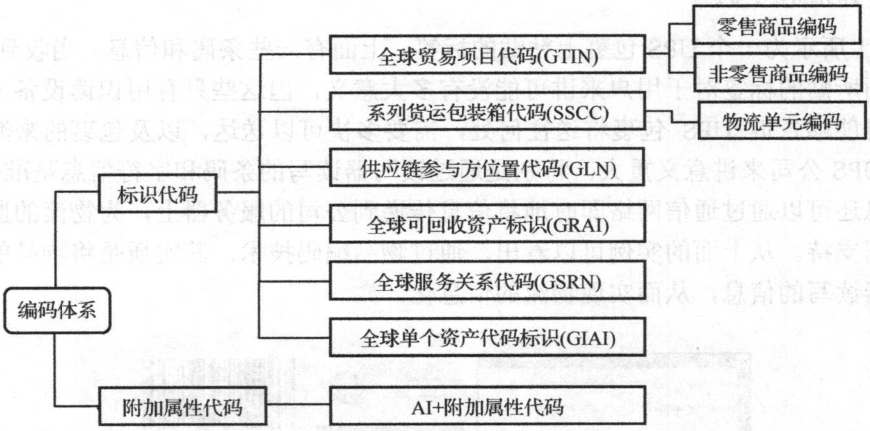

图 2.3.2　GS1 的编码体系

GTIN是全球贸易项目编码（Global Trade Item Number）的英文简写。GTIN是EAN·UCC组织对贸易项目（包括产品与服务），在买卖、运输、仓储、零售与贸易结算过程中提供的唯一标识。它用一种全数字的标识系统为产品和信息的流通提供了一种准确、有效、经济的管理方式。GTIN是EAN·UCC专门用来标识贸易单元的，它囊括了产品与服务等。GTIN具有在全球流通范围内提供唯一标识的能力，使用最普遍的就是UPC和EAN–13。GTIN用在一般性商品和产品包装上，是电子商务及数据传输的重要组成部分。使用者可以确信它能够提供对其产品从全球供应链直到终端用户全过程的唯一标识。

采用GTIN后，包括产品与服务在内的全球贸易项目的信息流在交互上更为简单，并能够唯一标识贸易项目不同层次的包装，使贸易项目在流通过程中的数据有了统一的结构形式，供应链管理得到简化。

2. 代码结构

（1）GTIN

全球贸易项目代码（Global Trade Item Number，GTIN）是编码系统中应用最广泛的标识代码。贸易项目是指一项产品或服务。GTIN 是为全球贸易项目提供唯一标识的一种代码，称其为代码结构。GTIN有GTIN–14、GTIN–13、GTIN–12和GTIN–8四种不同的编码结构，如图 2.3.3 所示。这四种结构可以对不同包装形态的商品进行唯一编码。标识代码无论应用在哪一领域的贸易项目上，每一个标识代码必须以整体方式使用。完整的标识代码可以保证在相关的应用领域内全球唯一。

包装指示符	包装内含项目的 GTIN（不含校验码）	校验码
N_1	$N_2\,N_3\,N_4\,N_5\,N_6\,N_7\,N_8\,N_9\,N_{10}\,N_{11}\,N_{12}\,N_{13}$	N_{14}

(a) GTIN–14 代码结构

厂商识别代码　　商品项目代码	校验码
$N_1\,N_2\,N_3\,N_4\,N_5\,N_6\,N_7\,N_8\,N_9\,N_{10}\,N_{11}\,N_{12}$	N_{13}

(b) GTIN–13 代码结构

厂商识别代码　　商品项目代码	校验码
$N_1\,N_2\,N_3\,N_4\,N_5\,N_6\,N_7\,N_8\,N_9\,N_{10}\,N_{11}$	N_{12}

(c) GTIN–12 代码结构

商品项目识别代码	校验码
$N_1\,N_2\,N_3\,N_4\,N_5\,N_6\,N_7$	N_8

(d) GTIN–8 代码结构

图 2.3.3　GTIN 的四种代码结构

（2）SSCC

系列货运包装箱代码（Serial Shipping Container Code，SSCC）的代码结构如表 2.3.1 所示。系列货运包装箱代码是为物流单元（运输和/或储藏）提供唯一标识的代码，具有全球唯一性。物流单元标识代码由扩展位、厂商识别代码、系列号和校验码四个部分组成，是 18 位的数字代码。它采用 UCC/EAN–128 条码符号表示。

表 2.3.1　SSCC 的结构

种　类	扩　展	厂商识别代码	系　列　号	校　验　位
结构 1	N_1	$N_2N_3N_4N_5N_6N_7N_8$	$N_2N_3N_4N_5N_6N_7N_8N_9N_{10}N_{11}N_{12}N_{13}N_{14}N_{15}N_{16}N_{17}$	N_{18}
结构 2	N_1	$N_2N_3N_4N_5N_6N_7N_8N_9$	$N_{10}N_{11}N_{12}N_{13}N_{14}N_{15}N_{16}N_{17}$	N_{18}
结构 3	N_1	$N_2N_3N_4N_5N_6N_7N_8N_9N_{10}$	$N_{11}N_{12}N_{13}N_{14}N_{15}N_{16}N_{17}$	N_{18}
结构 4	N_1	$N_2N_3N_4N_5N_6N_7N_8N_9N_{10}N_{11}$	$N_{12}N_{13}N_{14}N_{15}N_{16}N_{17}$	N_{18}

（3）GLN

参与方位置代码（Global Location Number，GLN）是对参与供应链等活动的法律实体、功能实体和物理实体进行唯一标识的代码。参与方位置代码由厂商识别代码、位置参考代码和校验码组成，用 13 位数字表示，其结构如表 2.3.2 所示。法律实体是指合法存在的机构，如：供应商、客户、银行、承运商等。功能实体是指法律实体内的具体的部门，如：某公司的财务部。物理实体是指具体的位置，如：建筑物的某个房间、仓库或仓库的某个门、交货地等。

表 2.3.2　参与方位置代码结构

结　构	厂商识别代码	位置参考代码	校　验　码
结构 1	$N_1\,N_2\,N_3\,N_4\,N_5\,N_6\,N_7$	$N_8N_9N_{10}N_{11}N_{12}$	N_{13}
结构 2	$N_1\,N_2\,N_3\,N_4\,N_5\,N_6\,N_7\,N_8$	$N_9N_{10}N_{11}N_{12}$	N_{13}
结构 3	$N_1\,N_2\,N_3\,N_4\,N_5\,N_6\,N_7\,N_8\,N_9$	$N_{10}N_{11}N_{12}$	N_{13}

3．编码规则

企业在对商品进行编码时，必须遵守编码唯一性、稳定性及无含义性原则。

（1）唯一性

唯一性原则是商品编码的基本原则。它是指相同的商品应分配相同的商品代码，基本特征相同的商品视为相同的商品，不同的商品必须分配不同的商品代码。基本特征不同的商品视为不同的商品。

（2）稳定性

稳定性原则是指商品标识代码一旦分配，只要商品的基本特征没有发生变化，就应保持不变。同一商品无论是长期连续生产，还是间断式生产，都必须采用相同的商品代码。即使该商品停止生产，其代码也应至少在4年之内不能用于其他商品上。

（3）无含义性

无含义性原则是指商品代码中的每一位数字不表示任何与商品有关的特定信息。有含义的代码通常会导致编码容量的损失。厂商在编制商品代码时，最好使用无含义的流水号。

对于一些商品，在流通过程中可能需要了解它的附加信息，如生产日期、有效期、批号及数量等，此时可采用应用标识符（AI）来满足附加信息的标注要求。应用标识符由2～4位数字组成，用于标识其后数据的含义和格式。

2.3.3 条码技术

条码技术是在20世纪50年代发展并广泛应用的一项技术，它是集成了光、机械、电子和计算机等多种技术为一体的一种新兴技术。其解决了物品信息采集的问题，实现了信息的快速、准确获取、传输和处理，是信息管理系统和自动识别的技术基础。

条码符号具有操作简单、信息采集速度快、信息采集量大、可靠性高、成本低廉等优点。以商品条码为核心的GS1系统已经成为事实上的服务于全球供应链管理的国际标准。

条码技术在现代物流、设备管理方面起到了积极的促进作用，取得了辉煌的成就。EPC发展无法规避条码，相反正是条码技术在积极地推进EPC编码技术，因此，EPC在很多方面是借鉴和继承了条码的优点才发展起来的。如果没有条码的技术支持，EPC的发展显然要滞后很多。而且条码技术由于其广泛应用和廉价性，目前依然是物品标识的重要技术之一，因而也是物联网感知层一个重要的组成部分。

条码是将线条与空白按照一定的编码规则组合起来的符号，用以表示一定的字母、数字等资料。在进行辨识的时候，用条码阅读器扫描，得到一组反射光信号，此信号经光电转换后变为一组与线条、空白相对应的电信号，经解码后还原为相应的文字、数字，再传入电脑。条码辨识技术已相当成熟，其读取的错误率约为百万分之一，首读率大于98%，是一种可靠性高、输入快速、准确性高、成本低、应用面广的资料自动收集技术。

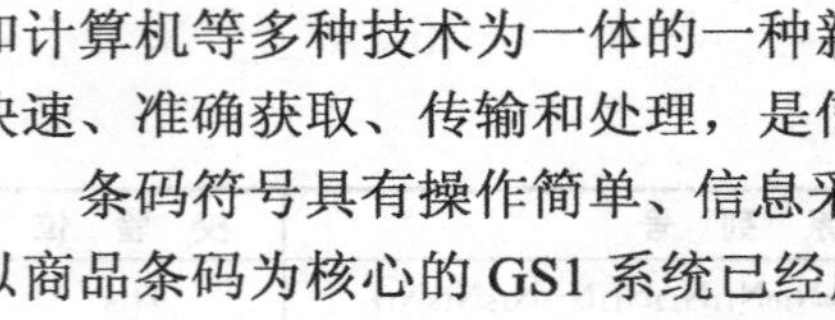

图2.3.4　一维条码和二维条码

目前世界上已知的正在使用的条码就有250种之多。条码的分类方法有许多种，主要依据条码的编码结构和条码的性质来决定。从维度上分，条码可分为一维条码、二维条码以及多维条码，目前应用最多的是一维条码和二维条码（如图2.3.4所示）；按条码的长度来分，可分为定长和非定长条码；按排列方式分，可分为连续型和非连续型条码；按校验方式分，又可分为自校验型和非自校验型条码等。

1. 一维条码

一维条码是我们通常所说的传统条码。一维条码按照应用可分为产品条码和物流条码。产品条码包括 EAN 码和 UPC 码，物流条码包括 128 码、ITF 码、39 码、库德巴码等，如图 2.3.5 所示。世界上约有 225 种以上的一维条码，每种一维条码都有自己的一套编码规格，规定每个字母（可能是文字或数字）是由几个线条（Bar）及几个空白（Space）组成，同时还包含字母的排列信息。一般较常用的一维条码有 39 码、EAN 码、UPC 码、128 码，以及专门用于书刊管理的 ISBN、ISSN 等。

(a) EAN–8条码　(b) EAN–13条码　(c) UPC–A条码　(d) UPC–E条码　(e) ITF–14条码　(f) Code 39

图 2.3.5　常用条码

条码是由一组规则排列的条、空以及对应的字符组成的标记，“条”指对光线反射率较低的部分，“空”指对光线反射率较高的部分，这些条和空组成的数据表达了一定的信息，并能够用特定的设备识读，转换成与计算机兼容的二进制和十进制信息。通常对于每一种物品，它的编码是唯一的，对于普通的一维条码来说，还要通过数据库建立条码与产品信息的对应关系，当条码的数据传到计算机上时，由计算机上的应用程序对数据进行操作和处理。因此，普通的一维条码在使用过程中仅作为识别信息，它的意义是通过在计算机系统的数据库中提取相应的信息而实现的。

2. 二维条码

在水平和垂直方向的二维空间存储信息的条码称为二维条码（2-dimensional bar code），它可以直接显示英文、中文、数字、符号和图形，存储数据容量大，可存放 1K 字节。可用扫描仪直接读取内容，无须额外的数据库，其保密性高（可加密），损污 50%时仍可读取完整信息。

由于二维条码具有信息存储容量大、容错性强、可靠性高、成本低的优点，它的应用非常广泛。目前，二维条码主要有 PDF417 码、Code49 码、Code16k 码和 MaxiCode 码等。

二维条码根据构成原理，结构形状的差异，可分为两大类型：一类是行排式二维条码（2D stacked bar code）；另一类是矩阵式二维条码（2D matrix bar code），如图 2.3.6 所示。

(a) Aztec 条码　(b) QR 条码　(c) Vericode 条码　(d) Code 49

(A) 行排式二维条码（2D stacked bar code）

(a) QR 条码	(b) Aztec 条码	(c) Data Matrix

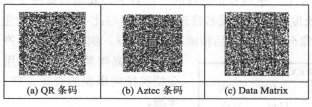

(B) 矩阵式二维条码（2D matrix bar code）

图 2.3.6　二维条码实例

3．一维、二维条码的特性比较

一维、二维条码的特性比较如表 2.3.3 所示。

表 2.3.3　一维、二维条码的特性比较

特　　性	一 维 条 码	二 维 条 码
资料密度与容量	密度低、容量小	密度高、容量大
错误侦测与自我纠正能力	可用检查码进行错误侦测，但无纠正能力	有检错纠错能力，并可根据实际应用设置不同的安全等级
垂直方向的资料	不存储资料，垂直方向的高度为了只读方便，弥补印刷缺陷或局部损坏	携带资料，应对印刷缺陷或局部损坏等可以纠错，并恢复资料
主要用途	主要用于对物品的标识	主要用于对物品的描述
资料与网络数据库的依赖性	多数情况下必须配合数据库，依赖于网络通信	可不依赖数据库及网络通信，可单独应用
只读设备	线扫描仪只读，如光笔、线型 CCD、激光扫描枪等	对排列式可用型线扫描仪多次进行扫描，或可用图像扫描仪只读，矩阵式则仅能用图像扫描仪只读

2.3.4　EPC 编码

人们设想为世界上的每一件物品都赋予一个唯一的编号，EPC 标签即是这一编号的载体。当 EPC 标签贴在物品上或内嵌在物品中的时候，即将该物品与 EPC 标签中的唯一编号建立起一对一的对应关系。EPC 是一种标识方案，通过射频识别标签和其他方式普遍地识别物理对象。

1．EPC 编码标准

EPC 标签编码标准对应于 EPCglobal 最新发布的 EPC Tag Data Standard v1.9 版本。EPCglobal 的主要目标是实现任何物理系统的唯一标识，因此协议首先规定了 EPC 编码标准，并且实现与现有的编码体系之间的兼容问题。编码标准覆盖两大问题：

第一，电子产品编码的规格，包括 EPCglobal 框架下各个层次的表示以及与 GS1 关键字和其他现存编码之间的对应关系。

第二，定义 Gen2 标准下 RFID 电子标签的数据规格，包括 EPC 用户数据、控制信息和标签制造信息。

EPC 宏伟的目标是实现对任何物理实体的全球统一的标识，它将需要追踪或其他应用的信息系统指向物理目标。

2．EPC 编码结构

EPC 的目标是为每一物理实体提供唯一标识，它是由一个版本号和另外三段数据（依次为域名管理者、对象分类、序列号）组成的一组数字，其结构如图 2.3.7 所示。其中 EPC 的版本号标识 EPC 的长度或类型；域名管理者是描述与此 EPC 相关的生产厂商的信息，例如“青岛啤酒公司”；对象分类记录产品精确类型的信息，例如“中国生产的出口专用 500ml 棕色罐装青岛啤酒”；序列号用于唯一标识货品，它会精确指明所说的究竟是哪一罐 500ml 罐装青岛啤酒。

X.XXXXX.XXXXX.XXXXX			
版本号	EPC 域名管理	对象分类	序列号
2 位	21 位	17 位	24 位

图 2.3.7　EPC 编码示例

（1）EPC 版本号（EPC Version）

设计者采用版本号标识了 EPC 的结构，它指

出了 EPC 中编码的总位数和其他三部分中每部分的位数。三个 64 位版本有 2 位的版本号，而 96 位版本和三个 256 位版本则各有 8 位的版本号。

三个 64 位 EPC 的版本号只有 2 位，即 01，10，11。为了和 64 位 EPC 相区别，所有长度大于 64 位的 EPC 的版本号的最高 2 位须为 00，这样就定义了所有 96 位 EPC 版本号开始的位序列是 001。同样，所有长度大于 96 位的 EPC 的版本号的前三位是 000，同理，定义所有的 256 位 EPC 开始的位序列是 00001。已定义的各类 EPC 版本号详细情况见表 2.3.4。

表 2.3.4 EPC 版本号

EPC 版本		值（二进制）	值（十六进制）
EPC–64	Type I	01	1
	Type II	10	2
	Type III	11	3
	Expansion	NA	NA
EPC–96	Type I	0010 0001	21
	Expansion	0010 0000	20
EPC–256	Type I	0000 1001	09
	Type II	0000 1010	0A
	Type III	0000 1011	0B
	Expansion	0000 1000	08
保留区		0000 0000	00

（2）域名管理者（Domain Manager）

不同版本的域名管理者编码因为长度的可变性，使得更短的域名管理者编号变得更为宝贵。EPC–64 II 型有最短的域名管理者部分，它只有 15 位。因此，只有域名管理者编号小于 2^{15}=32768 的才可以由该 EPC 版本表示。

出于特殊考虑，两个 EPC 管理者编号已经留做备用，分别是：0 和 167 842 659（十进制）。0 已经分配给 MIT（麻省理工学院内部使用），因此 MIT 控制着包括零（0）的域名管理者编号在内的所有产品电子码的分配；167 842 659（十进制）已经留做内部使用。内部使用域名管理者编号需要避免产品电子码的预先使用模式。需要使用产品电子码来识别自己的内部物品的个人和组织可以使用任何便利的内部产品电子码而无须在全球对象名解析系统中进行注册。

（3）对象分类（Object Class）

对象分类部分作为一个产品电子码的分类编号，标识厂家的产品种类。对于拥有特殊对象分类编号的管理者来说，对象分类编号的分配没有限制。但是 AUTO–ID 中心建议第 0 号对象分类编号不要作为产品电子码的一部分来使用。

（4）序列号（Serial Number）

序列号部分用于产品电子码的序列号编码。此编码只是简单的填补序列号值的二进制数 0。一个对象分类编号的拥有者对其序列号的分配没有限制。但是 AUTO–ID 中心建议第 0 号序列号不要作为产品电子码的一部分来使用。

（5）EPC 编码分类

目前，EPC 的位数有 64 位、96 位或者更多位。为了保证所有物品都有一个 EPC 并使其载体一标签成本尽可能降低，建议采用 96 位，这样它可以为 2.68 亿个公司提供唯一标识，每个生产厂商可以有1600万个对象分类并且每个对象分类可有680亿个序列号，这对于未来世界上的所有产品来说已经十分够用了。鉴于当前不需要使用那么多序列号，所以只采用64位EPC，这样会进一步降低标签成本。至今已经推出EPC–96 I型、EPC–64 I型、II型、III型，EPC–256型等编码方案，如表2.3.5所示。

表2.3.5 常用的EPC编码方案

编码类型		版本号（位）	域名管理者（位）	对象分类（位）	序列号（位）
EPC–64	Type I	2	21	17	24
	Type II	2	15	13	32
	Type III	2	26	13	23
EPC–96	Type I	8	28	24	36
EPC–256	Type I	8	32	56	160
	Type II	8	64	56	128
	Type III	8	128	56	64

2.4 校园一卡通

校园一卡通是应用RFID技术和网络技术为信息载体来实现校园内相关管理与服务的信息系统。校园一卡通将校园工作、学习、生活的各种应用系统通过一个统一的资源平台进行管理和服务，以实现校园消费、校园门禁、图书管理、停车场管理等功能，以提高校园生活的便捷性、校园管理的高效性。

2.4.1 基本结构

校园一卡通系统的基本结构如图2.4.1所示。

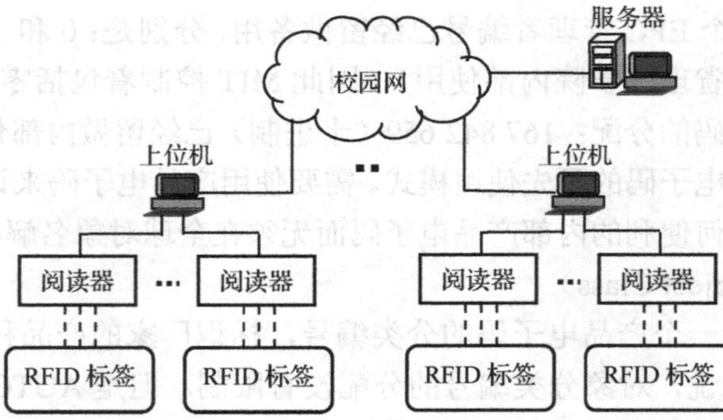

图2.4.1 校园一卡通系统基本结构

校园一卡通系统主要由RFID标签、RFID阅读器、上位机、网络（校园网）和服务器构成。

（1）RFID标签

RFID标签作为信息的载体记载着与个人消费、服务等相关的信息，该信息通过阅读器进行访问操作。

（2）阅读器

阅读器主要提供两个功能：一是对RFID标签进行读/写访问操作；二是与上位机进行信

息交互，即将 RFID 标签读取的信息发送给上位机，接收上位机访问改写 RFID 标签的命令，改写 RFID 标签。

（3）上位机

上位机主要提供两项基本功能：一是通过网络与服务器进行信息交互完成对 RFID 标签的操作；二是执行某种控制，如控制门禁的开启。

（4）网络

校园一卡通是应用校园网作为信息传输平台进行信息传输的，网络可以是有线网络，也可以是无线网络（如各种 POS 机可以采用无线或有线网络）。

（5）服务器

服务器提供一卡通所有业务的数据服务。一般是以数据库为核心的，提供一卡通业务的数据存储、数据处理和相关的业务处理功能。服务器除了提供数据服务外，还提供相关的各种管理功能。

从整体上来划分，整个一卡通可分为两个子系统，即围绕着服务器的管理子系统和围绕着上位机的终端子系统。

2.4.2 管理子系统

管理系统子主要负责系统设备维护、系统数据管理、系统安全管理、人员信息采集及维护、标签初始化、发卡、挂失、补办、账务处理等工作。各组成部分功能如下。

（1）系统管理

系统管理基于一个数据库管理软件，用来创建整个系统的中心数据库表，由管理人员建立整个校园各个部门及商店的档案、系统所需各子功能模块列表、各功能模块的管理员档案、系统密钥，以及整个系统的控制机具设备档案。

（2）一卡通用户管理

对整个系统用户的基础数据进行管理，可以单个或批量增加、删除、编辑人员信息，可以方便地进行人员信息的导入/导出和浏览打印，便于对一卡通用户进行统一管理。

（3）数据服务

提供数据交换平台及数据同步服务等功能，包括各种数据交换存储结构及各种交换存储过程、视图等。能实现数据交换功能，如管理、启动、数据导入/导出、数据共享、报表查询等功能。

（4）一卡通配置

维护校园一卡通系统的数据字典，监控系统的运行状态，是各终端应用子系统和第三方系统的接口。

（5）卡务管理

卡务管理系统模块负责整个系统的发卡（包括写入个人化信息）、挂失、解挂、销卡、补卡等功能，并对各个环节进行严格的流程控制，保证了校园卡正常的发行及注销。

（6）账务管理

将消费模块和充值模块产生的交易记录自动进行核算，判断交易记录的合法性，正确地记录和进行结算，并生成相应报表（日报表、月报表、部门汇总表、持卡人明细表）。对于非法记录，系统会自动判断其原因，提供修补交易的工具和修补依据，再进行结算和查询。

2.4.3 终端子系统

终端应用子系统主要为校园内各类应用子系统提供数据存储处理、流程控制等支撑及管理功能，直接服务于各应用终端。其主要功能如下。

（1）充值管理

当用户卡内余额不足时，利用此模块为其进行充值，将自动建立本地数据库，同时与服务器的数据库进行信息交互，当校园网或服务器中断时仍能正常运行，保证了正常消费的进行。

（2）自助管理

自助管理是指系统具备转账、查询、更改密码等功能，是校园一卡通系统同银行业务系统的接口，与自助圈存机形成银行转账系统，为一卡通用户提供银行转账充值服务及相关银行业务。

（3）Web 信息服务

Web 查询系统是一卡通系统对外的窗口。学生、教师或学生家长进入学校校园网，进而访问权限范围内的校园一卡通系统数据。Web 信息服务系统负责查询个人的交易，包括消费、充值、预充值、补卡充值等，还可根据需要扩展查询其他信息，如学生的考勤、学籍成绩、考试安排、选课等。

（4）图书管理系统

在现有成熟的图书管理系统的基础上通过相应接口，实现与学校图书管理系统的无缝连接，实现校园卡系统与现有系统的部分信息动态共享，减轻图书馆工作人员的工作负担，同时更加方便师生的图书借阅。

（5）实验室管理

功能主要包括：实验管理（教学任务外的业余上机）、实验排课管理（教学大纲任务）、账务管理、设备管理、档案日志管理、查询统计、系统功能等。

（6）考勤管理

根据学校的管理制度及作息时间安排，通过考勤管理系统收集教职工的原始刷卡记录，自动判断教职工的出勤情况，生成考勤结果报表供管理人员查询。

（7）会议签到

用于管理记录会议、活动或讲座等出勤情况，如出席人名单、院系、时间等。系统在主机上显示签到状态，包括会议标题、应到人数、实到人数、未到人数，并可以随时查询代表的签到情况及打印相关统计报表。

（8）学生注册

可实现新生、老生报到注册，查询统计等功能。若不注册，则校园卡则不能在校内使用，也就无法正常享受校园内的各种资源。

（9）教务管理

学生通过教务管理系统能在各管理终端持卡进行身份识别，识别后进入所属栏目，进行课程选定、学分查询、成绩查询。教师可实现成绩录入的安全性保证，省去了提交密码环节，并可进行教学任务查询与预定。

（10）门禁管理

门禁管理是将智能卡技术、计算机控制技术与电子门锁有机结合，同时可以与视频监视系统联动，用智能卡替代钥匙，配合计算机实现智能化门禁控制和管理的系统。按照设定人员的权限，判断该人员是否可以进入某道门，也可以设置时限规定，即限制一周内哪几天可以进出或一天哪几个小时可进出。

（11）消费管理

由消费管理工作站、消费 POS 机、消费管理软件及相关通信线路组成。学校的餐厅、超市、俱乐部、体育馆等处的 POS 消费终端可以通过网络或校园网连接至服务器对其统一管理。

（12）水控管理

实现洗浴收费、开水房收费、公寓水费的校园卡管理，实现合理计费、避免浪费，达到节约增效的目的。

校园一卡通是物联网关键技术 RFID 与信息管理系统相结合的典型应用，它实现了校园便捷的生活和管理。

小 结

本章介绍了 RFID、EPC 编码和条码的发展过程，RFID 的基本构成与基本原理、参数与应用场合，以及 EPC 编码的标准结构与各字段的含义与应用场合；同时也简要介绍了一维条码与二维条码的基本构成与特性；最后介绍了一个 RFID 的综合信息系统——校园一卡通。

习 题

1. 什么是 RFID？试简述 RFID 发展历程。
2. RFID 系统主要由哪些部分构成？
3. RFID 标签主要由哪些部分构成？试简述其工作原理。
4. RFID 标签是如何分类的？各类的特点如何？
5. 试简述 RFID 阅读器的工作原理，可分为几类？各类特点如何？
6. RFID 阅读器的性能参数主要有哪些？如何防止阅读冲突？
7. 编码有何作用和意义？
8. 试简述 EPC 编码的主要组织。
9. 试述 GTIN、SSCC 和 GLN 代码的结构。
10. EPC 编码有哪些规则？试简述之。
11. 试简述条码的基本原理，常用的条码有哪些？
12. 试比较一维、二维条码的特性。
13. 试述 EPC 编码的标准和结构。
14. 谈谈你对校园一卡通的认识与体会。

第3章　传感器技术

本章学习目标

本章应掌握传感器的基本概念、所应用的物理定律、基本结构、分类和要求，掌握传感器的特性与技术指标，了解传感器的应用领域与发展趋势。了解电阻式与变磁阻式传感器、电容式传感器与磁电式传感器、压电式传感器与热电式传感器、光电式传感器与光纤传感器、化学传感器与生物传感器的基本原理，掌握传感器常用的应用范畴。了解 MEMS 传感器与智能传感器的构成与特点。

本章知识点

- 传感器概念与定义
- 传感器的物理定律
- 传感器基本结构、传感器敏感元件
- 传感器分类与要求
- 传感器特性与性能指标
- 电阻式与变磁阻式传感器、电容式传感器与磁电式传感器、压电式传感器与热电式传感器、光电式传感器与光纤传感器、化学传感器与生物传感器、MEMS 传感器与智能传感器

教学安排

3.1　传感器基础（2 学时），3.2～3.7　相关内容（2 学时）

教学建议

主要讲述 3.1 节传感器基础，简略讲述其他节。教学中应强调各类传感器的应用领域。

传感器是物联网中非常重要的感知设备之一，它能获取现实世界中物理的、化学的、生物的信息，并将获取的信息传递给人或其他装置，是人们探知世界不可或缺的感知工具。作为物联网基础单元，传感器承担着采集信息的重要任务。传感器科学、合理、有效的应用与整个物联网的科学运行密切相关，因此，传感器技术也是物联网中的核心技术之一。本章，我们将从传感器的原理开始，介绍一些常用的传感器和它们的典型应用。

3.1 传感器基础

3.1.1 传感器基本概念

1. 传感器基本概念

最自然的传感器（Transducer/Sensor）是具有视觉、听觉、嗅觉、味觉和触觉的人的五官，人的大脑神经中枢通过这五官的神经末梢感知外部世界的信息。

在工程科技领域，可认为传感器是人体“五官”的工程模拟物。国家标准 GB7665—87 对传感器给出了明确的定义：“能感受规定的被测量（物理量、化学量、生物量等），并按照一定规律转换成可用信号的器件或装置，通常由敏感元件（Sensing Element）和转换元件（Transduction Element）组成。”这里的“可用信号”是指便于处理和便于传输的信号，而电信号最易于处理和传输，但还可能有其他信号比电信号更易于处理和传输。为此，我们给出传感器的狭义定义和广义定义。

传感器狭义定义：能把外界非电信息转换成电信号输出的器件或装置。

传感器广义定义：凡是利用一定的物质（物理、化学、生物等）法则、定理、定律、效应等进行能量转换与信息转换，并且输出与输入严格一一对应的器件或装置。

因此，在不同的技术领域，传感器又被称为检测器、换能器、变换器等。目前传感器已与微处理器、通信装置密切地结合到了一起，无线传感器网络就是传感器、微处理器与无线通信相结合的产物。

传感器技术是以传感器为核心的，它是由测量技术、功能材料、微电子技术、精密与微细加工技术、信息处理技术和计算机技术等相互结合而形成的密集型综合技术。

2. 传感器的物理定律

传感器之所以具有能量信息转换的功能，在于它的工作机理是基于各种物理的、化学的和生物的效应，并受相应的定律和法则所支配。传感器工作的物理基础有关的基本定律和法则有以下四种类型。

（1）守恒定律

主要有能量、动量、电荷量等守恒定律。这些定律是我们探索、研制新型传感器时或在分析、综合现有传感器时，都必须严格遵守的基本法则。

（2）场定律

包括运动场、电磁场的感应定律等。其相互作用与物体在空间的位置及分布状态有关。一般可由物理方程给出，这些方程可作为许多传感器工作的数学模型。如利用静电场定律研制的电容式传感器，利用电磁感应定律研制的自感、互感、电涡流式传感器。

（3）物质定律

它是表示各种物质本身内在性质的定律，如欧姆定律。通常以这种物质所固有的物理常数给予描述。因此，此类常数的大小决定着传感器的主要性能。例如，利用半导体物质法则——压阻、热阻、磁阻、光阻、湿阻等效应，可分别做成压敏、热敏、磁敏、光敏、湿敏等传感器件。

（4）统计法则

它是把微观系统与宏观系统联系起来的物理法则。这些法则常常与传感器的工作状态有关，是分析某些传感器的理论基础。

3．传感器的基本结构

传感器是一种能把非电输入信息转换成电信号输出的器件或装置。传感器一般由敏感元件和转换元件组成。其基本结构如图 3.1.1 所示。敏感元件构成传感器的核心，传感器的主要敏感元件如表 3.1.1 所示。

图 3.1.1　传感器基本结构

表 3.1.1　传感器的主要敏感元件

功　能	主要敏感元件
力（压）—位移转换	弹性元件（环、梁、圆柱、膜片式，膜盒、波纹管、弹簧管）
位移敏	电位器、电感、电容、差动变压器、电涡流线圈、容栅、磁栅、感应同步器、霍尔元件、光栅、码盘、应变片、光纤、陀螺
力敏	半导体压阻元件、压电陶瓷、石英晶体、压电半导体、高分子聚合物压电体、压磁元件
热敏	金属热电阻、半导体热敏电阻、PN 结、热释电器件、热线探针、强磁性体、强电介质
光敏	光电管、光电倍增管、光敏二极管、色敏三极管、光导纤维、CCD、热释电器件
磁敏	霍尔元件、半导体磁阻元件、铁磁体金属薄膜磁阻元件（超导器件）
声敏	压电振子
射线敏	闪烁计数管、电离室、盖格计数器、PN 二极管、表面障壁二极管、PIN 二极管、MIS 二极管、通道型光电倍增管
气敏	MOS 气敏元件、热传导元件、半导体气敏电阻元件、浓差电池、红外吸收式气敏元件
湿敏	MOS 湿敏元件、电解质湿敏元件、高分子电容式湿敏元件、高分子电阻式湿敏元件、热敏电阻、CFT 湿敏元件
物质敏	固相化酶膜、周相化微生物膜、动植物组织膜、离子敏场效应晶体管

4．传感器分类和要求

（1）分类

传感器应用于不同领域，它的品类众多，分类也较多，可以按基本效应来分，也可以按照传感器机理来分。表 3.1.2 为一些传感器的主要分类。

表 3.1.2　传感器分类

分 类 法	类　型	说　明
按基本效应	物理、化学、生物等	分别以转换中的物理效应、化学效应等命名
按传感器机理	结构型（机械、感应、电参量式）	以敏感元件结构参数变化实现信号转换
	物性型（压电、热电、光电、生物、化学等）	以敏感元件物性效应实现信号转换
按能量关系	能量转换型	传感器输出量直接由被测量能量转换获得
	能量控制型	传感器输出能量由外部提供，但受被测量输入控制

续表

分类法	类型	说明
按作用原理	应变、电容、压电、热电	以传感器对信号转换的作用原理命名
按功能性质	力、热、磁、光、气敏等	以对被测量的敏感性命名
按功能材料	固体、光纤、膜、超导等	以敏感功能性材料命名
按输入分量	位移、压力、温度等	以被测量命名（按用途分类）
按输出量	模拟式、数字式	输出量为模拟信号或数字信号

（2）要求

传感器作为测量与控制系统的第一关，通常都必须满足快速、准确、可靠并经济地实现信息转换的基本要求。即：

第一，足够的容量。传感器的工作范围或量程足够大，具有一定过载能力。

第二，灵敏度高，精度适当。要求其输出信号与被测输入信号成确定关系（通常为线性），且比值要大，传感器的静态与动态响应的准确度能满足要求。

第三，响应速度快，工作稳定、可靠性好。

第四，适用性和适应性强。体积小，重量轻，动作能量小，对被测对象的状态影响小，内部噪声小而又不易受外界干扰的影响，其输出力求采用通用或标准形式，以便与系统对接。

第五，使用经济，成本低，寿命长，便于使用、维修和校准。

然而，能完全满足上述性能要求的传感器是很少的。我们应根据应用的目的、使用环境、被测对象状况、精度要求等具体条件作全面综合考虑。

3.1.2 传感器应用与发展趋势

1. 传感器应用

传感器作为感知外部世界的重要设备，广泛应用在科研、工程和物联网等各个方面。主要应用领域如下。

（1）工业自动化

在工业自动化生产过程中，需要传感器来实时监控工业生产过程各环节的参数，因此传感器广泛应用于工业的自动监测与控制系统中。典型的应用领域有石油、电力、冶金、机械制造、化工和生物等。

（2）航空航天

在航空航天领域，传感器具有非常重要的作用，如检测飞行姿态、飞行的高度、方向、速度、加速度等参数均需要传感器。

（3）资源探测与环境保护

传感器常常用来探测陆地、海洋和空间环境等参数，以便探测资源和保护环境。如采用磁感应传感器可以探测是否有铁矿，采用化学和生物传感器可监测海洋及大气环境是否良好。

（4）医学

在物联网中，可穿戴设备是目前的一个发展热点，它可以实时采集人体的体温、血压、呼吸等生理参数，而这些参数的获取需要用到相应的传感器。另外，我们熟知的CT、B超、X光机等都是大型的电磁、超声、射线传感器，只不过它进行了进一步的信息处理。

（5）家电

传感器在家用电器方面也有着广泛的应用，如空调、洗衣机、微波炉等均采用了温度等传感器。

（6）军事

传感器在军事方面的应用非常早，也非常广泛，如各种观察、瞄准装置、红外探测装置等。

2. 传感器的发展趋势

（1）发现新效应，开发新材料、新功能

传感器的工作原理是基于各种物理的、化学的、生物的效应和现象，具有这种功能的材料称为“功能材料”或“敏感材料”。因此，新的效应和现象的发现是新的敏感材料开发的重要途径；而新的敏感材料的开发是新型传感器问世的重要基础。例如，利用超导中的约瑟夫逊效应的热噪声研制的温度传感器，可测量 10^{-6}K 的超低温度。

（2）多功能集成化与微型化

多功能指的是在同一芯片上，或将众多相同类型的单个传感器件集成为一维、二维或二维阵列型传感器。集成化就是将传感器件与调理、补偿等处理电路集成一体化。高度集成化的传感器是多功能与集成化两者的有机融合，以实现多信息与多功能集成一体化的传感器系统。

微型传感器的特征是体积微小、重量很轻，体积、重量仅为传统传感器的几十分之一甚至几百分之一，其敏感元件的尺寸一般为微米级。

选用硅材料，以微机械加工技术为基础，以仿真程序为工具的微结构设计来研制各种敏感机理的集成化、阵列化、智能化硅微传感器，称之为“专用集成微型传感器技术”（Application Specific Integrated Micro-transducer，ASIM），ASIM 在航空航天、遥感遥测、环境保护、生物医学、工业自动化领域有着极大的应用价值。

（3）数字化、智能化与网络化

传感器的数字化是提高传感器本身多种性能的需要，也是传感器向智能化、网络化更高层次发展的前提。

近年来，传感器的智能化和智能传感器的研究、开发正在世界各国家积极开展。凡是具有一种或多种敏感功能，且能实现信息的探测、处理、逻辑判断和双向通信，并具有自检测、自校正、自补偿、自诊断等多功能的器件或装置，可称为“智能传感器”（Intelligent Sensor）。目前国内外已将传统的传感器与其配套的转换电路、微处理器、输出接口与显示电路等模块封装在了一起，它减小了体积，优化了结构，提高了可靠性和抗干扰性能。今后传统传感器实现小型化和智能化将是发展方向。

无线传感器网络是传感器网络化的一个实现，它的广泛应用奠定了物联网的技术基础，将在社会、经济等多个方面发挥重要的作用。

（4）研究生物感官，开发仿生传感器

人类凭借发达的智力，无须依靠强大的感官能力就能生存，而动物则拥有特殊的感知能力，即功能奇特、性能高超的生物传感器，凭借这些非凡的感知能力，它们能够逃避诸如火山爆发、地震、海啸之类的灭顶之灾。动物的感知性能是当今传感器技术发展的目标，利用仿生学、生物遗传工程和生物电子学技术来研究它们的机理，研发仿生传感器，也是非常受关注的发展方向。

3.1.3　传感器的特性与指标

1. 静态特性

静态特性表示传感器在被测输入量处于稳定状态时的输出—输入关系。静态特性主要应考虑其非线性和随机变化等因素。

（1）线性度

线性度又称非线性，是表征传感器输出—输入校准曲线与所选定的拟合直线之间的吻合（或偏离）程度的指标，一般拟合直线作为传感器的工作直线。通常用相对误差来表示线性度或非线性误差，即

$$e_L = \pm \frac{\Delta L_{max}}{y_{ES}} \times 100\%$$

其中，ΔL_{max} 为输出平均值与拟合直线间的最大偏差；y_{ES} 为理论满量程输出值。

选定的拟合直线不同，计算所得的线性度数值也就不同。选择拟合直线应保证获得尽量小的非线性误差，并考虑使用与计算方便。目前常用的拟合方法有：理论直线法、端点直线法、最佳直线法和最小二乘法等。

（2）回差（滞后）

回差是反映传感器在正（输入量增大）反（输入量减小）行程过程中输出—输入曲线的不重合度的指标。通常用正反行程输出的最大差值 ΔH_{max} 计算，并用相对值表示，如图 3.1.2 所示。

$$e_H = \pm \frac{\Delta H_{max}}{y_{ES}} \times 100\%$$

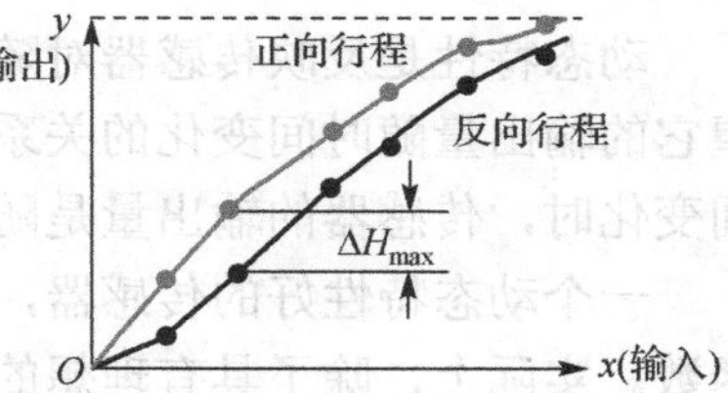

图 3.1.2　回差

（3）重复性

重复性是衡量传感器在同一工作条件下，输入量按同一方向作全量程连续多次变动时所得特性曲线间的一致程度的指标。各条特性曲线越靠近，重复性越好。

重复性误差反映的是校准数据的离散程度，属随机误差，因此应根据标准偏差计算。即

$$e_R = \pm \frac{a\sigma_{max}}{y_{ES}} \times 100\%$$

式中，σ_{max} 为各校准点正行程与反行程输出值的标准偏差中的最大的值；a 为置信系数，通常取 2 或 3，当取 2 时，置信概率为 95.5%，取 3 时，置信概率为 99.73%。

（4）灵敏度

灵敏度是传感器输出量增量与被测输入量增量之比。线性传感器的灵敏度就是拟合直线的斜率，即

$$K = \Delta y / \Delta x$$

非线性传感器的灵敏度不是常数，而为它的导数，即 dy / dx。

（5）分辨率

分辨率是传感器在规定测量范围内所能检测出的被测输入量的最小变化量。有时用该值

对满量程输入值的百分比来表示。

（6）阈值

阈值是能使传感器输出端产生可测变化量的最小被测输入量值，即零位附近的分辨力。有的传感器在零位附近有严重的非线性，形成所谓“死区”，则将此区的大小作为阈值。更多情况下阈值主要取决于传感器的噪声大小，因而有的传感器只给出噪声电平。

（7）稳定性

稳定性又称长期稳定性，即传感器在相当长时间内仍能保持其性能的能力。稳定性一般以室温条件下经过一规定时间间隔后，传感器的输出与起始标定时的输出之间的差异来表示，有时也用标定的有效期来表示。

（8）漂移

漂移是指在一定时间间隔内，传感器输出量存在着与被测输入量无关的、不需要的变化。漂移包括零点漂移与灵敏度漂移。

零点漂移或灵敏度漂移又可分为时间漂移（时漂）和温度漂移（温漂），时漂是指在规定条件下，零点或灵敏度随时间的缓慢变化；温漂为周围温度变化引起的零点或灵敏度漂移。

（9）静态误差（精度）

静态误差（精度）是评价传感器静态性能的综合性指标，指传感器在满量程内任一点输出值相对其理论值的可能偏离（逼近）程度。它表示采用该传感器进行静态测量时所得数值的不确定度。

2．动态特性

动态特性是反映传感器对随时间变化的输入量的响应特性。用传感器测试动态量时，希望它的输出量随时间变化的关系与输入量随时间变化的关系尽可能保持一致。当被测量随时间变化时，传感器的输出量是随时间变化的函数。

一个动态特性好的传感器，它的输出将呈现输入量的变化规律，也就是具有相同的时间函数。实际上，除了具有理想的比例特性外，输出信号将不会与输入信号具有相同的时间函数，这种输出与输入间的差异就是动态误差。

3.2 电阻式与变磁阻式传感器

通过电阻参数的变化来测量非电量的传感器称为电阻式传感器（Resistive Transducer）。各种电阻材料受被测量（如位移、应变、压力、光和热等）作用转换成电阻参数变化的机理是各不相同的，因而在电阻式传感器中相应地产生了电位计式、应变式、压阻式、磁电阻式、光电阻式和热电阻式等。

变磁阻式传感器（Variable Reluctance Transducer）是一种利用磁路磁阻变化引起传感器线圈的电感（自感或互感）变化来检测非电量的机电转换装置。常用来检测位移、振动、力、应变、流量、密度等物理量。

电阻式与变磁阻式传感器应用非常广泛，尤其在计量等方面。以下将介绍一些常用的电阻式和变磁阻式传感器。

3.2.1　电阻式传感器

1．电阻应变式传感器

电阻应变式传感器是利用导体或半导体在外力的作用下产生变形，而使其电阻发生变化来进行非电量测量的。电阻应变式传感器有两方面的应用：一是作为敏感元件，直接用于被测试元件的应变测量；另一个是作为转换元件，通过弹性敏感元件构成传感器，用以对任何能转变成弹性元件应变的其他物理量作间接测量。用作传感器的应变计，应有更高的要求，尤其非线性误差要小，力学性能参数受环境温度影响小，并与弹性元件匹配。应变式传感器有以下应用特点：

第一，应用和测量范围广。用应变计可制成各种机械量传感器，如测力传感器可测 10^{-2}～10^{7}N（牛顿）、10^{3}～10^{8}Pa，加速度传感器可测到 10^{3} 级 m/s^{2}。

第二，分辨力和灵敏度高，尤其是用半导体应变计，灵敏度可达几十 mV/V（毫伏每伏）；精度较高，一般达 1%～3% F. S，高精度可达 0.1%～0.01%F.S。

第三，结构轻小，对被测元件影响小；对复杂环境的适应性强，易于实施对环境干扰的隔离或补偿，从而可以在高温、超低压、高压、水下、强磁场以及辐射等恶劣环境下使用；频率响应好。

目前传感器的种类繁多，但较高精度的传感器仍以应变式应用最普遍。它广泛应用在机械、冶金、石油、建筑、交通、水利、生物、医学和宇航等部门的自动测量与控制或科学实验中。图 3.2.1 为电阻式应变计的例子。

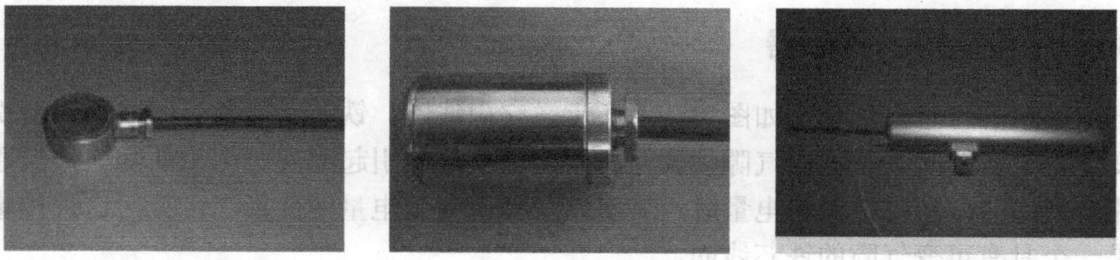

(a) 电阻应变式压力盒　(b) 电阻应变式渗压计　(c) 电阻应变式位移计

图 3.2.1　电阻式应变计的示例

电阻应变式传感器主要有以下几类。

（1）测力传感器

应变式传感器最多的应用领域是在称重和测力方面。这种测力传感器的结构由应变计、弹性元件和一些附件所组成。弹性元件根据结构形式（如柱形、筒形、环形、梁式、轮辐式等）和受载性质（如拉、压、弯曲和剪切等）的不同，分为许多种。

（2）压力传感器

压力传感器主要用来测量流体的压力。视其弹性体的结构形式有单一式和组合式之分。

（3）位移传感器

应变式位移传感器是把被测位移量转变成弹性元件的变形和应变，然后通过应变计和应变电桥，输出正比于被测位移的电量。它可用来近测或远测静态与动态的位移量。

（4）其他应变式传感器

利用应变计还可以构成其他应变式传感器，如通过质量块与弹性元件的作用，可将被测加速度转换成弹性应变，从而构成应变式加速度传感器；如通过弹性元件和扭矩应变计可构成应变式扭矩传感器等。

2．压阻式传感器

随着材料科学的发展，如金属、半导体、精密陶瓷、电介质、超导体等固态材料的各种功能效应逐渐被人们所发现。其中，半导体单晶硅、锗等材料在外力作用下电阻率会发生变化，这种现象称为**压阻效应**。利用压阻效应开发的传感器称为压阻式传感器（Piezo-resistance Sensor）。它有两种类型：一是利用半导体材料的体电阻，制作成半导体应变计，其灵敏度比金属应变计高 2 个数量级；二是在半导体单晶硅（锗）的底片上利用半导体技术，将弹性敏感元件与应变元件合二为一，制成扩散硅压阻式传感器。

压阻式传感器主要用于测量压力和加速度，其输出可以是模拟电压信号，也可以是频率信号。图 3.2.2 为不同规格的硅压阻式压力传感器。

图 3.2.2　硅压阻式压力传感器示例

3.2.2　变磁阻式传感器

一个简单的自感式传感器如图 3.2.3 所示，它由线圈、铁芯和衔铁等组成。当衔铁随被测量变化上下移动时，铁芯的气隙、磁路磁阻随之变化，引起线圈电感量的变化，当通过测量电路转换成与位移成比例的电量时，就实现了非电量到电量的变换。可见，这种传感器实质上是一个具有可变气隙的铁芯线圈。

变磁阻传感器就是具有铁芯、线圈或空心线圈的传感器，其原理和相关示例如图 3.2.3、图 3.2.4 所示。

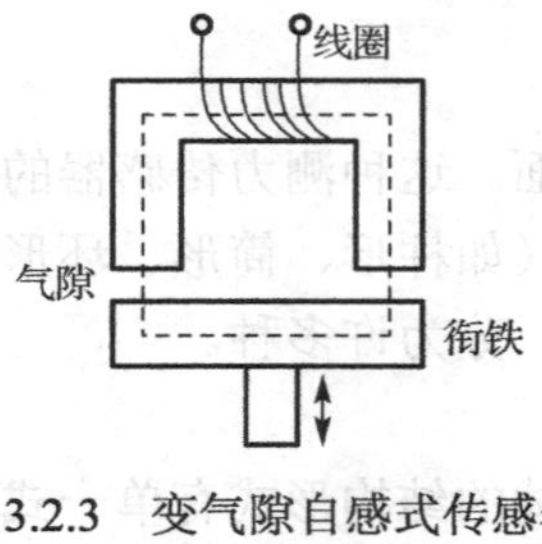

图 3.2.3　变气隙自感式传感器

图 3.2.4　自感式压力传感器

变磁阻式传感器主要有以下几种。

1．自感式传感器

自感式传感器实质上是一个具有气隙的铁芯线圈。按磁路几何参数变化形式的不同，目前常用的自感式传感器有变气隙式、变面积式与螺管式三种。

大多数自感式传感器采用交流电桥作为测量电路，电源电压的波动将直接导致输出信号的波动。因此，应按传感器的精度要求选择电源电压稳定度，电压的幅值大小应保证不因线圈发热导致性能不稳定。此外，电源电压的波动还会引起铁芯磁感应强度和磁导率的改变，从而使铁芯磁阻发生变化而造成误差。因此，铁芯磁感应强度的工作点要选在磁化曲线的线性段，以免磁导率发生较大变化。

电源频率的波动会引起线圈感抗的变化，从而造成误差。采用差动工作方式，其影响将能得到补偿。但须注意，频率的高低应与铁芯材料相匹配。

2. 互感式传感器（差动变压器）

互感式传感器是一种线圈互感随衔铁位移变化的变磁阻式传感器，其原理类似于变压器。变压器是闭合磁路，且初、次级间的互感为常数；而互感式传感器是开放磁路，其初、次级间的互感随衔铁移动而变化，两个次级绕组按差动方式工作，因此又称为差动变压器。它的等效电路如图 3.2.5 所示。

差动变压器有变气隙式、变面积式与螺管式三种类型。气隙式，灵敏度较高，但测量范围小，一般用于测量几微米到几百微米的位移；变面积式一般可分辨零点几角秒以下的微小角位移，线性范围达±10°；螺管式可测量几纳米到一米的位移，但灵敏度稍低。

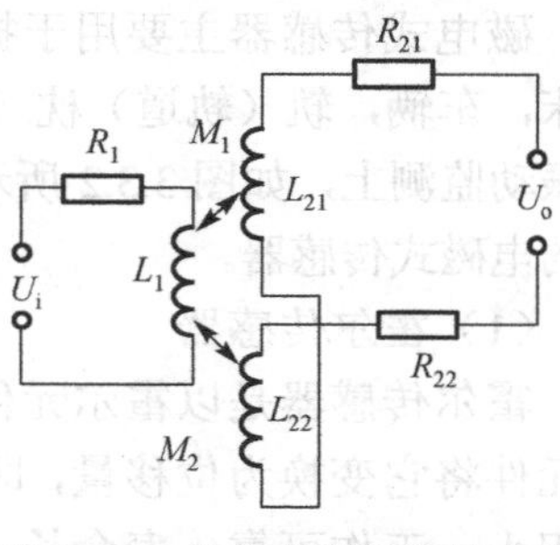

图 3.2.5　差动变压器等效电路

自感和互感式传感器统称为电感式传感器，主要用于测量位移与尺寸，也可以测量能够转换为位移变化的其他参数，如力、张力、压力、压差、振动、应变、流量和密度等。

3.3　电容式传感器与磁电式传感器

3.3.1　电容式传感器

电容式传感器（Capacitance Transducer）是将被测非电量的变化转换为电容量变化的一种传感器。它的结构简单、分辨力高，可进行非接触测量，并能在高温、辐射和强烈振动等恶劣条件下工作。随着集成电路技术和计算机技术的发展，各种用途的微机械结构集成化电容传感器将成为一种很有发展前途的传感器。一个典型的电容器可由两个平行的金属板及金属板中间的填充电介质构成，如果金属板间无填充，即它的电介质为空气或真空，那么改变电容器的金属板的面积、距离或中间填充物的电介质就可以改变电容量的变化，通过测量电路可以得出电参量的值，从而可以测量电容器的极板面积、距离和电介质的变化。因此，电容式传感器可分为变极距型、变面积型和变介质型三类。图 3.3.1 为一些电容式传感器的示例图。

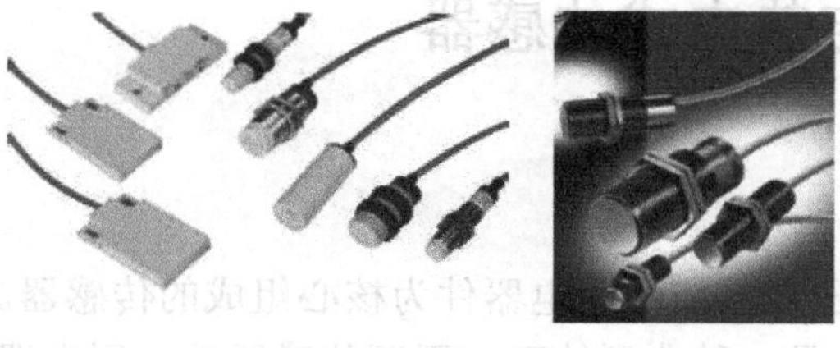
图 3.3.1　电容式传感器示例

电容式传感器具有明显的优点，主要表现在：第一，分辨力高，能测量最低达 10^{-7} 的电容值或 0.01μm 的绝对变化量和高达 100%～200%的相对变化量（$\Delta C/C$），尤其适合微变化量的测量；第二，动极（可动部分）质量小，可进行无接触测量，自身的功耗、发热和迟滞极小，可获得高的静态精度和良好的动态特性；第三，结构简单，不含有机材料或磁性材料，除高湿外，对环境的适应性较强；第四，过载能力强。常用的电容式传感器有：位移传感器、加速度传感器、力和压力传感器、物位传感器（介质型电容传感器）等。

3.3.2 磁电式传感器

磁电式传感器（Magnetoelectric Transducer）是利用电磁感应原理，将输入运动速度或磁量的变化变换成感应电势输出的传感器。通常的磁电式传感器不需要辅助电源，就能把被测对象的机械能转换成易于测量的电信号，是一种自感传感器。有时也称为电动式或感应式传感器。由于它有较大的输出功率，因此匹配电路较简单；性能稳定，工作频带一般为 10～1000Hz。磁电式传感器具有双向转换特性。利用其逆转换效应可构成力（矩）发生器和电磁激振器等。

磁电式传感器主要用于振动测量，可应用在航空发动机，各种大型电机，空气压缩机，机床，车辆，轨（轨道）枕（枕木）振动台，化工设备，各种水、气管道，桥梁，高层建筑等的振动监测上，如图 3.3.2 所示。另外，霍尔传感器及其他磁敏传感器也是采用电磁感应原理研制的电磁式传感器。

（1）霍尔传感器

霍尔传感器是以霍尔元件为核心构成的一种磁感应传感器，非电量只要能通过前置的敏感元件将它变换为位移量，即可利用霍尔传感器来测量。由于霍尔元件结构简单、工艺成熟、体积小、工作可靠、寿命长、线性好、频带宽，因此得到了广泛应用，主要用于大电流、微气隙磁场、微位移、转速、加速度、振动、压力、流量和液位等方面的测量。

（2）其他磁敏传感器

其他磁敏传感器是由磁敏电阻器和磁敏二极管、二极管和磁敏 MOS 器件等磁电转换元件构成的传感器，可用于位移测量、电机设备的磁源探伤等。

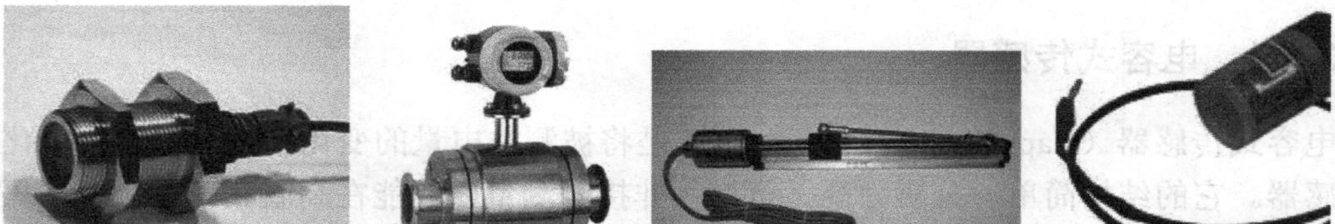

(a) 磁电式传感器　　(b) 霍尔传感器

图 3.3.2 磁电式传感器与霍尔传感器示例

3.4 压电式传感器与热电式传感器

3.4.1 压电式传感器

压电式传感器（Piezoelectric Sensor）是以具有压电效应的压电器件为核心组成的传感器。由于压电效应具有自发电和可逆性，因此压电器件是一种典型的双向无源传感器件。压电器件已被广泛应用在超声、通信、宇航、雷达和引爆等领域，并与激光、红外、微波等技术相结合，成为一种重要器件。

1. 压电效应

在物理中，一些离子型晶体的电介质，如石英等，不仅在电场力的作用下，而且在机械力的作用下都会发生极化现象。该现象有如下两种：

（1）正压电效应

简称为压电效应，即在这些电介质的一定方向上施加机械力产生变形时，将引起内部正负电荷中心转移而产生极化，极化强度与施加的外力成正比。

（2）逆压电效应

若对这些电介质施加电场，同样会引起电介质内部正负电荷重排，导致电介质变形，其变形程度与外电场强度成正比，该现象称为逆压电效应，或称电致伸缩。该效应能实现机—电转化。

压电材料主要有压电晶体、压电陶瓷、压电半导体和有机压电高分子材料。

2. 压电式传感器的应用

目前压电式传感器主要应用于测力，尤其是对冲击、振动和加速度的检测。常用的压电式传感器有加速度传感器和测力传感器。

3.4.2 热电式传感器

热电式传感器（Thermoelectric Sensor）是利用转换元件电磁参量随温度变化的特性，对温度和与温度有关的参量进行检测的装置。其中将温度变化转换为电阻变化的称为热电阻传感器；将温度变化转换为热电势变化的称为热电偶传感器。这两种热电式传感器应用非常广泛。

1. 热电阻传感器

热电阻传感器可分为金属热电阻式和半导体热电阻式两大类，前者简称热电阻，后者简称热敏电阻。

（1）特点

测量温度的热电阻具有以下特点：第一，高温系数，高电阻率，这样在同样条件下可加快反应速度，提高灵敏度，减小体积和重量；第二，化学、物理性能稳定，以保证在使用温度范围内热电阻的测量准确性；第三，良好的输出特性，即必须有线性的或者接近线性的输出；第四，具有良好的工艺，可批量生产，降低了成本。

适宜制作热电阻的材料有铂、铜、铁、镍等。

（2）材料特性

常用热电阻材料特性如表3.4.1所示。

表3.4.1 常用热电阻材料特性

材料	温度系数 α /（$℃^{-1}\times10^{-3}$）	比电阻 ρ /（$\Omega\cdot mm^2\cdot m^{-1}$）	温度范围/℃	电阻丝直径/mm	特性
铂	3.92	0.0981	−200～+650	0.05～0.07	近似线性
铜	4.25	0.0170	−50～+150	0.01	线性
铁	6.50	0.0910	−50～+150	–	非线性
镍	6.60	0.1210	−50～+100	0.05	非线性

2. 热敏电阻传感器

（1）分类及用途

热敏电阻是用半导体材料制成的热敏器件。按物理特性可分为三类：第一类，负温度系数热敏电阻（NTC）；第二类，正温度系数热敏电阻（PTC）；第三类，临界温度系数热敏电阻（CTR）。主要用途如表3.4.2所示。

表 3.4.2 热敏电阻的主要用途

应用场合	用途
家用电器	电烘烤箱、电磁炉、电饭煲、电暖壶、电熨斗、电冰箱、洗衣机、烘干机
家具设备	空调、电暖气、电褥子、太阳能
汽车	电子喷油嘴、发动机防热装置、汽车空调、液位计
测量仪表	流量计、风速表、真空计、湿度计、环境污染测量仪
办公设备	复印机、打印机、传真机
农业、园艺	暖房、育苗、饲养
医疗	体温计、人工透析、检查诊断

（2）特性

常用热敏电阻的特性如表3.4.3所示。

表 3.4.3 常用热敏电阻的特性

型号	主要用途	主要电参数			封装
		标称阻值 25℃/kΩ	额定功率/W	时间常数/s	
MF-11	温度补偿	0.01～16	0.50	≤60	片、直热
MF-13	测温、控温	0.82～300	0.25	≤85	杆、直热
MF-16	温度补偿	10～1000	0.50	≤115	杆、直热
RRC2	测温、控温	6.8～1000	0.40	≤20	杆、直热
RRC7B	测温、控温	3～100	0.03	≤0.5	珠、直热
RRW2	稳定振幅	6.8～500	0.03	≤0.5	珠、直热

3. 热电偶传感器

热电偶传感器是目前接触式测温中应用最广的热电式传感器，具有结构简单、制造方便、测温范围宽、热惯性小、准确度高等优点。它是由两种不同材料构成的，当两种材料两端的温度不同时，两端就会产生热电流或热电势，它反映了两端的温度差，因此可用于接触式的温度测量。常用热电偶材料与特性如表3.4.4所示。

表 3.4.4 常用热电偶材料与特性

名称	化学成分	测温范围/℃	特点与用途
工业铂铑$_{10}$—铂热电丝	（+）铂铑$_{10}$ （−）纯铂丝	0～1600	工业用途的各种热电偶
工业铂铑$_{30}$—铂铑$_{6}$热电丝	（+）铂铑$_{30}$ （−）纯铂$_{6}$	600～1700	工业用途的各种热电偶
工业铂铑$_{13}$—铂热电丝	（+）铂铑$_{13}$ （−）纯铂丝	0～1600	工业用途的各种热电偶
铱铑$_{10}$—铱热电偶丝	（+）铱铑$_{10}$ （−）铱	0～2100	科研中测量温度

续表

名　称	化学成分	测温范围/℃	特点与用途
铱铑 $_{40}$—铂铑 $_{40}$ 热电偶丝	（+）铱铑 $_{40}$	0～1900	适应于氧化、中性气体测温
	（−）铂铑 $_{40}$		
镍铁—镍铜电热丝	（+）镍铁	50～500	50℃以下几乎无电势，在 300℃以上热电势迅速增大，适用于火警监测
	（−）镍铜		
镍铬—康铜热电偶丝	（+）镍铬	−200～+900	各种热电偶
	（−）康铜		
镍铬—镍硅热电偶丝	（+）镍铬	−50～+1312	各种热电偶
	（−）镍硅		
铜—康铜热电偶	（+）铜	−200～+400	各种热电偶
	（−）康铜		
镍铬（铜）—金铁 $_3$ 低温热电偶丝	（+）镍铬（或铜） （−）金铁 $_3$	与镍铬配对−270～+10，与铜配对−270～−250	电动势大、灵敏度高，适用于低温测量

热电式传感器最直接的应用是测量温度，此外还可以作为管道流量计、热电式继电器、气体成分分析仪、金属材质辨别仪等。

3.5　光电式传感器与光纤传感器

3.5.1　光电式传感器

光电式传感器（Photoelectric Sensor）是以光为测量媒介、以光电器件为转换元件的传感器，它具有非接触、响应快、性能可靠等优良特性。激光技术和图像技术已应用于传感器。在非接触测量领域光电式传感器具有非常重要的作用，在各个领域得到了广泛应用。

1. 光电式传感器的组成

光电式传感器的直接被测量是光，可以测量光的有无，也可以测量光的强度，其组成如图 3.5.1 所示。主要由光源、光通路、光电元件和测量电路组成。

光电元件是光电式传感器的最重要的环节，所有被测信号最终都要转换为光信号的变化，因此有何种光电元件，就有何种光电式传感器，这就形成了光电传感器的多种类、多型号、多种各异的性能。

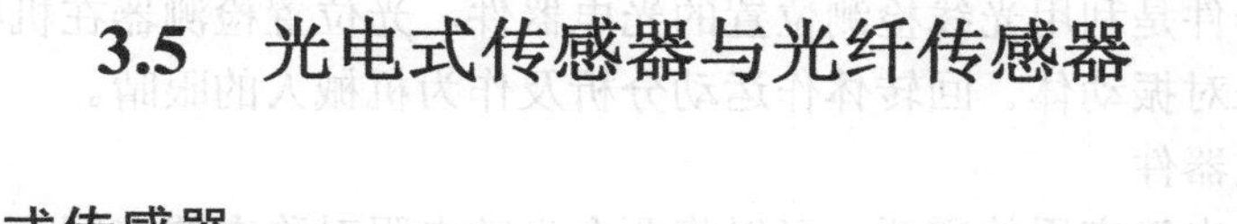

图 3.5.1　光电式传感器的组成

（1）光源

光电式传感器对光源具有这几方面的要求：第一，必须具有足够的照度；第二，光源应均匀、无遮挡或阴影；第三，光源的照射方式应符合传感器的测量要求；第四，光源的发热量应尽可能小；第五，光源发出的光必须具有合适的光谱范围，光电传感器使用的光的波长范围处在紫外至红外之间的区域，一般多用可见光和近红外光。

常见的光源有：热辐射光源、气体放电光源、发光二极管和激光器。

（2）光电效应与光电器件

所谓光电效应是指物体吸收了光能后转换为该物体中某些电子的能量而产生的电效应。一般地，光电效应分为外光电效应和内光电效应两类。所以，光电器件也相应地分为外光电器件和内光电器件两类。光电器件是光电传感器的重要组成部分，对传感器的性能影响很大。

外光电效应：在光的照射下，电子逸出物体表面而产生光电子发射的现象称为外光电效应。基于外光电效应原理工作的光电器件有光电管和光电倍增管。

内光电效应：光照射在半导体材料上，激发出光生电子—空穴对，从而使半导体材料产生光电效应，该现象称为内光电效应。内光电效应按其工作原理可分为光电导效应和光生伏特两种。

基于光电导效应的光电器件主要有：光敏电阻、光敏二极管和光敏三极管。由单晶硅制成的硅光电池是一种典型的光生伏特效应器件。

2．新型光电器件

（1）位置敏感器件（PSD）

光位置敏感器件是利用光线检测位置的光电器件。光位置检测器在机械加工中可用作定位装置，也可用来对振动体、回转体作运动分析及作为机械人的眼睛。

（2）集成光敏器件

为满足差动输出等应用的需要，可以将两个光敏电阻对称布置在同一光敏面上，也可将光敏三极管制成对管形式，构成集成光敏器件。多个光敏器件可构成二维光敏阵列，以扩展检测范围。

（3）固态图像传感器

图像传感器是电荷转移器件与光敏阵列元件集成为一体构成的具有自扫描功能的摄像器件。它与传统的电子束扫描真空摄像管相比，具有体积小、重量轻、使用电压低（小于 20 V）、可靠性高和不需要强光照等优点，因此得到了广泛应用。图像传感器的核心是电荷转移器件（Charge Transfer Device，CTD），其中最常用的是电荷耦合器件（Charge Coupled Device，CCD）。

3．光电式传感器的应用

应用光电式传感器可制作：（1）光电式数字转速表；（2）光电式物位仪；（3）视觉传感器；（4）细丝类物件的在线检测器。

3.5.2 光纤传感器

光纤传感器（Optical Fiber Sensor）以其高灵敏度、抗电磁干扰、耐腐蚀、可挠曲、体积小、结构简单，以及与光纤传输线路相容等独特优点，受到世界各国的广泛重视。光纤传感器可用于位移、振动、转动、压力、弯曲、应变、加速度、电流、磁场、电压、湿度、温度、声场、流量、浓度、pH 值等 70 多个物理量的测量，应用十分广泛。

光纤传感器是通过被测量对光纤内传输光进行调制，使传输光的强度（振幅）、相位、频率或偏振等特性发生变化，再通过对被调制过的光信号进行检测，从而得出相应被测量的传感器。

光纤传感器一般分为两大类：一类是功能型传感器（Function Optical Fiber Sensor），又称为FF型光纤传感器；另一类是非功能型传感器（None Function Optical Fiber Sensor），又称为NF型光纤传感器。FF型光纤传感器是利用光纤本身的特性，把光纤作为敏感元件，所以又称传感型光纤传感器；NF型光纤传感器是利用其他敏感元件感受被测量的变化，光纤仅作为光的传输介质，以传输来自远处或难以接近场所的光信号，因此，也称传光型光纤传感器。表3.5.1列出了常用的光纤传感器分类及简要工作原理。

表3.5.1 部分光纤传感器分类

被测量	传感器类型	光的调制	物理效应	材料	主要性能
电流 磁场	FF	偏振	法拉第	石英系玻璃 铅系玻璃	电流50～120A（精度0.24%），磁场强度0.8～4800A/m（精度2%）
		相位	磁致伸缩	镍，68碳膜合金	最小监测磁场强度 8×10^{-5}A（1～10kHz）
	NF	偏振	法拉第	YIG强磁体 FR–5铅玻璃	磁场强度0.08～160A/m （精度0.5%）
电压 电场	FF	偏振	Pockels	亚硝基苯胺	
		相位	磁致伸缩	陶瓷振子 压电元件	
	NF	偏振	Pockels	$LiNbO_3$, $LiTaO_3$,$Bi_{12}SiO_{20}$	电压1～1000V 电场强度0.1～1kV/cm （精度1%）
温度	FF	相位	干涉现象	石英系玻璃	温度变化量 17条/（°C·m）
		光强	红外透过	SiO_2, CaF_2, ZrF_2	温度250～1200°C （精度1%）
	FF	偏振	双折射率变化	石英系玻璃	温度30～1200°C
		开口数	折射率变化	石英系玻璃	
	NF	断路	双金属片弯曲	双金属片	温度10～50°C （精度0.5°C）
速度	FF	相位	Sagnac	石英系玻璃	角速度3×10^{-3}rad/s上
		频率	多普勒	石英系玻璃	流速10^{-4}～10^{3}m/s
	NF	断路	风标旋转	旋转圆盘	风速60m/s

3.6 化学传感器与生物传感器

3.6.1 化学传感器

1. 基本原理和分类

（1）基本原理

能将各种物质的化学特性，如成分、浓度等，定性或定量地转变成电信号输出的装置称为化学传感器（Chemical Sensor），它是获取化学量信息的重要手段。化学传感器具有成本低、响应快、使用方便等特点，是广泛应用的一大类传感器。

物质的化学特性是通过化学反应表现的。化学反应的本质是原子电荷的得失，其结果是物质的性质发生改变，化学传感器的敏感结构参与了这种反应，并将化学反应中伴随发生的各种变化信息，如电效应、光效应、热效应、质量变化等，转换为易于分析、处理和控制的信息。化学传感器通常由接收器（Receptor）和换能器（Transducer）两部分组成，接收器是具有分子或离子识别功能的化学敏感层，它的作用可以概括为吸附（如 SnO_2 可以吸附气体分子，陶瓷可以吸附水汽）、离子交换（如离子敏电极可以与待测溶液交换离子）、选样（如钯栅、玻璃膜对氢气分子具有选择性），它的物理形态主要是各种工艺制作的膜结构。膜的性能也与制膜工艺有关，一般分为：涂覆膜、厚膜（厚度为 0.01～0.3mm）、薄膜。

（2）特性与分类

在监测过程中，化学传感器的敏感材料也将发生化学变化，会造成敏感物质的损耗，影响到传感器的使用寿命和性能。因此，要求化学传感器的这种化学变化是可逆的，即随着被测量的变化自动地发生氧化—还原反应。此外，由于化学反应的复杂性，一种敏感材料可能与各种物质发生反应，这不仅表现出多选择性，而且还使传感器受到污染、中毒，导致传感器失效。因此，保持敏感膜的清洁也是化学传感器的重要特点。

换能器的作用是将敏感膜的化学或物理型变化转换成电信号或光信号。换能器的形式有多种多样，主要有；各种化学电池、电极、场效应管（MOSFET）、PN 结、声表面波器件、光纤等，换能器的形式决定了化学传感器的外在形态和测量电路。

化学物质数量巨大、性质和形态各异，同一物质的同一化学量可用多种不同类型的传感器测量，有的传感器又可测量多种化学量。因此化学传感器的种类繁多，原理也不尽相同且相对复杂。因此，通常按接收器和换能器的功能来分类：

按接收器的识别功能可分为离子敏传感器、气敏传感器、湿敏传感器、光敏传感器等。

按换能器的工作原理可分为电化学传感器、光化学传感器、质量传感器、热量传感器、场效应管传感器等。

2．常用的化学传感器

（1）离子敏传感器

离子敏传感器（Ion Sensor）是指具有离子选择性的一类传感器。它能检测出液体中离子的种类和浓度。最简单的离子敏传感器是离子选择电极（ISE）。

20 世纪 80 年代，随着半导体技术的发展，人们将离子选择电极与场效应晶体管（MOSFET）技术结合，研制出具有离子选择性场效应管型离子敏传感器（ISFET）。

离子敏传感器按敏感膜可分为玻璃膜式、液态膜式；按换能器分为电极型、场效应管型、光导纤维型和声表面波型。

离子敏传感器可用于测量甲醛含量，可做成库仑仪来测量液体中离子的含量。

（2）气体传感器

气体传感器（Gas Sensor）是以气敏元件为核心组成的能将气体成分转换为电信号的装置，它具有响应速度快、定量分析方便、适用性广的优点。

气体种类繁多，性质各异，因而气体传感器种类也很多。按待检测气体性质可分为：用于检测易燃易爆气体的传感器，如氧气、一氧化碳、瓦斯、汽油挥发气等；用于检测有毒气体的传感器，如氯气、硫化气、砷烷等；用于检测工业过程气体的传感器，如炼钢炉中的氧气、热处理炉中的二氧化碳；用于检测大气污染的传感器，如形成酸雨的 NO_x、SO_x、HCL，

引起温室效应的 CO_2、CH_1、O_3，家庭污染源如甲醛等。按气体传感器的结构还可分为干式和湿式两类；按传感器的输出可分为电阻式和非电阻式两类；按检测原理可以分为电化学法、电气法、光学法、化学法几类，如图 3.6.1 所示。

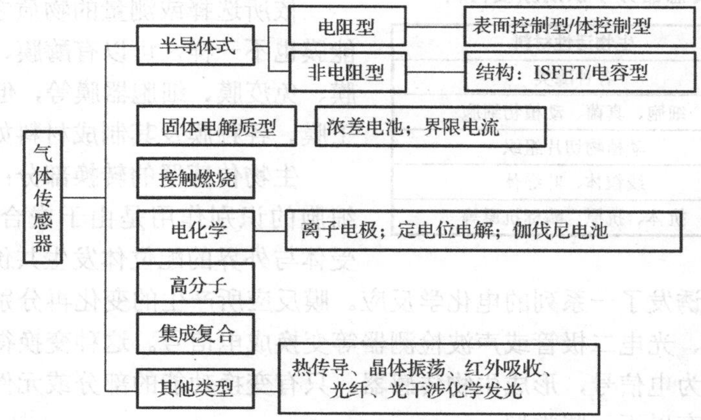

图 3.6.1　气体传感器分类

3.6.2　生物传感器

生物传感器（Biosensor）是指用生物活性材料，如酶、蛋白质、DNA、抗体、抗原、生物膜等作为感受器，通过其生化效应来检测被测量的传感器，是发展生物技术必不可少的一种先进的检测方法与监护方法，也是物质分子水平的快速、微量分析方法。生物传感器与国民经济的诸多领域关系非常密切，广泛应用在生化、医学、生物工程、环境、食品、工业控制与军事等领域，也是物联网重要的感知手段。

1．基本原理与主要部件

（1）基本原理

生物传感器的原理如图 3.6.2 所示，它主要由两大部分构成：一是生物功能物质的分子识别部分，二是转换部分。

各种生物传感器有其共同的结构，包括一种或数种相关生物活性材料（生物膜）及能把生物活性表达的信号转换为电信号的物理或化学转换器（换能器）。这两者组合，当待测物质通过扩散作用进入生物活性材料，经分子识别，然后发生生物学反应，产生相应的信息，进而被相应的物理或化学换能器转变成可定量和可处理的电信号，最后经放大输出，便可测得待测物浓度。

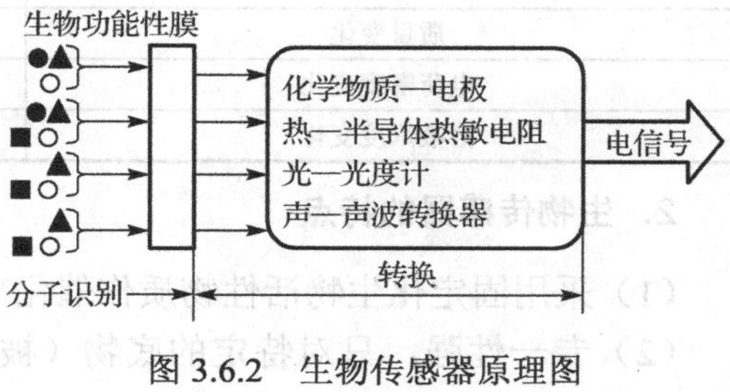

图 3.6.2　生物传感器原理图

（2）主要部件

生物传感器的分子识别部分：其作用是识别被测物质，它是生物传感器的关键部分。其结构是把能识别被测物的功能物质，如酶（E）、抗体（A）、酶免疫分析物（EIA）、原核生物细胞（PK）、真核生物细胞（EK）、细胞类脂（O）等用固定化技术固定在一种膜上，从而形成可以识别被测物质的敏感膜。当生物传感器的敏感膜与被测物接触时，敏感膜上的某种功能性或生化活性物质就会从众多的化合物中挑选自己喜欢的分子并与其相互作用，这种特殊的作用，才使得生物传感器具有选择性识别的能力。

表 3.6.1 生物传感器分子识别膜及材料

分子识别元件	生物活性材料
酶膜	各种酶类
全细胞膜	细胞、真菌、动植物细胞
组织膜	动植物切片组织
细胞器膜	线粒体、叶绿体
免疫功能膜	抗体、抗原、酶标抗原等

依所选择或测量的物质之不同，使用的功能膜也不一样，可以有酶膜、全细胞膜、组织膜、免疫膜、细胞器膜等，但这些膜大多是人工膜。各种膜及其制成材料如表 3.6.1 所示。

生物传感器的转换部分：按照受体学说，细胞的识别作用是由于嵌合于细胞膜表面的受体与外界的配位体发生共价结合，通过细胞膜通透性的改变，诱发了一系列的电化学反应。膜反应所产生的变化再分别通过电极、半导体器件、热敏电阻、光电二极管或声波检测器等变换成电信号。这种变换得以把生物功能物质的分子识别转换为电信号，形成生物传感器。只有变换功能的部分或元件也称为换能器。常用的换能器主要有以下一些类型：

（a）电化学换能器：电位型、电流型、场效应晶体管型、电导型；

（b）光化学换能器：光度型、荧光型、发光型、波导型；

（c）声波换能器：压电晶体型；

（d）热学换能器：温敏型，以及其他类型换能器。

在膜上进行的生物学反应过程以及所产生的信息是多种多样的，表 3.6.2 给出了生物反应和各种转换器搭配的可能性。

表 3.6.2 生物学反应信息和变换器的选择

生物学反应信息	转换器选择
离子变化	电流或电位型 ISE，阻抗计
质子变化	ISE，场效应晶体管
气体分压变化	气敏电极，场效应晶体管
热效应	热敏元件
光效应	光纤，光敏管，荧光计
热色效应	光纤，光敏管
质量变化	压电晶体
电荷密度变化	阻抗计，导纳，场效应晶体管
溶液浓度变化	表面等离子共振

2．生物传感器的特点

（1）采用固定化生物活性物质作催化剂，试剂可以重复多次使用，使用方便、成本低。

（2）专一性强，只对特定的底物（被酶作用的物质）起反应，而且不受颜色、浊度的影响。

（3）分析速度快，可以在一分钟内得到结果。

（4）准确度高，一般相对误差可小于 1%。

（5）操作系统比较简单，容易实现自动分析。

（6）综合信息获取能力强，能得到许多复杂的物理化学反应过程中的信息。

3. 应用

利用光纤酶传感器可测量鱼类血液中的葡萄糖含量，可检测食品中的农药残留量；利用表面谐波型免疫传感器可检测塑料炸弹；利用细胞传感器可以连续检测细胞在外界刺激下的生理性能，由此生物传感器在生物医学、环境监测和药物开发领域具有非常广泛的应用。

3.7 MEMS传感器与智能传感器

3.7.1 MEMS传感器

微电子机械系统（Micro-Electro-Mechanical System）技术简称MEMS技术，是指可批量生产的，将微型机构、微型传感器、微型执行器以及信号处理和控制电路，包括将接口、通信和电源等集成于一体的微型器件或系统。MEMS是随着半导体集成电路精细加工技术和超精密机械加工技术的发展而发展起来的，具有小型化、集成化的特点。目前已发展成了一门独立的新兴学科。

这种将机械系统与传感器电路集成在同一芯片上，构成一体化的微电子机械系统的技术，称为微电子机械加工技术。其中的关键在于微机械加工技术，在硅片上形成穴、沟、锥形、半球形等各种形状，从而构成膜片、悬臂梁、桥、质量块等机械元件。将这些元件组合就可构成微机械系统。利用该技术，还可以将阀门、弹簧、振子、喷嘴、调节器，以及检测力、压力、加速度和化学浓度的传感器，全部集成在硅片上，形成微电子机械系统。

利用MEMS加工技术制造的传感器称为MEMS传感器（或微型传感器）。同传统传感器相比，MEMS传感器具有以下优点：

第一，极大地提高了传感器性能。在信号传输前就可放大信号，从而减少扰动和噪声，提高信噪比；在芯片上集成反馈线路和补偿线路，可改善输出的线性度和频响特性，降低温差，提高灵敏度。

第二，具有阵列特性。可以在一块芯片上集成敏感元件、放大电路和补偿电路，可将多个相同的敏感元件集成在一块芯片上。

第三，具有良好的兼容性，便于与微电子器件集成封装。

第四，利用成熟的硅微半导体工艺制造，可批量生产，成本低廉。

例如，微型惯性器件是一类典型的MEMS传感器，在国防领域具有重要的价值。主要有微型硅陀螺和微型硅加速度计：微型硅加速度传感器采用硅单晶材料，是用微机械加工工艺实现的，具有结构简单、体积小、功耗低、适合大批量生产、价格低廉等特点，因此在卫星上可完成微重力的测量、微型惯性测量，此外在汽车安全系统、倾角测量、冲撞测量等领域也有着广泛的应用。

3.7.2 智能传感器

智能传感器是一种以微处理器为核心单元，具有检测、判断和信息处理功能的传感器。

智能传感器是一个典型的以微处理器为核心的计算机检测系统，其构成如图3.7.1所示。智能传感器包括传感器智能化与智能性传感器两种主要形式。传感器智能化是采用微处理器或微计算机系统来扩展和提高传统传感器性能，传感器与微处理器可为两个独立的功能单元，传感器的输出信号经放大处理和转换后输入到微处理器进行处理。智能性传感器是借助半导体技术将传感器部分与信号放大、处理电路、微处理器等制作在同一块芯片上，形成大规模集成电路的智能传感器。智能传感器具有多种功能，且可靠性好、一体化集成度高、体积小，适宜大批量生产，使用方便、性价比高。它是传感器发展的必然趋势。目前广泛使用的智能传感器是通过传感器的智能化来实现的。

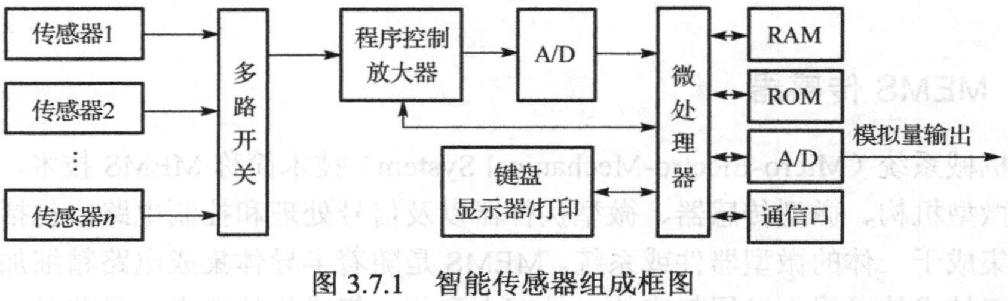

图 3.7.1　智能传感器组成框图

小　结

本章主要介绍了传感器的基本概念，所应用的物理定律，基本结构、分类和要求，传感器的特性与技术指标，传感器的应用领域与发展趋势。详细介绍了电阻式与变磁阻式传感器、电容式传感器与磁电式传感器、压电式传感器与热电式传感器、光电式传感器与光纤传感器、化学传感器与生物传感器的基本原理和它的应用范畴。最后介绍了 MEMS 传感器与智能传感器的构成与特点。

习　题

1．国家标准 GB7665—87 对传感器是如何定义的？试述传感器的狭义与广义定义。
2．传感器工作的物理基础的基本定律和法则主要有哪些类型？请简述。
3．试画出传感器的基本结构，并对各主要部分加以简要说明。
4．传感器的主要敏感元件有哪些？
5．传感器是如何进行分类和要求的？
6．传感器的应用领域主要有哪些？
7．试述传感器的特性与指标。
8．简述电阻式与变磁阻式传感器的基本原理、应用领域。
9．简述电容式传感器与磁电式传感器的基本原理、应用领域。
10．简述压电式传感器与热电式传感器的基本原理、应用领域。
11．简述光电式传感器与光纤传感器的基本原理、应用领域。
12．简述化学传感器与生物传感器的基本原理、应用领域。
13．简述 MEMS 传感器与智能传感器的基本构成，MEMS 传感器有何优点？

第 4 章 无线传感器网络

本章学习目标

通过本章的学习主要掌握无线传感器网络的基本构成与特点，了解无线传感器网络的关键技术与应用难点。熟悉 IEEE 802.15.4 标准及 ZigBee 协议规范，以及无线传感器网络的路由协议与拓扑控制、节点定位、时间同步的原理与算法。

本章知识点

- IEEE 802.15.4 标准、ZigBee 协议规范
- 无线传感器网络的路由协议与拓扑控制
- 节点定位
- 无线传感器网络时间同步

教学安排

4.1～4.2 节（2 学时），4.3～4.4 节（4 学时），4.5 节（2 学时）

教学建议

以分层的观点重点讲授 IEEE 802.15.4 标准及 ZigBee 协议规范，以形象化的事例讲授路由协议与拓扑控制。

无线传感器网络（Wireless Sensor Network，WSN）是物联网的一个重要的组成部分，是物联网的感知控制层中实现“物”的信息采集、“物”与“物”之间相互通信的重要技术手段。无线传感器网络是狭义上的物联网，它是物联网的雏形，也是物质基础之一，同时也必然是泛在网的重要基础。本章将介绍无线传感器网络的发展概况、基本结构、通信协议、定位技术以及应用。

4.1 概 述

无线传感器网络是物联网感知控制层的重要组成部分之一，它是由部署在感知区域内的大量传感器节点间相互通信而形成的一个多跳自组织网络系统，可以广泛应用于军事和民用领域。

传感器网络的研究起步于 20 世纪 90 年代末期。从 21 世纪开始，传感器网络引起学术界、

军事界及工业界的极大关注，2001 年 1 月“MIT 技术评论”将无线传感器列于十种改变未来世界的新兴技术之首。2003 年 8 月，《商业周刊》预测：无线传感器网络将会在不远的将来掀起新的产业浪潮。2004 年《IEEE Spectrum》杂志发表一期专集——传感器的国度，论述无线传感器网络的发展和可能的广泛应用。我国未来 20 年预见技术的调查报告中，信息领域 157 项技术课题有 7 项与传感器网络直接相关。2006 年年初发布的“国家中长期科学与技术发展规划纲要”为信息技术确定了三个前沿方向，其中两个与无线传感器的研究直接相关，即智能感知技术和自组织网络技术。

无线传感器网络已逐渐成为当今信息领域新的研究和应用热点。随着物联网的提出及进一步发展，无线传感器网络被赋予了新的内涵，它不只是简单意义上的监测、监视，而是具有了“感知”内涵，在物联网的框架内，它的发展和应用将会给人类的生活和生产的各个领域带来深远影响。

4.1.1 无线传感器网络的概念与特点

1．无线传感器网络的概念

无线传感器网络是由部署在监测区域内大量的廉价微型传感器节点组成的，通过无线通信方式形成的一个多跳自组织网络的网络系统，其目的是协作感知、采集和处理网络覆盖区域中感知对象的信息，并发送给观察者。

传感器、感知对象和观察者是无线传感器网络的三个要素。传感器之间、传感器与观察者之间是以无线方式进行通信的，通过无线网络在传感器与观察者之间建立通信路由。协作感知、采集和处理信息是传感器网络的基本功能。由于无线传感器网络中的部分或者全部节点是可移动的，因此无线传感器的拓扑结构也会随着节点的移动而发生改变。无线传感器网络节点之间以 Ad Hoc[①]方式进行通信，每个节点既可以作为终端来实现感知功能，又可作为路由器来执行动态搜索、定位和恢复连接的功能。

2．无线传感器网络的体系结构

（1）无线传感器节点结构

一个无线传感器节点一般由传感器模块、处理器模块、无线通信模块和电源模块四部分构成，如图 4.1.1 所示。传感器模块的功能是负责采集监测区域内的信息，并进行数据格式的转换，将原始的模拟信号转换成数字信号，不同的传感器采集不同的信息。处理器模块一般由嵌入式系统构成，用于处理、存储传感器采集的信息数据并负责协同传感器节点各部分的工作。处理器模块还具有控制电源工作模式的功能，以实现节能。此外，处理器模块还负责处理由其他节点发来的数据。无线通信模块的基本功能是将处理器输出的数据通过无线信道与其他节点或基站通信。一般情况下，无线通信模块具有低功耗、短距离通信的特点。电源模块用来为传感器节点提供能量，一般采用微型电池供电。

另外，在无线通信模块中，当发送数据时，数据经过网络层传到数据链路层（Data Link Layer），数据经由数据链路层再传到物理层，如图 4.1.1 中的收发器，此时数据被转换成二进

---

① Ad Hoc 源于拉丁语，引申为一种有特殊用途的网络。IEEE 802.11 标准委员会采用了“Ad Hoc 网络”一词来描述这种特殊的自组织对等式多跳移动通信网络。

制信号以无线电波的形式传输出去。接收数据时，收发器将所接收到的无线信号经过解调后，将其向上发送给 MAC 层再到网络层，最终到达处理器模块，由处理器做进一步处理。

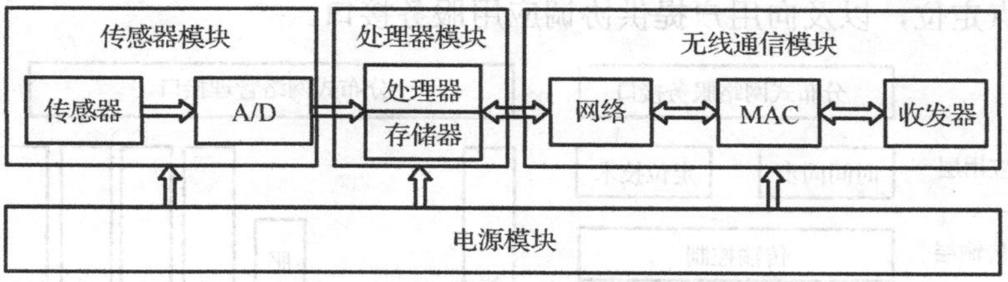

图 4.1.1　无线传感器节点结构

（2）无线传感器网络系统结构

无线传感器网络系统通常由大量的传感器节点（sensor node）、汇聚节点（sink node）和管理节点组成。大量传感器节点随机部署在监测区域（sensor field）中，通过自组织的方式构成网络。传感器节点采集的数据通过其他传感器节点以逐跳的方式在网络中传输，传输过程中数据可被多个节点处理，经过多跳路由后到达汇聚节点，最后通过互联网或者卫星到达数据处理中心。同样，数据处理中心也可以沿着相反的方向，通过管理节点对传感器网络进行管理，发布监测任务以及收集监测数据。无线传感器网络系统结构如图 4.1.2 所示。

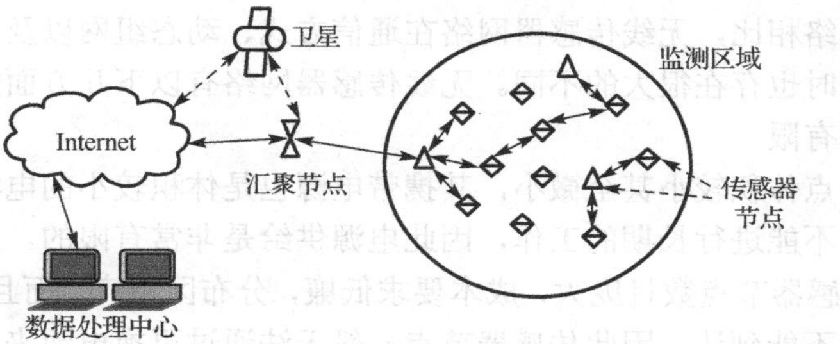

图 4.1.2　无线传感器网络系统结构

（3）无线传感器网络协议体系结构

任何一个网络系统都有自己的网络协议，无线传感器网络也不例外。由于网络协议是由多个相互联系、相互依存的规程或软件构成的，因此这些协议构成了一个完整的体系。

无线传感器网络协议体系是对网络及其部件应完成功能的定义与描述。它由网络通信协议、传感器网络管理以及应用支撑技术组成，其结构如图 4.1.3 所示。

分层的网络通信协议结构类似于传统的 TCP/IP 协议体系结构，由物理层、数据链路层、网络层、传输层和应用层组成。物理层的功能包括信道选择、无线信号的监测、信号的发送与接收等。无线传感器网络采用的传输方式可以是无线、红外或者光波等。物理层的设计目标是以尽可能少的能量损耗获得较大的链路容量。数据链路层的主要任务是建立一条无差错的通信链路，该层一般包括媒体访问控制（MAC）子层与逻辑链路控制（LLC）子层，其中 MAC 层规定了不同用户如何共享信道资源，LLC 层负责向网络层提供统一的服务接口。网络层的主要功能是完成分组路由、网络互连等功能。传输层负责数据流的传输控制，提供可靠高效的数据传输服务。

网络管理技术主要是对传感器节点自身的管理以及用户对传感器网络的管理。网络管理模块是网络故障管理、计费管理、配置管理、性能管理的总和。其他还包括网络安全模块、移动控制模块、远程管理模块。传感器网络的应用支撑技术为用户提供各种应用支撑，包括时间同步、节点定位，以及向用户提供协调应用服务接口。

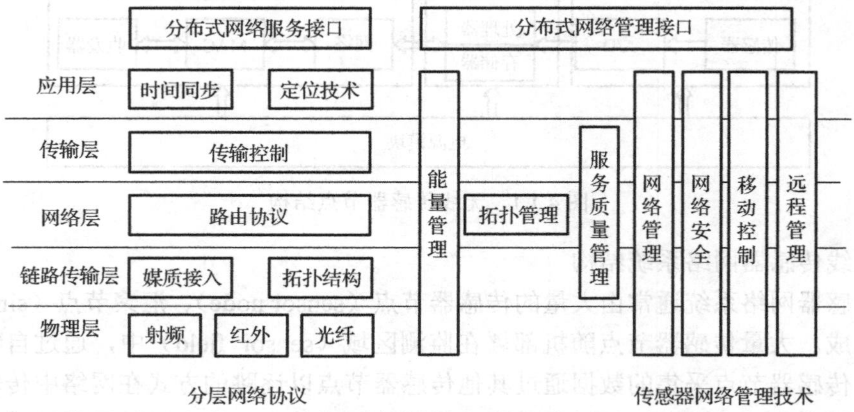

图 4.1.3　无线传感器网络协议体系结构

3. 无线传感器网络的特点

与常规无线网络相比，无线传感器网络在通信方式、动态组网以及多跳通信等方面有许多相似之处，但同时也存在很大的不同。无线传感器网络有以下几方面的特点。

（1）电源供给有限

无线传感器节点体积较小甚至微小，其携带电源也是体积较小的电池，因此也就决定了电池的能量较小，不能进行长期的工作，因此电源供给是非常有限的。

另外，由于传感器节点数目庞大，成本要求低廉，分布区域广，而且部署区域环境复杂，有些区域甚至人员不能到达，因此传感器节点一般无法通过更换电池来延长工作寿命。如何在网络的使用过程中节能，使网络的生命周期最大化，是传感器网络面临的首要问题。

（2）通信能力有限

传感器网络的通信带宽较窄而且经常变化，通信半径只有几十到几百米。无线传感器节点之间的通信断续较频繁，经常会导致通信失败。由于无线传感器网络通常部署在较复杂的区域，因此更易受到高山、建筑物、障碍物等地势地貌以及风雨雷电等自然环境的影响，节点可能会长时间工作在脱网的状态下，通信能力受到非常大的限制。所以，如何在有限通信能力的条件下，完成感知信息的处理与传输，是传感器网络面临的又一难题。

（3）计算能力有限

无线传感器节点是一种以微型嵌入式系统构成的集信息采集、处理、通信功能为一体的设备，且要求其成本低、功耗小，这就决定了它的处理器应是低成本、计算能力比较弱的，存储器容量较小的计算机系统，因此，它的计算能力有限。如何在有限的计算能力下提高信息处理能力是无线传感器的第三个难点。

（4）网络规模大，分布广

传感器网络中的节点分布密集，数量巨大，可能达到几百、几千万，甚至更多。此外，传感器网络可以分布在很广泛的地理区域。这一特点使得网络的维护十分困难甚至不可维护，因此传感器网络的软、硬件必须具有高强壮性和容错性，以满足传感器网络的功能要求。

（5）是自组织、动态性网络

在无线传感器网络应用中，节点通常部署在自然条件较差的地方。节点的位置不能预先精确设定，节点之间的相邻关系也无法预先知道，这就要求传感器节点具有自组织能力，能够自动进行配置和管理。同时，由于部分传感器节点能量耗尽或环境因素造成失效，以及经常有新的节点加入，或是网络中的传感器、感知对象和观察者这三要素都可能具有移动性，这就要求传感器网络必须具有很强的动态性，以适应网络拓扑结构的动态变化。

（6）是以数据为中心的网络

无线传感器网络的主要任务是数据采集，应用者感兴趣的是传感器产生的数据，而不是传感器本身。因此，无线传感器网络是一种以数据为中心的网络。

（7）是与应用相关的网络

无线传感器网络是用来感知并获取物理世界的信息量的。客观世界的物理量多种多样，不可穷尽。不同的传感器网络应用关心不同的物理量，因此对传感器的应用系统也有多种多样的要求。不同的应用背景对传感器网络的要求不同，其硬件平台、软件系统和网络协议必然会有很大差别，在开发传感器网络应用中，更关心传感器网络的差异。因此，针对每一个具体应用来研究传感器网络技术，这是传感器网络设计不同于传统网络的显著特征。

4.1.2 无线传感器网络的关键技术与应用难点

1. WSN 的关键技术

无线传感器网络的关键技术主要有以下几个方面。

（1）通信协议

由于 WSN 节点携带的电源有一定的时间寿命，传感器节点本身的计算、存储和通信能力都十分有限，各个节点只能采集特定局部区域的信息，并要将采集的信息送往汇聚节点，汇聚节点要对大量数据进行协同处理，这些特点都要求传感器节点所运行的网络通信协议不能太复杂。另外，WSN 拓扑结构具有的动态变化属性和使用环境的不同，WSN 节点配置的情况和随机形成的网络拓扑也不同。网络使用的通信协议应该适应应用环境的变化。

WSN 的通信协议内容涉及物理层、数据链路层、网络层和传输层，以及各个不同层之间的相互配合和标准接口，这就要求形成一个完整的网络的通信协议体系以满足能量受限、拓扑结构易变的特点。

（2）WSN 的支撑技术

WSN 支撑技术的应用可使各行各业的用户能够在各种不同的环境中建立起面向应用的信息服务。因此，WSN 的支撑技术可以极大地降低应用的复杂度。WSN 的支撑技术主要包括以下内容：

第一，网络拓扑控制技术及新型传感器的技术和理论；

第二，传感器节点定位技术、以数据为中心的时钟同步技术；

第三，传感器节点能量经济使用的控制技术及数据融合技术；

第四，各种典型场合最佳的数据传送路由算法及技术，及传输网络的多种异构网络的互联互通技术；

第五，节点和网络的最佳覆盖控制技术及无线传感器网络的微执行器技术；

第六，新型无线传感器节点电源及控制技术、网络数据安全技术等。

（3）自组织管理技术

无线传感器网络的动态拓扑结构和应用环境的多变性要求无线传感器网络具有自组织的能力，即在任何应用环境中能够自动组网、自行配置维护、自动启动运行。自组织管理技术使终端用户避免大量繁琐的配置及操作来方便地管理配置和使用无线传感器网络。

网络的自组织管理技术内容包括传感器节点管理、网络资源与任务管理、无线传感器网络中各个环节的数据管理、初始化和整个网络系统的运行维护管理等。

2. 物联网中无线传感器网络应用的难点

无线传感器网络是物联网的重要组成部分。物联网中，除 WSN 外还有其他性能不同、通信方式不同的异构物联网终端（感知控制设备），这些大量的异构物联网终端与 WSN 共同构成了一个复杂的物联网系统。WSN 在与其他物联网终端协同应用会产生如下几个方面的应用难点。

（1）承载通信网的异构与互连

WSN 节点通过汇聚节点与现有的各种信息网络的互连是 WSN 应用的难点之一。物联网中的网络传输层是以现有的各种承载通信网为基础的信息网络，各种承载通信网就其本质而言，又是一个异构的通信网，这些异构网在传输介质、传输速率、透明性能方面都是不同的。承载通信网上的信息网必须采用各种适配技术来满足承载网的传送要求，这就使得信息网的结构需要分层，需要采用各种协议的相互转换及适配。而 WSN 的加入又使得异构的复杂度增加，因此在互连时会产生较大的难度，如何以简便的方式实现互连是 WSN 应用与物联网的技术难点之一。

（2）异构终端间的通信与互连

在物联网中，往往需要进行终端之间的通信，常规的方式是通过网络传输层然后在应用层进行通信交互。当异构终端相互通信时，通过网络传输层在应用层通信成为了必然的手段，这称为高层交互。当进行高层交互时，由于异构终端与网络传输层间的通信会产生各种延时、误码等传输错误，因此可能导致异构终端间的通信质量下降，极端情况下甚至导致通信无法进行。因此，如何解决 WSN 与各异构终端间的通信也是其在物联网中应用的关键问题之一。

（3）大结构数据融合与异构下的数据融合

很多应用场合中，需要大规模部署无线传感器节点，形成一个覆盖面很大的监控区域，在这样的网络系统中，传感器节点经过数据采集后，使用多跳路由将数据送住下一个传感器节点，大量的传感器节点进行数据传输，汇聚节点要对大量数据进行协同处理，这种数据处理具有大结构关联协同处理的特点。监测区域内密集的自治节点产生大量的传感数据，所以需要有效地对大量节点所获感知数据进行协同处理，在此基础上完成无线传感器网络的任务。

另外，WSN 节点还需要与异构终端进行数据融合，使整个监测区域的信息能通过不同的观测角度获得真实、可靠的相互印证，这也是物联网中 WSN 应用的难点之一。

4.2 IEEE 802.15.4标准及ZigBee协议规范

ZigBee 是一种基于 IEEE 802.15.4 标准的高层技术，该技术的物理层和介质访问控制（Medium Access Control，MAC）直接引用 IEEE 802.15.4。ZigBee 协议规范的基础是 IEEE 802.15.4，这两者之间有着非常密切的关系。以下首先详细地介绍 IEEE 802.15.4，然后介绍 ZigBee 协议规范。

4.2.1 IEEE 802.15.4 标准

IEEE 802.15.4 主要性能

IEEE 802.15.4 标准是短距离无线通信的个域网 WPAN（Wireless Personal Area Network, WPAN）标准。该标准规定了个域网 PAN（Personal Area Network, PAN）中设备间的无线通信协议和接口。IEEE 802.15.4 标准采用了载波侦听（Carrier Sense Multiple Access with Collision Detection，CSMA/CA，多址接入/冲突检测）的媒体接入或媒体访问控制方式，网络的拓扑结构可以是点对点或星型结构。

IEEE 802.15.4 通信协议主要描述了物理层和 MAC 层标准，通信距离一般在数十米的范围之内。IEEE 802.15.4 的物理层是实现 WSN 通信的基础，MAC 层的功能是处理所有对物理层的访问，并负责完成信标的同步、支持个域网络关联和去关联、提供 MAC 实体间的可靠连接、执行信道接入等任务。

IEEE 802.15.4 标准也采用了满足 ISO/OSI 参考模型的分层结构，定义了单一的 MAC 层和多样的物理层。该标准具有以下主要性能。

（1）频段、数据传输速率及信道个数

在 868MHz 频段，传输为 20kbit/s，信道数为 1 个；在 915MHz 频段，传输为 40kbit/s，信道数为 10 个；在 2.4GHz 频段，传输为 250kbit/s，信道数为 16 个。

（2）通信范围

室内：通信距离为 10m 时，传输速率为 250kbit/s；

室外：当通信距离为 30～75m 时，传输速率为 40kbit/s；当通信距离为 300m 时，传输速率为 20kbit/s。

（3）拓扑结构及寻址方式

支持点对点及星型网络拓扑结构；支持 65536 个网络节点；支持 64bit 的 IEEE 地址、8bit 的网络地址。

（4）应用领域

可应用于传感器网络及现场控制等领域。

4.2.2 ZigBee 协议规范

ZigBee 是 IEEE 802.15.4 协议的代名词。根据这个协议规定的技术是一种短距离、低功耗的无线通信技术。这一名称来源于蜜蜂的八字舞，由于蜜蜂（bee）是靠飞翔和“嗡嗡”（zig）地抖动翅膀的“舞蹈”来与同伴传递花粉所在方位信息，也就是说蜜蜂依靠这样的方式构成了群体中的通信网络。其特点是近距离、低复杂度、低功耗、低数据速率、低成本，主要适用于自动控制和远程控制领域，可以嵌入各种设备。

图 4.2.1　ZigBee 协议栈体系结构

ZigBee 协议栈体系结构由应用层、应用汇聚层、网络层、数据链路层和物理层组成，如图 4.2.1 所示。

应用层定义了各种类型的应用业务，是协议栈的最上层用户。应用汇聚层负责把不同的应用映射到 ZigBee 网络层上，主要有安全与鉴权、多个业务数据流的汇聚、设备发现和业务发现。网络层的功能包括拓扑管理、MAC 管理、路由管理和安全管理。

1. 数据链路层

数据链路层，可分为 LLC（Logic Link Control，逻辑链路控制）子层和介质访问控制子层（MAC）。IEEE 802.15.4 的 LLC 子层功能为可靠的数据传输、数据包的分段与重组、数据包的顺序传输。IEEE 802.15.4 的 MAC 子层功能为无线链路的建立、维护和拆除，确认帧传送与接收，信道接入控制、帧校验、预留时隙管理和广播信息管理。

2. 物理层和 MAC 层

ZigBee 采用了 IEEE 802.15.4 标准中的物理层和 MAC 层。ZigBee 的工作频段为三种，即欧洲的 868MHz 频段、美国的 915MHz 频段和全球通用的 2.4GHz 频段。在 868MHz 频段上，分配了 1 个带宽为 0.6MHz 的信道；在 915MHz 的频段上，分配了 10 个带宽为 2MHz 的信道；在 2.4GHz 的频段上分配了 16 个带宽为 5MHz 的信道。这三种工作频段均采用了直接序列扩频（Direct Sequence Spread Spectrum，DSSS）技术，但它们的调制方式有所不同。868MHz 和 915MHz 频段采用的是差分相移键控（Differential Phase Shift Keying，DPSK），2.4GHZ 采用了正交相移键控（Quadrature Phase Shift keying，QPSK）调制方式。

DSSS 技术具有较好的抗干扰能力，同时在其他条件相同情况下传输距离要大于跳频技术。在发射功率为 0dBm 的情况下，蓝牙网络的通信半径通常只有 10m，而基于 IEEE 802.15.4 的 ZigBee 在室内通常能达到 30～50m 通信距离，在室外，如果障碍物较少，通信距离甚至可以达到 100m；同时调相技术的误码性能要优于调频和调幅技术。IEEE 802.15.4 的数据传输速率不高，2.4GHz 频段只有 250kbit/s，868MHz 频段只有 20kbit/s，915MHz 频段只有 40kbit/s。因此 ZigBee 及 IEEE 802.15.4 为低速率的短距离无线通信技术。

ZigBee 可以支持星型、网状和混合状拓扑等多种网络拓扑结构，如图 4.2.2 所示。

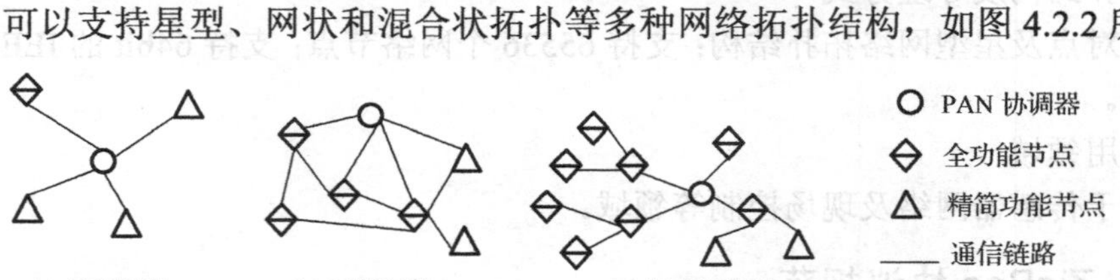

(a) 星型拓扑　(b) 网状拓扑　(c) 复合型拓扑

图 4.2.2　ZigBee 支持的网络拓扑结构示例

物理层上的是 MAC 层，其核心技术是信道接入技术和随机接入信道技术 CSMA/CA。ZigBee 及 IEEE 802.15.4 网络中所有节点均工作在同一个信道上，当某个节点要向另一个节点传输数据时，如果网络内其他节点间正在通信，就有可能发生冲突。为此，MAC层采用了CSMA/CD介质访问控制技术，即当节点在发送数据之前，先监听信道，如果信道空闲，则可以发送数据，否则，就要进行随机的退避，延迟一段随机时间，然后再进行监听，这个退避的时间是指数增长的，但有一个最大值，即如果上一次退避之后再次监听发现信道忙，则退避时间要增倍，这样做的原因是如果多次监听发现信道都忙，则有可能表明信道上的数据量较大，因此节点需等待更长的时间，以避免繁忙的监听。通过这种信道接入技术，所有节点竞争共享同一个信道。

ZigBee的物理层和MAC层由IEEE 802.15.4制定，高层的网络层、应用支持子层（ASP）、应用框架（AF）、ZigBee设备对象（ZDO）和安全组件（SSP）均由ZigBee Alliance所制定，它是一个为能源管理应用、商业和消费应用创造无线解决方案、横跨全球的公司联盟。

3．网络层

（1）网络拓扑结构

ZigBee网络层支持星型、树型和网状拓扑结构。若采用星型拓扑结构组网，整个网络有一个ZigBee协调器设备来进行整个网络的控制。ZigBee协调器能够启动和维持网络正常工作，使网络内的终端设备实现通信。

若采用网状和树型拓扑结构组网，则ZigBee协调器负责启动网络以及选择关键的网络参数。在树型网络中，路由器采用分级路由策略来传送数据和控制信息。网状网络中，设备之间使用完全对等的通信方式，在此网络结构中，ZigBee路由器不发送通信信标。

（2）网络层及路由算法

ZigBee网络层的功能为拓扑管理、MAC管理、路由管理和安全管理。网络层的主要功能是路由管理。其中，路由算法是网络层的核心部分。

网络层主要支持树型路由和网状网路由两种路由算法。在树型路由算法中，把整个网络看成以协调器为主干的一棵树，整个网络是在协调器的基础上建立的。树型路由采用了一种特殊的地址分配算法，使用深度、最大深度、最大子节点数和最大子路由器数四个参数来计算新节点的地址。这样，寻址时根据地址就能计算出路径，而路由只有“向子节点发送”或者“向父节点发送”两个方向。树型路由算法及实现机制不需要路由表，因此节省了存储资源。但树型路由机制存在着灵活性不够、路由效率低的缺点。

ZigBee网络的网状网路由是非常适合于低成本的无线自组织网络的路由。当网络规模较大时，传感器节点需要维护一个路由表，这样就耗费了传感器节点的存储资源，但它能实现的路由效率高，且使用灵活。

另外，除了以上两种路由机制及路由算法外，ZigBee网络还可以采用邻居表路由算法。邻居表路由实质上是一个特殊的路由表，数据传输不是通过多跳，而只需要一跳就实现将数据向目的节点的传输发送。

（3）数据接口及网络层服务

网络层要为IEEE 802.15.4的MAC层提供支持，确保ZigBee的MAC层正常工作，同时为应用层提供合适的服务接口。为了向应用层提供其接口，网络层提供了两个必需的功能服务实体，它们分别为数据服务实体和管理服务实体。

网络层数据服务实体提供以下服务：

● 产生网络层协议数据单元（NPDU），网络层数据实体通过增加一个适当的协议头从应用支持层协议数据单元中生成网络层的协议数据单元；

- 指定传输拓扑路由，网络层数据实体能够发送一个网络层的协议数据单元到一个数据传输的目标终端设备，目标终端设备也可以是通信链路中的一个中间通信设备。

网络层管理服务实体提供如下服务：

- 配置新的设备。为保证设备正常工作的需要，设备应具有足够的堆栈，以满足配置的需要。配置选项包括对一个 ZigBee 协调器和连接一个现有网络设备的初始化操作。
- 加入或离开网络。具有连接或者断开一个网络的能力，以及为建立一个 ZigBee 协调器或者 ZigBee 路由器所要求的设备同网络断开的能力。
- ZigBee 协调器和 ZigBee 路由器具有为新加入网络的设备分配地址的能力。
- 具有发现、记录和汇报相关的一跳邻居设备信息的能力。
- 具有发现和记录有效地传送信息的网络路由的能力。
- 具有控制设备接收机接收状态的能力，即控制接收机什么时间接收、接收时间的长短，以保证 MAC 层的同步或者正常接收等。

4．应用规范

ZigBee 网络层的上面是应用层，应用层包括 APS（Application Support Layer，应用支持子层）和 ZDO（ZigBee Device Object，ZigBee 设备对象）等部分，主要规定了端点（Endpoint），绑定（Binding）、服务发现和设备发现等一些和应用相关的功能。

绑定指的是根据两个设备所提供的服务和它们的需求将两个设备关联起来，APS 子层的任务包括了维护绑定表和绑定设备间消息传输。

（1）ZigBee 应用支持子层 ASP

APS 是网络层和应用层之间的接口，通过该接口可以调用一系列被 ZDO 和用户自定义应用对象的服务。

（2）ZigBee 设备协定

ZigBee 应用层规范描述了 ZigBee 设备的绑定、设备发现和服务发现在 ZigBee 设备对象（ZDO）中的实现方式。ZigBee 设备协定（device Profile）支持一些设备和服务发现、终端设备绑定请求过程、绑定和接触绑定过程和网络管理通信功能。

（3）ZigBee 设备对象

ZigBee 设备对象（ZDO）是一种通过调用网络和应用支持子层原语来实现 ZigBee 规范中规定的终端设备、路由器以及协调器的应用。主要功能为：

（a）对 APS 子层、网络层、安全服务模块（SP）以及除了应用层中端点号为 1～240 以外的 ZigBee 设备层的初始化。

（b）集成终端应用的配置信息，实现设备服务发现、网络管理、网络安全、绑定管理和节点管理等功能。

4.3 无线传感器网络的路由协议与拓扑控制

4.3.1 WSN 路由协议

路由是将信息从源节点以某种路径通过网络传递到目的节点的行为。路由技术是由路径的选择和数据传递两个功能组成的，路由是实现通信的基础保证。路径选择算法是实现路由的基础，就是要在满足某些指标的前提下，选择一条从源节点到目的节点的最佳路径。路由器是网络系统中选择路径的设备，路由器在大规模网络中起到了关键的作用。而无线传感器网络中每个节点既可以承担信息采集的感知任务，同时又能承担路由器的功能。WSN 中的路由是与其节点有关的，WSN 中的各节点间构成了复杂网络拓扑，而每个节点携带的能量是有限的，各节点能量的消耗的比例中，通信占较大的比重，这就意味着，要使整个网络获得较长的生命周期，应合理地应用各节点的中继功能。因此采用合理、科学的路由技术是整个 WSN 通信的关键，而依据某种指标所制定的路由算法则是整个通信的核心。路由协议就是合理选择路由的策略及算法。

1．WSN 路由协议的特点

对于一般的无线网络，它们主要目的是提供较高的服务质量，均等、高效地利用网络带宽传送数据。因此，这些网络的路由协议的主要任务是寻找一条高质量的、带宽利用率高的源节点到目的节点的通信路由，并且所寻找到的路由还应具有能避免网络拥塞、均衡网络流量的性能。一般不考虑或极少考虑节点能量的消耗。

而在 WSN 中，各节点的能量是有限的。一旦节点的能量消耗完，该节点一般无法补充，节点随之死亡。因此，WSN 的路由协议需要考虑节点的能量消耗问题，使节点能量的消耗尽量要小。

另外，WSN 中的节点数量往往很大，各节点一般无法获得整个网络拓扑结构的信息，节点只能得到局部拓扑结构信息，因此，WSN 的路由协议要能在有限获得的局部网络拓扑信息的基础上选择合适的数据传输路径。

还有，WSN 具有很强的应用相关性。不同应用所采用的路由协议可能差别很大，无法采用一个通用的路由协议来满足其应用相关性的要求。

此外，WSN 中的节点在通信时还需进行数据融合，以此减少通信负荷，节省传输能量。与一般传统无线网络的路由协议相比，WSN 的路由协议具有以下特点。

（1）节点的能量消耗小且均衡

由于 WSN 中的节点能量有限，且一般无法补充，当 WSN 中的某些节点由于能量的耗尽而“死亡”时，可能导致整个网络无法运行，一致“死亡”。因此，尽量减小节点能量的消耗，使整个 WSN 中所有节点尽可能均衡地消耗能量（也就是尽量减少某些节点能量消耗过快，而其他节点的能量消耗过慢的问题），从而延长整个网络的生存期，是 WSN 路由协议设计的重要目标。

（2）网络拓扑信息有限、计算资源有限

WSN 为了节省通信时节点的能量，通常采用多跳的通信模式。另外，由于 WSN 的节点是低成本的，不可能具有较高的存储能力和计算能力，因此无法存储太多的包括拓扑结构在内的网络信息，节点所存储的拓扑信息必然是局部的。因此，节点无法进行太复杂的计算，得到全局优化路由。为此，如何实现简单有效的路由机制是 WSN 的基本问题。

（3）以数据为核心

WSN 中的节点采集数据后，向汇聚节点传输数据，转发节点所转发的数据很可能是采集的同一个信息，因此会出现数据冗余的现象，因此需要在转发节点进行数据融合，以降低数据的冗余率，减少转发的数据量，从而降低能耗。

另外，WSN的网络规模较大，WSN的节点一般采用随机部署的方式获取有关监测区域的感知数据。整个系统更关心的是感知数据，而不是具体哪一个节点获取的信息，因而WSN的信息获得不依赖节点的地址信息，而是局部区域内所感知的信息，所以WSN的通信协议是以数据为中心的。

（4）与应用密切相关

由于WSN应用目的不同、应用环境也不同，这就决定了WSN模式的不同，因此无法找到一个路由机制适合所有的应用目的和应用环境，这是传感器网络应用相关性的一个体现。这就要求应用者应从实际出发，结合具体的应用需求，设计与之适应的特定路由机制。

2. WSN路由协议的性能指标

WSN中路由协议的设计目标是：延长网络生命周期，提高路由的容错能力，形成可靠的数据转发机制。评价一个WSN路由协议设计性能指标，一般包含WSN的生命周期、传输延迟、路径容错性、可扩展性等性能指标。

（1）生命周期

WSN的生命周期是指WSN从开始正常运行到某个或某些节点由于能量耗尽，使得网络性能下降到某一程度，至此WSN所运行的时间。

（2）低延时性

低延时性指汇聚节点发出数据请求到接收返回数据的时间延迟。

（3）鲁棒性

一个系统的鲁棒性，指该系统在一定的参数摄动（变化）下，能维持系统性能稳定的能力。WSN的路由算法应具备自适应性和容错性，在部分节点因为能量耗尽或环境干扰下“死亡”或失效的情况下，整个WSN仍能正常运行。

（4）可扩展性

WSN应该能够方便地进行规模扩展，节点的加入和退出都将导致网络规模的变动，优良的路由协议应该体现很好的扩展性，节点数量的变动也不至于影响网络的性能和通信质量。

3. WSN路由协议的分类

从具体应用的角度出发，根据不同应用对WSN各种特性的敏感度不同，可将路由协议分为4种类型，它们分别如下。

（1）能量感知型

能量感知型路由协议从数据传输中的能量消耗出发，讨论最优能量消耗路径以及最长网络生存期等问题。

（2）查询型

在诸如环境检测、战场评估等应用中，需要不断查询传感器节点采集的数据，查询节点（汇聚节点）发出查询命令，传感器节点向查询节点报告采集的数据。在这类应用中，通信流量主要是查询节点和传感器节点之间的命令和数据传输，同时传感器节点的采集信息在传输路径上通常要进行数据融合，以减少通信负荷，节省能量。

（3）地理位置型

在诸如目标跟踪类应用中，往往需要唤醒距离跟踪目标最近的传感器节点，以得到关于目标的精确位置等相关信息。在这类应用中，通常需要知道目的节点的精确或者大致地理位置。把节点的位置信息作为路由选择的依据，不仅能够完成节点路由功能，还可以降低系统专门维护路由协议的能耗。

（4）可靠型

WSN 的某些应用对通信的服务质量有较高要求，如可靠性和实时性等。在 WSN 中，链路的稳定性难以保证，通信信道质量比较低，拓扑变化比较频繁，要实现服务质量保证，需要设计相应的可靠的路由协议。

4.3.2　WSN 的拓扑控制

对于像 WSN 这样的自组织网络，由于它的节点携带的电源有限，计算能力有限，要想使其具有良好的数据感知能力和良好的通信能力，除了需要一个良好的 MAC 协议的支持外，还必须要靠良好的网络拓扑结构来维持。良好的拓扑结构能够提高路由协议和 MAC 协议的效率，在数据融合、时间同步等很多方面提供良好的基础，有利于延长整个网络的生命周期。所以，拓扑控制是 WSN 中的一个重要课题。WSN 的拓扑控制与优化具有以下几个方面的作用：

第一，良好的网络拓扑结构可以延长 WSN 的生命周期；

第二，可有效减弱节点间通信干扰，提高通信效率；

第三，为路由协议的实施提供基础数据；

第四，可以更好地进行数据融合及有利于提高网络的鲁棒性。

由于 WSN 节点较脆弱，网络中的节点随时都有可能受到损伤而失效，从而造成整个网络的动荡，严重时，甚至会使整个网络失效。因此，采用网络拓扑控制，可以提高网络的鲁棒性，从而有效地提高网络的正常运行效率。

WSN 的拓扑控制主要研究的是，在满足网络覆盖度和连通度的前提下，如何通过功率控制和骨干网节点选择，剔除节点之间不必要的通信链路，形成一个实现数据转发功能的优化网络结构。

WSN 中的拓扑控制按照研究方向可以分为功率控制和层次型拓扑结构控制两类。功率控制是调节网络中每个节点的发射功率，在满足网络连通度的前提下，均衡节点的单跳可达相邻节点的数目。层次型拓扑控制是利用分簇机制，让一些节点作为核心节点，并由核心节点形成一个处理并可转发数据的骨干网，其他非骨干网节点节点可以暂时关闭通信模块，进入睡眠状态以达到节省能量的目的。

1．功率控制

在 WSN 中的节点，通过设置或动态调整发射功率，可以在保证网络拓扑结构的连通性基础上，使得 WSN 中的节点的能量消耗最小，从而延长整个网络的生命周期。一般情况下，WSN 节点是部署在二维或三维空间的，找到一个最优的精确控制策略非常困难，因此往往采用近似解来实现网络的功率控制。常用的功率控制算法有：基于节点度的算法，基于邻近图的算法，DRNG（Directed Relative neighbor Graph）和 DLSS（Directed Local Spanning Sub graph）算法。

2．层次型拓扑结构控制

在 WSN 中，传感器节点的无线通信模块在空闲状态时的能耗与在收发状态时相当，所以只有休眠节点通信模块才能大幅度地降低无线通信模块的能量开销。考虑依据一定机制选择某些节点作为骨干节点，激活通信模块，并使非骨干节点休眠的通信模块。由骨干节点建立一个连通网络来负责数据的路由转发，这样既保证了原有的覆盖范围内的数据通信，也在很大程度上节省了节点的能量。在这种拓扑管理机制下，可将网络中的节点划分为骨干和非骨干节点两类。骨干节点对周围的非骨干节点进行管理。这类将整个网络划分为相连的区域的算法，一般又称为**分簇算法**。骨干节点是簇头节点，非骨干节点为簇内节点。由于簇头节点需要协调簇内节点的工作，负责数据的融合与转发，能量消耗相对较大，所以分簇算法通常采用周期性地选择簇头节点的方式，以均衡网络中的节点的能量消耗。

层次型的拓扑结构具有较多优点。例如，簇头节点负责数据融合，减少了数据通信量；分簇模式的拓扑结构有利于分布式算法的应用，适合大规模部署的网络；由于大部分节点在相当长的时间内通信模块是休眠的，所以显著地延长了整个网络的生命周期。常用的算法有：LEACH（Low Energy Adaptive Clustering Hierarchy）算法、GAF（Geographical Adaptive Fidelity）算法、TopDisc（Topology Discovery）算法等。

3. 启发机制

WSN 通常是面向应用的事件驱动的网络，骨干节点在没有感知到事件时不必一直保持在激活状态。在 WSN 的拓扑控制算法中，除传统的功率控制和层次型拓扑控制两个方面之外，也提出了启发式的唤醒和休眠机制。该机制能够使节点在没有事件发生时将通信模块设置为睡眠状态，而在有事件发生时及时使通信模块自动醒来并唤醒相邻节点，形成数据转发的拓扑结构。这种机制的引入，使得无线通信模块大部分时间都处于睡眠状态，而只有传感器模块处于工作状态。由于无线通信模块消耗的能量远大于传感器模块，所以这种机制进一步节省了能量开销。该机制重点在于解决节点在睡眠状态和激活状态之间的转换问题，不能够独立作为一种拓扑结构控制机制，需要与其他拓扑控制算法结合使用。

4.4 WSN 节点的定位

WSN 的节点定位在 WSN 的应用中具有非常重要的作用。首先，定位可以确定节点的确切的地理位置，为感知提供更为全面的信息，尤其是对于环境监测、突发事件的监控、目标的跟踪等方面；第二，节点的定位对于 WSN 的有效运行也具有非常重要的作用，对于提高路由控制、网络管理、网络的覆盖质量等方面都有非常大的帮助。

WSN 的节点一般情况下是以随机部署的方式来执行各种感知任务的，部署后各节点以自组织的模式相互协同地工作。由于 WSN 的节点是随机部署的，因此各个节点在部署前无法知道自身的确切位置，只有在部署后通过定位计算，节点才能依据相关的参考位置信息得到自身的确切位置。

在无线传感器网络中，由于 WSN 节点具有携带的能量有限、计算能力有限、通信距离有限、部署环境严苛以及节点数目较多等特点，因此对节点定位算法和定位技术提出了很高的要求。定位算法应满足以下要求：

（1）自组织性要求。在通常的应用中，WSN 的节点是随机部署的，因此不能采用如 GPS 等全局性的基础设施来实现定位，只能通过自组织的方式获取定位信息。

（2）鲁棒性要求。由于传感器节点的计算能力及存储容量有限，部署环境严苛，通信距离有限，这就意味着存在节点的可靠性较弱，测量距离误差较大等缺点，因此要求定位算法具有较强的鲁棒性，不会由于节点的脆弱导致网络整体定位的失败。

（3）分布式计算的要求。由于定位计算需要与其他节点交互信息、相互协同，加之各个节点的计算能力及存储能力有限，因而需要采用分布式计算，使得整个网络能完成较复杂的定位计算。

（4）能量高效的要求。由于 WSN 节点的能量有限，这就要求在执行定位计算时不能消耗较多的能量，以使其他任务能在定位计算完成后继续进行。

4.4.1 节点定位的概念及基本原理

1. 几个概念

在 WSN 中，根据节点是否已知自身的位置，把节点分为信标节点（Beacon Node）和未知节点（Unknown Node）。一般情况下，信标节点在 WSN 节点中所占的比例很小，可以通过诸如 GPS 等定位设备获得自身的精确位置。信标节点是未知节点定位的参考点。未知节点可以通过信标节点的位置信息来确定自身位置。如图 4.4.1 所示，M 代表信标节点，S 代表未知节点。S 节点通过与邻居节点 M 的位置信息及节点间的通信，根据一定的定位算法计算出自身的位置。

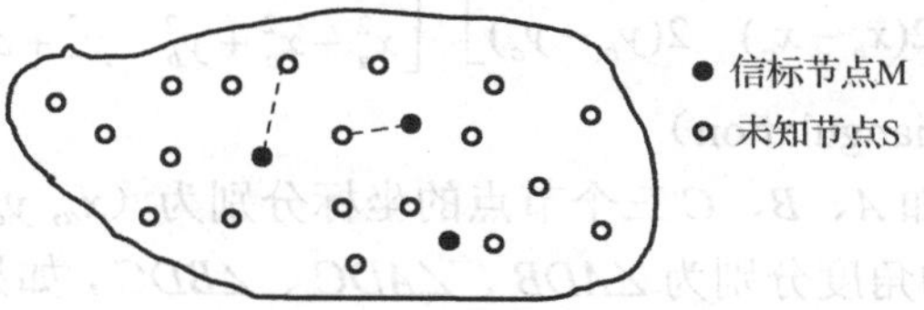

图 4.4.1 信标节点与未知节点

（1）邻居节点（Neighbor Nodes）

传感器节点通信半径内的所有的其他节点，称为该节点的邻居节点。

（2）跳数（Hop Count）

两个节点之间间隔的跳段总数，称为两个节点间的跳数。

（3）跳段距离（Hop Distance）

两个节点之间间隔的各跳段距离之和，称为两个节点间的跳段距离。

（3）基础设施（Infrastructure）

用于 WSN 节点定位的固定或移动设备，如卫星、基站、GPS 等。

（4）到达时间（Time of Arrival，TOA）

信号从一个节点传播到另一个节点所需要的时间，称为信号的到达时间。

（5）到达时间差（Time Difference of Arrival，TDOA）

两种不同传播速度的信号从一个节点传播到另一个节点所需要的时间之差，称为信号的到达时间差。

（6）接收信号强度指示（Received Signal Strength Indicator，RSSI）

节点接收到无线信号的强度大小，称为接收信号的强度指示。

（7）到达角度（Angle of Arrival，AOA）

节点接收到的信号相对于节点自身轴线的角度，称为信号相对接收节点的到达角度。

（8）视线（Line of Sight，LOS）

两个节点间没有障碍物间隔，能互相“看见”对方，并能够直接通信，称为两个节点间在视线内。

（9）非视线关系（No LOS，NLOS）

两个节点之间存在障碍物，双方互相“看不见”。

2．节点定位的基本原理

（1）三边测量法（Trilateration）

如图 4.4.2 所示，已知 A、B、C 三个节点的坐标分别为（x_a, y_a）、（x_b, y_b）和（x_c, y_c），它们到未知节点 D 的距离分别为 d_a、d_b 和 d_c，则 D 的坐标（x, y）可由下式确定。

$$\begin{cases}\sqrt{(x-x_a)^2+(y-y_a)^2}=d_a\\\sqrt{(x-x_b)^2+(y-y_b)^2}=d_b\\\sqrt{(x-x_c)^2+(y-y_c)^2}=d_c\end{cases}$$

则节点 D 的坐标（x, y）为

$$\begin{bmatrix}x\\y\end{bmatrix}=\begin{bmatrix}2(x_a-x_c) & 2(y_a-y_c)\\2(x_b-x_c) & 2(y_b-y_c)\end{bmatrix}^{-1}\begin{bmatrix}x_a^2-x_c^2+y_a^2-y_c^2+d_c^2-d_a^2\\x_a^2-x_c^2+y_b^2-y_c^2+d_c^2-d_b^2\end{bmatrix}$$

（2）三角测量法（Triangulation）

如图 4.4.3 所示，已知 A、B、C 三个节点的坐标分别为（x_a, y_a）、（x_b, y_b）和（x_c, y_c），节点 D 相对于 A、B、C 的角度分别为 $\angle ADB$、$\angle ADC$、$\angle BDC$，如果节点 D 的坐标为（x, y）。对于节点 A、C 和角 $\angle ADC$，如果弧 AC 在 $\triangle ABC$ 内，则能够唯一确定一个圆，设圆心为 O_1（x_1, y_1），半径为 r_1，于是 $\alpha=\angle AO_1C=(2\pi-2\angle ADC)$，并有

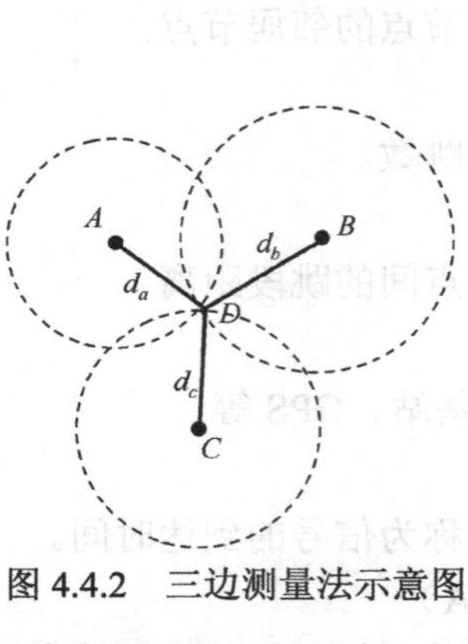

图 4.4.2 三边测量法示意图

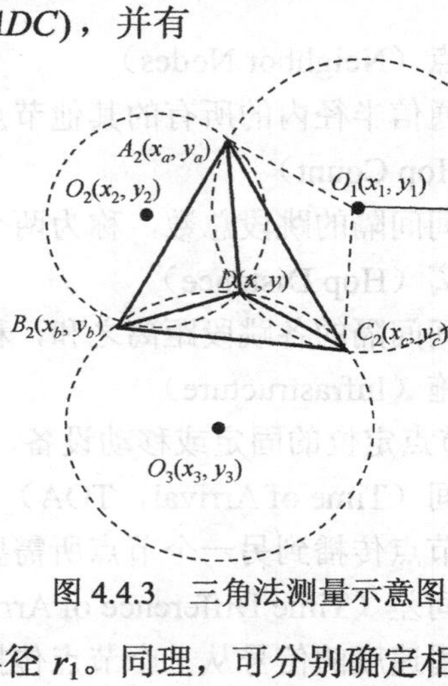

图 4.4.3 三角法测量示意图

由上式可确定圆心 O_1 的坐标（x_1, y_1）和半径 r_1。同理，可分别确定相应的圆心 O_2，r_2 及 O_3，r_3。最后利用三边测量法，由 O_1（x_1, y_1），O_2（x_2, y_2）和 O_3（x_3, y_3）确定点 D 坐标（x, y）。该方法是利用角度和已知节点的坐标，将问题转化为求三边法中的距离 d 即半径 r 来求出未知节点坐标的。

（3）极大似然估计法

极大似然估计法（Maximum Likelihood Estimation）如图 4.4.4 所示，已知 1,2,3,⋯,n 个节点的坐标分别为（x_1, y_1），（x_2, y_2），（x_3, y_3），⋯，（x_n, y_n），它们到节点 D 的距离分别为 d_1，d_2，d_3，⋯，d_n，假设节点 D 的坐标为（x, y）。

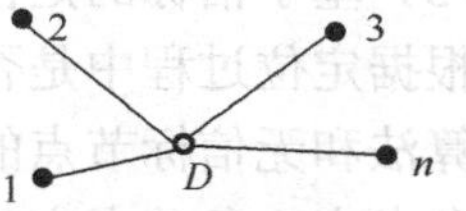

图 4.4.4　极大似然估计示意图

节点 D 与节点 1,2,3,⋯,n 之间有如下关系：

$$\begin{cases}(x_1-x)^2+(y_1-y)^2=d_1^2\\ \vdots\\ (x_n-x)^2+(y_n-y)^2=d_n^2\end{cases}$$

依次用最后一个方程减去第一个方程、第二个方程……直到倒数第二个方程，得到

$$\begin{cases}x_1^2-x_n^2-2(x_1-x_n)x+y_1^2-y_n^2-2(y_1-y_n)=d_1^2-d_n^2\\ \vdots\\ x_{n-1}^2-x_n^2-2(x_{n-1}-x_n)x+y_{n-1}^2-y_n^2-2(y_{n-1}-y_n)=d_{n-1}^2-d_n^2\end{cases}$$

将上式表示为线性方程

$$\boldsymbol{AX}=\boldsymbol{b}$$

其中，

$$\boldsymbol{A}=\begin{bmatrix}2(x_1-x_n) & 2(y_1-y_n)\\ \vdots & \vdots\\ 2(x_{n-1}-x_n) & 2(y_{n-1}-y_n)\end{bmatrix}，\boldsymbol{b}=\begin{bmatrix}x_1^2-x_n^2+y_1^2-y_n^2+d_n^2-d_1^2\\ \vdots\\ x_{n-1}^2-x_n^2+y_{n-1}^2-y_n^2+d_n^2-d_{n-1}^2\end{bmatrix}，\boldsymbol{X}=\begin{bmatrix}x\\ y\end{bmatrix}。$$

对线性方程用最小均方差进行估计，即求解 $f=(\boldsymbol{AX}-\boldsymbol{b})^{\mathrm{T}}(\boldsymbol{AX}-\boldsymbol{b})$ 的极小值。令 $Y=\boldsymbol{AX}-\boldsymbol{b}$，则

$$\frac{\mathrm{d}f}{\mathrm{d}X}=\frac{\mathrm{d}Y^{\mathrm{T}}}{\mathrm{d}X}\cdot\frac{\mathrm{d}f}{\mathrm{d}Y}=\frac{\mathrm{d}(X^{\mathrm{T}}\boldsymbol{A}^{\mathrm{T}}-b^{\mathrm{T}})}{\mathrm{d}X}\cdot\frac{\mathrm{d}(Y^{\mathrm{T}}Y)}{\mathrm{d}Y}=\boldsymbol{A}^{\mathrm{T}}\cdot 2Y=2\boldsymbol{A}^{\mathrm{T}}(\boldsymbol{AX}-b)$$

令上式等于零，即

$$\boldsymbol{A}^{\mathrm{T}}\boldsymbol{AX}=\boldsymbol{A}^{\mathrm{T}}b，$$

$$X=(\boldsymbol{A}^{\mathrm{T}}\boldsymbol{A})^{-1}\boldsymbol{A}^{\mathrm{T}}b$$

于是，通过求解线性矩阵的最小二乘方程，可得到节点 D 的坐标。

3．定位算法的分类

WSN 的定位算法非常多样化，通常有以下几种分类：

（1）基于距离的定位算法和距离无关的定位算法

根据定位过程中是否测量实际节点间的距离，把定位算法分为基于距离的（Range Based）定位算法和距离无关的（Range Free）定位算法。前者需要测量相邻节点间的绝对距离或方位，并利用节点间的实际距离来计算出未知节点的位置。后者无须测量节点间的绝对距离或方位，而是利用节点间的估计距离计算出节点位置。

（2）递增式的定位算法和并发式的定位算法

根据节点定位的先后次序不同，把定位算法分为递增式的（Incremental）定位算法和并

发式的（Concurrent）定位算法。递增式的定位算法通常从信标节点开始，信标节点附近的节点首先开始定位，依次向外延伸，对各个节点依次进行定位，这类算法的主要缺点是定位过程中累积和传播了大量的测量误差；并发式的定位算法中所有的节点同时进行定位计算。

（3）基于信标的定位算法和无信标的定位其法

根据定位过程中是否使用信标节点，把定位算法分为基于信标节点的（Beacon Based）定位算法和无信标节点的（Beacon Free）定位算法。前者在定位过程中，以信标节点作为定位的参考点，各节点定位后产生整体绝对坐标系统；后者只关心节点间的相对位置，在定位过程中无须信标节点．各节点先以自身作为参考点，将邻近的节点包含到自己定义的坐标系中，相邻的坐标系统依次转换合并，最后产生整体相对坐标系统。

4.4.2 距离定位

基于距离的定位机制（Range Based）是通过测量相邻节点间的实际距离或方位来定位的。定位过程可分为测距阶段、定位阶段和修正阶段。

在测距阶段，未知节点先测量到邻居节点的距离或角度，然后计算到邻近信标节点的距离或方位。在计算到邻近信标节点的距离时，可以计算未知节点到信标节点的直线距离，也可以用两者间的跳段距离作为直线距离的近似。

在定位阶段，未知节点在计算出到达三个或三个以上信标节点的距离或角度后，利用三边测量法、三角测量法或极大似然估计法计算未知节点的坐标。

在修正阶段，对求得的节点的坐标进行修正，以提高定位精度，减少误差。

进行距离定位时，测量节点间距离或方位主要有到达时间（TOA）、到达时间差（TDOA）、接收信号强度指示（RSSI）和到达角度（AOA）等定位方法。

1．TOA 定位

在利用到达时间 TOA 的定位机制中，已知信号的传播速度，根据信号的传播时间计算节点间的距离，然后利用已有算法计算出节点的位置。该方法计算量小、算法简单，且定位精度高。可采用如图 4.4.5 所示的音频收发装置来完成测距和定位。

假设两个节点的时间同步，发送端的扬声器发送声音信号的同时，无线通信模块发送同步消息通知接收节点的声音信号发送的时间，接收节点的拾音器模块在接收到声音信号后，根据声波信号的传播时间和速度计算发送节点和接收节点之间的距离。节点在计算出相邻的多个信标节点的距离后，可以利用三边测量算法或极大似然估计算法计算出自身的位置。与无线射频信号相比，声波频率低、速度慢，对硬件的要求都低，但声波的缺点是传播速度容易受到大气条件的影响。

2．TDOA 定位

到达时间差 TDOA 定位是采用两种信号到达的时间差以及两个不同的传播速率来计算距离的。以下介绍一种典型的基于 TDOA 的 AHLos 算法。TDOA 定位算法的原理如图 4.4.6 所示。

图 4.4.6 中，发射节点同时向接收节点发送无线信号和声音信号，这两个信号到达接收节点的时间分别为 t_1 和 t_2，无线信号和声音信号的传播速度分别为 v_1 和 v_2，那么发射与接收节点间的距离 s 为

$$s=\frac{t_2-t_1}{v_1-v_2}v_1v_2$$

AHLos（Ad Hoc Localization System）算法是一种基于 TDOA 的定位算法的迭代算法。在该算法的起始阶段，信标节点对外广播自身的位置信息，使定位节点能测量与其相邻的信标节点之间的距离，并可知道信标节点的位置信息。当信标节点的数量为 3 个或 3 个以上时，就可使用最大似然估计法计算节点的位置信息。

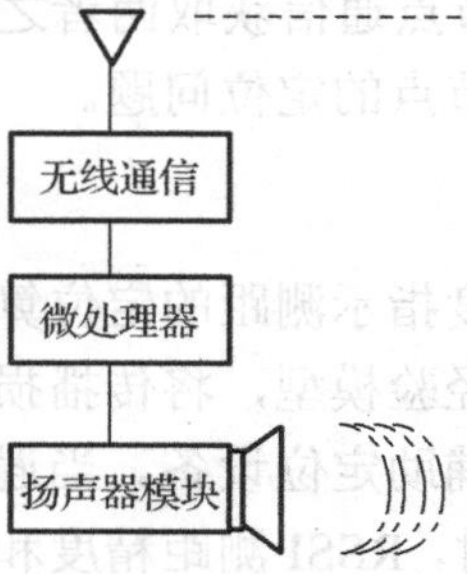

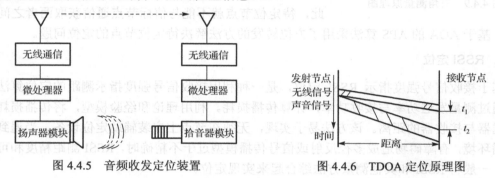

图 4.4.5　音频收发定位装置

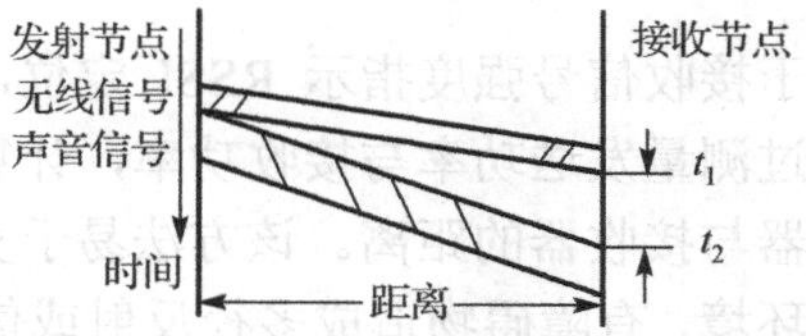

图 4.4.6　TDOA 定位原理图

如果带定位节点的位置信息已经计算出来，该节点就转化为信标节点，开始向外广播自身位置信息。因此 WSN 中的信标节点的数量随着定位算法的进程，逐渐在增多。

3. AOA 定位

AOA 的定位技术称为到达角交汇定位技术。该技术在两个以上的位置点设置方向性天线或天线阵列，获得节点发射的无线电波角度信息，通过阵列天线或多个接收器联合确定相邻节点发送信号的方向，从而构成一个从接收器到发射器的方位线，两条方位线的交点即为待定节点的位置。如图 4.4.7 所示，待定节点在获得与参考点 A 和 B 所构成的角度后，通过交汇法可确定自身的位置。

另外，AOA 信息还可以与其他一些信息一起形成定位精度更高的混合定位算法，但 AOA 定位法所采用的系统较为复杂。

基于 AOA 的 APS（Ad Hoc Positioning System）算法，是利用两个能测量方向信息和距离信息的接收器，并利用相互之间的几何关系来确定未知节点的坐标实现定位的。其原理如图 4.4.8 所示，图中的两个接收器间的距离为 L，节点 A 在这两个接收器连线的中点上，以此中点作该连线的中垂线，该中垂线为计算两个相邻节点间的方位角的基准线。当测出节点 B 到接收器 1 的距离 x_1，到接收器 2 的距离 x_2 后，根据几何关系可以容易地确定节点 A、B 之间的方向角 θ。

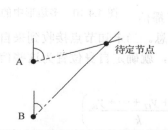

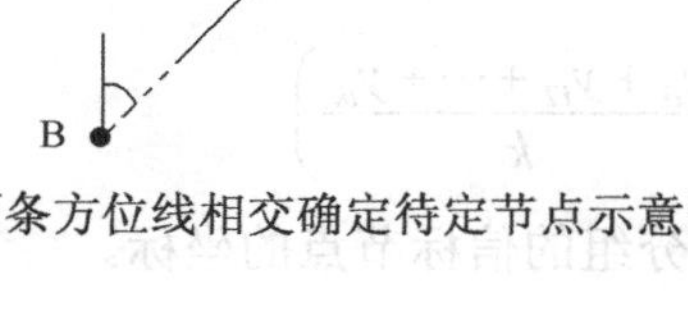

图 4.4.7　两条方位线相交确定待定节点示意图

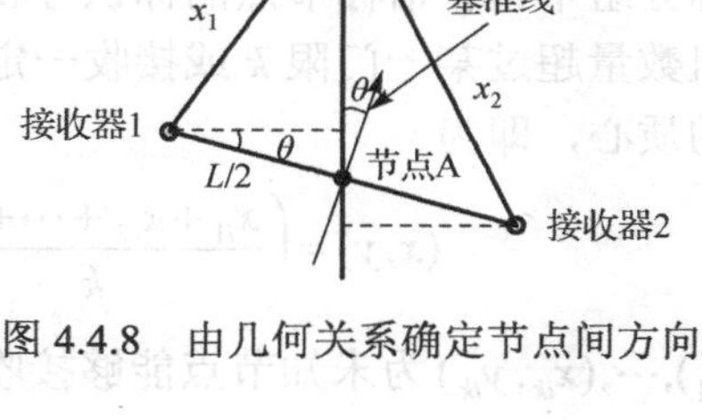

图 4.4.8　由几何关系确定节点间方向角

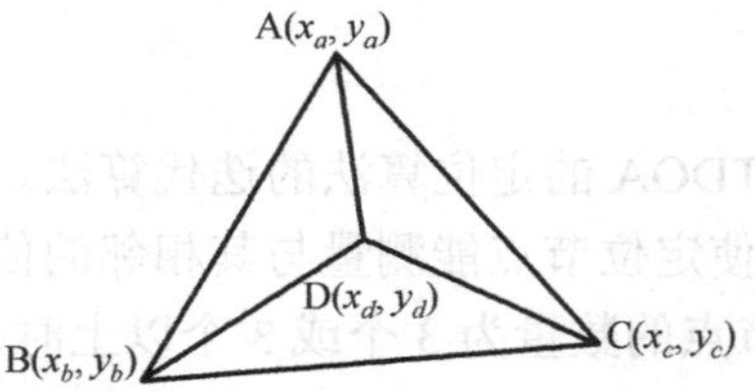

图 4.4.9　三角测量原理图

在图 4.4.9 中，A、B 和 C 三个节点是已知其自身位置信息的信标节点，节点 D 是待定位节点。如果已知节点 D 与 A、B 和 C 三个节点之间的方向角，从图中的几何关系中就可以得出 $\angle ADB$、$\angle ADC$ 和 $\angle BDC$，并应用三角测量法确定节点 D 的坐标。

一般情况下，待定位节点的相邻节点不都是信标，因此，待定位节点就不能与信标节点通信获取两者之间的方向角。基于 AOA 的 APS 算法采用了方位转发的方法解决待定位节点的定位问题。

4. RSSI 定位

基于接收信号强度指示 RSSI 定位，是一种利用接收信号强度指示测距的定位算法。该算法通过测量发送功率与接收功率，计算传播损耗。利用理论和经验模型，将传播损耗转化为发送器与接收器的距离。该方法易于实现，无须在节点上安装辅助定位设备。当遇到非均匀传播环境，有障碍物造成多径反射或信号传播模型过于不精确时，RSSI 测距精度和可靠性降低，一般将 RSSI 和其他测量方法综合起来实现定位。

4.4.3 距离无关的定位算法

距离无关的定位技术无须测量节点间的绝对距离或方位，降低了对节点硬件的要求，但定位的误差也随之有所增加。目前提出了两类主要的距离无关的定位方法：一类方法是先对未知节点和信标节点间的距离进行估计，然后利用三边测量法或极大似然估计法进行定位；另一类方法是通过邻居节点和信标节点确定包含未知节点的区域，然后把这个区域的质心作为未知节点的坐标。距离无关的定位方法精度低，但能满足大多数应用的要求，其主要算法有质心算法、DV-Hop 算法等。

1. 质心算法

质心指多边形的几何中心，多边形顶点坐标的平均值就是质心节点的坐标。如图 4.4.10 所示，多边形 ABCDE 的顶点坐标分别为 A（x_1, y_1），B（x_2, y_2），C（x_3, y_3），D（x_4, y_4），E（x_5, y_5），其质心坐标为

$$P(x,y)=\left(\frac{x_1+x_2+x_3+x_4+x_5}{5},\frac{y_1+y_2+y_3+y_4+y_5}{5}\right)$$

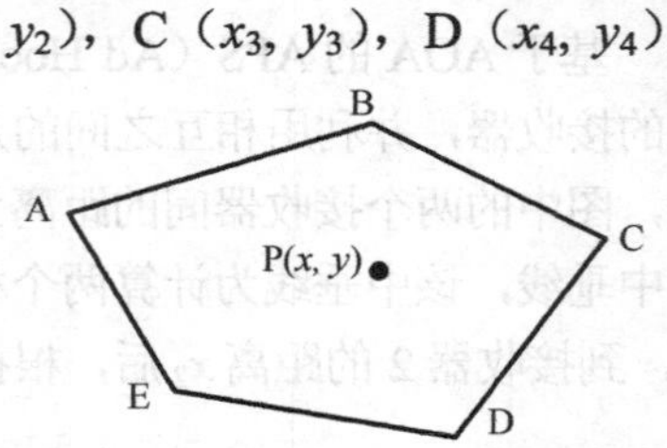

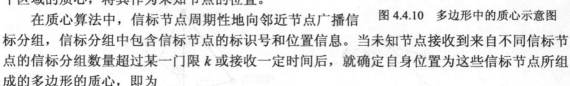

图 4.4.10　多边形中的质心示意图

质心定位算法首先确定包含未知节点的区域，计算这个区域的质心，将其作为未知节点的位置。

在质心算法中，信标节点周期性地向邻近节点广播信标分组，信标分组中包含信标节点的标识号和位置信息。当未知节点接收到来自不同信标节点的信标分组数量超过某一门限 k 或接收一定时间后，就确定自身位置为这些信标节点所组成的多边形的质心，即为

$$(x,y)=\left(\frac{x_{i1}+x_{i2}+\cdots+x_{ik}}{k},\frac{y_{i1}+y_{i2}+\cdots+y_{ik}}{k}\right)$$

其中，$(x_{i1},y_{i1}),\cdots,(x_{ik},y_{ik})$ 为未知节点能够接收到其分组的信标节点的坐标。

质心算法完全依赖于网络连通性，无须信标节点和未知节点之间的协调，因此比较简单，容易实现。但质心算法假设节点都拥有理想的球型无线信号传播模型，而实际上无线信号的传播模型并非如此，因此存在着较大的误差。

质心算法是一种估计算法，估计的精确度与信标节点的密度以及分布有很大关系，密度越大，分布越均匀，定位精度越高。

2. DV-Hop 算法

在距离向量—跳段 DV-Hop（Distance Vector-Hop，DV-Hop）算法中，未知节点首先计算与信标节点的最小跳数，然后估算平均每跳的距离，利用最小跳数乘以平均每跳距离，得到未知节点与信标节点之间的估计距离，再利用三边测量法或极大似然估计法计算未知节点的坐标。

（1）定位过程

DV-Hop 算法的定位过程有以下三个阶段：首先计算待定位节点与每个信标节点之间的最小跳数，其次计算出待定位节点与信标节点的实际跳段距离，最后完成待定位节点的位置估计。

第一阶段，计算未知节点与每个信标节点之间的最小跳数。定位算法开始，WSN 中的每个信标节点都向邻居节点广播发送消息分组，包含自身的位置信息以及跳数，此时的初始跳数值设置为 0，接收到信标节点消息分组的节点将自己的跳数由初始的 0 加 1 后，连同含有信标节点的位置信息一起再转发给邻居节点，这个过程覆盖整个网络，最后所有的节点都获得了每一个信标节点的位置信息和最小跳数参数。在以中继方式传递信标节点的位置信息和确定各节点到所有信标节点的最小跳数的过程中，如果某节点重复收到另一个信标节点的消息分组或该节点到另一个信标节点的最小跳数大于已经收到的最小跳数值，则此时发生了信标节点的信息冗余，从而将其舍去。

第二阶段，计算每个信标节点与其他信标节点的实际跳段距离。当第一阶段结束后，WSN 中每个信标节点都记录了到其他信标节点的位置信息和跳数。利用这些信息就可以估算出平均每跳距离，并向整个网络广播该消息分组。第 i 个信标节点平均每一跳的距离 c_i 为

$$c_i = \frac{\sum\sqrt{(x_i - x_j)^2 + (y_i - y_j)^2}}{\sum h_{ij}}$$

其中，h_{ij} 为第 i 个节点到第 j 个节点间的跳数，（x_i, y_i）为第 i 个信标节点的坐标，（x_j, y_j）为第 j 个信标节点的坐标。

现以图 4.4.11 为例，说明平均每跳距离的计算。节点 A、B、C 为信标节点，它们均有明确的坐标信息。节点 A 与 B 的距离为 60m，节点 A 到 C 的距离为 120m，节点 B 到 C 的距离为 90m。节点 A 到 B 的跳数为 2 跳，节点 A 到 C 的跳数为 6 跳。应用上述公式可得到：

节点 A 的每跳平均距离为 $\frac{60+120}{2+6} = 22.5$（m），节点 B 的每跳平均距离为 $\frac{60+90}{2+5} = 21.4$（m），节点 C 的每跳平均距离为：$\frac{120+90}{5+6} = 19.1$（m）。

一个信标节点在计算完与其他各信标节点每跳的平均距离后，在对邻居节点广播的消息分组中，包含了各信标节点的最新信息。这样，其他的节点可以得到信标节点的最新位置信息，一般是周围的相邻节点先得到该消息。在网络中，位置信息以广播的方式发射，网络中

的节点在收到位置信息时就与原来收到的位置信息进行比较，如果新收到的位置信息相比原来的位置信息有更新，就抛弃原来的位置信息，将新收到的位置信息存储起来，这样就可以保证节点只储存1条最新的位置信息。

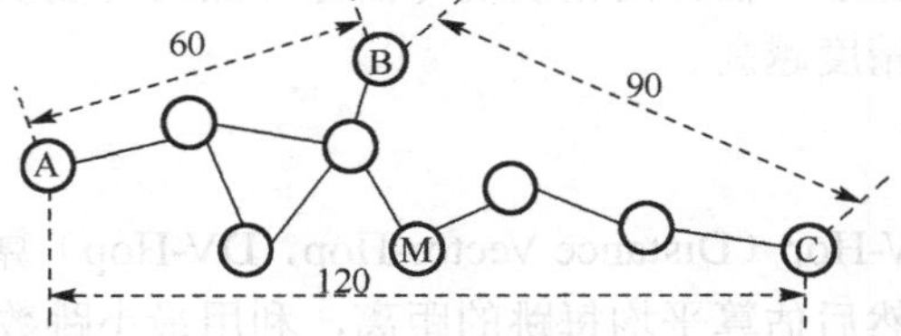

图 4.4.11 DV-Hop 算法示意图

第三阶段，完成未知节点的位置估计。未知节点利用第二个阶段获取的网络中每一个信标节点与其他信标节点的实际跳段距离的数据，使用三边测量法和最大似然估计法来估计未知节点的位置信息。

从图 4.4.11 可知，经过第一、二阶段的计算，已知网络中各信标节点之间的实际距离和跳数。未知节点 M 从信标节点 B 上获得每跳平均距离为 21.4m，则节点 M 与 A、B、C 三个信标节点之间的距离分别为 $l_1=3\times21.4=64.2$m，$l_2=2\times21.4=42.8$m，$l_3=3\times21.4=64.2$m。最后使用三边测量法来计算节点 M 的坐标。

DV-Hop 算法的优点是比较简单，无须进行节点之间的距离测量，可以避免测量时带来的误差，传感器节点不需要其他的附加硬件支持，是无线传感器网络节点定位的一个较经济可行的方案。但是这种算法有一些值得改进的地方：在每跳平均距离的计算过程中，节点之间通信量较大，而且没有考虑网络中存在不良节点的影响，造成平均定位误差较大。

4.5 无线传感器网络的时间同步

4.5.1 概述

一个分布式的信息系统是由相同或不同的设备组成的，这些设备间的相互通信来完成了它们之间的信息交互。分布式系统中的这些相同或不同的设备可以抽象为网络中的节点，由于这些节点是独立工作的，因此节点中的时钟也是独立于网络工作的，称为**本地时钟**。由于这些相同或不同的节点的晶体振荡器频率存在偏差，以及温度变化和电磁被干扰等，即使在某个时刻所有节点都达到时间同步，但随着时间的推移，它们的时钟也会逐渐产生误差。而分布式系统中节点间相互协同工作时需要相互通信，这就要求节点间的时钟同步。因此，时间同步对分布式系统的协同工作非常重要。

时间同步机制在传统网络中已经得到广泛应用，如网络时间协议 NTP（Network Time Protocol ）是 Internet 中的时间同步协议。GPS 等为网络及公众通信网提供了基准时间，这些系统可以依据 GPS 等提供的基准时间来对时，以达到系统的时间同步。同样，在 WSN 中也需要时间同步。WSN 的时间同步对 TDMA 调度机制、多传感器节点的数据融合和测距定位等应用都具有非常重要的基础作用。

WSN 的特点以及能量、价格和体积等方面的约束，使得诸如 NTP 等现有时间同步机制

（或技术）不能适用于 WSN，而需要修补或重新设计时间同步机制来满足 WSN 的要求。

通常情况下，WSN 除了非常少量的节点拥有诸如 GPS 时间同步设备外，其他绝大多数节点都没有这样的时间同步设备，因此都需要根据时间同步机制交换同步消息，与网络中的其他 WSN 节点保持时间同步。在设计 WSN 的时间同步机制时，需要考虑以下几个方面：

- 可扩展性方面的考虑。由于在 WSN 应用中，网络部署的地理范围大小不同、网络中节点的分布密度不同，因此时间同步机制要能够适应这种网络范围或节点分布密度的变化。
- 稳定性方面的考虑。由于 WSN 受到多种因素的影响，其网络拓扑结构呈现动态变化，因此，时间同步机制要能够在拓扑结构的动态变化中保持时间同步的连续性和精度的稳定性。
- 鲁棒性方面的考虑。由于各种原因可能造成 WSN 节点死亡（或失效），另外由于现场环境随时可能影响通信质量，因此要求时间同步机制具有良好的鲁棒性。
- 收敛性考虑。由于 WSN 具有拓扑结构动态变化的特点，同时节点又存在能量有限的约束，所以就要求建立时间同步的时间要较短，节点能够及时知道自身是否达到时间同步。
- 能量感知方面的考虑。为了减少能量消耗，要求时间同步消息交换的信息负荷尽可能地少，必需的网络通信和计算负载应该可预知，时间同步机制应该根据网络节点的能量分布，均匀使用节点能量以达到能量的高效使用。

由于 WSN 应用具有的多样性，不可能用同一种时间同步机制来满足所有的应用，因此对时间同步机制需求也应具有多样性。WSN 的时间同步机制的主要性能参数如下：

- 最大误差：一组 WSN 节点之间的最大时间差，或相对外部基准时间的最大时间差。
- 差值。通常情况下，最大误差随着需要同步的 WSN 范围的增大而增加。
- 同步期限：节点间需要一直保持时间同步的时间长度，WSN 需要在各种时间长度内保持时间同步，从瞬间同步到伴随网络存在的永久同步。
- 同步范围：需要节点间保持时间同步的区域范围，这个范围可以是地理范围，如以米度量的距离；也可以是逻辑距离，如网络的跳数。
- 可用性：指在范围内的覆盖完整性，有些时间同步机制能够同步区域内的所有节点。基于网络的机制通常能够同步每个节点，而有些机制对硬件要求高，仅能同步部分节点，如 GPS 系统。
- 效率：达到同步精度所经历的时间以及消耗的能量。需要交换的同步消息越多，经历的时间越长，消耗的网络能量就越大，同步的效率相对就越低。
- 代价和体积：时间同步可能需要特定硬件，在 WSN 中需要考虑部件的价格和体积，这对传感器网络非常重要。

4.5.2 网络时间同步机制

C/S 模式的时间同步机制是一种常用的传统网络时间同步机制。在这种机制中，时间服务器周期性地向客户端发送时间同步消息，同步消息中包含服务器的当前时间。如果服务器到客户端的典型延迟相对期望精度小，则只需要一个时间同步消息就能实现客户端与服务器之间的时间同步。通常的扩展是客户端产生时间同步请求消息，服务器回应时间同步应答消息，通过测量这两个分组总的往返时间来估计单程的延迟，从而计算从服务器给分组打上时标到客户端接收到分组打上时标之间的时间间隔，获得相对精确的时间同步。

NTP 是一个非常典型的网络时间同步协议，采用了若干时钟源服务器，为客户提供授时服务，并且这些服务器站点之间能够相互对比以提高时间精度。世界标准时间协调 UTC（Universal Time Coordinator）是当前所有时间基准的国际标准。两个时钟源，分别是科罗拉多的 WWV 短波电台和地球观测卫星。为了获得标准的时间，时间服务器需要从这两个时钟源获得当前时间。

NTP 协议采用层次化树型结构。整个体系结构中有多棵树，每棵树的父节点都是一级时间基准服务器，一级时间基准服务器直接与 UTC 时间源相连接。NTP 协议将时间信息从这些一级时间服务器传送到分布式系统的二级时间服务器成员或客户端，二级时间服务器按照层次方式排列。NTP 协议标注为不同层次，每一层次称为一层（Stratum），层数表示时间服务器到外部 UTC 时钟源的距离。父节点是一级服务器，处于第 1 层；二级服务器处于第 2 层到第 *n* 层。第 2 层服务器从第 1 层服务器获取时间，第 3 层服务器从第 2 层服务器获取时间，以此类推。成员的层数越小，越接近一级服务器，它的时间就越准确。为了避免较长的同步循环，将层数限制为 15。客户端通常是多个上层节点的子节点。

NTP 协议的基本原理如图 4.5.1 所示，需要同步的客户端首先发送时间请求消息，然后服务器回应包含时间信息的应答消息。T_1 表示客户端发送时间请求消息的时间（以客户端的时间系统为参照），T_2 表示服务器收到时间请求消息的时间（以服务器的时间系统为参照），T_3 表示服务器回复时间应答消息的时间（以服务器的时间系统为参照），T_4 表示客户端收到时间应答消息的时间（以客户端的时间系统为参照），δ_1 和 δ_2 分别表示时间请求消息和时间应答消息在网络上传播所需要的时间。

假设客户端时钟比服务器的时钟快 θ（s），即当服务器的时间为 T 时，客户端的时间为 $T+\theta$。于是有以下关系式成立

$$\begin{cases} T_2 = T_1 - \theta + \delta_1 \\ T_4 = T_3 + \theta + \delta_2 \\ \delta = \delta_1 + \delta_2 \end{cases}$$

假设时间请求消息和时间应答消息在网上传播的时间相同，即 $\delta_1=\delta_2$，则可得

$$\begin{cases} \theta = \dfrac{(T_4 - T_3) - (T_2 - T_1)}{2} \\ \delta = (T_4 - T_3) + (T_2 - T_1) \end{cases}$$

可见，θ 和 δ 只与（T_4-T_3）和（T_2-T_1）有关，与时间服务器请求消息所需的时间无关。（T_2-T_1）和（T_4-T_3）实质上是消息从客户端发送到服务器和服务器发送到客户端的传输延迟。客户端根据 T_1、T_2、T_3 和 T_4 的数值就可计算出服务器的时差 θ，以调整本地时间。

在 NTP 协议中，消息传输延迟的计算精度决定了时间同步的精度。消息传输的非确定性延迟是影响客户端与服务器时间同步精度的主要因素。为了详细分析时间同步误差，在从发送节点到接收节点之间的关键路径上把消息传输延迟细分为四个部分，如图 4.5.2 所示。

第一部分，发送时间：发送节点用来构造和发送时间同步消息所用的时间，包括时间同步应用程序的系统调用时间、操作系统的上下文切换和内核协议处理时间以及把消息从主机发送到网络接口的时间。

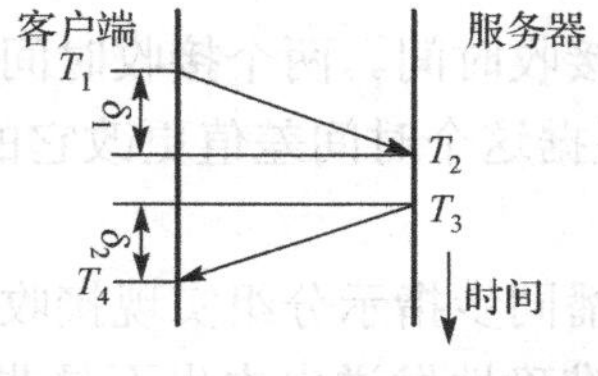

图 4.5.1　NTP 协议基本通信模型

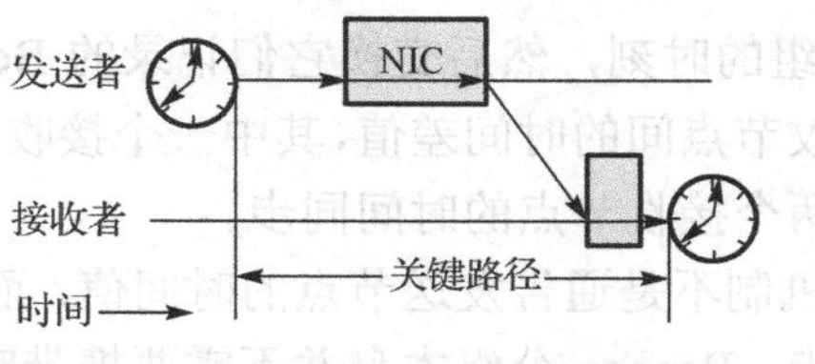

图 4.5.2　消息传输过程中的延迟分解

第二部分，访问时间：发送节点等待访问网络传输信道的时间，这与底层 MAC 协议密切相关。在基于竞争的 MAC 协议中，如在以太网中，发送节点必须等到信道空闲后才能传输数据，发送过程中产生冲突需要重传。无线局域网 802.11 协议的 RTS/CTS 机制要求发送节点在数据传输前交换控制消息，获得对无线传输信道的使用权。TDMA 协议要求发送节点必须等到分配给它的时隙，才能发送数据。

第三部分，传播延迟：消息离开发送节点后，从发送节点传输到接收节点所经历的时间间隔。当发送节点和接收节点共享物理介质时，如 LAN 或 Ad Hoc 无线网络中的邻居节点，消息传播延迟非常小，仅仅是消息通过介质的物理传输时间。相反，在广域网中传播延迟往往比较大，包括在路由转发过程中的排队和交换延迟，以及在各段链路上的传输延迟。

第四部分，接收时间：从接收节点的网络接口接收到消息，到通知主机消息到达事件所用的时间，这通常是网络接口产生消息接收信号需要的时间。如果接收消息在接收主机操作系统内核的底层打上时标，如在网络驱动中断程序中处理，那么接收时间就不包括系统调用、上下文切换，甚至不包括从网络接口到主机传送所需要的时间。

在上述消息延迟的四个部分中，对于不同的应用网络，访问延迟往往变化比较大，广域网的传输延迟抖动也比较大，发送延迟和接收延迟的变化相对较小。如何准确估计消息延迟是提高时间同步精度的关键技术。

4.5.3　RBS 同步机制

RBS（Reference Broadcast Synchronization）机制是利用无线数据链路层的广播信道特性来实现 WSN 的时间同步的。发送节点发送一条广播消息，接收到广播消息的一组节点通过比较各自接收到的信息的本地时刻，实现它们之间的时间同步。

在消息的传输延迟中，发送时间和访问时间依赖于发送节点 CPU 和网络的瞬时负荷，因此发送和访问时间变化较大，难以估计，这是时间同步误差非确定因素的主要方面。广播信息相对于所有接收节点来说，它的发送时间和访问时间都是相同的。通过比较接收节点之间的时间，就能够从消息延迟中抵消发送时间和访问时间，从而显著提高局部网络节点之间的时间同步精度。

1. RBS 机制的基本原理

RBS 机制是通过接收对时分组（或报文）抵消发送时间和访问时间来实现时间同步的。实现的基本过程如图 4.5.3 所示。发送节点广播一个信标（Beacon）分组，广播域中两个节点都能够接收到这个分组。每个接收节点分别根据自己的本地时间记录接收到

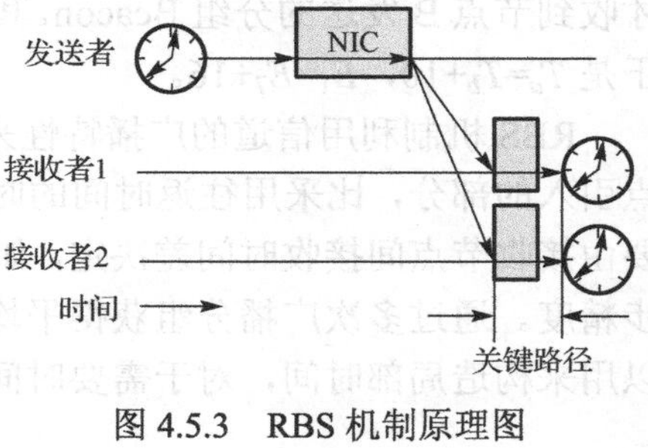

图 4.5.3　RBS 机制原理图

Beacon 分组的时刻，然后交换它们记录的 Beacon 分组接收时间。两个接收时间的差值相当于两个接收节点间的时间差值，其中一个接收节点可以根据这个时间差值更改它的本地时间，从而达到两个接收节点的时间同步。

RBS 机制不是通告发送节点的时间值，而是通过广播同步指示分组实现接收节点间的相对时间同步。Beacon 分组本身并不需要携带时标，何时准确地发送出去也不是非常重要。正是由于无线信道的广播特性，Beacon 分组相对所有接收节点而言是同时发送到信道上的，这样才能够去除发送时间和访问时间引入的时间同步误差。RBS 机制通过去除这两个主要误差源来提高时间同步的精度。

对于传播时间，RBS 机制只关心各个接收节点之间消息传播时间的差值。对于无线射频信号 RF，传播时间差值非常小，可以忽略传播时间带来的时间偏差。如果使用声音作为信息传输手段，则因为声音的传播速度较慢，所以这种传播时间偏差将不能忽略。

影响 RBS 机制性能的主要因素包括接收节点间的时钟偏差、接收节点非确定因素和接收节点的个数等。为了提高时间同步精度，RBS 机制采用了统计技术，通过发送节点发送多个消息，得到接收节点之间时间差异的平均值。对于时钟偏差问题，采用了最小平方的线性回归（Least Squares Linear Regression）方法进行线性拟合，直线斜率就是两个节点的时钟偏差，直线上的点表示节点间的时间差。

2. 多跳情况下的 RBS 机制

在多跳情况下，RBS 也适用。如图 4.5.4 所示，非邻居节点 A 和 B 分别发送 Beacon 分组，在相同广播域内的接收节点之间能够时间同步。节点 4 处于两个广播域的交集处，能够接收 A 和 B 两者发送的 Beacon 分组，这使得节点 4 能够同步两个广播域内节点间的时间。

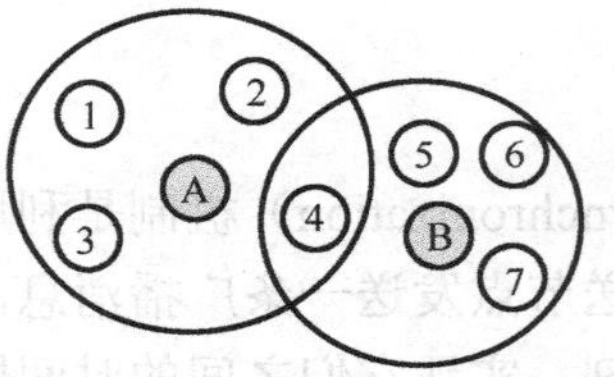

图 4.5.4　多跳情况下 RBS 机制示意图

为了获得 WSN 中事件发生时的全局时间信息，应进行多跳时间转换。假如节点 1 和节点 7 附近发生了两个事件，分别记为 E_1 和 E_7。又假设节点 A、B 在 T_a 和 T_b 时间点发送分组 Beacon，节点 1 在收到 A 发送的分组后 2 秒观察到事件 E_1，节点 7 在观察到事件 E_7 后 4 秒才收到节点 B 发送的分组 Beacon。其他节点从节点 4 知道节点 A 发送分组比节点 B 晚 10 秒，于是 $T_a=T_b+10$，$E_1=E_7+16$。

RBS 机制利用信道的广播特性来同步接收节点时间，去除了时间同步误差中所有发送节点引入的部分，比采用往返时间的时间同步机制有较高的精度。RBS 机制的时间同步精度主要由接收节点间接收时间差决定，如果接收时间存在较大差异，就会降低 RBS 机制的时间同步精度。通过多次广播分组获得平均值，能够提高 RBS 机制的时间同步精度。RBS 机制可以用来构造局部时间，对于需要时间同步但不需要绝对时间的应用非常有用。

小　结

无线传感器网络是物联网的一个重要的组成部分，是物联网的关键技术之一，是实现“物”与“物”之间相互通信的重要技术手段。

本章介绍了无线传感器网络的发展概况、基本结构、通信协议、定位技术以及应用。还介绍了无线传感器网络的基本构成与特点，IEEE 802.15.4 标准及 ZigBee 协议规范，无线传感器网络的路由协议与拓扑控制、节点定位、时间同步。

习　题

1．什么是无线传感器网络？无线传感器网络的“三要素”指的是什么？

2．一个无线传感器节点主要由哪些部分构成？各部分的功能是什么？

3．无线传感器网络系统结构是怎样的？请画图给予说明。

4．无线传感器网络协议体系主要由哪几层构成？简述各层的主要任务。

5．无线传感器网络的关键技术有哪些？

6．ZigBee 与 IEEE 802.15.4 有何关系？

7．IEEE 802.15.4 标准主要有哪些性能？

8．IEEE 802.15.4 标准的物理层及拓扑结构是如何定义的？

9．试简述 IEEE 802.15.4 标准物理层的主要功能。

10．ZigBee 的频段是如何划分的？采用了何种扩频和调制方式？

11．ZigBee 支持几种拓扑结构？

12．WSN 路由协议具有哪些特点和性能指标？

13．WSN 路由协议是如何分类的？它们的基本思想是什么？

14．试述 WSN 的拓扑控制与优化具有的作用。

15．WSN 的节点定位在 WSN 的应用中具有哪些重要的作用？

16. 试构建一 WSN，应用三边测量法、三角测量法和极大似然估计法对其所构建的 WSN 中的未知节点进行定位。

17．试述质心算法的基本原理。如何提高算法的精确度？

18．WSN 的时间同步有何作用与意义？

第 2 篇

传输网络层

传输网络是物联网的重要基础设施。从通信的角度来看，物联网所构建的传输网络是通信网的一个业务网，也就是说，整个通信网承载了用于“物联”的业务，因此，物联网的传输网络是一个通信子网，但它与传统意义上的通信网是有区别的，这种区别在于以下几个方面：

第一，物联网是应用互联网作为核心传送平台的，而互联网是在通信网上承载的业务网，它以通用化、标准化的互联网协议作为信息传送的基础，因此物联网也应遵守互联网的传输协议。

第二，物联网的信息来源（信源）多种多样，比传统的通信业务的信源种类更多、更复杂。这种复杂性表现为信源的通信速率各异，信源编码方式和结构各异，通信协议各异。

第三，通信的手段多样、灵活。传统的通信是以语音为主的，几乎后来用于传送数据和图形/图像的通信网络都是依据原有传送语音的体制加以改造而发展起来的。目前。物联网所应用的传输网络也是数据传输网的一种，也必须加以改造才能将物联网中各异的信源接入到通信网中，改造的方式是采用中间件技术来适配通信网。

第四，物联网的传输网络扩展了原有的通信网，它不但解决了传统通信网“最后一公里”的问题，并且还解决了“最后一厘米”的通信问题。

第五，物联网的传输网络更加多样，通信手段更加复杂。物联网不但需要应用典型的有线、无线移动，而且也更加需要应用无线广域网、无线局域网以及各种有线和无线的短距离通信技术。

本篇将从物联网的层次结构出发，介绍传输网络层的相关的通信网技术、网络原理和技术、无线局域网技术。

实际上，物联网的灵活、复杂也是在于其传输网络构成的灵活与复杂性方面。从工程的角度来看，在实际工程中应充分利用各种通信技术，构建经济、合理的传输网络。

第5章　短距离通信技术与信息融合

本章学习目标

掌握数据终端间的通信及接口特性，了解常用的RS232C、485、USB和CAN工业总线等串行通信接口，掌握蓝牙、红外及超宽带通信技术的基本概念和通信原理。

物联网与信息融合具有非常密切的关系，通过本章内容的学习读者还应掌握信息融合基本概念与原理，了解信息融合数据、传感器管理和无线传感器网络的数据融合相关的概念和原理。

本章知识点

- 数据终端间的通信及接口特性
- RS232C、485、USB和CAN工业总线等串行通信接口
- 蓝牙、红外及超宽带通信技术
- 信息融合基本概念与原理
- 无线传感器网络的数据融合

教学安排

5.1　短距离有线通信技术（2学时）
5.2　近距离无线通信技术（2学时）
5.3　信息融合（2学时）

教学建议

重点讲授RS232C、485、USB和CAN工业总线等串行通信接口知识，蓝牙、红外及超宽带通信技术，简要介绍信息融合的概念。

在物联网的感知控制层中存在大量的物联网终端，这些终端用来感知“物”的信息，并将所感知到的信息通过短距离通信系统传送到网络传输层的汇聚设备，通过汇聚设备的处理与转换后进入网络传输层，为综合应用层提供“物”的信息；同时，感知控制层内的物联网终端还要接收综合应用层的各种控制命令，这些控制命令是通过网络传输层、汇聚设备及短距离通信系统到达物联网的感知控制终端的。从感知控制终端到汇聚设备之间的通信系统可称之为**短距离汇聚通信系统**（见图5.1.1）。短距离汇聚通信系统可分为有线和无线通信系统两类。有线和无线通信系统主要是采用各种短距离有线及无线通信技术来完成感知控制终端与汇集设备之间的数据传输的。目前，常用的短距离有线通信技术为各种串行通信、各种总线通信等；常用的短距离无线通信为红外、蓝牙、无线局域网、超带宽无线通信技术、无线传感器网络等。

5.1　短距离有线通信技术

5.1.1　数据终端间的通信及接口特性

物联网感知控制设备（以下简称为物联网终端）和汇聚设备均可看成两个对等通信的数据终端设备。数据终端间通信时需要通过数据通信设备对数据信息进行某种变换和处理才能适合有线或无线信道的传输。数据终端间通信的系统结构如图 5.1.1 所示。

图 5.1.1 中，数据终端设备（Data Terminal Equipment，DTE）是指物联网终端或物联网中的计算机设备以及其他数据终端设备。数据通信设备（Data Communication Equipment，DCE）可以是调制解调器（Modem）、线路适配器、信号变换器等。对于不同的通信线路，为了使不同厂家的产品能够互连，DTE 与 DCE 在插接方式、引脚分配、电气性能及应答关系上均应符合统一的标准及规范。

图 5.1.1　数据终端间通信的系统结构

国际电报电话咨询委员会（CCITT）、国际标准化组织（ISO）和美国电子工业协会（Electronic Industries Association，EIA）为各种数据通信系统提供了开放互连的系统标准，它包括了机械性能、电气特性、功能特性、过程特性 4 个方面。

DTE/DCE 间的接口类型较多，目前最通用的类型有美国电子工业协会的 RS-232C 接口；国际电报电话咨询委员会的 V 系列接口、X 系列接口；国际标准化组织的 ISO 2110、ISO 1177 等。

EIA RS-232C 接口是美国电子工业协会于 1969 年颁布的一个使用串行二进制方式的 DTE 与 DCE 间的接口标准。RS 是 Recommended Standard 的缩写，232 是标准的标记号码。由于该接口标准推出较早，并对各种特性都做了明确的规定，因此成为了一种非常通用的串行通信接口，目前几乎所有的计算机和数据通信都兼容该标准。

1．RS-232C 接口

RS-232C 接口标准是一种非常广泛使用的标准，它广泛应用在数据通信、自动化、仪器仪表等领域，也是物联网中常用的一种接口及通信方式。RS-232C 不但可以与诸如 Modem 等 DCE 配合来完成远程数据通信，而且还可以完成近距离本地通信。

RS-232C 接口标准规定了最大传输距离为 15m，最高传输速率不高于 20bit/s。为了解决传输距离不够远及传输速率不够高的问题，EIA 在 RS-232C 的基础上，制定了更高性能的串行通信标准。

2．RS-422A、RS-423 及 RS-485 接口

（1）RS-422A

RS-422A 标准是一种以平衡方式传输的标准。平衡方式是指双端发送和双端接收，因此传输信号须采用两条线路，发送端和接收端分别采用平衡发送器和差动接收器。

RS-422A 电路是通过平衡发送器把逻辑电平转换为电位差来发送信息的，同时，通过差

动接收器把电位差转换为逻辑电平，从而实现信息的收发。RS-422A 由于采用了双线传输，大大增加了抗共模干扰的能力，因此当传输距离限制在 15m 内时，它的最大传输速率可达 10Mbit/s；当传输速率在 90kbit/s 时，其最大传输距离为 120m。

RS-422 标准规定了发送端只有 1 个发送器，而接收端可以有多个接收器，这就意味着，它可以实现点对多点通信。RS-422A 标准允许驱动器输出为+2～+6V，接收器输入电平可以低至+200mV。

常用的 RS-422A 标准接口的芯片为 MC3487/MC3486、SN75174/SN75175 等，它们是平衡驱动/接收器集成电路。

（2）RS-423A

RS-423A 标准是非平衡方式传输的，即以单线来传输信号，规定信号的参考电平为地。该标准规定电路中只允许有 1 个单端发送器，但可以有多个接收器。因此，允许在发送器和接收器间有一个电位差。标准规定逻辑“1”的电平必须超过 4V，但不能超过 6V；逻辑“0”的电平必须低于−4V，但不能低于−6V。RS-423A 标准由于采用了差动接收，提高了抗共模干扰能力，因此与 RS-232C 相比，传输距离较远、传输速率较高。当传输距离为 90m 时，最大传输速率为 100kbit/s；若传输速率为 1kbit/s 时，传输距离可达 1200m。

（3）RS-485

RS-485 接口标准是一种平衡传输方式的串行通信接口标准，它与 RS-422A 兼容，并且扩展了 RS-422A 的功能。RS-422A 只允许电路中有一个发送器，而 RS-485 标准允许有多个发送器，因此，RS-485 是一个多发送器的标准，它允许一个发送器驱动多个被动发送器、接收器或收发器组合单元的负载设备。RS-485 采用共线电路结构，即在一对平衡传输线的两端配置终端电阻，其发送器、接收器以及组合收发单元可以挂在平衡传输线上的任何位置，实现在数据传输中多个驱动器和接收器共用同一传输线的多路传输。

RS-485 接口标准的抗干扰能力强、传输速率高、传输距离远。采用双绞线，不用调制解调器等通信设备的情况下，当传输速率为 100kbit/s 时，传输距离可达 1200m；在 9600bit/s 时，传输距离可达 15km。在传输距离为 15m 时，它的最大传输速率可达 10Mbit/s。

RS-485 允许在平衡电缆上连接 32 个发送器/接收器，因此它的应用非常广泛，尤其在工业现场总线等方面，同时它也是物联网中物联网终端常用的接口方式。RS-485 串行通信接口可用集成芯片实现，目前常用的芯片有 MAX485/MAX491 等。

3. 各种串行接口性能比较

四种通用串行通信接口的标准的性能比较如表 5.1.1 所示。其中 EIA 是指美国电子工业协会制定的标准，TIA 为远程通信协会（Telecommunication Industry Association，TIA）制定的标准。EIA 用后缀 RS 标注，表明为推荐标准。

表 5.1.1　四种通用串行通信接口的标准的性能比较

性质指标及工作方式	EIA/TIA 232A 单端	EIA/TIA 423A 单端	EIA/TIA 422A 差分	EIA/TIA 485 差分
一条线路上允许的驱动器和接收器的数目	1 个驱动器 10 个接收器	1 个驱动器 10 个接收器	1 个驱动器 10 个接收器	32 个驱动器 32 个接收器
电缆最大长度（m）	15	1219	1219	1219
最大传输速率（kbit/s）	20	100	10000	10000
驱动器输出电压最大值（V）	±25	±6	0.25～+6	−7～+12

续表

性质指标及工作方式		EIA/TIA 232A 单端	EIA/TIA 423A 单端	EIA/TIA 422A 差分	EIA/TIA 485 差分
驱动器输出信息电平（V）	加载	±5～±15	±3.6	±2	±1.5
	未加载	±25	±6	±6	±6
驱动器负载阻抗（kΩ）		3～7	≥0.45	0.1	0.054
驱动器输出电流最大值（高阻）mA	电源开	–	–	–	±0.1
	电源关	±6.6	±0.1	±0.1	±0.1
变换速率（V/us）		30（最大值）	可控	–	–
接收器输入电压范围（V）		±15	±12	–10～+10	–7～+12
接收器输入灵敏度（V）		±3	±0.2	±0.2	±0.2
接收器输入阻抗（kΩ）		3～7	4（最小值）	4（最小值）	≥12

5.1.2　USB 串行总线

通用串行总线（Universal Serial Bus，USB）是一种串行技术规范，其主要目的是简化计算机与外围设备的连接过程，目前已广泛应用在计算机、通信、自动化、仪器仪表等多个领域，同时也成为了物联网中应用最广泛的串行通信技术之一。

USB 并不完全是一个串行接口，而是一种串行总线。目前，计算机设备均配置了多个 USB 接口，它可以接入种类繁多的外设，成为了计算机及数据通信等电子、电气设备的通用接口。USB 具有以下特点。

（1）使用方便

USB 的方便性体现在可自动设置、连接便捷、无须外部电源、接口通用等方面。在自动设置方面，当将 USB 设备连接到计算机时，操作系统会自动检测该设备，并为其加载适当的驱动程序。尤其在第一次安装时，操作系统会提醒用户加载驱动程序，其后的安装、操作系统会自动完成，一般不需要重启。另外，USB 的安装不需要设置如端口地址、中断号码等参数，安装程序会自动检测。

在连接方面，USB 等外设可直接插入到计算机的 USB 接口上。不需要时，可直接将其拔下，USB 设备的插拔不会损坏计算机和 USB 外设。

USB 接口处包含了一个+5V 的电源和地线接口，USB 外设可直接使用接入系统的电源和地，因此 USB 外设无须提供额外的电源，但当所接入的系统所提供的电源功率不足时，才需要给 USB 外设供电。

USB 的接口是通用的，在加入到计算机时，系统会将多个通信端口地址和一个中断号提供给 USB 使用，因此 USB 接口的通用性非常强。

（2）USB 的传输速率高

USB 支撑 3 种信道速率，即 1.5Mbit/s 的低速、12Mbit/s 的全速，以及 480Mbit/s 以上的高速。目前计算机的 USB 接口均能支撑这 3 种速率。

（3）功耗低、性能稳定

当 USB 外设处于待机状态时，它会自动启动省电模式来降低功耗。当激活时，会自动恢复原来状态，因此 USB 外设的功耗较低。

USB 的驱动程序、硬件及电缆均应尽量减少噪声干扰以免产生差错，所有的设计均采用了差错处理机制，因此使用时，USB 设备较稳定。

（4）操作系统的支持性与灵活性

目前在 Windows 操作系统上，已有键盘、鼠标、音响设备、调制解调器、数码相机、扫描仪、打印机以及外存等均提供了驱动程序，应用程序可方便地调用这些设备。

USB 的控制、中断、批量和实时 4 种传输类型与低速、全速及高速 3 种传输速率可让外设灵活选择。不论是交换少量或大量的数据，还是有无时效的限制，都有适合的传输类型。

总之，USB 接口的优点使得它不但成为计算机最常用的数据传输接口，而且成为了能满足未来物联网需要的通用串行通信标准，可很好地实现短距离数据通信。

与 USB 接口相似的另一个接口标准是 IEEE-1394，它比 USB 具有更快的传输速率，更为灵活方便，但其成本较高。

USB 和 IEEE-1394 的应用场合是有所区别的。USB 适合使用在键盘、鼠标、扫描仪、移动硬盘及打印机等中低速的设备上，而 IEEE-1394 则非常适合于视频或其他高速系统的连接，以及没有主机的场合。

USB 1.x 的传输速率为 12Mbit/s，USB 2.0 的传输速率可达 480Mbit/s。IEEE-1394 的传输速率为 400Mbit/s，比 USB 1.1 快 30 倍以上，IEEE-1394.b 的传输速率可达 3.2Gbit/s 以上，比 USB 2.0 快 6 倍以上。

5.1.3 CAN 工业总线

物联网的一个重要的应用领域是工业与自动化，在该领域中需要对大量的生产现场进行实时控制，以实现生产的自动化，因此现场总线的技术及应用是物联网通信技术、控制技术所必备的。

目前，常用的现场总线主要有以下几种类型：基金会现场总线（Foundation Field bus，FF）、ProfiBus、CAN、DeviceNet、HART 等。其中 CAN（Controller Area Network）现场总线，即控制器局域网，因其具有高性能、高可靠性以及独特的设计而越来越受到关注，被公认为几种最有前途的现场总线之一。

CAN 现场总线是在 20 世纪 80 年代初，德国 BOSCH 公司为实现现代汽车生产中众多的汽车内部测量与执行部件之间的数据通信而开发的一种串行数据通信协议。它是一种多主总线，具有很高的可靠性，支持分布式控制和实时控制。

CAN 总线历经 20 多年的发展，尤其是随着其国际标准化（ISO11898）的制定，进一步推动了它的发展和应用。目前已有 Intel、Motorola、Philips、Siemens 等百余家国际大公司支持 CAN 总线协议。

目前，CAN 总线在国外已有很多方面的应用，CAN 总线已被广泛地应用于汽车、火车、轮船、机器人、智能楼宇、机械制造、数控机床、各种机械设备、交通管理、传感器、自动化仪表等领域。同时也成为物联网中广泛应用的感知控制层的通信总线。

CAN 总线属于总线式串行通信网络，与一般的通信总线相比，它的数据通信具有突出的性能、可靠性、实时性和灵活性。其传输速率最高可以达到 1Mbit/s（40m），直接传输距离最远可以达到 10km（传输速率在 5kbit/s 以下）。

5.2 近距离无线通信技术

在物联网中，经常需要和物理空间较小范围的感知层物联网终端进行灵活的连接，实现感知控制层与网络传输层的通信。这就需要采用一种非接触式的近距离无线通信来承载信息的传输，目前能完成这样功能的无线通信技术主要有蓝牙（Bluetooth Technology）、红外技术（Infrared）、超宽带无线技术（Ultra-Wideband，UWB）、Wi-Fi 技术（Wireless Fidelity）以及无线传感器网络（Wireless Sensor Network）。这些近距离通信的技术广泛应用在智能电网的数据采集与抄表、智能交通与汽车、物流与追踪、智能家居、金融与服务、智慧农业、医疗健康、工业自动化与控制、环境监测等物联网所涉及的各个领域，并且成为了物联网的基础与核心技术之一。

5.2.1　蓝牙技术

蓝牙技术具有功耗低、通信速率高、传输距离短、工作频段不受限制、可靠性高、通信距离短、可灵活组网、自动搜索、成本低廉和技术成熟、应用范围广等特点。图 5.2.1 为一个蓝牙适配器，它可以插入计算机的 USB 接口，与计算机和其他如蓝牙鼠标等蓝牙设备通信。

（1）功耗低

蓝牙技术具有功耗低的特点。由于蓝牙在链路管理器中有功耗管理功能，因此可以根据工作状况对功耗进行有效的管理。在不通信时，系统将自动进入休眠模式，以降低功耗。典型的蓝牙通信峰值电流一般不超过 30mA，低功耗蓝牙峰值电流不超过 15mA。蓝牙的 3 种类型的功耗分别如下：远距离蓝牙发射功率为 100mw（20dBm），典型蓝牙发射功率为 2.5mw（4dBm），低功耗蓝牙的发射功率为 1mw（0dBm）。

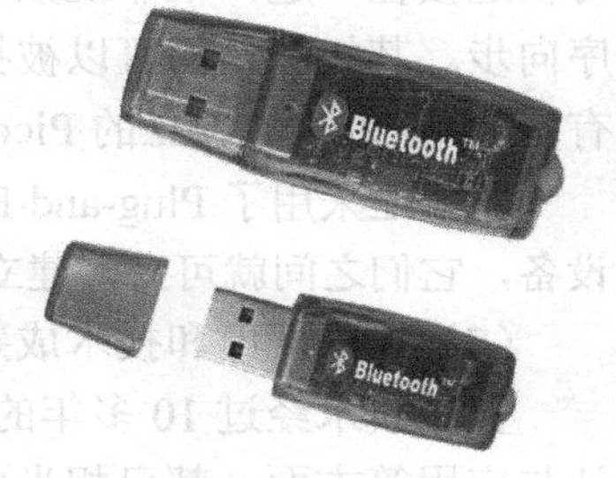

图 5.2.1　蓝牙适配器

（2）通信速率高

作为一种短距离无线通信技术，蓝牙具有通信速率高的特点。低功耗的蓝牙，其空中的传输速率可达 1Mbps，实际有效数据传输速率可达 200Kbps 以上；高速蓝牙空中的传输速率可达 3Mbps，实际有效数据传输速率可达 2.1Mbps。可见，不论低功耗蓝牙，还是高速蓝牙均可实现语音的实时通信，高速蓝牙还可实现视频传输。

（3）工作频段不受限制

蓝牙工作在 2.4GHz 的 ISM 波段，而全球大多数国家的 ISM 频段范围是在 2.4～2.4835GHz，该波段是一种无须许可的工业、科技、医学无线电波段，在此波段内可以免费使用无线电频段资源。因此，它的工作频段不受限制。

（4）可靠性高

蓝牙通信的可靠性高主要是由于采用了扩频技术和多种安全模式，这使得蓝牙具有较高的通信可靠性。

蓝牙采用跳频扩谱技术，可以降低受同频的干扰影响，同时由于载波频率的不停跳变，使监听设备很难达到载波同步，因而无法侦听。另外，蓝牙还结合多种纠错技术，提高了数据传输的可靠性高。

蓝牙网络提供了 3 种安全模式：模式 1，无加密；模式 2，应用层加密；模式 3，链路层加密。对于最高级别的模式 3，它由 4 个要素组成，即 48bit 的设备地址 BD_ADDR、128bit 的蓝牙链路密钥、8～128bit 的不定长加密密钥、128bit 的随机数 RAND。同时，蓝牙协议有一套完整的密钥生成机制，确保了数据安全。

（5）通信距离短

蓝牙通信典型的通信距离为 10m。但它是一种通信距离随功率而变的通信技术。有 100mW，25mW 和 1mW 三个典型的发射功率。当发射功率为 100mW 时，其传输距离为 100m；当发射功率为 2.5mW 时，传输距离为 10m；当发射功率为 1mW 时，传输距离为 10cm。因此它非常适合不同应用场合的短距离无线通信，尤其适用于物联网的传感器的数据采集。

（6）可灵活组网、自动搜索

蓝牙系统支持两种通信模式，即点对点和点对多点的通信模式。可形成两种网络拓扑结构：微微网（Piconet）和散射网络（Scatternet）。在一个 Piconet 中，只有一个主单元（Mater），最多支持 7 个从单元（Slave）与 Master 建立通信。Master 靠 4 个不同的跳频序列来识别每一个 Slave，并与之通信。若干个 Piconet 形成了一个散射网络，如果一个蓝牙设备单元在一个 Piconet 中，即有一个 Master，那么在另一个 Piconet 中的就有可能是一个 Slave。几个 Piconet 可以连接在一起，依靠跳频顺序识别每个 Piconet。同一 Piconet 的所有用户都与这个跳频顺序向步。其拓扑结构可以被描述为“多 Piconet”结构。在一个“多 Piconet”结构中，在带有 10 个全负载的独立的 Piconet 的情况下，全双工数据速率超过 6Mbit/s。

蓝牙还采用了 Plug-and-Play（即插即用）技术，任意一个蓝牙设备一旦寻找到另一个蓝牙设备，它们之间就可立即建立联系，无须用户进行任何设置，即可自动完成搜索、连接功能。

（7）成本低廉和技术成熟

蓝牙技术经过 10 多年的发展，不论是在标准制定、芯片的设计与加工，还是在产品的设计与应用等方面，都已相当成熟。

现在的蓝牙模块都采用单芯片集成化方式，大多数芯片还包含了 MCU、Flash 和 RAM，基本上一个芯片就能完成所有的工作。

由于蓝牙设备的使用量大，目前，蓝牙芯片的价格已经降到了 1 美元以下，而且功能比以前强大得多。它可同时传送语音与数据，实现语音与数据的共路传输。

（8）应用范围广

蓝牙作为一种无线数据与语音通信的开放技术标准，以实现低成本、短距离的无线通信为特点，已广泛应用到了消费电子的各个层面，如移动电话、笔记本电脑、打印机、PDA、个人电脑、传真机、计算机附件（鼠标、键盘、游戏操纵杆等）、空调、冰箱、电表等。

无线射频通信模块以无线 LAN 的 IEEE 802.11 技术为基础，使用 2.4GHz 的 ISM 全球通自由波段。蓝牙天线属于微带天线，在天线电平为 0dBm 的基础上建立空中接口，并遵从美国联邦通信委员会（FFC）有关 0dBm 电平的 ISM 频段标准，发射功率可达 100mW，系统最大跳频速率 1600 跳/秒，在 2.402GHz 到 2.480GHz 之间，采用了 79 个间隔为 1MHz 的频点来实现。系统设计的通信距离为 10m，如经过增大发射功率，其通信距离可达到 100m。

5.2.2 红外通信技术

红外线（Infrared）是一种波长范围在 750nm 至 1mm 频谱范围之间的电磁波，它的频率高于微波而低于可见光，是一种人眼看不到的光线。任何物体，只要其温度高于绝对零度（–273℃），就会向四周辐射红外线。物体温度越高，红外辐射的强度就越大。红外通信一般采用红外波段内的近红外线，即采用为 0.75μm 至 25μm 之间的电磁波波长进行无线通信的。图 5.2.2 为一红外收发器件示例。

图 5.2.2　红外收发器件（左为发射模块，右为接收模块）

1993 年成立的红外数据协会（Infrared Data Association，IrDA）为了保证不同厂商生产的红外产品能够获得最佳的通信效果，IrDA 制定的红外通信协议将红外数据通信所采用的光波波长的范围限定在 850nm 至 900nm 之间。红外通信具有以下特点：

（1）由于该通信方式是通过数据电脉冲和红外光脉冲之间的相互转化实现无线通信的，并且同时由于采用定向传输，这使得墙壁或其他不透明的物体可以将红外信号隔离，因此，红外通信具有极强的保密性；

（2）由于光是定性传播的，因此，避免了常规无线电波之间的相互干扰；

（3）由于它的波长较短，频率较高，因此其带宽较宽，可以承载高速数据的传输；

（4）红外通信设备结构简单、成本低、耗电少，能进行高速数据通信；

（5）由于红外线数据传输基本上采用强度调制，红外接收器只需检测光信号的强度便可完成信号的解调，因此红外通信设备比无线电波通信设备便宜，简单得多。依靠低成本的红外发射器与接收器就能进行高速数据通信。

红外通信具有以上特点，更适合应用在短距离无线通信中，来进行点对点的直线数据传输。目前已广泛应用在笔记本电脑、PDA、移动电话、数码相机、无线耳机、MP3、POS 机、打印机、遥控器等设备上，同时也成为物联网中常用的短距离通信的手段之一。

红外无线数字通信根据通信速率的不同可分为：低速模式（Serial Infrared ，SIR），通信速率小于 115.2Kbps；中速模式（Medium Speed Infrared，MIR），通信速率为 0.567Mbps～1.152Mbps；高速模式（Fast Speed Infrared，FIR），通信速率为 4Mbps；超高速模式（Very Fast Speed Infrared，VFIR），通信速率为 16Mbps。

红外收发器实现了红外脉冲信号的产生和探测，它需要满足规范要求和合适的通信光波长。红外发射管由不同比率的 III V 混合物制造成，III V 混合物分别是由 Al、Ga、In 三种元素和 P、As 混合而成的。采用这些混合物制造的红外发射管的发射波长为 800～1000nm。红外探测器一般带有 GaAs 或 InP 的带通滤波器，能够在一定程度上消除其他波长光线的影响，半球形滤波器比平面滤波器的接收能量提高 3dB。

红外控制器用于完成对信号的数字编码和解码。它根据红外数据传输速率的不同，按照红外通信协议规定对信号进行不同的编码，编码方式是依据红外无线通信协议的标准进行的。

5.2.3　超宽带无线通信技术

UWB 是一种采用极窄的脉冲信号实现无线通信的技术，即脉冲无线电技术，它利用持续时间非常短（纳秒、亚纳秒级）的脉冲波形来代替传统传输系统的连续波形，从而实现无线通信。

超宽带信号使用绝对带宽（Absolute Bandwidth）和分数带宽（Fractional Bandwidth）两个指标来进行判定。

绝对带宽也称能量带宽，即若某一波形的绝大部分能量都落入由 f_H 和 f_L 这两个频率作为上下限的频段范围内，则称 $f_H - f_L$ 为能量带宽。也就是信号功率谱最大值两侧某滚降点对应的上限频率 f_H 与下限频率 f_L 之差。FCC 规定将 f_H 和 f_L 定义在信号功率谱密度衰减为 –10dB 的辐射点上。在实际应用中，f_H 和 f_L 不需要有严格的定义，可有多种选择上下限频率的方法，常见的有–3dB、–20dB 等不同的选择。

分数带宽也称**相对带宽**，是指绝对带宽与中心频率之比。由于超宽带系统经常采用无正弦载波调制的窄脉冲信号承载信息，中心频率 f_c 并非通常意义上的载波频率，而是上、下限频率的均值。分数带宽用数学公式可表示为：

$$\frac{f_H - f_L}{f_c} = \frac{f_H - f_L}{\frac{1}{2}(f_H + f_L)}$$

从频域来看，UWB 与传统的窄带和宽带不同，它的频带更宽。通常窄带是指相对带宽小于 1%，宽带指的相对带宽在 1%～25%之间。相对带宽大于 25%，而且中心频率大于 500MHz 的无线电技术，称为 UWB。

FCC 对 UWB 的定义是从信号带宽的角度来描述无线电信号的，没有指明具体的实现方式。目前常用的实现方式主要有**脉冲无线电**（Impulse Radio UWB，IR-UWB）和**调制载波**两种。IR-UWB 采用窄脉冲序列携带信息，直接通过天线传输，不需要对正弦载波进行调制，因而实现简单，是 UWB 技术早期采用的方式。调制载波通常采用多带正交频分复用（Multiband Orthogonal Frequency Division Multiplexing UWB，MB-OFDM-UWB）实现。MB-OFDM-UWB 把整个有效带宽分为最小带宽不小于 500MHz 的若干子带，采用 OFDM 技术实现，有利于实现低功率的高数据速率传输，适用于室内短距离高速率传输的应用场合。

UWB 技术可以实现低功耗、高速率的数据传输，UWB 设备不但可以实现通信，而且可以实现定位功能，在物联网中具有十分广阔应用前景。超宽带无线通信系统的主要性能特点及技术优势表现在以下几个方面。

（1）系统结构和硬件电路简单。IR-UWB 实质上是一个占空比很低的无载波扩频技术。典型的 IR-UWB 直接发射脉冲串，不再具有传统的中频和射频电路，这样 UWB 信号可以看成基带信号。因此 UWB 系统结构较简单，可以采用较简单的硬件电路来实现。

（2）具有较好的隐蔽性及较高的处理增益。UWB 技术将信息符号映射为占空比很低的脉冲串，其功率谱密度很低，带宽很宽，有较好的信号隐蔽性。脉冲无线电中的处理增益主要取决于脉冲的占空比和发送每个比特所用脉冲数目，很容易就能做到比目前的扩频系统高得多的处理增益。

（3）多径分辨能力强。由于 UWB 无线电发射的是持续时间很短且占空比很低的窄脉冲，多径信号在时间上是可分离的，因而可以采用高效能的 RAKE 接收机接收，充分利用发射信号的能量，实现在低功率下传输更远的距离。

（4）传输速率高。从信号传播的角度考虑，UWB 无线通信由于能有效减小多径传播的影响，并且具有很宽的带宽，从而可以实现高速率的数据传输。

（5）空间传输容量大。根据 Intel 公司的研究报告，IEEE 802.11b 的空间容量，即每平方米每秒的传输速率为 1Kbps/m^2，蓝牙的空间容量为 30Kbps/m^2，IEEE 802.11a 的空间容量为

83Kbps/m^2，而 UWB 无线通信的空间容量为 1000 Kbps/m^2。可见，在空间容量方面，UWB 技术比现有无线通信系统具有更大的优势。

（6）与其他系统有良好的同频段共存性。**共存性**是指在相同的频带上，本通信系统不影响其他系统的正常工作，同时其他系统也不影响本系统的运行。UWB 脉冲的功率谱本身就很低，另外还可通过限制 UWB 信号的辐射能量实现，因此不会对其他系统产生影响。UWB 系统可以在已被其他系统占用的频带上正常工作，由 UWB 脉冲的时频特性和高处理增益很容易做到不被其他系统影响。这些特征使得 UWB 无线通信系统可以在电磁环境复杂的环境中稳定可靠的工作，同时对其他系统的影响又非常小，能很好地解决电磁兼容问题。

（7）便于多功能一体化。由于 UWB 无线电直接发射窄脉冲，其脉冲宽度为纳秒级，甚至可以小于 1 纳秒，能够方便地实现定位功能，定位精度可以达到厘米级，因此将会成为未来无线定位的热门技术。采用 UWB 技术，可以实现通信和高精度定位功能的合一，同时 UWB 具有极强的穿透能力，可以在室内和地下等环境中实现精确的定位。

5.3 信 息 融 合

在物联网的感知控制层中存在大量的物联网终端，这些终端通过数据采集来获得感知信息，这些大量的、分布的感知信息需要通过一次或多次的融合传送到网络传输层，为综合应用层提供有效率的感知信息。

在感知控制层中，存在着大量的无线传感器节点所感知其监控区域的相关情况，许多节点感知的信息可能是同一条信息，如果大量相同的信息都通过某一路由传送到网络层，就势必加大路由的能量及通信带宽的资源消耗；另外，传感器节点对监控区域的感知是需要对多个感知信息进行分析、判断，从而得出监控区域的综合结果的，因此这都需要对传感器节点感知信息进行相关的处理，以剔除冗余信息，得到有用的高效的信息，这就需要采用信息融合技术来处理。

在感知控制层中也存在着除无线传感器以外的其他物联网终端，这些终端一般采用通过短距离汇聚通信系统传送到网络层的方式，这些终端感知的大量信息（数据）也需要进行处理，减小冗余，提高传送的效率，获得有效的信息。因此，通过信息的融合能获得更加全面、更加有效的感知信息。

物联网与信息融合具有非常密切的关系，物联网中的各种感知设备就是多源信息的获取设备，物联网中的应用层的功能实质就是对多源信息的融合与决策。因此，信息融合成为了物联网学科中必不可少的理论与应用工具。

5.3.1 信息融合基本概念与原理

1. 信息融合的定义

信息融合在不同研究领域和不同的融合处理准则方面有不同的定义。大体可以分为两大类：一类认为信息融合是一种处理过程；另一类则认为信息融合是一门技术或理论方法和工具。

（1）处理过程定义

以处理过程来定义主要有以下 4 种：

（a）信息融合是将多源信息或多个传感器获取的信息进行有目的的组合；

（b）信息融合是由多种信息源（如传感器、数据库、知识库和人类本身等）获取信息，并进行滤波、相关和集成，从而形成一个适合信息选择达到统一目的（如目标识别跟踪、态势估计、传感器管理和系统控制等）的表示构架；

（c）实验室理事联合会（Joint Direction of Laboratories，JDL）面向军事应用的定义：信息融合是一种多层次、多方面的处理过程，包括对多源数据进行检测相关、组合和估计等，以提高状态和特性的估计精度，实现对战场态势、威胁及其重要程度的实时完整的评价；

（d）数据融合表述以有效、及时与可靠的统计，将多种不同的数据组合成一个一致的、精确的和智能整体的处理过程。

（2）技术或理论方法和工具定义

以技术或理论方法和工具来定义主要有以下 3 种：

（a）信息融合是一门技术，针对给定的决策任务，可以有效组织与利用能够获得的多种信息资源，提供比只采用其中部分信息资源获得更准确、更可靠、更协调、更经济与更稳定的决策结果；

（b）信息融合是一门解决来自多源数据与信息的关联、相关和组合等的处理技术，以实现对研究实体的精确定位及其特性估计，并完整及时地证实其态势与威胁及其意义；

（c）信息融合是协同利用多源信息（传感器、数据库、人为获取的信息）进行决策和行动的理论、技术和工具，旨在比仅利用单信息源或非协同利用部分多源信息获得更精确和更稳健的性能。一般人们认为这个定义可能更具有普遍性。

从功能上来说信息融合是感知、决策和有效的综合集成、逻辑推理与学习、统计分析、分布式网络的层次融合处理和多传感器感知、理解系统等。

2．融合单元与融合结构

信息融合从数学上来说是一个多变量决策问题。可将融合处理过程表述为：根据决策任务及其可以使用的多信息源完成既定融合决策任务的处理过程。融合处理过程可以经过一次或多次融合处理完成。

融合单元：将仅仅进行一次多变量的融合决策处理的过程称为融合单元或融合结构单元。

融合结构：是多融合单元相互连接、协同工作，完成既定决策任务的一种处理结构安排。

为了实现融合结构中的一些融合单元之间的连接，有时还需要在处理决策过程中增加一些进行融合的其他类型处理单元。

有融合处理功能系统：对于一个完成处理任务的系统来说，如果其中有融合处理单元，我们可称其为有融合处理功能的系统。

多源融合系统：如果系统的输入本身就是多源信息，则可称其为多源融合系统。

实际上，信息融合的基本问题是围绕融合单元和融合结构展开的。每个融合单元都涉及三个最基本的组成部分：变量、决策方法和决策结果。融合结构涉及融合单元集成的结构形式、结构形式对决策处理的要求及其结果的影响、特殊的融合结构形式等。

3．信息的融合处理

我们可以将信息融合简单归纳为“干什么”和“怎么干”的问题。“干什么”涉及确定决策对象和决策目的；“怎么干”则涉及确定感知数据及其表述和确定决策方法等。

融合处理涉及的对象可能是多源信息和多传感器直接提供的数据、需要决策的静态或相对静态的对象，以及动态对象和由多种不同事件组成的复杂的动态实体等。

如何进行信息融合（How）和需要完成的决策任务及其可能使用的资源环境密切相关，这里涉及为什么要使用（Why）、什么地方使用（Where）、什么时候使用（When）和采用哪些基本技术与方法（Which）等问题。前三个问题是如何针对具体应用需求确定总体技术方案，后一个问题是为了实现总体方案选择哪些具体的技术。

信息融合处理总是面向具体应用的。针对一个确定的具体决策任务，设计信息融合处理一般流程如图 5.3.1 所示。

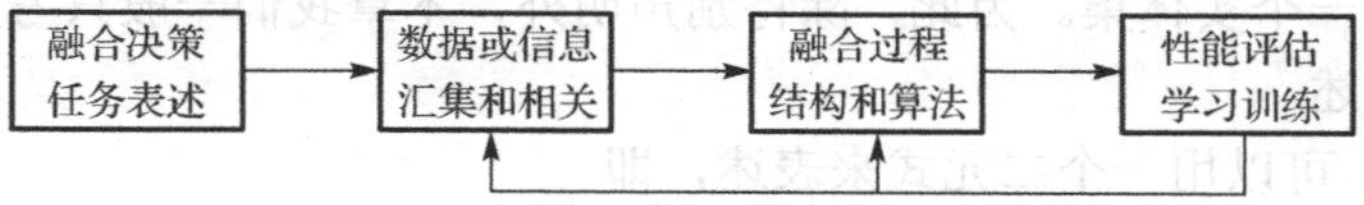

图 5.3.1　信息融合处理的一般流程

（a）融合决策任务的表述：要对给定任务做出正式的表述，以及任务需求的定量表述，可以使用资源及其性能的定量表述、允许使用环境的定量表述等。

（b）数据或信息汇集：包含对可使用传感器和信息资源的部署及其相应管理的方法、以目标或事件为中心的数据和信息关联的方法、单源与多源数据和信息的特性与相互关系的分析与表述方法等。

（c）融合处理过程结构与算法：它是信息融合处理方案的核心问题。首先要考虑整个融合处理是一次完成还是分段集成完成的；其次要考虑实现整个融合处理的具体处理结构，例如，中心处理式或分布处理式，串行处理式或并行处理式，稳定处理模式或时变处理模式等；最后，要具体确定各个处理阶段所需要使用的各种融合和非融合算法。

（d）性能评估学习训练：信息融合处理的最终目的是实现高精确和高稳健的决策性能，它涉及性能评估模型与准则、学习训练与试验方法等方面的内容。

“通过融合提高性能”贯穿整个信息融合过程，应从整个处理过程的最终决策结果看效果。因此，应从获取的多源数据和信息本身具有的不确定性开始，经过系统结构与算法设计和数据与信息流程中不确定性的变化，到最终提供决策结果为止，分析和提高融合的作用。

5.3.2 信息融合数据

对给定的决策任务进行信息融合处理，需要多源信息的数据。这些数据要涉及以下多个方面：

第一，部署和搜集与决策任务相关的多传感器和信息资源，将其汇集在一起，以适应研究实体的需求；

第二，将汇集的数据以目标和事件为中心进行关联，以满足针对目标和事件决策的需求；

第三，为了有效发挥不同信息源的作用，需要对涉及的数据和信息进行本身和相互关系的特性分析，以选取合适的组合应用方式；

第四，由于研究的对象和实体环境常常是处于动态环境，因此需要对数据的采集和组合进行动态的实时调度和管理，以提高整个融合系统的效能。

1．数据汇集

数据汇集是正确选择、合理部署与有效管理传感器系统，获取、汇总与决策任务相关的所有数据的分析处理过程，以完成针对具体决策对象的具体决策所需求的数据支持。

数据汇集的分析方法主要依赖于研究与应用实体和相应传感器系统的表述；传感器和多源信息系统部署及其管理；提出决策的用户需求等。

2．实体与传感器的表述

在此，所谓实体是指需要研究相应的某个决策对象的整体。实体可以是一个目标或事件，但一般情况下，实体常常含有多个目标和事件。

决策对象可能是单个目标或事件，也可能是实体的整体。在本章中，如果没有特指，我们将实体中的目标和事件统称为目标。实际研究与应用中，可能包含多个决策对象，即存在由多个实体组成的一个实体集。为此，除特别声明外，本章我们一般只考虑单实体情况。

（1）实体的表述

实体（Entity）可以用一个二元式来表述，即

$$Entity=\{Object\_set,Domain\_E\} \tag{5.3.1}$$

其中，$Object\_set$ 为实体包含的目标和事件的集合，实体中的每个目标也需要表示，如第 i 个目标，可用 $Object(i)$ 表示； $Domain\_E$ 为实体占据的域集合，即实体的存在域，具体包含空间和时间域，分别用 $Domain\_E\_s$ 和 $Domain\_E\_t$ 表示空间域与时间域。对每个目标可进一步表示为

$$Object(i)=\{Domain\_O(i),Attribute\_O(i)\} \tag{5.3.2}$$

其中，$Domain\_O(i)$ 也包含空间与时间两个分量；$Attribute\_O(i)$ 包含目标的几何和拓扑特性、多组成部分的结构特性、频率特性及其他特性，并可分别用 g、c、s、d 等下标表示。

如果实体包含 N 个目标，则有

$$Object\_set=\bigcup_{i=1}^{N}Object(i) \tag{5.3.3}$$

$$Objiect\_set\_Attribute=\bigcup_{i=1}^{N}Attribute\_O(i) \tag{5.3.4}$$

目标的属性是多样的，有些属性可以直接表现出来并为传感器直接感知，有些则是非直接表现的，可通过感知的数据经过变换处理而获得。我们将显露目标 i 的可观测量表示为

$$Object\_reveal(i)=\{o\_reveal\_1(i),o\_reveal\_2(i),\cdots\} \tag{5.3.5}$$

$$Object\_set\_reveal=\bigcup_{i=1}^{N}Object\_reveal(i) \tag{5.3.6}$$

分量的多少完全取决于目标本身的特性和可能直接表征的方式。因单传感器性能限制，只能感知到目标的一部分观测量。

（2）传感器表述

当采用多传感器和传感器系统感知实体、采集有关数据时，必须考虑到传感器的时空域的限制、感知特性的限制和工作环境条件的限制这三个基本约束。对单传感器和多传感器的表述如下。

对于单传感器，可表述为

$$Sensor(i)=\{Domain\_S(i),Observation\_S(i),Condition\_S(i)\} \tag{5.3.7}$$

其中 $Domain\_S(i)$ 表示第 i 个传感器在时间和空间的感知范围，$Observation\_S(i)$ 为该传感器能感知的数据，$Condition\_S(i)$ 表示该传感器正常工作必须保证的工作环境和条件。

对于多传感器，可表述为

$$Sensor\_set = \bigcup_{i=1}^{M} Sensor(i) \tag{5.3.8}$$

$$Sensor\_set\_Domain = \bigcup_{i=1}^{M} Domain\_S(i) \tag{5.3.9}$$

$$Sensor\_set\_Observation = \bigcup_{i=1}^{M} Observation\_S(i) \tag{5.3.10}$$

$$Sensor\_set\_Condition = \bigcup_{i=1}^{M} Condition\_S(i) \tag{5.3.11}$$

其中，M 为传感器的个数。

3．数据汇集的基本要求

决策任务常常是在一个实体范围内进行的，一个实体范围可能具有多个决策任务，这多个具体的决策任务依赖于实体本身。只有有效感知实体的相关数据及信息，才能完成预定的决策任务。数据汇集就是要选择和部署恰当的传感器系统和其他信源，以满足决策对数据的要求。即

$$Domain\_O\_E \subset Sensor\_set\_Domain \tag{5.3.12}$$

$$Sensor\_set\_Observation \subset Object\_set\_reveal \tag{5.3.13}$$

目标显露的可观测的量可能被某种传感器感知到，但并不是说目标本身显露的所有量都可以由某种传感器直接完整地感知到。对于非显露的目标属性，可以通过对感知观测量的后处理获得。

汇集系统（或称传感器系统）对任务需求的满足程度需要定量分拆。要通过内容的包容和匹配分析，了解实体中每个目标是否都能在要求的时空域中得到感知、感知的强度和感知的稳定程度等。数据汇集的处理流程可用图 5.3.2 表示。

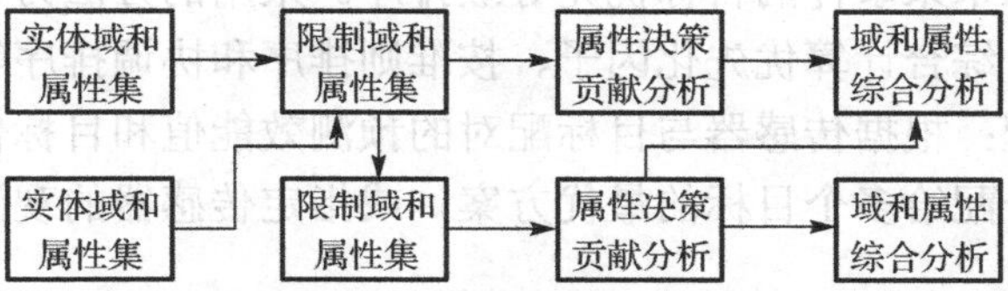

图 5.3.2　多传感器数据汇集处理流程

5.3.3　传感器管理

传感器管理（Sensor Management，SM）通常指用某种形式或过程指定和安排传感器工作时间表，以最佳方式满足预定感知任务的需求。预定感知任务涉及对目标及其时空的具体要求，具有不同层次的决策需求、不同层次的处理优先需求、整个工作期间时空与属性的覆盖要求等。最佳方式是指要充分而最优地使用资源，满足所有预定任务的及时完成。

对于单传感器，管理的内容主要为模式、空间、时间和报告四个方面。

模式管理是针对具体对象，从可能采用的多种模式中选择可能的最佳模式，例如，开关机、传感器工作模式、传感器处理参数等。

空间管理是指为传感器指定坐标系、选择视野、确定感知模式、控制传感器的参数、设置指定目标的参数等。

时间管理是指管理传感器的工作时间和感知时间等。

报告管理主要有基于目标属性报告过滤、基于空间属性报告过滤和指定目标的优先级。

对于多传感器系统的管理内容就更复杂了。这里引出传感器管理的一个更正式的表述：SM 的功能是操纵、协调和集成传感器应用，以保证具体的、高效的感知动态使命目标的实现。这里“操纵”是指在传感器之上进行控制，“协调”是指最终要带来传感器的有效利用，“集成”是指将所有传感器形成一个完成既定任务的传感器簇或者组合所有传感器的系统。

从数据融合的概念来看，SM 的角色和功能可以分为低层、中层和高层三层控制。

Level 1：低层控制。涉及每个传感器的单独控制，如方向、指向、频率变化、功率层等。

Level 2：中层控制。更多集中在控制传感器任务和需要的传感器不同工作模式。SM 将任务分为优先级，并确定何时与如何启动一个模式。在这里，我们主要关心的是传感器任务的时序安排、提示传感器交接、传感器模式变化过程等。

Level 3：高层控制。关注动态传感器配置（如提供好的覆盖）；有效的/最佳的传感器组合等。

（2）传感器管理

传感器管理系统主要由事件模型与预测、传感器预报、目标优先级、目标分配与控制、空间—时间的控制和传感器系统的整体控制与输出等构成。

事件预测：根据当前事件、目标状态等原则等进行工作，其目的是预测未来事件、检测或证实期望的事件，采用的方法是动态观测模型计算。

传感器预报：根据传感器的性能、传感器实际状态、时空覆盖控制等进行工作，其目的是确定传感器感知目标的能力与有效性，并产生目标分配给传感器的配对可选方案。采用的方法是研究每个传感器——目标配对，利用评价传感器效能专家矩阵方法考虑其基本能力与可用性，预测传感器感知目标的效能值（传感器与目标配对的预测效能值）。

目标优先级处理：根据当前的目标状态和未来的目标状态，人为指定目标优先等级，其目的是面向可能发生的未来事件的目标优先等级排序。采用的方法为自主建立目标优先级、协调建立目标优先级、综合计算优先化因子、按准则排序和协调排序等。

传感器的目标分配：根据传感器与目标配对的预测效能值和目标优先级进行工作。其目的是获得将多传感器分配给多个目标的最优方案，或指定传感器的观测与监视空间，实现总体感知性能最佳。

传感器空间与时间作用范围控制：根据任务模式、操作人员人工输入当前态势进行工作，其目的是不丢失已发现的目标和搜索进入感知范围新目标。采用的方法是分析传感器组对整个时空范围的感知能力，以完成决策任务性能指标，并以准则进行衡量。

分配目录与控制：根据传感器目标分配方案和时空控制指令进行工作，其目的是将传感器目标分配方案转换成操作传感器工作的指令。

传感器接口：根据传感器目标分配指令，其目的是向融合系统外输出控制指令，实现传感器整体管理。

5.3.4 无线传感器网络的数据融合

在无线传感器网络中，部署着大量的、稠密的无线传感器节点，这些节点间相互协同来感知监控区域。这些大量的节点中，相邻的节点所采集的感知信息具有很大的相似性，由于无线传感器网络是与应用相关的网络，因此它仅仅关心监测的具体结果，而不是关心大量的监测的原始数据，所以在数据采集过程中可充分利用节点本身所具有的计算资源进行信息的融合处理。

在无线传感器网络中，信息（或数据）呈现出多源特征，通过多传感器间的协同信息融合可以达成以下目标。

（1）去除信息的冗余性

去除信息的冗余性意味着同一个信息可能被不同的传感器节点获取，需要剔除这些不必要的重复信息。

（2）信息的互补性

一个或一种传感器获取信息的一个或一种特征，而多种或多个传感器可获取信息的多个特征。

（3）信息处理的及时与低成本性

采用多个传感器协同工作可以及时采集处理信息，以及充分利用传感器节点的计算资源降低信息处理成本。

由于信息融合，减少了冗余信息量，因此可以降低信息通过多跳路由传输时消耗路由节点的能量，节约通信资源，延长无线传感器网络的生命周期，并且还能减少网络传输层的负荷和应用层的数据处理负荷。

无线传感器网络的信息融合技术可以分为以下三个方面。

（1）与路由相结合的信息（数据）融合

无线传感器网络是以数据为中心的，这要求信息（信息）从源节点传送到汇聚节点的过程中，中间的路由节点要根据自身获取的信息及信息的本身内容对来自多个来源的信息（数据）进行融合，以降低信息冗余，减小传送的信息数量。从而减少路由节点的能量消耗，延长网络的生命周期。

（2）基于方向组播树的信息融合

一般情况下，无线传感器网络的数据融合是由多个源节点向一个汇聚节点发送数据的，因此可以认为是一个反向组播树的构造过程。汇聚节点在收集数据时通过反向组播树的形式先从分散的传感器节点逐步汇集感知数据（信息）。反向组播树上的每个中间节点都对收到的数据进行数据融合，于是传感器网络内的信息就得到了及时且极大程度的融合。

（3）基于性能的信息融合

为了能够使无线传感器网络内的信息更加有效的融合，要求数据在网络中传送时有一定的时延或滞后，这是由于各源数据到达融合节点的时间有所不同，必须等待其他源的数据的到达。而不同的传感器网络的应用有不同的信息融合的要求，其中就包括所能容忍的最大数据延迟时间。如果从感知区域内获得的数据的响应时间超过了最大时延，则这个信息对用户来说可能无效。因此如何将最大融合延迟合理地分配到各个融合节点，并使信息融合达到最佳效果是信息融合的一个关键环节。

根据多传感器信息融合定义和无线传感器网络自身的特点，信息融合可根据节点处理层次、融合前后的数据量、信息抽象层次的不同划分为不同的形式。

根据节点处理的层次可分为集中式融合和分布式融合；根据融合前后数据信息量的变化可分为无损融合与有损融合；根据信息抽象层次，可分为数据级融合、特征级融合和决策级融合。

小　结

从感知控制终端到汇聚设备之间的通信系统可称之为短距离汇聚通信系统。短距离汇聚通信系统可分为有线和无线通信系统两类。有线和无线通信系统主要是采用各种短距离有线及无线通信技术来完成感知控制终端与汇集设备之间的数据传输的。目前，常用的短距离有线通信技术为各种串行通信、各种总线通信等；常用的短距离无线通信为红外、蓝牙、无线局域网、超带宽无线通信技术、无线传感网络等。本章主要介绍了数据终端间的通信及接口特性，介绍了常用的RS232C、485、USB和CAN工业总线等串行通信接口，介绍了蓝牙、红外及超宽带通信技术的基本概念和通信原理。

物联网与信息融合具有非常密切的关系，物联网中的各种感知设备就是多源信息的获取设备，物联网中的应用层的功能实质就是对多源信息的融合与决策。信息融合成为了物联网学科中必不可少的理论与应用工具。本章还介绍了信息融合基本概念与原理、信息融合数据、传感器管理和无线传感器网络的数据融合相关的概念和原理。

习　题

1. 数据通信的接口中的定义了哪四种特性？
2. 简述RS-485总线的特点及典型应用场合。
3. USB接口具有哪些特点？
4. 简述CAN总线的特点。
5. CAN总线的通信协议有哪些？
6. 短距离无线通信技术主要有哪些？这些技术与物联网的关系如何？
7. 简述蓝牙技术的特点。
8. 蓝牙的通信距离与发送功率有何关系？
9. 蓝牙物理信道采用何种技术？该技术有何优点？
10. 什么是红外线？IrDA是如何规定红外通信波长的？
11. 简述红外通信的特点。
12. UWB是如何定义的？
13. 试简述UWB通信的特点。
14. 信息融合与物联网的关系如何？
15. 在无线传感器网络中，通过多传感器间的协同信息融合可以实现哪些目标？
16. 无线传感器网络的信息融合技术可以分为哪三个方面？

第 6 章　物联网通信系统与传输网

本章学习目标

主要掌握物联网通信系统结构、通信网的基本概念与构成要素。掌握并理解时分复用、SDH 数字传输系统的原理及数据通信网的基本概念、数据交换原理与技术，了解数据通信网中的分组交换网、帧中继网、ATM 通信网的基本原理与特点。

本章知识点

- 物联网通信系统结构
- 通信网的构成三要素
- 时分复用与 SDH 数字传输系统
- 数据通信网的构成
- 分组交换网、帧中继网、ATM 通信网

教学安排

6.1　物联网通信系统基本结构（1 学时）

6.2　通信网与 SDH（2 学时）

6.3　数据通信网与计算机通信网（3 学时）

教学建议

本章是物联网的一个非常重要的部分，在具体应用时，人们往往会忽略基础骨干通信网的存在，因此需要对通信系统与通信网有一个全面的认识。在实际教学中应结合现有的实例（如固定电话、移动通信和电信网络接入系统等）逐步展开通信系统与通信网相关内容的教学。

6.1　物联网通信系统基本结构

在物联网中，通信系统的主要作用是将信息可靠安全地传送到目的地，由于物联网具有异构性的特点，这就使得物联网所采用的通信方式和通信系统也具有异构性和复杂性。在信息传输方面，虽然采用的是以数据为主的通信手段，但在承载平台上却采用了不同模式的有线、无线通信方式；在所采用的通信协议方面，网络传送层采用了基于 IP 的通信协议，但在感知控制层却采用了多种通信协议，如 X.25、基于工业总线的接口和协议、ZigBee 等。因此，可以说物联网的感知控制层的通信方式最为复杂。

按照物联网的框架结构，物联网的通信系统可大体分为两大类，即感知控制层通信和网络层通信。其基本结构如图 6.1.1 所示。

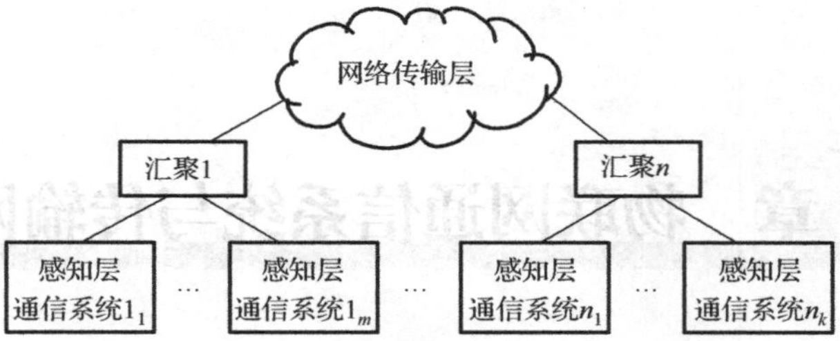

图 6.1.1　物联网通信系统结构

图 6.1.1 中，感知层通信系统表示感知控制设备所具有的通信能力。一般情况下若干个感知控制设备负责某一区域，整个物联网可划分为众多个感知控制区域，每个区域都通过一个汇集设备接入到互联网中，即接入到网络传输层。

对于物联网的网络传输层，该层的通信系统主要是为了支持业务互联网而构成的数据业务传送系统，一般由公用通信网络及专用通信网络构成，主要功能是保证互联网的有效运行。

（1）感知控制层通信系统

感知控制的通信目的是将各种传感设备（或数据采集设备连同控制设备）所感知的信息在较短的通信距离内传送到信息汇聚系统，并由该系统传送（或互联）到网络传输层，其通信的特点是传输距离近，传输方式灵活、多样。

感知控制层通信系统所采用的技术主要分为短距离有线通信、短距离无线通信和无线传感网络。

感知层短距离有线通信系统主要是由各种串行数据通信系统构成的，目前采用的技术有RS-232/485、USB、CAN 工业总线及各种串行数据通信系统。

感知层短距离无线通信系统主要由各种低功率、中高频无线数据传输系统构成，目前主要采用蓝牙、红外、低功率无线数传电台、无线局域网、GSM、3G 等技术来完成短距离无线通信任务。

无线传感网络（Wireless Sensor Network，WSN）是由部署在感知区域内的大量的微型传感器节点通过无线传输方式形成的一个多跳的自组织系统。它具有网络规模大、自组织、多跳路由、动态拓扑、可靠性高等特点，是一种以数据为中心的、能量受限的通信网络，是“狭义”上的物联网，也是物联网的核心技术之一。

（2）网络传输层通信系统

网络传输层是由数据通信主机（或服务器）、网络交换机、路由器等构成的在数据传送网络支撑下的计算机通信系统，其基本结构如图 6.1.2 所示。

网络传输层通信系统中支持计算机通信系统的数据传送网可由公众固定网、公众移动通信网、公众数据网及其他专用网构成。目前的公众固定网、移动通信网、公众数据网主要有PSTN（Public Switched Telephone Network，公众电话交换网）、GSM（Global System for Mobile Communications，全球移动通信系统）、CDMA（Code Division Multiple Access，码分多址）、TD-SCDMA（Time Division Synchronous Code Division Multiple Access，时分同步码分多址）、DDN（Digital Data Network，数字数据网）、ATM（Asynchronous Transfer

Mode，异步传输模式）、FR（FRAME-RELAY，帧中继）等，它们为物联网的网络层提供了数据传送平台。

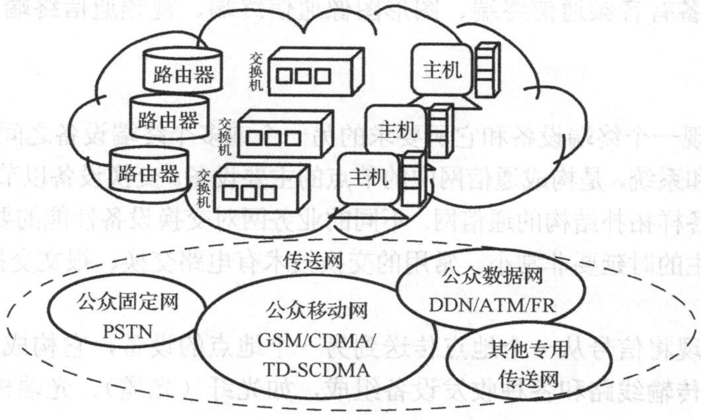

图 6.1.2　网络传输层通信系统结构

利用公用通信网和专用传送网构成的数据传送平台是物联网网络传输层的基础设施，主机、网络交换机及路由器等构成的计算机网络系统是物联网网络传输层的功能设施，为物联网提供各种信息存储、信息传送、信息处理等各项基础服务，为物联网的综合应用层提供了信息承载平台，保障了物联网各专业领域应用。

6.2　通信网与 SDH

在物联网中，互联网是信息的主要载体，互联网实际上是海量的网络设备通过通信网相互连接起来的信息网络。这些信息的传输、交换、融合、处理以及分布式存储均需要通过通信网络的传送来完成，因此可以说通信网是互联网的基础，同时必然也是物联网的基础。

6.2.1　通信网的基本概念

1．通信网的基本概念

通信网是由一定数量的终端设备和交换设备组成节点，并与连接节点的传输链路相互有机地组合在一起协同工作，来实现两个或多个规定节点间信息传输的通信体系。可以说通信网是相互依存、相互制约的许多要素组成用以完成规定功能的有机整体。通信网是能够在多个用户间相互传送信息的网络，我们常见的电话网、互联网等均是通信网。

2．通信网的构成要素

终端设备、交换设备、传输设备及协议构成了通信网的基本要素。

（1）终端设备

终端设备是通信网中的源点和终点，也就是通信系统中的信源和信宿。它除了对应于通信系统的信源和信宿外，还包含了一部分变换和反变换系统。终端设备有两个主要功能：

第一是信息的变换与反变换功能。发送端将发送的信息转换为适合于在信道上传输的信号，接收端则接收信道的信号，并通过反变换还原成发送端发送的信息；

第二是能产生和识别通信网内所需要的信令（信号）或规则，完成一系列控制动作以便终端间或节点间能相互联系和相互应答。

常用的终端设备有音频通信终端、图形图像通信终端、视频通信终端、数据终端、多媒体通信终端等。

（2）交换设备

交换设备是实现一个终端设备和它所要求的另一个或多个终端设备之间的接续或提供非连接传输链路的设备和系统，是构成通信网中的节点的主要设备。交换设备以节点的形式与传输链路一起构成了各种各样拓扑结构的通信网。不同的业务网对交换设备性能的要求也不同。对于电话网，要求交换产生的时延要非常小。常用的交换技术有电路交换、报文交换和分组交换。

（3）传输设备

传输设备是实现将信号从一个地点传送到另一个地点的设备，它构成了通信网中的传输链路。传输设备由传输线路和各种收发设备组成，如光纤（光缆）、光端机等。

（4）协议

仅仅将终端设备、交换设备和传输设备连接起来还不能很好地完成信息的传递和交换。就如计算机仅有硬件无法正常使用一样，通信网也需要相应的软件使其正常的运转，这些"软件"就是通信网中的规章与规程，包括通信网的拓扑结构、通信网内信令、协议和接口、通信网的技术体制和标准等。另外，还有通信网的组织与管理等。上述这些规章与规程是实现通信网运营的重要支撑条件。

3．通信网的分类

传统上通信网从不同的角度，可以分为不同的种类，主要有以下几种分类方法：

（1）根据业务种类可以分为电话网、电报网、传真网、广播电视网、数据网等；

（2）根据所传输信号的形式可以分为数字网和模拟网；

（3）根据组网方式可以分为固定通信网和移动通信网；

（4）根据服务范围可以分为本地网、长途网和国际网；

（5）根据运营方式可以分为公用通信网和专用通信网。

随着技术的进步，各种业务也在不断地融合，将这些网络综合应用，就构成了目前正在发展的物联网。

4．通信网的质量要求

为了使通信网能快速、有效、可靠地传送信息，充分发挥网络的效能，对通信网提出了三项基本要求，即要求接通的任意性与快速性，信号传输的透明性与传输质量的一致性，网络的可靠性与经济合理性。

6.2.2 通信网的基本拓扑结构与分层

1．通信网的基本拓扑结构

通信网的基本拓扑结构有网型、星型、复合型、总线型、环型、线型和树型结构。

（1）网状网

网状网如图 6.2.1(a)所示，网内任何 2 个节点之间均有直达线路相连，是完全网状网。如

果有 N 个节点，则需要有 $\frac{N(N-1)}{2}$ 条传输链路。因此，当节点数增加时，传输链路数将迅速增加。这种网络结构的优点是稳定性好，但冗余度较大，线路利用率不高，经济性较差，适用于节点间信息量较大，而节点数较少的情况。

图 6.2.1(b)给出的是网孔型网，它是网状网的一种，是不完全网状网，或称为格型网。在这种网络中，大部分节点相互之间有线路直接连接，小部分节点可能与其他节点之间没有线路直接相连。通常信息量较少的节点之间不需要直达线路。网孔型网与网状网相比，可适当节省一些线路，经济性有所改善，但可靠性会有所降低。

（2）星型网

如图 6.2.2 所示，星型网也称为辐射网。在网内，一个节点作为辐射点，其他节点与辐射节点通过线路连接。具有 N 个节点的星型网至少需要 N–1 条传输线路。星型网的辐射节点是转接交换中心，其余 N–1 个节点间的相互通信都要经过转接交换中心的交换设备，因此该交换设备的交换能力和可靠性会影响网内的所有节点。

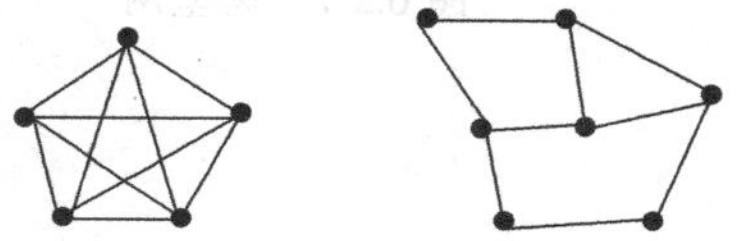
(a) 网状网　(b) 网孔型网

图 6.2.1　网状网与网孔型网

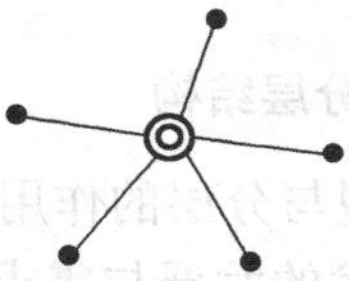
图 6.2.2　星型网

与网状网相比，星型网的传输链路少，线路利用率高，因此，当交换设备的费用低于相关传输链路的费用时，星型网的经济性较好。但是当交换设备的转接能力不足或设备发生故障时，网络的接续质量和网络的可靠性将会受到影响，严重时会造成全网瘫痪。

（3）复合型网

复合型网是由网状网和星型网复合而成的，如图 6.2.3 所示。根据网中信息业务量的需要，以星型网为基础，在信息业务量较大的转接交换中心区间采用网状网结构，可以使整个网络实现起来较为经济和具有较好的可靠性。复合型网具有网状网和星型网的优点，是通信网中普遍采用的一种网络结构，但在网络设计时应以交换设备和传输链路的总费用最小为原则。

（4）环型网

环型网如图 6.2.4 所示，其特点是结构简单，易于实现，而且可采用自愈环对网络进行自动保护，因此可靠性比较高，在计算机通信网中应用较多。另外，还有一种称为线型网的网络结构，如图 6.2.5 所示，它与环型网的区别是网络结构是开环的，首、尾不相连。线型网常用于同步数字体系（SDH）传输网中。

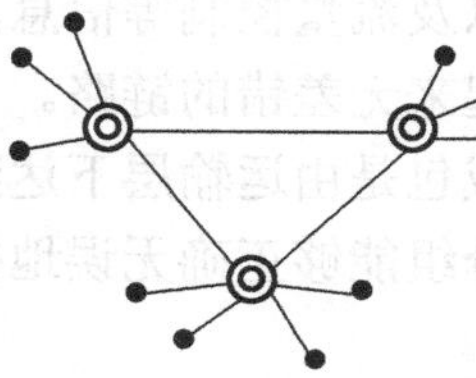
图 6.2.3　复合型网

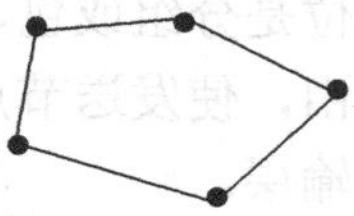
图 6.2.4　环型网

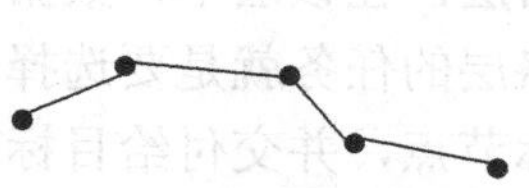
图 6.2.5　线型网

（5）总线型网

总线型网是所有节点都连接在一条公共传输链路（或总线）上，如图 6.2.6 所示。由于多个节点共享一条链路，因此，某一时刻只能有一个节点发送信息。这种网络结构需要的传输链路少，增减节点比较方便，但可靠性较差，网络范围也受到限制，但该结构在计算机通信网中应用较多。

（6）树型网

树型网可以看成星型网拓扑结构的扩展，如图 6.2.7 所示。在树型网中，节点是按层次进行连接的，信息交换主要在上、下节点之间进行。树型结构主要用于接入网或用户线路网中，另外，主从网同步方式中的时钟分配网也采用树型结构。

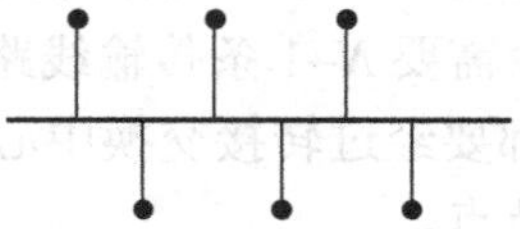

图 6.2.6　总线型网

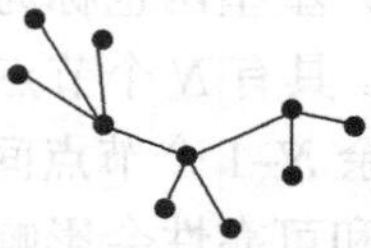

图 6.2.7　树型网

2．通信网的分层结构

（1）OSI 模型与分层的作用

随着通信技术的发展与需求的多样化，现代通信网正处于革新与发展之中，网络类型及提供的业务种类也不断增加和发展，形成了复杂的通信网络体系。

为了更好地描述现代通信网，需引入网络的分层结构。从通信网纵向分层的观点来看，可根据不同的功能将网络分解成多个功能层，上下层之间的关系为客户/服务者的关系。通信网的纵向分层结构是网络演进的焦点，而开放系统互联（OSI）七层参考模型是人们普遍认可的分层方式。ISO/OSI 七层参考模型的体系结构如图 6.2.8 所示。

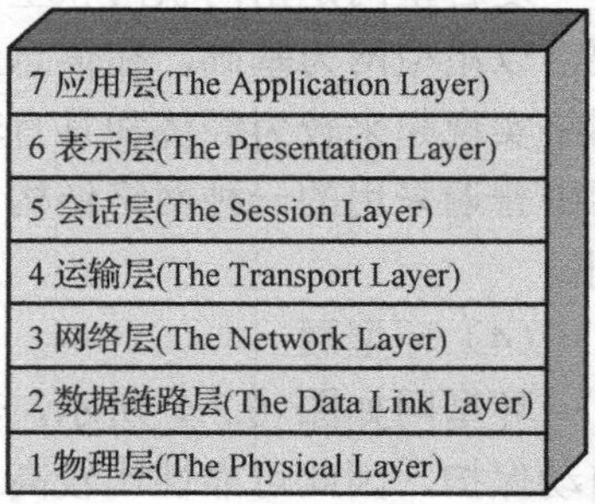

图 6.2.8　OSI 参考模型

物理层：该层的任务是透明地传送信息比特流，在物理层上所传输的数据是以比特为单位的。传送信息所应用的物理介质如双绞线、同轴电缆、光纤、无线电波等并不在物理层内，而是在其下面，因此可认为这些传输介质为分层参考模型的第 0 层。物理层还需要确定接口方式，如电缆的插头引脚，以及如何连接等。

数据链路层：该层的任务是在两个相邻节点间的链路上，实现以帧为单位的无差错的数据传输。每一帧包括数据和必要的控制信息。在传送信息时，若接收节点检测到所接收的数据中有差错，就通知发送节点重发该帧，直到正确为止。在帧的控制信息中，包括了同步、地址、差错控制以及流量控制等信息，这样数据链路层就把一条可能出差错的实际链路转换为一个让网络看起来无差错的链路。

网络层：在该层中，数据传送的单位是分组或包，该分组或包是由运输层下达到网络层的。网络层的任务就是要选择合适的路由，使发送节点的数据分组能够正确无误地按照地址找到目标节点，并交付给目标节点的运输层。

运输层：在运输层，信息的传送单位是报文，当报文较长时，先将其分割为若干个分组，然后下达给网络层进行传输。运输层的任务是根据下面通信网的特性，以最佳的方式利用网络资源，并以可靠、经济的方式为发送节点和接收节点建立一条运输连接，来透明地传送报文。运输层为上一层进行通信的两个进程间提供了一个可靠的端到端的服务，使得运输层以上各层不必关心信息是如何传送的。

会话层：会话层不参与具体的数据传输，但该层却对数据传输给予了管理。它在两个相互通信的进程之间进行组织、协调。

表示层：该层主要解决了用户信息的语法表示。表示层将要交换的数据从适合于某一用户的抽象语法变换为适合于 OSI 内部使用的语法。

应用层：该层对应用进程进行了抽象，它只保留应用进程中与进程间交互有关的那些部分。经过抽象后的应用进程就成为了 OSI 应用层中的应用实体。OSI 的应用层并不是把各种应用进行了标准化，应用层所标准化的是一些应用进程经常使用的功能，以及实现这些功能所应用的协议。

OSI 七层模型对网络进行了较为细致复杂的分层划分，但目前按照七层结构建立的通信网是不存在的。实际构建网络时可灵活应用层次划分的原则。

网络的分层使网络的规范化与实施无关，但该划分的原则使得网络设计和构建时各层的功能相对独立，也就是说，单独设计、构建和运行每一层要比将整个网络作为单个实体简单得多。网络中的各层当需要演进时，只要保持上下两层的接口功能不变，就不会影响整个网络的运行，因此保持各层次间接口的相对稳定，对整个网络的分布演进具有非常重要的作用。

（2）垂直分层

从垂直结构上，按照功能的划分，可以将通信网分为应用层、业务层和传送层。应用层表示信息的各种应用，业务层表示传送各种信息业务的业务网，传送层表示支持业务网的传送手段和基础设施。另外还需要支撑网来支持三个层的运行，它提供了保障通信网有效运行的各种控制和管理能力，传统的通信支撑网包括了信令网、同步网和通信管理网。

实际上物联网是泛在网的初级阶段，它的应用部分也是通信业务网的一部分，需要传送网来支撑感知层的信息采集与控制、应用层的专业应用。通信网的分层结构如图 6.2.9 所示。

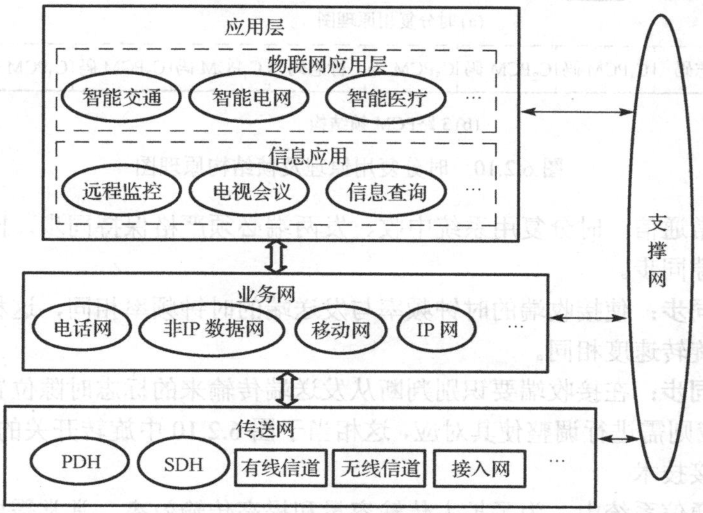

图 6.2.9 垂直观点的通信网结构

另外，还可以从水平观点来划分通信网结构。划分是基于通信网实际的物理连接，可分为核心网、接入网和用户驻地网或广域网、城域网和局域网等。

6.2.3 SDH 传输网

数字通信所采用的常规传输系统是 PCM 通信系统，PCM 通信系统的发展经历了 PDH 和 SDH 阶段。目前 SDH 广泛应用于长途骨干电信网的传输。

1. PDH 数字传输系统

传输系统是信息传输的通道，它由传输媒介和通信信号的发送、接收设备构成。电话通信传输系统中常用的传输介质有对称电缆、同轴电缆、光纤及无线电波等。

时分复用传输系统可以分为准同步数字系列（Plesynchronous Digital Hierarchy，PDH）和同步数字系列（Synchronous Digital Hierarchy，SDH），以下先介绍 PDH 系统。

（1）时分复用

时分复用指的是各路信号在同一信道上占用不同时间间隙（称为时隙）进行的通信。具体地说，把时间分成一些均匀的时隙，将各路信号的传输时间分配在不同的时隙，以达到互相分开、互不干扰的目的。

如图 6.2.10 所示，3 个用户分别用 C_1、C_2 和 C_3 表示，各用户的接通由快速电子旋转开关（或称分配器）S_1 和 S_2 周期性地旋转来完成。为了使收、发两端用户能在时间上一一对应，即收、发两端的 C_1、C_2 和 C_3 能准确地对应接通，一定要在发送端加入起始标志码，在接收端设有标志码识别和调整装置。当相应位置发生错误时，该装置应有自动调整功能使其调整到正确的位置。在时分复用系统中，用“帧同步”来表示标志码的识别和调整功能。

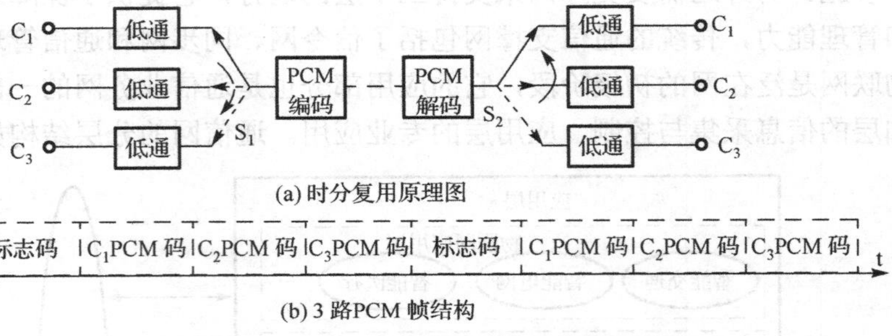

图 6.2.10 时分复用原理及帧结构原理图

为了保证正常通信，时分复用系统中收、发两端必须严格保持同步，同步是指时钟频率同步和帧中的时隙同步。

时钟频率的同步：使接收端的时钟频率与发送端的时钟频率相同，这相当于图 6.2.10 中两端旋转开关的旋转速度相同。

帧中时隙的同步：在接收端要识别判断从发送端传输来的标志时隙位置是否与发送端的相对应，若不对应则需进行调整使其对应，这相当于图 6.2.10 中旋转开关的起始点位置相同。

（2）数字复接技术

在时分数字通信系统中，为了扩大传输容量和提高传输效率，常常需要将若干个低速数字信号合并成一个高速数字信号流，以便在高速宽带信道中传输。数字复接技术就是把两个或两个以上的分支数字信号按时分复用方式汇接成单一的复合数字信号，即数字复接技术是解决 PCM 信号由低次群到高次群的合成技术，它是将 PCM 数字信号由低次群逐级合成为高次群以适于在高速线路中传输的技术。

数字复接系统由数字复接器和数字分接器组成，如图 6.2.11 所示。数字复接器是把两个或两个以上的低次群支路按时分复用的方式合并成一个高次群数字信号的设备。它由定时、码速调整和数字复接单元组成，以完成数码流的合路。

数字分接器是将一个合路的高次群数字信号分解成原来的低次群数字信号。它由帧同步、定时、数字分接和码速恢复等单元组成，在接收端把接收到的高次群合路数码流分离到各分支路。

数字复接器的定时单元为设备提供了统一的基准时钟频率，使数字分接器和数字复接器保持同步。码速调整单元的作用是把时钟频率不同的各输入支路信号调整成与数字复接单元定时信号完全同步的数字信号，以便由数字复接单元把支路信号合成一个复接的高次群信号流。在复接时还需要插入接收端用来构成帧同步定位的帧同步信号，以便接收端检测帧定位信号，从而使数字分接单元的帧定位信号与之保持同步。

数字分接器中定时单元的作用是从接收信号中提取时钟，并分送给各个支路恢复电路，以便从复接信号流中正确地将各支路信号分开。

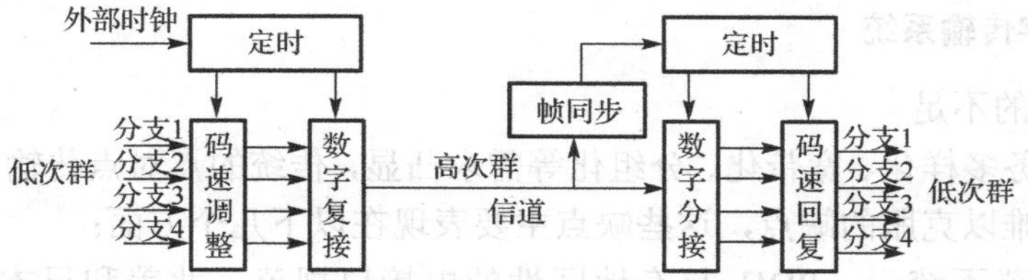

图 6.2.11　数字复接系统原理图

ITU-T 推荐了两类数字速率系列和复接等级，如表 6.2.1 所示。北美一些国家和日本采用的是 24 路系统，即 1.544Mbit/s 作为一次群（或基群）的数字速率系列；欧洲一些国家和我国采用的是 30 路系统，即 2.048Mbit/s 作为为一次群（或基群）的数字速率系列。

表 6.2.1　ITU-T 推荐的两类数字速率系列和复接等级

国家和地区	一次群（基群）	二　次　群	三　次　群	四　次　群
北美	24 路 1.544Mbit/s	96 路（24×4） 6.312Mbit/s	672 路（96×7） 44.736Mbit/s	4032 路（672×6） 274.176Mbit/s
日本	24 路 1.544Mbit/s	96 路（24×4） 6.312Mbit/s	480 路（96×5） 32.064Mbit/s	1440 路（480×3） 97.728Mbit/s
欧洲/中国	30 路 2.048Mbit/s	120 路（30×4） 8.448Mbit/s	480 路（120×4） 34.368Mbit/s	1920 路（480×4） 139.264Mbit/s

（3）同步复接与异步复接

同步复接是用一个高稳定的主时钟来控制复接的几个低次群，使它们的码速率统一在主时钟的频率上，这样就能达到系统同步的目的。但为了满足在接收端分解的需要，还需插入一定数量的帧同步码。为了使数字复接器、数字分接器正常工作，还需加入对端告警码以及邻站监测和勤务联系等业务码。以上各种插入的码元统称为附加码，由于需要插入这些附加码，就会使码速率高于原信息码的码速率，因此需要进行码速变换。

另外，在复接之前还要进行移相，移相和码速变换都是通过缓存寄存器来完成的。

ITU-T 规定以 2.048Mbit/s 为一次群的 PCM，二次群的码速率是 8.448Mbit/s，而不是 4×2.048Mbit/s=8.192Mbit/s。考虑到 4 个 PCM 一次群在复接时插入了帧同步码、对等告警码等附加码，因此，在码速变换时要为插入的附加码留出空位，从而使每个基群的码速率由 2.048Mbit/s 提高到 2.112Mbit/s，这样二次群的码速率就变为 4×2.112Mbit/s=8.448Mbit/s。

异步复接指的是各低次群使用各自的时钟，使得各低次群的时钟速率不一定相等，因此先要进行码速调整，使各低次群同步后再复接。

码速调整技术可分为正码速调整、正/负码速调整和正/零/负码速调整，目前，应用较为普遍的是正码速调整。

采用正码速调整的复接过程中，每一个参与复接的数码流都要先经过一个单独的码速调整装置，把非同步的数码流调整为同步数码流，然后进行复接。在接收端先进行同步分接，得到同步分接数码流，然后再经过码速恢复装置将其恢复为原来的支路码流。

实现正码速调整的一种方法是采用脉冲插入同步技术，该技术目前广泛用于数字复接设备中。脉冲插入同步法的基本方法是人为地在各支路信号中插入一些脉冲，通过控制插入脉冲的多少来使各个支路信号的瞬时码速率达到一致。

2．SDH 数字传输系统

（1）PDH 的的不足

随着通信业务多样化、宽带化、分组化等需求凸显，传统的点对点传输方式 PDH 日益显露出其固有的、难以克服的缺点，这些缺点主要表现在以下几个方面：

数字标准规范不统一。PDH 只有地区性的电接口规范，北美和日本的基群码速率是 1.544Mbit/s，而欧洲及中国的基群码速率是 2.048Mbit/s。由于没有统一的世界性标准且三者基群码速率之间又互不兼容，因而难以实现国际互通。

缺乏统一的光接口标准规范。虽然 G.703 规范了电接口标准，但由于各厂家均采用自行开发的线路码型，缺少统一的光接口标准规范，因而使得同一数字等级上光接口的信号速率不一致，致使不同厂家的设备无法相互兼容，给组网、管理和网络互通带来了很大的困难。

复用结构复杂。现有的 PDH 只有码速率为 1.544Mbit/s 和 2.048Mbit/s 的基群信号采用同步复用，其余高速等级信号均采用准同步中的异步复用技术，需通过码速调整来达到速率的匹配和容纳时钟频率的偏差，这种复用结构不仅增加了设备的复杂性、体积、功耗和成本，而且还缺乏灵活性，难以实现低速和高速信号间的直接通信。

点对点传输。PDH 是在点对点的传输基础上建立起来的，缺乏灵活性，数字信道设备的利用率较低，无法提供最佳的路由选择，也难以实现良好的自愈功能和很好地支持不断出现的各种新业务。

缺乏灵活的网络管理能力。PDH 的复用信号结构中没有安排很多用于网络运行、管理、维护和指配的比特，只是通过线路编码来安排一些插入比特用于监控。PDH 的网络运行和管理主要靠人工的数字信号交叉连接，这种仅依靠手工方式实现数字信号连接等功能难以满足用户对网络动态组网和新业务接入的要求，而且由于各厂家自行开发网管接口设备，因而难以支持新一代网络所提出的统一网络管理的目标要求。

（2）SDH 的基本概念及其特点

由于 PDH 存在着固有的不足，因此需要有一种全新的体制，以适应通信业务多样性、宽带化及分组化的发展。于是美国贝尔实验室的研究人员提出了同步光网络（SONET，Synchronous Optical Network）的概念和相应的标准，其基本思想是采用一整套分级的标准数字传送结构组成同步网络，可在光纤上传送经适配处理的电信业务，1986 年，该体系成为美国数字体系的新标准。与此同时，欧洲和日本等国也提出了自己的意见。1988 年，国际电报电话咨询委员会 CCITT 经过充分地讨论协商，接受了对于 SONET 的建议，并进行了适当的修改，将其重新命名为同步数字体系（SDH），使之成为不仅适用于光纤，也适用于微波和卫星传输的技术体制。1988 年到 1995 年，CCITT 共通过了 16 个有关 SDH 的决议，从而给出了 SDH 的基本框架。

SDH 是一系列可进行同步信息传输、复用、分插和交叉连接的标准化数字信号的结构等级，具有以下特点：

统一的接口标准规范：SDH 具有全世界统一的网络节点接口，对各网络单元的光接口有严格的规范要求，包括数字速率等级、帧结构、复接方法、线路接口、监控管理等，从而使得不同厂家的任何网络单元在光路上得以互通，实现了兼容。

新型的复用映射方式：SDH 采用同步复用方式和灵活的复用映射结构，使低阶信号和高阶信号的复用/解复用一次到位，大大简化了设备的处理过程，省去了大量的有关电路单元、跳线电缆和电接口数量，从而简化了运营和维护，改善了网络的业务透明性。

良好的兼容性及强大的管理功能：SDH 可以兼容现有 PDH 的 1.544Mbit/s 和 2.048Mbit/s 两种码速率，实现数字传输体制上的世界性标准；同时还可开展诸如 ATM 等各种新的数字业务，因此，SDH 具有完全的前向兼容性和后向兼容性。SDH 帧结构中安排了丰富的比特开销，使得网络的运行、管理、维护和指配能力大大增强。通过软件方式可实现对各网络单元的分布式管理，同时也便于新功能和新特性的及时开发与升级，使网络管理便捷，并可使设备向智能化发展。

指针调整技术：虽然在理想情况下，网络中各网元都由统一的高精度基准时钟定时，但实际网络中各网元可能属于不同的运营者，在一定范围内能够同步工作，但超出这一范围，则可能出现定时偏差。SDH 采用了指针调整技术，使来自于不同业务提供者的信息净负荷可以在不同的同步之间进行传送，即可实现准同步环境下的良好工作，并有能力承受一定的定时基准丢失。

虚容器：SDH 引入了虚容器的概念，虚容器（VC，Virtual Container）是一种支持通道层连接的信息结构，当将各种业务信号经处理装入 VC 后，系统只需处理各种 VC 即可达到目的，而不管具体的信息结构如何，因此，具有很好的信息透明性，同时也减少了管理实体的数量。

动态组网与自愈能力：SDH 网络中采用分插复用器（ADM）、数字交叉连接（DXC）等设备对各种端口速率进行可控的连接配置，对网络资源进行自动化的调度和管理，既提高了资源利用率，又大大增强了组网能力和自愈能力，同时也降低了网络的维护管理费用。

目前，随着技术的不断发展、进步，SDH 已与光波分复用（WDM）技术、ATM 技术等融合，使 SDH 网络成为目前信息高速公路中主要的物理传送平台。

6.3 数据通信网与计算机通信网

6.3.1 数据通信网与计算机通信网基本概念

1. 数据通信网

数据通信网是由分布在不同地点的数据终端设备、数据交换设备及通信线路等组成的通信网，它们之间通过网络协议实现网络中各设备的数据通信。图 6.3.1 表示了数据通信网的一般结构，图中的节点是能完成数据传输和交换功能的设备。通过这些节点可进行与之相连的计算机或终端之间的数据通信。

2. 计算机通信网

将分布在不同地理位置的、具备独立功能的多台计算机、终端及其附属设备通过数据通信互连起来，并可实现硬件与软件资源共享的计算机系统称之为**计算机通信网**，它是计算机技术与通信技术相结合的产物。

计算机通信网可分为不同形式，通常按网络规模和作用范围可将计算机通信网分为局域网（Local Area Network，LAN）、城域网（Metropolitan Area Network，MAN）和广域网（Wide Area Network，WAN）。

计算机通信网由通信子网和资源子网构成，其基本结构如图 6.3.2 所示。通信子网的主要功能是完成数据的传输、交换，以及通信控制，实际上也就是数据通信网。资源子网的主要任务是提供所需要共享的硬件、软件和数据等资源，并进行数据的处理。在使用计算机通信时，用户将整个网络看成由若干个功能不同的计算机系统组成的集合，计算机通信网中的各个计算机子系统是相对独立的，它们形成一个松散结合的大系统。

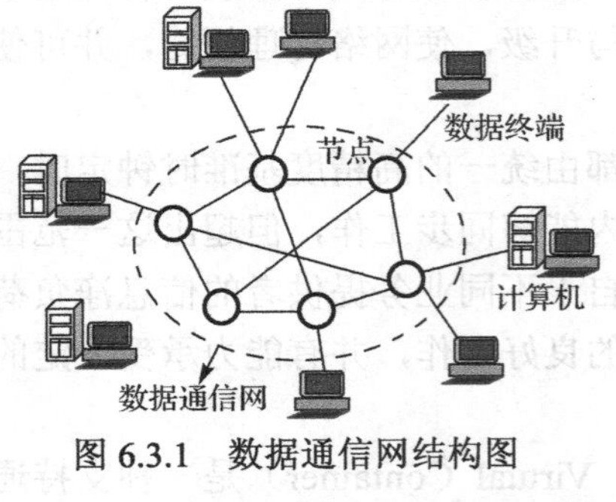

图 6.3.1 数据通信网结构图

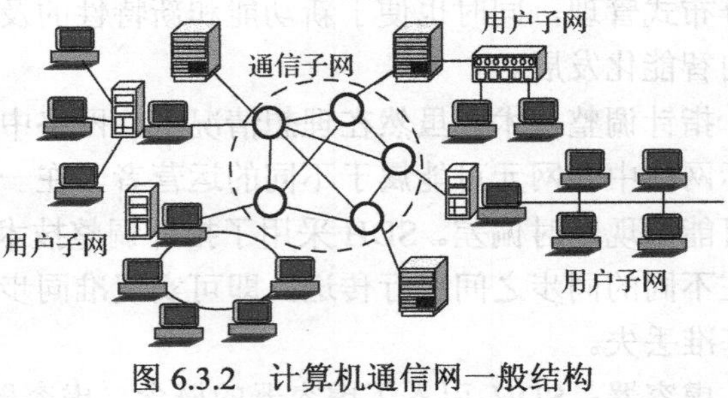

图 6.3.2 计算机通信网一般结构

图 6.3.2 中的用户子网又称为资源子网，由许多诸如个人计算机、服务器、大型计算机、工作站和智能终端等设备组成，它们是网络中信息传输的信源或信宿。用户子网通过通信子网实现用户的主机互连，从而达到资源共享的目的。

6.3.2 数据交换

与电话网的交换相同，数据通信也需要通过交换才能实现。采用数据交换技术可以节约传输信道，减少数据终端的接口电路，从而降低数据通信的整体成本。以下介绍电路交换、报文交换、分组交换及帧方式交换的基本原理。

1. 数据交换方式

数据交换是通过交换网来实现的，可以通过公用电话交换网和公用数据交换网进行数据交换。

（1）公用电话网的数据交换

公用电话网（Public Switched Telephone Network, PSTN）是目前最普及的通信网络，为了充分利用 PSTN 的通信资源，可利用该通信网络进行数据传输。利用 PSTN 进行数据传输和交换，具有投资少、实现简易和使用方便的优点，它是数据通信常用的方法。

但 PSTN 的数据通信存在着传输速率低（目前最高速率仅为 56kbit/s）、误码率高（误比特率一般在 10^{-3}～10^{-5}之间）、接通率受限等缺点。由于存在着这样的缺点，因此出现了适合数据通信业务的公用数据网。

（2）公用数据网的数据交换

公用数据网（Public Data Network, PDN）的数据交换有电路交换和存储—转发交换两种方式。

电路交换方式是指两台数据终端在相互通信之前，需预先建立起一条物理链路，在通信中独享该链路进行数据信息传输，通信结束后再拆除这条物理链路。电路交换方式分为空分交换方式和时分交换方式，其交换原理和技术与电话交换相似。

存储—转发交换方式又分为报文交换方式、分组交换方式及帧方式。以下介绍存储—转发交换方式中的各种技术。

2. 报文交换

报文交换是存储—转发交换方式中的一种。当用户的报文到达交换机时，先将报文存储在换机的存储器中，当发送电路空闲时，再将该报文发向接收端的交换机或数据终端。

报文交换是以报文为单位接收、存储和转发信息的。为了准确地实现转发报文，报文应包括报头或标题、正文和报尾三个部分。报头或标题主要有报文的源地址、报文的目标地址和其他辅助控制信息等；报文是数据信息部分；报尾表示报文的结束标志，若报文长度有规定，则可省去该标志。

（1）报文交换原理

报文交换原理如图 6.3.3 所示。交换机中的通信控制器探询各条输入用户线路，若某条用户线路有报文输入，则向中央处理机发出中断请求，并逐字把报文送入内存储器。一旦接收到报文结束标志，则表示该份报文已全部接收完毕，中央处理机对报文进行处理，如分析报头、判别和确定路由、输出排队表等。然后将报文转存到外部大容量存储器，等待一条空闲的输出线路。一旦线路空闲，就再把报文从外存报文交换机存储调入内存储器，由通信控制器将报文从线路发送出去。在报文交换中，由于报文是经过存储的，因此通信就不是交互式或实时的。

对于报文交换，来自交换机不同输入线路的报文可在同一条输出线路，它们需要在交换机内部排队等待发送，发送方式一般本着先进先出的原则。而在局间中继线上不同用户的报文占用同一条线路（或通信链路）传输，在传输时采用统计时分复用技术将不同用户的报文复用在一起。

不过，对不同类型的信息可以设置不同的优先等级，优先级高的报文可缩短排队等待时间。采用优先等级方式也可以在一定程度上支持交互式通信，在通信高峰时也可把优先级低的报文送入外存储器排队，以减少由于繁忙引起的阻塞。

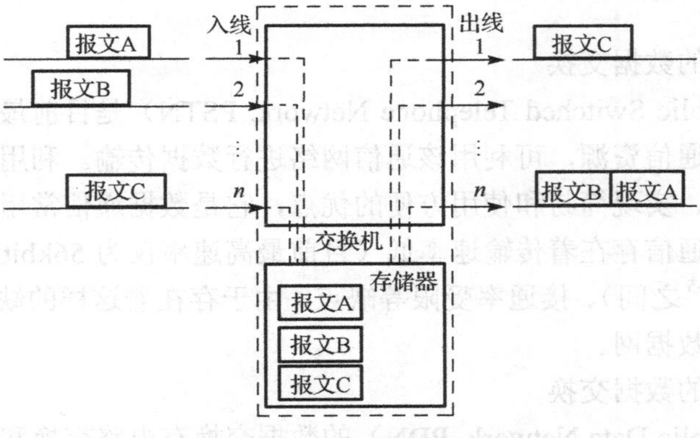

图 6.3.3　报文交换原理图

报文交换机主要由通信控制器、中央处理器和存储器等组成，如图 6.3.4 所示。

（2）报文交换的优缺点

报文交换主要有以下优点：

第一，不同类型的数据终端设备间可相互进行通信。因为报文交换机具有存储和处理能力，所以可对输入/输出电路上的速率、编码格式进行变换；

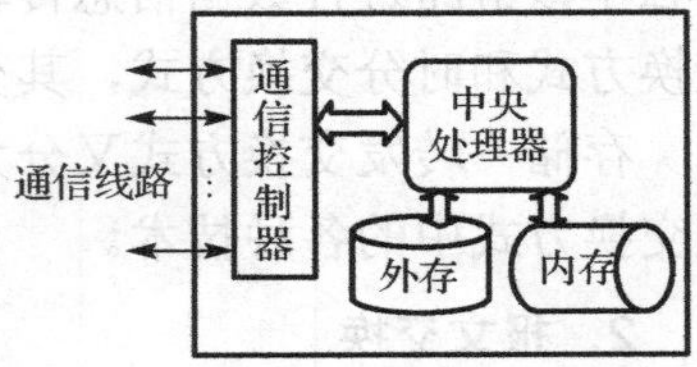

图 6.3.4　报文交换机原理图

第二，报文交换无电路接续过程，来自不同用户的报文可以在同一条线路上以报文为单位实现统计时分多路复用，线路可以以它的最高传输能力工作，大大提高了线路利用率；

第三，用户不需要接通对方就可以发送报文，无接续不成功发生，即无呼损；

第四，可实现同文报通信的多点传输，即同一报文可以由交换机转发到不同的收信地点。

报文交换方式的主要缺点为：

第一，信息的传输时延大，而且时延的变化也大；

第二，要求报文交换机有高速处理能力，且缓冲存储器容量大，导致了交换设备的成本、费用较高。因此，报文交换不利于实时通信，它较适用于公众电报和电子信箱业务。

3．分组交换的原理与特点

电路交换具有接续时间长、线路利用率低且不利于不同类型的终端相互通信的缺点，报文交换具有传输时延太长，不满足许多数据通信系统的实时性要求的缺陷。相比较而言，分组交换技术将电路交换与报文交换的优点结合在了一起，既能提高接续速度、线路利用率，又能减小传输时延，并且不同类型的终端能相互通信，因此它成为了数据交换中一种重要的交换方式。

（1）分组交换原理

分组交换依然采用“存储—转发”的方式，但是与以报文为单位交换的交换方式有所不同，它是把报文分割成了若干个比较短的、规格化了的“分组”进行交换和传输，这些分组又称为“包”，所以分组交换也可称为包交换。

分组交换是以分组为单位进行存储—转发的，当用户的分组到达交换机时，先将分组存储在交换机的存储器中，当所需要的输出电路有空闲时，再将该分组发向接收交换机或用户终端。

分组是由分组头和其后的用户数据部分组成的。分组头包含接收地址和控制信息，其长度为 3～10B（Byte），数据部分长度一般是固定的，平均为 128B，最大不超过 256B。

一般，“分组”经交换机或网络的时间很短，通常一个交换机的平均时延为数毫秒甚至更短，所以，能满足绝大多数数据通信用户对信息传输的实时性要求。分组交换的工作原理如图 6.3.5 所示。

假设分组交换网有 3 个交换中心，交换中心的分组交换机编号分别为 1、2、3；有 4 个数据用户终端，分别为 A、B、C、D，其中 B 和 C 为分组型终端，A 和 D 为一般终端；分组型终端以分组的形式发送和接收信息，而一般型非分组型终端发送和接收的不是分组，而是报文。所以，一般型非分组型终端发送的报文要由分组装/拆设备 PAD 将其拆成若干个分组，以分组的形式在网络中传输和交换，若接收终端为一般型非分组型终端，则由 PAD 将若干个分组重新组装成报文再发送给一般型非分组型终端。

在图 6.3.5 中，有两个通信过程，分别是非分组型终端 A 和分组型终端 C 之间的通信，以及分组型终端 B 和非分组型终端 D 之间的通信。

非分组型终端 A 发出带有接收终端 C 地址的报文，分组交换机 1 将此报文拆成两个分组，存入存储器并选择路由，决定将分组 1 C 直接传送给分组交换机 2，将分组 2 C 先传给分组交换机 3，再由交换机 3 传送给分组交换机 2，路由选择后，等到相应路由有空闲，则分组交换机 1 便将两个分组从存储器中取出送往相应的路由。其他相应的交换机也进行同样的操作，最后由分组交换机 2 将这两个分组发送给接收终端 C。由于 C 是分组型终端，因此在交换机 2 中不必经过 PAD，而是直接将分组送给终端 C。

另一个通信过程是：分组型终端 B 发送的数据是分组，在交换机 3 中不必经过 PAD，1 D、2 D、3 D 这 3 个分组经过相同的路由传输，由于接收终端为一般型非分组型终端，所以在交换机 2 中 PAD 将 3 个分组组装成报文发送给一般型终端 C。

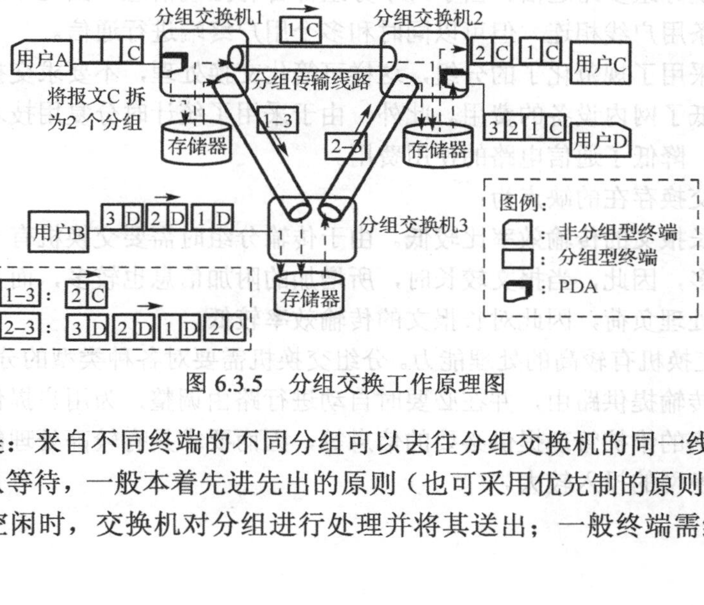

图 6.3.5 分组交换工作原理图

需要指出的是：来自不同终端的不同分组可以去往分组交换机的同一线路，这就需要分组在交换机中排队等待，一般本着先进先出的原则（也可采用优先制的原则），等到交换机相应的输出线路有空闲时，交换机对分组进行处理并将其送出；一般终端需经分组装/拆设备

PAD 才能接入分组交换网；分组交换最基本的思想就是实现通信资源的共享，采用的是统计时分复用技术（Statistical Time Division Multiplexing，STDM）。

可将一条链路分成许多逻辑的子信道，统计时分复用是根据用户实际需要动态地分配线路逻辑子信道资源的方法。即当用户有数据要传输时才为其分配资源，当用户暂停发送数据时，不分配线路资源，此时线路的传输资源可用于为其他用户传输更多的数据。如图 6.3.6 所示。

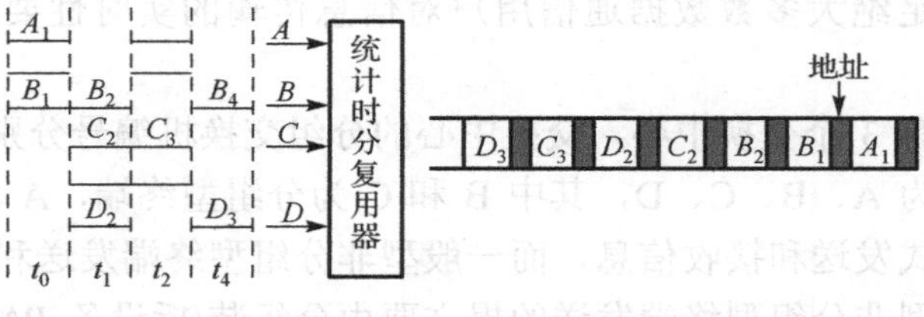

图 6.3.6　统计时分复用原理图

（2）分组交换的特点

分组交换所具有的优点为：

第一，传输质量高。分组交换机具有差错控制、流量控制等功能，可实现逐段链路的差错控制，而且对于分组型终端，在接收端也可以同样进行差错控制。所以，分组传输中差错率大大降低，误码率小于 10^{-10}。

第二，可靠性高。由于分组交换机至少与另外两个交换机相连接，当网络中发生故障时，分组仍能自动选择一条避开故障地点的迂回路由传输，不会造成通信中断。

第三，为不同种类的终端相互通信提供方便。分组交换网进行存储—转发交换，并以 X.25 建议的规程向用户提供统一的接口，从而能够实现不同速率、码型和传输控制规程终端间的互通。

第四，能满足通信实时性要求。分组交换的传输时延较小，而且变化范围不大，能够较好满足实时性要求。

第五，可实现分组多路通信。由于每个分组都含有控制信息，因此分组型终端尽管和分组交换机只有一条用户线相连，但可以同时和多个用户终端进行通信。

另外，由于采用了规范化了的分组，这样可简化交换处理，不要求交换机具有很大的存储容量，从而降低了网内设备的费用。此外，由于采用了统计时分复用技术，可大大提高通信电路的利用率，降低了通信电路的使用费用。

然而，分组交换存在的缺点为：

第一，对较长报文的传输效率比较低。由于传输分组时需要交换机有一定的开销，所附加的控制信息较多，因此，当报文较长时，所增加的附加信息也较多，而且这些信息在交换时将增加较多的处理负荷，因此对长报文的传输效率较低。

第二，要求交换机有较高的处理能力。分组交换机需要对各种类型的分组进行分析处理，为分组在网中的传输提供路由，并在必要时自动进行路由调整，为用户提供速率、代码和规程的变换，为网络的维护管理提供必要的信息等，因而要求具有较高处理能力的交换机，因此，大型分组交换网的投入较大。

4. 分组传输方式

由于每个分组均具有地址信息和控制信息，所以分组可以在数据通信网内独立地传输，并且在数据通信网内可以以分组为单位进行流量控制、路由选择和差错控制等实现有效的通信。分组在分组交换网中的传输方式有数据报方式和虚电路两种方式。

（1）数据报方式

数据报方式类似于报文交换方式。该方式将每个分组单独作为一个报文对待，分组交换机为每一个数据分组独立地寻找路由。不论是分组型数据终端发送的不同分组，还是非分组型数据终端分拆后的不同分组，同一终端所发送的不同分组可以沿着不同的路径到达目标终点。在网络的目标终点，分组的顺序可能不同于发送端，需要重新排序。

分组型数据终端有排序功能，而非分组型数据终端没有排序功能。如果接收终端是分组型终端，则排序可以由终点交换机完成，也可以由分组型数据终端自己完成；但若接收端是非分组型数据终端，则排序功能必须由终点交换机完成，并将若干分组组装成报文再发送到该终端。如图 6.3.5 中所示，非分组型数据终端 A 和分组型数据终端 C 之间的通信采用的就是数据报方式。数据报方式具有以下特点：

第一，用户之间的通信不需要经历呼叫建立和呼叫清除阶段，对于数据量小的通信，传输效率比较高。

第二，与虚电路方式比，数据报的传输时延较大，且时延不均衡。这是因为不同的分组可以沿不同的路径传输，而不同传输路径的延迟有着较大的差别。

第三，同一终端送出的若干分组到达终端的顺序可能不同于发送端，需重新排序。

第四，对网络拥塞或故障的适应能力放强，一旦某个经由的节点出现故障或网络的一部分形成拥塞，那么数据分组可以另外选择传输路径。

（2）虚电路方式

虚电路方式是指两个用户终端设备在开始互相传输数据之前必须通过网络建立一条逻辑上的连接，称为虚电路。一旦这种连接建立以后，用户发送的以分组为单位的数据将通过该路径按顺序经网络传送到达终点。当通信完成之后用户发出拆链请求，网络清除连接。虚电路传输方式的原理如图 6.3.7 所示。

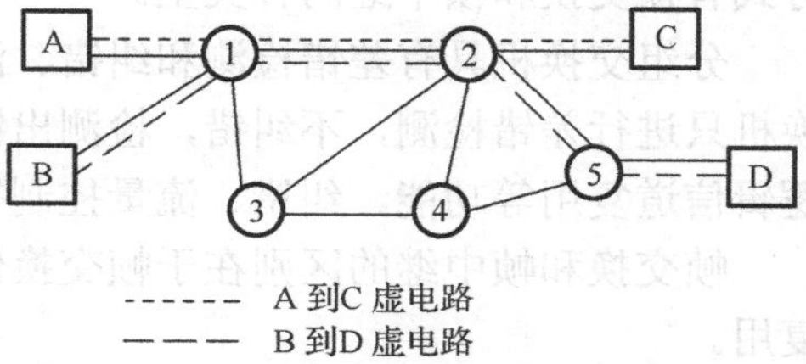

图 6.3.7　虚电路方式原理图

假设终端 A 有数据要送往终端 C，终端 A 首先要送出一个“呼叫请求”分组到节点 1，要求建立到终端 C 的连接。节点 1 进行路由选择后决定将该“呼叫请求”分组发送到节点 2，节点 2 又将该“呼叫请求”分组发送到终端 C。如果终端 C 同意接收这一连接，则发回一个“呼叫接收”分组到节点 2，这个“呼叫接收”分组再由节点 2 送往节点 1；最后由节点 1 送回给终端 A。至此，终端 A 和终端 C 之间的逻辑连接，即虚电路就建立起来了。此后，所有终端 A 送给终端 C 的分组，或终端 C 送给终端 A 的分组都沿已建立的虚电路传送，不必再进行路由选择。

同样，假设终端 B 和终端 D 也要进行通信，同样需要预先建立一条虚电路，其路径为终端 B→节点 1→节点 2→节点 5→终端 D。由此可见，终端 A 和终端 B 送出的分组都要经过节点 1 到节点 2 的路由传送，即共享此路由，并且还可与其他终端共享。那么，不同终端的分组是如何区分的呢？

为了区分一条线路上不同终端的分组，要对分组进行编号（即分组头中的逻辑信道号），不同终端送出的分组其逻辑信道号不同，这相当于把线路分成了许多子信道一样，每个子信适用相应的逻辑信道号表示。多段逻辑信道链接起来就构成一条端到端的虚电路。

虚电路有两种方式：永久虚电路（Permanent Virtual Circuit, PVC）和交换虚电路（Switched Virtual Circuit, SVC）。SVC 指的是在 2 个终端用户之间通过虚呼叫建立电路连接，网络在建立好的虚电路上提供数据信息的传送服务，终端用户通过呼叫拆除操作终止虚电路。PVC 指的是在 2 个终端用户之间建立固定的虚电路连接，并在其上提供数据信息的传送服务。虚电路方式的具有以下特点：

第一，一次通信具有呼叫建立、数据传输和呼叫清除 3 个阶段，对于数据量较大的通信传输效率高；

第二，终端之间的路由在数据传送前已建立，不必像数据报那样，节点要为每个分组做路由选择，但分组还是要在每个节点上存储、排队等待输出；

第三，数据分组按已建立的路径顺序通过网络，在网络终点不需要对分组重新排序时，分组传输时延较小，而且不容易产生数据分组的丢失；

第四，虚电路方式的缺点是当网络中由于线路或设备故障可能使虚电路中断时，需要重新呼叫建立新的连接，但现在许多采用虚电路方式的网络已能提供重连接的功能，当网络出现故障时将由网络自动选择并建立新的虚电路，不需要用户重新呼叫，并且不会丢失用户数据。

5．帧方式

帧方式是一种快速分组交换，是分组交换的升级技术。帧方式处在开放系统互连（OSI）参考模型的第二层，即数据链路层上以简化的方式传送和交换数据单元的一种方式。由于在数据链路层的数据单元一般称为帧，所以称为帧方式。帧方式的一个重要特征是简化了分组交换网中分组交换机的功能，从而降低了传输时延，节省了开销，提高了信息传输效率。帧方式有帧交换和帧中继两种类型。

分组交换机具有差错检测和纠错、流量控制、分组级逻辑信道复用等功能；而帧中继交换机只进行差错检测，不纠错，检测出错误帧便将其丢掉，而且省去了流量控制、分组级的逻辑信道复用等功能，纠错、流量控制等功能由终端去完成。

帧交换和帧中继的区别在于帧交换保留了差错控制和流量控制功能，但不支持分组级的复用。

6.3.3 数据通信网

通常认为数据通信网是以传输数据为主的。数据通信网可以进行数据信息的交换、传输和处理。数据交换的方式一般采用存储—转发方式的分组交换。

数据通信网是一个由分布在不同地点的数据终端设备、数据交换设备和数据传输铁路所构成的网络，在网络协议的支持下，实现数据终端间的数据传输和交换。数据终端设备是数据通信网中的信息传输的信源和信宿，其主要功能是向通信网中的传输链路传送数据和接收数据，并具有一定的数据处理和数据传输控制功能。数据终端设备可以是计算机，也可以是一般数据终端。

按照数据通信的拓扑结构，数据通信网可分为网状网、格型网、星型网；树型网、环型网、线型网、总线型网等。在数据通信中，骨干网一般采用网状网或格型网，本地网中可采用星型网。

按传输技术分类，数据通信网可分为交换网和广播网。按传输距离，数据通信网可分为局域网、城域网和广域网，Internet 就是广域网的典型代表。

1. 分组交换网

分组交换网主要由节点交换机、数据终端、分组拆装设备、远程集中器、网络管理中心、传输系统等构成，其基本结构如图 6.3.8 所示。

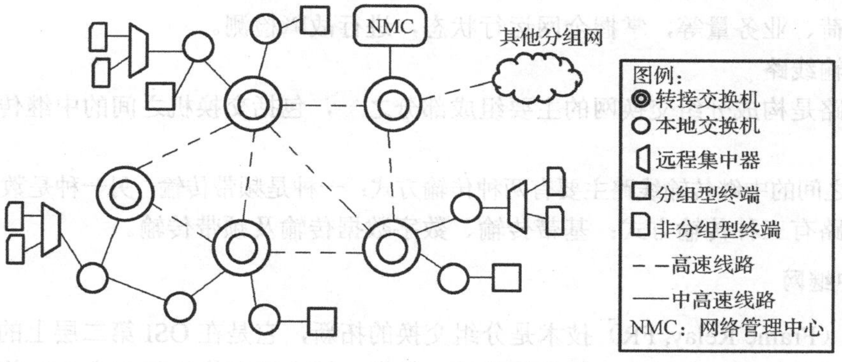

图 6.3.8　分组交换网结构图

（1）分组交换机

分组交换机是分组交换网的核心部分。根据在分组交换网中的位置和作用分为转接交换机和本地交换机两种。转接交换机具有容量大、线路端口数多、有路由选择功能的特点，主要用于交换机之间互连。本地交换机的容量较小，只有局部交换功能，不具备路由选择功能。本地交换机可以接至数据终端，也可以接至转接交换机，但只可以与一个转接交换机相连，与网内其他数据终端互通时必须经过相应的转接交换机。

（2）用户终端

用户终端有分组型终端和非分组型终端两种。如计算机或智能终端等分组型终端发送和接收的均是规格化的分组，可以按照 X.25 建议等直接与分组交换网相连。而如字符型终端等非分组型终端的用户数据不是分组数据，该终端不能直接接入分组交换网，而要通过分组装/拆设备才能接入到分组交换网。

（3）远程集中器

远程集中器（Remote Concentrate Unit，RCU）可以将距离分组交换机较远地区的低速数据终端的数据集中起来，通过一条中、高速电路送往分组交换机，以提高电路利用率。远程集中器包含了分组装/拆设备的功能，可使非分组型终端接入分组交换网。远程集中器的功能介于分组交换机和分组装/拆设备之间，也可认为是装/拆的功能与容量的扩大。

（4）网络管理中心

网络管理中心有以下主要功能：

第一，收集全网的信息。收集的信息主要有交换机或线路的故障信息，检测规程差错、网络拥塞、通信异常等网络状况信息，通信时长与通信量多少的计费信息，以及呼叫建立时间、交换机交换量、分组延迟等统计信息。

第二，路由选择与拥塞控制。根据收集到的各种信息，协同各交换机确定该时刻的某一交换机连接到相关交换机的最佳路由。

第三，网络配置的管理及用户管理。网络管理中心针对网内交换机、设备与线路等容量情况、用户所选用补充业务情况及用户名与其对照号码等，向其所连接的交换机发出命令，修改用户参数表，对分组交换机的应用软件进行管理。

第四，用户运行状态的监视与故障检测。网络管理中心通过显示各交换机和中继线的工作状态、负荷、业务量等，掌握全网运行状态，进行故障检测。

（5）传输线路

传输线路是构成分组交换网的主要组成部分之一，包括交换机之间的中继传输线路和用户线路。

交换机之间的中继传输线路主要有两种传输方式：一种是频带传输，另一种是数字数据传输。

用户线路有三种传输方式：基带传输、数字数据传输及频带传输。

2．帧中继网

帧中继（Frame Relay, FR）技术是分组交换的拓新，它是在 OSI 第二层上的一种传送和交换数据单元的技术，以帧为单位进行存储—转发。帧中继交换机仅完成 OSI 物理层和链路层的核心功能，将流量控制、纠错控制等交给数据终端来完成，大大简化了节点处理机间的协议，缩短了传输时延，提高了传输效率。帧中继技术主要具有以下特点：

第一，以帧为交换单元。以帧为交换单元的信息长度远比分组长度要长，预约的最大帧长度至少要达到 1600 字节/帧。

第二，帧中继交换机取消了 X.25 的第三层功能，只采用物理层和链路层的两级结构，在链路层也仅保留了核心子集部分。

第三，帧中继节点不进行错误重传，降低了时延，提高了吞吐量。一般帧中继用户的接入速率为 64kbit/s～2Mbit/s，帧中继网的局间中继传输速率一般为 2Mbit/s、34Mbit/s，现在已达到 155Mbit/s。

第四，网络资源利用率高。帧中继采用统计时分复用，动态按需分配带宽，向用户提供共享的网络资源，每一条线路和网络端口都可由多个终端按信息流共享，大大提高了网络资源利用率。

第五，带宽预留机制，避免了突发业务量对网络产生的拥塞。

第六，与分组交换一样，帧中继采用面向连接的虚电路交换技术，可以提供交换虚电路业务和永久虚电路业务。交换虚电路是指在两个帧中继终端用户之间通过虚呼叫建立电路连接，网络在建好的虚电路上提供数据信息的传送服务，终端用户通过呼叫清除操作终止虚电路。永久虚电路是指在帧中继终端用户之间建立固定的虚电路连接，并在其上提供数据传送业务，它是端点和业务类别内网络管理定义的帧中继逻辑链路。

3. 数字数据网 DDN

DDN 指的是利用数字信道传输数据信号的数据传输网，它利用光纤、数字微波和卫星等数字传输信道和交叉复用设备组成数字数据传输网，可以为用户提供速率为 N×64kit/s（或小于 2Mbit/s）～2Mbit/s 的半永久性交叉连接的数字数据传输信道，以满足用户的各种需求。

半永久性交叉连接指的是所提供的信道属于非交换型信道，即用户数据信息是根据事先约定的协议在固定通道频带和预先约定速率的情况下顺序连续传输。但在传输速率、到达地点和路由选择上是可改变的，改变时由网络管理人员或在网络允许的情况下由用户自己对传输速率、传输数据的目的地和传输路由进行修改。但这种修改不是经常性的，因此，称为半永久性交叉连接或半固定交叉连接。因此 DDN 一般不包括交换功能。

DDN 的基本业务就是提供多种速率的数字数据专线服务，以替代在模拟专线网或电话网上开放的数据业务，广泛应用于银行、证券、气象、文化教育等专线业务的行业。适用于局域网（LAN）与广域网（WAN）的互连、不同类型网络的互连以及会议电视等图像业务的传输，同时，为分组交换网用户提供接入分组交换网的数据传输通道。

此外，DDN 还可以提供语音、数据轮询、帧中继、VPN、G3 传真、电视会议等服务，同时 DDN 还可提供多点专线业务。

4. ATM 通信网

ATM 通信网是实现高速、宽带传输多种通信业务的数据通信网的一种重要网络。在目前的通信网中普遍采用电路交换和分组交换技术，电路交换具有时延小的特点，非常适合于诸如语音通信等对实时性要求较高的通信业务；分组交换则非常适合于数据通信。从业务处理能力来分析，ATM 可具有两种交换技术的功能，既可以承载语音等实时性要求高的业务，又可以承载数据和其他多媒体宽带业务。因此，ATM 具有非常强的业务综合处理能力，被 ITU-T 认为是实现综合业务数字宽带业务的理想网络。

（1）ATM 传送模式

异步传输模式（Asynchronous Transfer Mode , ATM）技术是以分组传送模式为基础并融合了电路传送模式高速化的优点发展而成的一种高速分组传送模式，它将语音、数据和图像等所有的数字信息分割为长度固定的数据块，并在各数据块前增加信头，形成完整信元。ATM 采用统计时分复用的方式，将来自不同信息源的信元汇集在一起，在一个缓冲器内排队；然后，按照先进先出（FIFO）的原则将队列中的信元从第一个字节开始顺序逐个输出到线路，从而在线路上形成首尾相接的信元流。在每个信元的信头中含有虚通路标识/虚信道标识符（VPI/VPI）作为地址标志，网络根据信头中的地址标志来选择信元的输出端口转移信元。

ATM 采用统计复用方式，使得任何业务都能按实际需要来占用资源，对某个业务而言，传送速率会随信息到达的速率而变化，因此，网络资源得到最大限度的利用。此外，ATM 网络可以适用于任何业务，不论传输速率高低、突发性大小、质量和实时性要求如何，网络都按同样的模式进行处理，真正做到了完全的业务综合。

（2）ATM 信元

ATM 信元由 53Byte（8bit）的固定长度数据块组成，如图 6.3.9 所示。前 5Byte 是信头，标志信元发送目的地的逻辑地址、优先等级等控制信息；后 48Byte 是与用户数据相关的信息段，用来承载来自不同用户、不同业务的信息。

信元从第 1Byte 开始顺序向下发送，在同 Byte 中从第 8bit 开始发送。信元内所有的信息段都以首先发送的 bit 为最高 bit。

ATM 信元结构有 2 种：一种用于 ATM 网和用户终端之间的接口（UNI）的信元；另一种用于 ATM 网络内部交换机之间的接口（NNI）的信元。

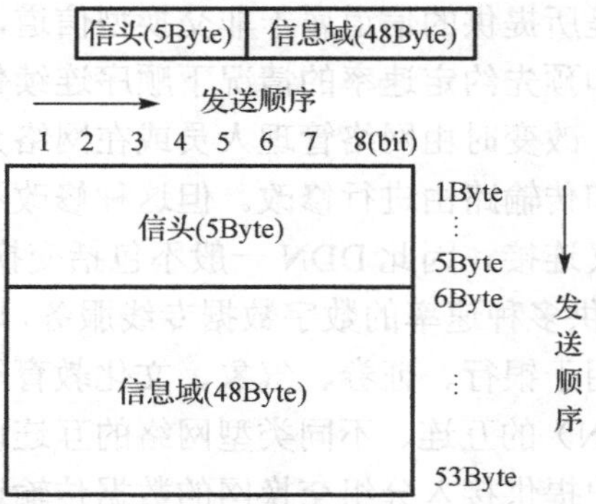

图 6.3.9 ATM 信元结构

小　　结

在物联网中，通信系统的主要作用是将信息可靠安全地传送到目的地，由于物联网具有异构性的特点，这就使得物联网所采用的通信方式和通信系统也具有异构性和复杂性。

通信网是由一系列通信设备、信道和规章规程组成的有机整体，使得与之相连的用户终端设备可以进行有意义的信息交流。终端设备、交换设备、传输设备及协议构成了通信网的基本要素。通信网的基本拓扑结构有网状、星型、复合型、总线型、环型、线型和树型结构。

网络的分层使网络的规范化与实施无关，但该划分的原则使得网络设计和构建时各层的功能相对独立，单独设计、构建和运行每一层要比将整个网络作为一个单个实体简单得多。网络中的各层当需要演进时，只要保持上下两层的接口功能不变，就不会影响整个网络的运行，因此保持各层次间接口的相对稳定，对整个网络的分布演进具有非常重要的作用。

数据通信网是计算机通信网的通信子网，其功能是实现数据的传输、交换和处理。在计算机通信网基础上的 Internet 则是物联网的承载网，因此，数据通信网是物联网的重要组成部分，是物联网的网络传输层的基础。

数据通信网是由分布在不同地点的数据终端设备、数据交换设备及通信线路等组成的通信网，它们之间通过网络协议实现网中各设备的数据通信。

数据交换是通过交换网来实现的，可以通过公用电话交换网和公用数据交换网进行数据交换。

公用数据网数据交换有电路交换和存储—转发交换两种方式。

电路交换方式是指两台数据终端在相互通信之前，需预先建立起一条物理链路，在通信中独享该链路进行数据信息传输，通信结束后再拆除这条物理链路。

存储—转发交换方式又分为报文交换方式、分组交换方式及帧方式。

帧中继技术是分组交换的拓新，它是在 OSI 第二层上的一种传送和交换数据单元的技术，以帧为单位进行存储—转发。简化了节点处理机间的协议，缩短了传输时延，提高了传输效率。

DDN 指的是利用数字信道传输数据信号的数据传输网，它利用光纤、数字微波和卫星等数字传输信道和交叉复用设备组成数字数据传输网，可以为用户提供速率为 N×64kit/s（或小于 2Mbit/s）～2Mbit/s 的半永久性交叉连接的数字数据传输信道，以满足用户的各种需求。

ATM 通信网是实现高速、宽带传输多种通信业务的数据通信网的一种重要网络。ATM 可具有电路和分组交换技术两种功能，既可以承载语音等实时性要求高的业务，又可以承载数据和其他多媒体宽带业务。因此，ATM 具有非常强的业务综合处理能力，被 ITU-T 认为是实现综合业务数字宽带业务的理想网络。

习　　题

1．通信网由哪些基本要素构成？对通信网有何质量要求？
2．按照垂直的观点可将现代通信网分为几层？各层的作用以及它们之间的关系是怎样的？
3．简述 OSI 参考模型的层次结构及各层的功能。
4．试述时分复用的基本原理，并画图说明。
5．在时分复用中为什么要求收发两端同步？同步的方式有哪几种？
6．为什么要进行数字复接？试述数字复接的基本原理。
7．数字复接有几种方法？这些方法有何特点？
8．什么是 PDH？它有何缺点？
9．SDH 的基本思想是什么？它有何特点？
10．试述报文交换的基本原理，并画图说明。
11．试述报文交换的优缺点。
12．试述分组交换的基本原理，并画图说明。
13．分组在分组交换网中的传输方式由哪两种？试简述其工作原理。
14．分组交换网主要由哪些主要设备组成？分组交换机提供了哪些功能？
15．比较数据报和虚电路方式的路由选择有什么不同？

第 7 章　互联网与 IP 通信

本章学习目标

通过本章的学习，应深刻理解、领会互联网的实质及其内涵。掌握互联网与因特网的结构、掌握 TCP/IP 协议的构成及相关的五个层次，了解 IP 通信网的基本概念与结构。掌握 IEEE 802.11 无线局域网的基本概念与特点，以及数据链路层与 CSMA/CA 协议的基本原理。

本章知识点

- TCP/IP 协议与传输协议
- IP 宽带城域网
- IP Over ATM、IP Over SDH、IP Over DWDM
- IEEE 802.11 无线局域网与 Wi-Fi
- IEEE 802.11 数据链路层与 CSMA/CA 协议

教学安排

7.1　互联网与因特网的结构（1 学时）
7.2　TCP/IP 协议簇及其分层（2 学时）
7.3　IP 通信及 IP 通信网（1 学时）
7.4　IEEE 802.11 无线局域网（2 学时）

教学建议

本章应重点讲授互联网与因特网的结构、TCP/IP 协议及其工作原理、CSMA/CA 协议的基本原理。从大的层面上讲授 IP 通信网及其组网与传输方式。

物联网是基于互联网作为承载信息传送平台构建起来的，它是物联网的核心。互联网是两个或多个计算机通信网通过数据传输系统连接在一起的，而因特网则是遵守统一的因特网协议的互连的互联网。从通信系统的分层角度来看，互联网及因特网实质上是数据通信网上的一个特殊的业务网，它是在传送网、数据通信网之上的业务网，它不但能提供方便的信息传送与信息共享，而且还能实现各种信息的高级应用。

7.1 互联网与因特网的结构

7.1.1 互联网的结构

互联网是计算机通信网的典型代表，当在不同区域的两个或多个计算机通信网通过数据通信连接在一起时，便构成了现在的互联网。互联网的构成如图 7.1.1 所示。

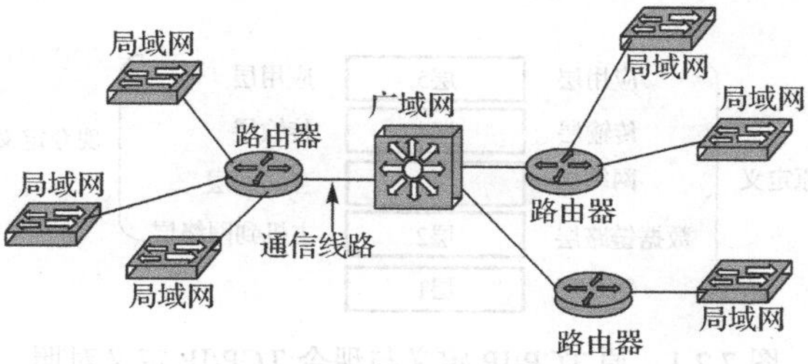

图 7.1.1 互联网的构成

互联网是一台计算机设备通过通信线路连接在一起的数据通信系统。图 7.1.1 中的局域网是指小范围内的互联网，可以在一个大楼内，也可以在一个校园、厂区，局域网上可通信的设备可以是计算机、打印机或其他设备；连接局域网的通信线路可以是有线线路（如五类线），也可以是无线线路（如 2.4GHz 的射频）；路由器可以是具有有线连接接口的，也可以是无线接口的或者有线与无线兼有的。

一般，两个局域网的互连需要通过路由器来实现，可以通过具有路由功能的网络交换机来互连。广域网是地理范围较广的一个网络，要实现远距离的互连，需要采用长途通信线路。在实际的广域网中，一般直接采用数据通信网来实现广域网。

7.1.2 因特网的结构

因特网（Internet）是目前应用非常广泛的互联网。人们所说的互联网，实际上特指的是因特网。因特网是互连的各个局域网、广域网遵守标准的互连通信协议的计算机通信网，目前所遵守的互联网协议是 TCP/IP 协议。Internet 的组成结构如图 7.1.2 所示。

Internet 也是由通信线路、路由器和计算机设备构成的。但不同与一般互联网的是，Internet 需要遵守共同的标准互连通信协议，即 TCP/IP 协议，此外，还需要由一个因特网服务提供商 ISP（Internet Service Provider，ISP）提供服务。ISP 是指一台或多台通过高速、宽带通信线路连接到互联网上的服务器（高性能计算机），它为互连用户提供各种信息服务和数据通信服务。目前，我国的 ISP 主要有中国电信、中国联通等。

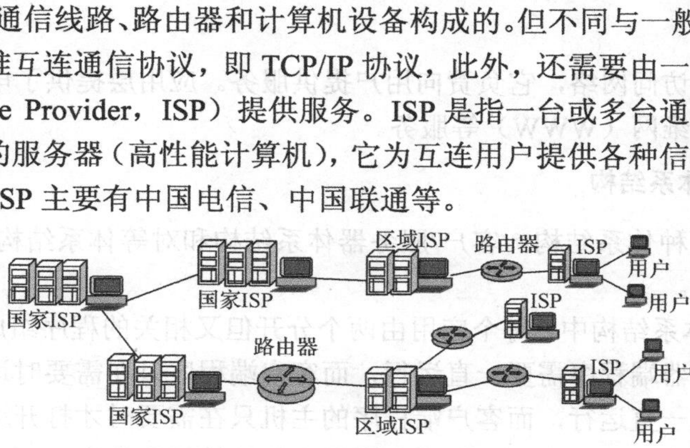

图 7.1.2 Internet 的组成结构

7.2 TCP/IP 协议簇及其分层

7.2.1 TCP/IP 协议簇分层

原 TCP/IP 协议簇定义为四层，即主机到网络层（数据链路层）、互联网层（网络层）、传输层和应用层。现今 TCP/IP 协议簇通常定义为五层，原定义的层次与现今定义的层次对照如图 7.2.1 所示。

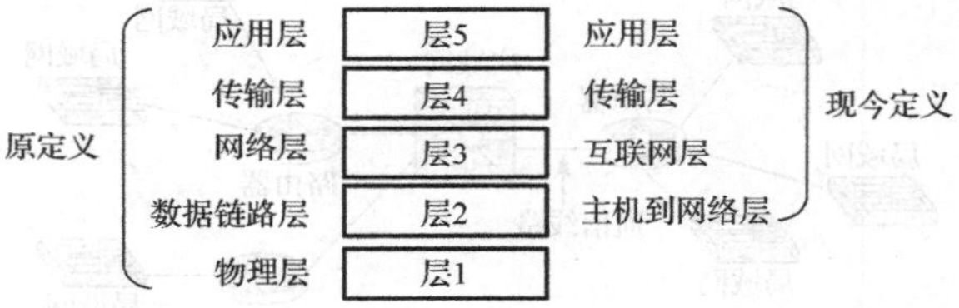

图 7.2.1 原 TCP/IP 定义与现今 TCP/IP 定义对照

图 7.2.2 为两台主机（计算机或网络设备）相互通信时所涉及的协议层次。当两台主机通信时可能需要经过多个路由器，路由器仅涉及协议的前三层。

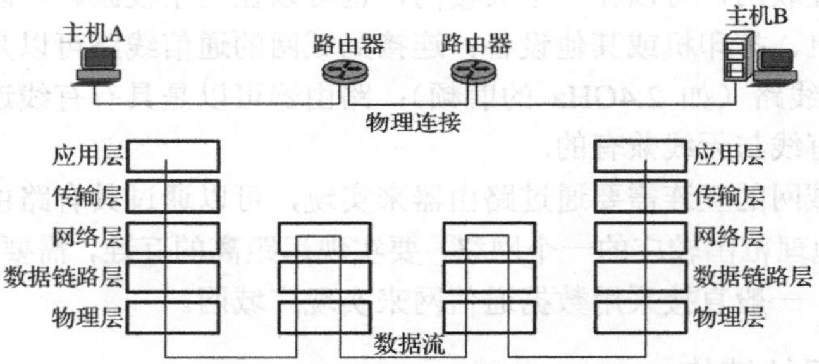

图 7.2.2 TCP/IP 协议簇中各层的相互作用

从图 7.2.2 可以看出，在一台主机中，每一层调用它的直接下层的服务，如第 3 层应用第 2 层提供的服务，并为第 4 层服务。

7.2.2 应用层

应用层允许用户访问网络，它负责向用户提供服务。应用层提供了电子邮件、远程文件访问和传输、浏览万维网（WWW）等服务。

1. 客户/服务器体系结构

互联网定义了两种体系结构：客户/服务器体系结构和对等体系结构。客户/服务器是常见、常用的体系结构。

在客户/服务器体系结构中，每个应用由两个分开但又相关的程序组成，即客户端程序和服务器端程序。服务器端程序需要一直运行，而客户端程序只在需要时运行，这就意味着服务器端程序的主机要一直运行，而客户端程序的主机只在需要时才打开运行。一般将运行服务器端程序的主机称为服务器，而运行客户端程序的计算机称为客户。

客户端程序和服务器端间的通信称为进程到进程的通信，运行在这种体系结构中的程序称为进程。服务器进程是一直运行的服务器程序，它等待接收客户端进程的请求。当客户端程序运行时，客户端进程请求服务，该服务将获得服务器进程的响应。应当指出的是，当服务器端进程运行时，许多客户端进程都将请求服务，并得到响应。

2．应用层地址

当客户需要向服务器发送请求时，它需要服务器应用层的地址。尽管因特网应用的数目是有限的，但运行特定应用的服务器站点数目却非常多。例如，有许多运行 HTTP（Hyper Text Transfer Protocol）服务器的站点，HTTP 客户能访问这些站点，去浏览或下载站点中的信息。为了标识一个特殊的HPPT站点，客户使用统一资源定位符（Uniform Resource Locator，URL）。服务器应用层地址不是用来发送消息的，它是帮助客户找到服务器的实际地址的。应注意的是，应用层客户端不需要地址，这是因为它不是服务的提供者，它仅接受服务。不同的站点有不同的应用层地址，虽然它们可能运行在相同类型的服务器上，如运行 HTTP。

应用层地址不能用来发送消息，客户端需要服务器在网络上的实际地址。应用地址能帮助客户端找到网络中服务器的实际地址。网络中的每台计算机都有一个称为逻辑地址或 IP 地址的地址。

服务器应用层地址能帮助客户端找到作为服务器的计算机的 IP 地址。客户端进程应该已经知道域名服务器（Domain Name Server，DNS）的地址。这些分布在因特网上的服务器都有将域名匹配到 IP 地址的目录。客户端准备和发送消息到 DNS 服务器，询问它所需要的服务器的实际地址。当收到响应之后，客户端服务器就知道了服务器的 IP 地址，图 7.2.3 为客户端获得服务器 IP 的一个示例。

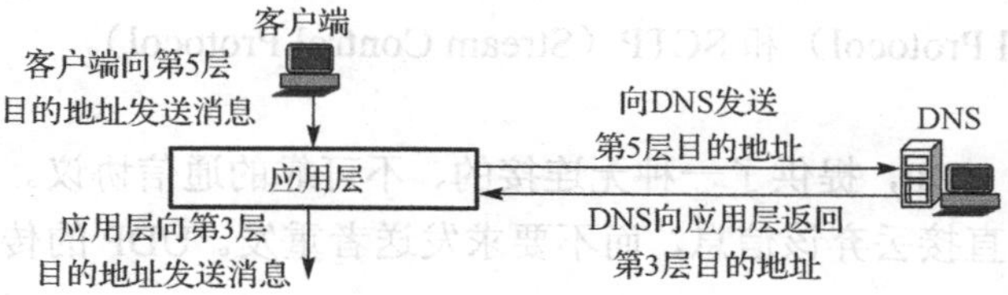

图 7.2.3　应用层地址实例

7.2.3　传输层

传输层负责整个消息进程到进程的传输，以建立客户和服务器的传输层的逻辑通信。尽管通信是在两个物理层间进行的，但两个应用层是将传输层看成负责消息传输的代理。

1．传输层的地址（端口号）

尽管服务器的 IP 地址对通信是必不可少的，但还需要更多的信息来支持通信。服务器可能同时运行多个进程，例如 FTP 服务进程和 HTTP 进程。当消息到达服务器时，它必须指向确定的进程，为此我们需要另一个地址来标识服务器进程，即端口号。

大多数计算机都有给出服务器端口号的文件，而客户端端口号可以由运行客户端进程的计算机临时指定。但 Internet 限制了临时端口号的范围，以避免破坏已知的端口号的范围。如图 7.2.4 所示为传输层地址的示例。

2．拥塞控制

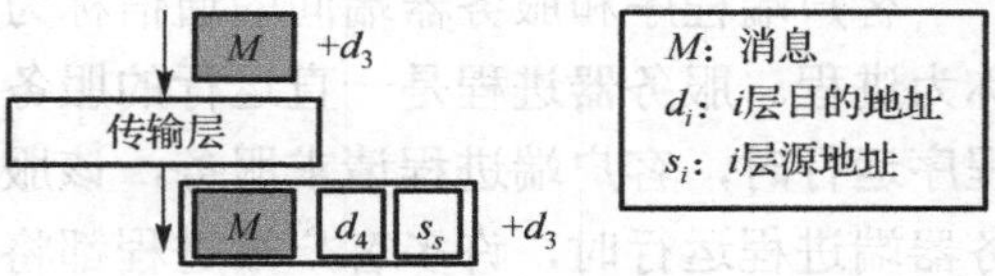

图 7.2.4　传输层地址

传输层负责实现拥塞控制。向下层传送的数据包可能发生通信拥塞，这可能引起一些数据包的丢弃。有些协议为每个进程使用缓冲区，消息在发送前存储在缓冲区中，如果传输层检测到网络上发生拥塞，它就暂缓发送。

3．流量控制

传输层还负责实现流量控制。发送端的传输层能监控接收端的传输层，检查接收者收到的数据包是否过多。通过从接收者发出的确认信息，以确定接收者是否接收发送的数据包以及确认发送的数据包是否过多。

4．差错控制

信息在传输过程中可能会出现损坏、丢失、重复或次序不正确等错误。传输层负责确保信息能被目的地的传输层正确接收。接收者通过向发送者发送确认消息，来实现差错控制。一般，传输层在缓冲区中保留发送信息的副本，直到接收到所发送信息的确认消息，并确认接收者正确接收后才可以删除该副本，否则就要将该副本重发，直到正确接收。考虑到信息是以数据包的形式发送的，每个包需要有一个序号，以表示发送信息的次序，为此传输层给每个数据包加上序号，也同时给每个确认消息加上序号以表示接收者确认的次序。

5．传输协议

在 TCP/IP 协议簇中定义了三种传输层协议：UDP（User Datagram Protocol）、TCP（Transmission Control Protocol）和 SCTP（Stream Control Protocol）。

（1）UDP

用户数据报协议 UDP，提供了一种无连接的、不可靠的通信协议。当接收者接收到的信息有误时，接收者将直接丢弃该信息，而不要求发送者重发。UDP 的传输速度较快，但可靠性较差。

（2）TCP

传输控制协议 TCP 应用了数据包的序号、确认号和校验和的方法实现可靠的信息传输。TCP 在两个传输层间提供了逻辑连接，因此该协议称为面向连接的协议。

（3）SCTP

流控制协议 SCTP 是为一些预期的因特网服务而设计的，如因特网电话（IP 电话）和视频流，该协议结合了 UDP 和 TCP 的优点。

7.2.4　网络层

网络层负责源到目的地的数据包发送，它可跨越多个网络或链路，保障每个数据包从源到最终的目的地。

1．网络地址

从客户端到服务器的数据包和从服务器返回的数据包需要网络层地址。服务器的地址由服务器提供，而客户端地址是客户端主机已知的。网络层应用路由表来找到下一跳路由的逻辑地址，并把这个地址传递给数据链路层。如图7.2.5所示。

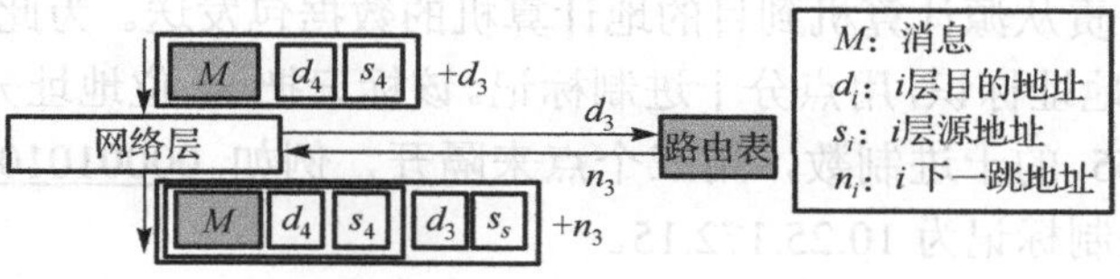

图7.2.5　网络层地址

2. 路由选择

网络层的另一个功能是进行路由选择，也就是确定数据包的部分或全部路径。由于因特网是LAN（Local Area Network）、WAN（Wide Area Network）和MAN（Metropolitan Area Network）的集合，因此从源到目的地的数据包发送可能是几个发送的组合，即源到路由器的发送、几个路由器到路由器的发送，最后是路由器到目的地的发送。

网络层的路由是需要选择的，当一个路由器接收到一个数据包时，它要检查路由表，决定这个数据包到最终目的地的最佳路线。路由表提供了下一路由器的IP地址。当数据包到达下一路由器时，下一路由器再做出新的决定，也就是说，路由器选择的决定是由每个路由器做出的。

图7.2.6给出了一个经过几个网络从源到目的地的数据包路由选择的例子。源是计算机A，目的地是计算机D。当数据包到达路由器R_1时，R_1选择了R_4作为下一路由器，这可能是由于WAN_1不工作或拥塞，R_4选择R_5作为下一路由器，最终，数据包被发送到目的地。在这里，路由器只采用了TCP/IP协议簇的前三层，它不需要传输层，因为传输层负责端到端的数据发送。

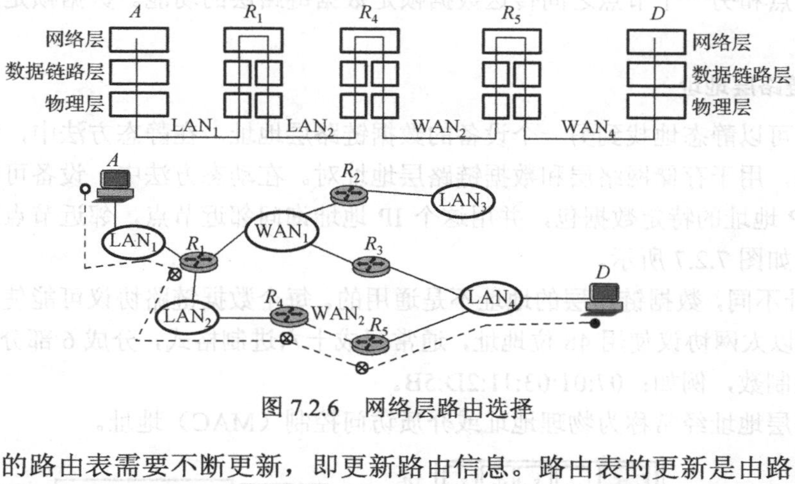

图7.2.6　网络层路由选择

路由器中的路由表需要不断更新，即更新路由信息。路由表的更新是由路由选择协议来完成的，主要的路由协议有RIP、OSPF和BGP。

3. 网络层协议

TCP/IP协议簇支持一个主协议IP和几个辅助协议，该辅助协议用于帮助IP完成其功能。

（1）IP 协议

在 TCP/IP 协议簇中，网络层的主协议是因特网协议 IP，其版本有 IPv4 和 IPv6，目前常用的是 IPv4。IPv4 负责从源计算机到目的地计算机的数据包发送。为此，全球计算机和路由器都采用 32 位的 IP 地址标识，用点分十进制标记。该标记把 32 位地址分解为 4 个 8 位部分，每个部分写成 0～255 的十进制数，用三个点来隔开，例如 00001010 00011001 10101100 00001111 用点分十进制标记为 10.25.172.15。

在消息发送的源头端，协议把源和目的地 IP 地址加到从应用层传送来的数据包中，然后准备发送。但是，实际的传输是由数据链路层和物理层来完成的。

IPv6 的地址范围可定义 2^{32}（超过 40 亿）个不同的设备。但是，过去的地址分配方式产生了地址浪费，尽管采取了许多补救方法，但还是面临着地址耗尽的局面，为此 IPv6 出现了，它将地址表示为 128 位，可以满足今后所有设备地址的需要。

IP 提供了尽力而为的服务，它不保证数据无误地到达或顺序到达，也不保证任何数据包都被发送，数据包可能会发生丢失。

（2）辅助协议

因特网协议采用其他辅助协议来弥补其不足。因特网控制消息协议 ICMP 可以用来报告一定数目的差错给源计算机。例如，由于拥塞，路由器丢失了一个数据包，ICMP 可以发送一个数据包给源计算机，警告发生了拥塞。ICMP 还可以用来检查因特网节点状态。

因特网小组管理协议 IGMP，可以用来增加 IP 的多播能力。IP 本质上是单播传输协议，即一个源和一个目的地。多播传输是指一个源和多个目的地。

此外，还有一些辅助协议，如地址解析协议 ARP 和反向地址解析协议 RARP 也是辅助协议。

7.2.5 数据链路层

在一个节点和另一个节点之间传送数据帧是数据链路层的功能。数据帧是用来封装数据包的。

1. 数据链路层地址

一个设备可以静态地找到另一个设备的数据链路层地址。在静态方法中，设备创建具有两列数据的表，用于存储网络层和数据链路层地址对。在动态方法中，设备可以广播一个含有下一设备 IP 地址的特定数据包，并用这个 IP 地址询问邻近节点，邻近节点返回它的数据链路层地址，如图 7.2.7 所示。

与 IP 地址不同，数据链路层的地址不是通用的。每个数据链路协议可能使用不同的地址格式和大小。以太网协议使用 48 位地址，通常写成十六进制格式，分成 6 部分，每个部分包含两位十六进制数，例如：07:01:03:11:2D:5B。

数据链路层地址经常称为物理地址或介质访问控制（MAC）地址。

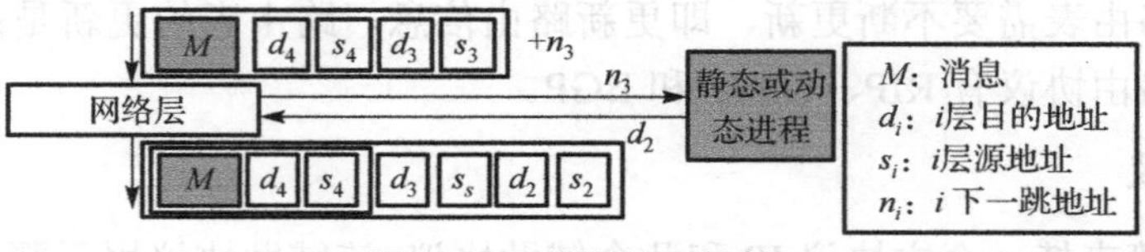

图 7.2.7 数据链路地址

2．差错控制与流量控制

有些数据链路层协议在数据链路层使用差错控制与流量控制，方法与传输层相同。但是它仅在节点发出点与节点到达点实现。

7.2.6　物理层

物理层完成物理介质上的二进制数据流传输所需要的功能。它将数据以帧的形式从一个节点传送到另一个节点。数据链路层传送的数据单位是帧，而物理层传送数据的单位是二进制比特。物理层不需要地址，它将二进制数码以电信号的形式传送到节点。

整个 TCP/IP 协议的结构可用图 7.2.8 来汇总表示。

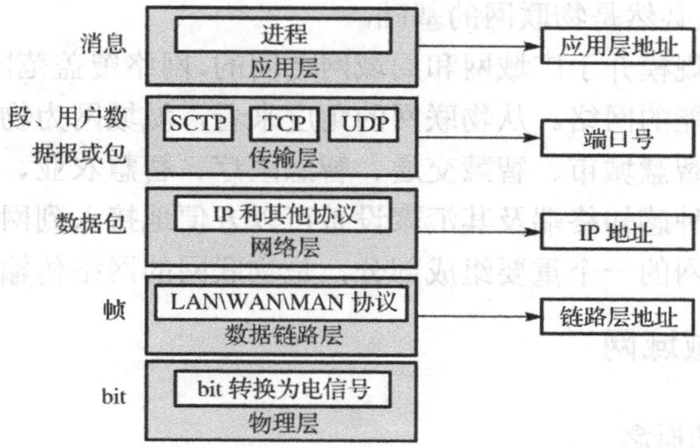

图 7.2.8　因特网中四层地址

图 7.2.9 为协议的各层数据封装，在图中，D_5 表示第五层的数据单元，D_4 表示第四层的数据单元，以此类推。进程从第五层的应用层开始，然后依次移到下一层。在每一层，头（可能还有尾）要加到数据单元中。通常，尾只在第二层才加入。当格式化的数据单元经过物理层时，它被转化为电磁信号。

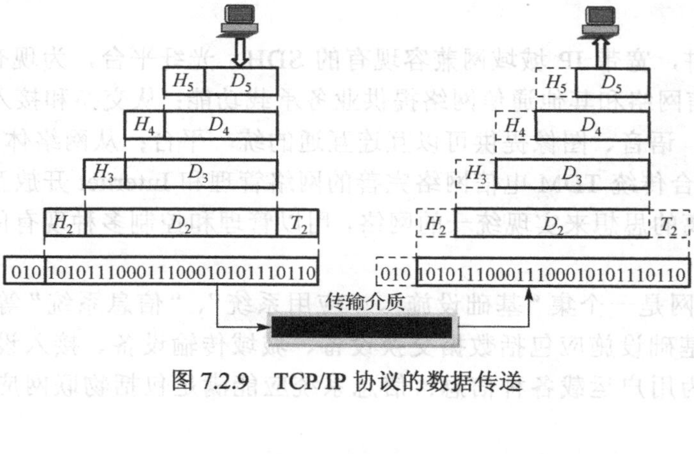

图 7.2.9　TCP/IP 协议的数据传送

7.3　IP 通信及 IP 通信网

IP 通信是一种基于因特网网络协议(Internet Protocol，IP)发展起来的通信技术，而 Internet 则是将各地、各种计算机以 TCP/IP 协议连接起来进行数据通信的网络。Internet 是 IP 通信的基础，在 Internet 上可以开展各种数据业务、语音业务及图像等方面的多媒体业务，简而言之，IP 通信网就是以 Internet 为承载网络的“综合业务网”，可以狭义地认为 IP 通信就是 Internet。

TCP/IP 协议是 Internet 的核心。Internet 上的每个参与通信的数据终端是计算机，它们之间可以最大限度地共享各种硬件资源和信息资源。Internet 的特点是开放性，对用户和开发者限制较小，网络对用户是透明的，用户不需要了解网络底层的物理结构。Internet 的接入方式非常灵活，任何计算机只要遵守 TCP/IP 协议均可接入。

目前，由于 Internet 的广泛应用，基于 Internet 的 IP 通信网已广泛地渗透到社会生活的各个方面，改变了原有的通信形态，成为了信息社会的基础。物联网是感知与 Internet 结合的产物，因此 IP 通信也必然是物联网的基础。

城域网是指网络的规模介于广域网和局域网之间的，网络覆盖范围在城市及郊区之内的，实现信息传输与交换功能的网络。从物联网的角度来看，城域网为物联网提供了良好的传送平台，可为物联网实现智慧城市、智慧交通、智慧医疗、智慧农业、智能电网等方面提高信息传输的传送网络，各种感知终端及其汇聚设备可以方便地接入到网络中来。因此，可以说城域网是小范围的物联网的一个重要组成部分，是物联网的网络传输层。

7.3.1 宽带 IP 城域网

1．宽带 IP 城域网的概念

IP 城域网是电信运营商或 IP 服务提供商在城域范围内建设的城市 IP 骨干网络。宽带 IP 城域网是一个以 IP 和 SDH、ATM 等技术为基础，集数据、语音、视频服务为一体的高带宽、多功能、多业务接入的城域综合业务通信网络。宽带 IP 城域网是基于宽带技术，以电信网的可管理性、可扩充性为基础，在城市的范围内汇聚宽、窄带用户的接入，满足机构、个人用户对各种宽带多媒体业务需求的综合宽带网络，是电信网络的重要组成部分，向上与骨干网络互连。

从传输上来讲，宽带 IP 城域网兼容现有的 SDH、光纤平台，为现有的 PSTN、移动网络、计算机通信网络和其他通信网络提供业务承载功能；从交换和接入角度来看，宽带 IP 城域网为数据、语音、图像提供可以互连互通的统一平台；从网络体系结构角度来看，宽带 IP 城域网综合传统 TDM 电信网络完善的网络管理和 Internet 开放互连的优点，采用业务与网络相分离的思想来实现统一的网络，用以管理和控制多种现有的电信业务，为新的需求提供服务。

宽带 IP 城域网是一个集“基础设施”、“应用系统”、“信息系统”等多方面功能于一体的综合网络。基础设施应包括数据交换设备、城域传输设备、接入设备和业务平台设备；应用系统应为用户运载各种信息；信息系统应能满足包括物联网应用层在内的各种数据需求。

2．宽带 IP 城域网的分层结构

一般的宽带 IP 城域网的结构可分为核心层、汇聚层和接入层三个层次。宽带 IP 城域网分层结构示意图如图 7.3.1 所示。

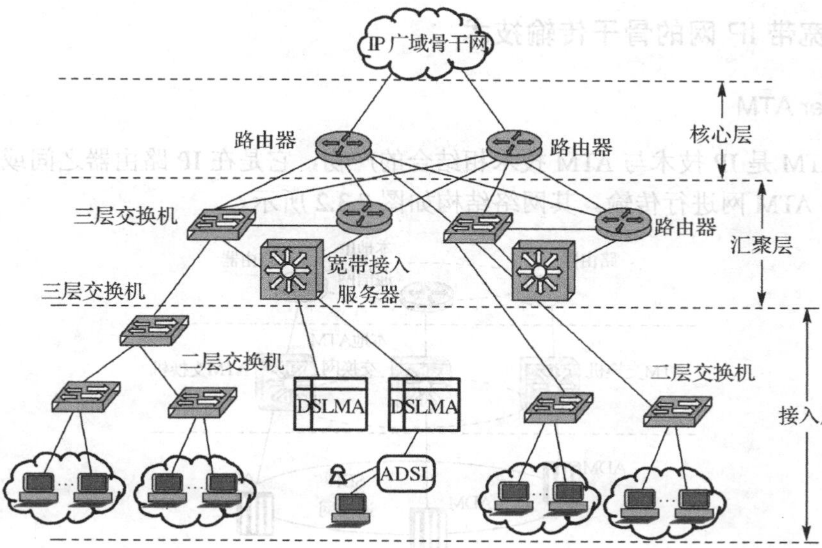

图 7.3.1　宽带 IP 城域网分层结构

（1）核心层

核心层的作用主要是进行数据的快速转发以及整个城域网路由表的维护，同时实现与 IP 广域骨干网的互连，提供城市的高速 IP 数据出口。核心层的设备一般采用高端路由器。其网络结构原则上采用网状或半网状网。

（2）汇聚层

汇聚层由中高端路由器、三层交换机以及宽带接入服务器等组成。汇聚层的功能主要有：第一，汇聚节点的接入，以解决接入节点到核心节点间光纤资源紧张的问题；第二，实现接入用户的可管理性，当接入层节点设备不能保证用户流量控制时，需要由汇聚层设备提供用户流量控制及其他策略管理功能；第三，除基本的数据转发业务外，汇聚层还必须能够提供必要的服务层面的功能，包括带宽的控制、数据流 QoS 优先级的管理、安全性的控制、IP 地址翻译等功能。

核心层节点与汇聚层节点采用星型连接，在光纤数量可以保证的情况下每个汇聚层节点最好能够与两个核心层节点相连。

（3）接入层

接入层的作用是负责提供各种类型用户的接入，在有需要时提供用户流量控制功能。接入层节点可以根据实际环境中用户数量、距离、密度等的不同，设置一级或级联接入。

在宽带 IP 城域网的分层结构中，核心层、汇聚层的路由器之间（或路由器与交换机之间）的传输技术称为骨干传输技术。宽带 IP 城域网的骨干传输技术主要有：IP Over ATM、IP Over SDH、IP Over DWDM 和千兆以太网等。

宽带 IP 城域网接入层常用的宽带接入技术主要有：ADSL、HFC、FTTX+LAN 和无线宽带接入等。在选择接入方式时，要综合考虑各种接入方式的优缺点及当地的具体情况。几种接入方式中用得较多的是 ADSL、FTTX+LAN。ADSL 适合零散用户的接入，而 FTTX+LAN 更适合用户集中地区（如小区）的接入。

7.3.2 宽带 IP 网的骨干传输技术

1. IP Over ATM

IP Over ATM 是 IP 技术与 ATM 技术相结合的产物，它是在 IP 路由器之间或路由器与交换机之间采用 ATM 网进行传输。其网络结构如图 7.3.2 所示。

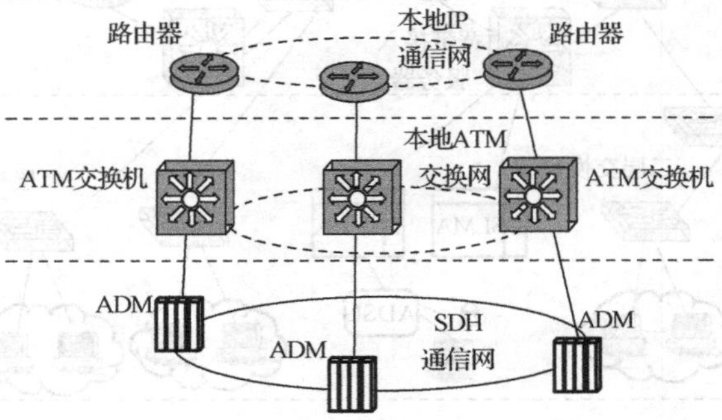

图 7.3.2 IP Over ATM 结构示意图

IP Over ATM 将 IP 数据包首先封装为 ATM 信元，以 ATM 信元的形式在信道中传输；再将 ATM 信元映射进 SDH 帧结构中传输，其结构如图 7.3.3 所示。

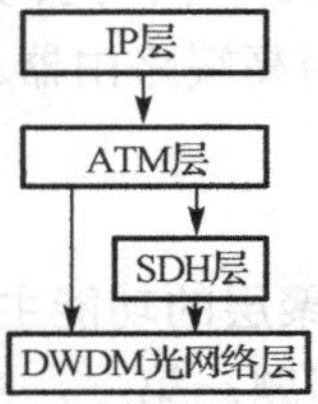

图 7.3.3 IP Over ATM 结构

IP 层提供了简单的数据封装格式；ATM 层重点提供端到端的 QoS；SDH 层重点提供强大的网络管理和保护倒换功能；DWDM 光网络层主要实现波分复用，以及为上一层的呼叫选择路由和分配波长。

由于 IP 层、ATM 层、SDH 层等各层自成一体，都分别有各自的复用、保护和管理功能，且实现方式又大有区别，所以 IP Over ATM 实现起来不但有功能重叠的问题，而且有功能兼容困难的问题。尽管如此，但 IP Over ATM 还是具有以下优点：

第一，ATM 技术本身能提供 QoS 保证，具有流量控制、带宽管理、拥塞控制功能以及故障恢复能力，这些是 IP 所缺乏的，因而 IP 与 ATM 技术的融合，也使 IP 具有了上述功能。这样既提高了 IP 业务的服务质量，同时又能够保障网络的高可靠性。

第二，适应于多业务，具有良好的网络可扩展能力，并能对其他几种网络协议提供支持。

IP Over ATM 的缺点是由其分层结构造成的。IP Over ATM 的分层结构有重叠模型和对等模型两种。传统的 IP Over ATM 的分层结构属于重叠模型。重叠模型是指 IP 协议在 ATM 上运行，IP 的路由功能仍由 IP 路由器来实现，ATM 仅仅作为 IP 的低层传输链路。

重叠模型的最大特点是对 ATM 来说，IP 业务只是它所承载的业务之一，ATM 的其他功能并不会受到影响，在 ATM 网中不论是用户网络信令传输还是网络访问信令均统一不变。所以重叠模型 IP 和 ATM 各自独立地使用自己的地址和路由协议，这就需要定义两套地址结构及路由协议。因而 ATM 端系统除需分配 IP 地址外，还需分配 ATM 地址，而且需要地址解析协议（ARP），以实现 MAC 地址与 ATM 地址或 IP 地址与 ATM 地址的映射，同时也需要维护和管理功能。

基于上述这些原因，导致了 IP over ATM 具有以下缺点：

第一，网络体系结构复杂，传输效率低，开销大；

第二，由于传统的 IP 只工作在 IP 网内，ATM 路由协议并不知道 IP 业务的实际传送需求，如 IP 的 QoS、多播等特性，这样就不能够保证 ATM 实现最佳的传送 IP 业务，因而在 ATM 网络中存在着扩展性和优化路由的问题。

2. IP Over SDH

IP Over SDH 是 IP 技术与 SDH 技术相结合的产物，是在 IP 路由器之间或路由器与交换机之间采用 SDH 网进行传输。该技术利用 SDH 标准的帧结构，同时利用点到点传送等的封装技术把 IP 业务进行封装然后在 SDH 网中传输。其网络结构如图 7.3.4 所示。SDH 网为 IP 数据包提供点到点的链路连接，IP 数据包的路由则由路由器来完成。

IP Over SDH 技术将 IP 数据包通过点到点协议直接映射到 SDH 帧中，省掉了中间的 ATM 层，从而简化了 IP 网络体系结构，减少了开销，提供了更高的带宽利用率，提高了数据传输效率。该技术保留了 IP 网络的无连接特征，易于兼容各种不同的技术体系和实现网络互连，更适合于组建专门承载 IP 业务的数据网络。另外，SDH 的传输可靠性高，保证了网络的可靠性。

但该技术也存在着网络流量和拥塞控制能力差的缺点，并且不能像 IP Over ATM 技术那样提供较好的 QoS。另外该技术仅对 IP 业务提供良好的支持，不适用于多业务平台，只有业务分级，而无业务质量分级，尚不支持 VPN 和电路仿真。

IP Over SDH 的基本思路是把 IP 数据包通过点到点协议（PPP）直接映射到 SDH 帧结构中，从而省去了中间复杂的 ATM 层。其分层结构如图 7.3.5 所示。

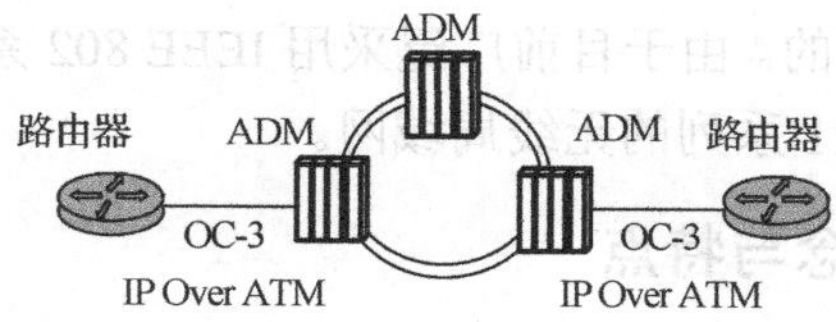

图 7.3.4　IP Over SDH 结构示意图

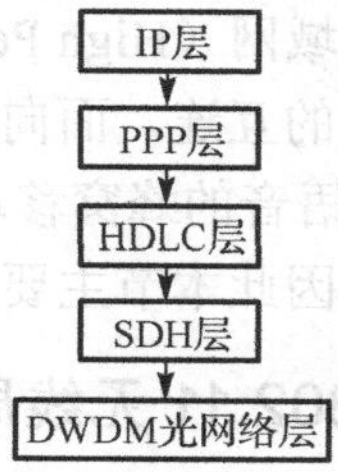

图 7.3.5　IP Over SDH 分层结构

IP Over SDH 技术是通过以下步骤完成封装与传输的：

先将 IP 数据包封装进 PPP 帧，然后再利用高级数据链路控制规程 HDLC 的规定组帧，最后按字节同步映射进 SDH 的虚容器中，再加上相应的比特开销，装入 STM-*N* 帧中。若进行波分复用则需要进入 DWDM 光网络层，否则直接进入光缆传输。

3. IP Over DWDM

DWDM 技术是采用波分复用器（合波器）在发送端将不同规格波长的信号光载波合并起来，并用一根光纤传输信号，在接收端，再由另一波分复用器（分波器）将这些不同波长信号的光载波分开，其系统结构如图 7.3.6 所示。

DWDM 的工作方式有双纤单向传输方式和单纤双向传输方式两种。双纤单向传输就是一根光纤只完成一个方向光信号的传输，反向光信号的传输由另一根光纤来完成，同一波长在两个方向可以重复利用；单纤双向传输是在一根光纤中实现两个方向光信号的同时传输，两个方向的光信号安排在不同的波长上。

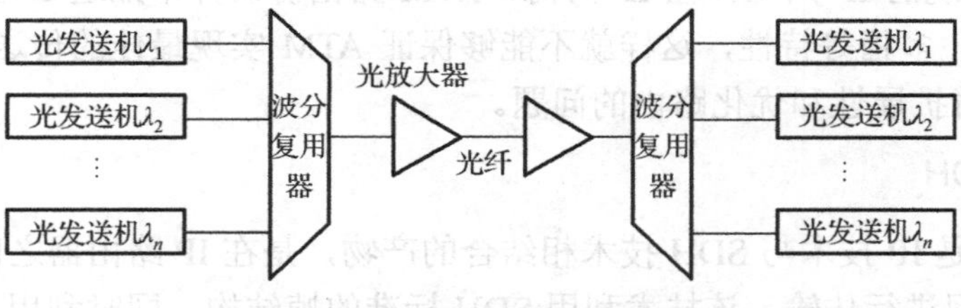

图 7.3.6　DWDM 系统结构

DWDM 技术具有可充分利用光纤带宽资源，对数据格式透明，可同时承载多种格式业务信号的特点。全光网络是未来光网络发展的方向。

7.4　IEEE 802.11 无线局域网

无线局域网（Wireless Local Area Networks，WLAN）是指利用无线通信技术在局部范围内建立局域网，它是计算机技术、网络技术与无线通信技术相结合的产物，WLAN 以无线多址信道为传输介质，提供有线局域网（Local Area Network，LAN）的功能，使用户能随时、随地接入到宽带 IP 通信网中。由此，WLAN 也为物联网的感知控制层各种智能终端提供了一种便捷的通信方式，是构成物联网的一种重要的网络构建层技术。

从 MAC 层来分类，WLAN 的标准分为两大类：一是基于 IEEE 802.11 系列的标准；二是基于高性能无线局域网（High Performance Radio LAN，HiperLAN）标准。IEEE 802.11 系列主要用于计算机间的互连，面向数据传输。HiperLAN 为欧洲电信标准协会（ETSI）采用的标准，它是从面向语音的蜂窝移动通信发展而来的。由于目前广泛采用 IEEE 802 系列作为无线局域网的标准，因此本节主要介绍 IEEE 802.11 系列的无线局域网。

7.4.1　IEEE 802.11 无线局域网基本概念与特点

IEEE 802.11 是最早的无线局域网标准，最初由 IEEE 802.4 小组于 1987 年对其进行研究。1991 年 5 月，IEEE 802.11 工作组成立，并制定了无线局域网 MAC 协议和物理层标准。1997 年 11 月 26 日，IEEE 802.11 标准正式发布，它仅定义了介质访问控制（MAC）层和物理层的规范，允许无线设备制造商建立互操作的网络设备。该标准的出现极大地促进了不同厂家间的不同产品的互连互通，推动了无线局域网技术的发展。

最初 IEEE 802.11 主要支持 1Mbps 和 2Mbps 传输速率，支持 DSSS（Direct Sequence Spread Spectrum）和 FHSS（Frequency-Hopping Spread Spectrum）等物理层。随着无线局域网技术的不断发展和完善，IEEE 又制定了大量的协议扩展了标准。目前 IEEE 802.11 协议已成为了庞大的协议簇，后缀从 a 扩展到了 n。IEEE 802.11 标准由多个子集构成，主要的子集如表 7.4.1 所示。

表 7.4.1 IEEE 802.11 标准子集

序 号	标 准 名	说 明
1	IEEE 802.11a	5GHz 频带内采用正交频分复用 OFDM 技术，实现最高 54Mbps 传输速率的物理层传输
2	IEEE 802.11b	在 2.4GHz 频带内实现最高为 11Mbps 的传输速率
3	IEEE 802.11d	定义域管理（Regulatory Domains）
4	IEEE 802.11e	定义服务质量（Quality of Service），目前已成为正式标准
5	IEEE 802.11F	接入点互连协议（Inter-Access Point Protocol，IAPP）
6	IEEE 802.11g	争取在 2.4GHz 通信频带内取得更高的速率，利用 IEEE 802.11b 的通信频带实现 IEEE 802.11a 的速率
7	IEEE 802.11h	5GHz 通信带宽内零功耗管理
8	IEEE 802.11i	网络安全性
9	IEEE 802.11n	下一代无线局域网技术，提供 100Mbps 以上的信息净载荷速率

说明：“信息净载荷速率”是通信中的专业术语（首次出现在 SDH 光纤传输系统中），是指在一个报文中去除报头、报尾、校验码等控制信息后的“纯信息”的传输速率。

1．ISM 频段

ISM（Industrial Scientific and Medical）频段为免许可证的、可用于开发消费电子产品的频段。它由 FCC（Federal Communications Commission）分配，设备功率不超过 1W。ISM 频段分为 902～928MHz 工业频段，2.42～2.4835GHz 科研频段和 5.725～5.850GHz 医疗频段。

各国对 ISM 频段规定并不统一，例如在美国它有三个频段 902～928MHz、2.42～2.4835GHz 和 5.725～5.850GHz，而在欧洲 900MHz 的频段则部分用于 GSM（Global System for Mobile Communication）。IEEE 802.11 无线局域网采用的频段为 ISM 中的 2.4GHz 和 5.8GHz 两部分。

2．Wi-Fi

Wi-Fi 的全英文是 Wireless-Fidelity，为无线保真的意思。在无线局域网中是指“无线兼容性认证”，它是一种商业认证，而 IEEE 802.11 是无线局域网的技术标准，两者是不同的，但两者保持同步更新状态。

国际 Wi-Fi 联盟组织[①]，是一个商业联盟，拥有 Wi-Fi 的商标。它负责 Wi-Fi 认证与商标授权的工作，总部位于美国德州奥斯汀（Austin）。Wi-Fi 联盟成立于 1999 年，主要目的是在全球范围内推行 Wi-Fi 产品的兼容认证，发展 IEEE 802.11 标准的无线局域网技术。该联盟成员单位超过 200 家，其中 42%的成员单位来自亚太地区，中国区会员也有 5 个。

Wi-Fi 实质上是一种商业认证，但同时也是一种无线互连的技术。通过网线连接电脑和无线路由器，在这个无线路由器的电波覆盖的有效范围都可以采用 Wi-Fi 连接方式进行连网，该无线路由器被称为“热点”。

Wi-Fi 联盟负责产品的兼容性认证，凡是通过 Wi-Fi 联盟认证的产品均会被授权打上如图 7.4.1 的标记，它能确保产品之间的兼容性。

图 7.4.1 Wi-Fi 标记

① http://baike.baidu.com/link?url（Wi-Fi 词条）

3. IEEE 802.11 无线局域网的拓扑结构

IEEE 802.11 无线局域网定义了两种拓扑结构，一是基础结构的无线局域网，如图 7.4.2 所示；二是对等结构的无线局域网，如图 7.4.3 所示。

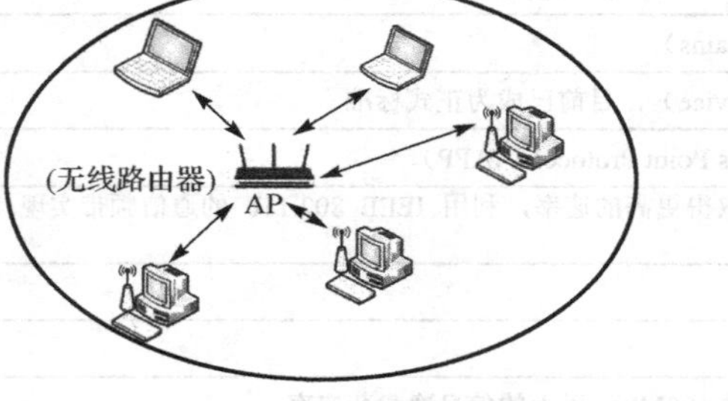

图 7.4.2　IEEE 802.11 无线局域网基础结构

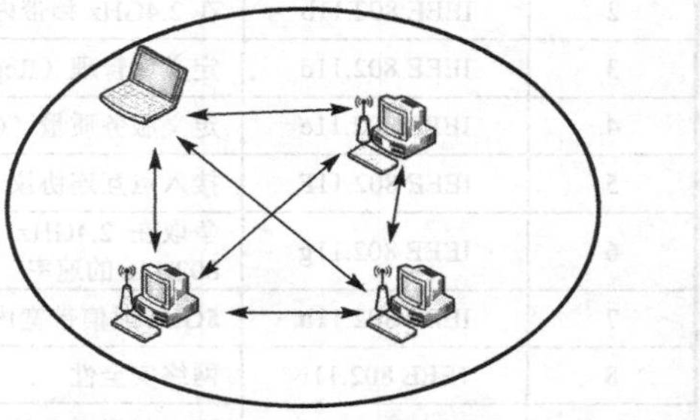

图 7.4.3　IEEE 802.11 无线局域网对等网络结构

在基础结构的无线局域网中，无线终端（包括各种计算机、PAD 等）通过访问接入点设备 AP（Access Point）与骨干网络相连。在对等网络中，每个无线终端均可两两通信。

基础结构的无线局域网目前常用的拓扑结构主要有：总线、星型、网状及点对点拓扑结构。

4. IEEE 802.11 无线局域网的特点

IEEE 802.11 无线局域网作为有线局域网的扩展随着应用的进一步展开，逐渐成为互联网宽带接入的重要方法和手段。无线局域网（WLAN）具有易安装、易管理、易维护、易移植、高移动性、保密性强、抗干扰等特点。

由于 WLAN 具有以上优良特点，它广泛应用在社会生活、生产的各个方面，具体来说可以应用于工厂车间的生产和管理，医院的监护与管理，零售与物流行业的仓储与销售管理，会展与会议的信息服务，金融、旅游服务，教育与教学，移动与家庭办公，公共安全与公众 Internet 的接入等。

7.4.2　IEEE 802.11 系列协议

1. IEEE 802.11 系列协议标准的发展历程

IEEE 802.11（以下简写为 802.11）系列协议标准是以 802.11 标准为基础的，包括与无线局域网相关的多个已发布和在制定的标准。图 7.4.4 为无线局域网在 IEEE 网络协议体系中的位置，表 7.4.2 为各个协议标准的汇总说明。

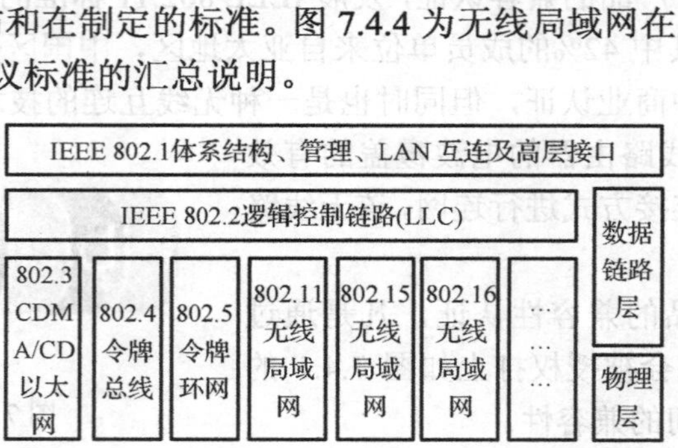

图 7.4.4　无线局域网在 IEEE 网络协议中的位置

表 7.4.2 IEEE 802.11 各协议标准的汇总说明

协 议 名	发 布 时 间	说 明
IEEE 802.11	1997 年	定义了 2.4GHz 微波和红外的物理层与 MAC 子层标准
IEEE 802.11a	1999 年	定义了 5GHz 微波物理层及 MAC 子层标准
IEEE 802.11b	1999 年	扩展的 2.4GHz 微波物理层及 MAC 子层标准（DSSS）
IEEE 802.11b+	2002 年	扩展的 2.4GHz 微波物理层及 MAC 子层标准（PBCC）
IEEE 802.11c	2000 年	关于 IEEE 802.11 网络和普通以太网间的互连协议
IEEE 802.11d	2000 年	关于国际间漫游规范
IEEE 802.11e	2004 年	基于无线局域网的质量控制协议
IEEE 802.11F	2003 年	漫游过程中的无线基站内部通信协议，2006 年被撤销
IEEE 802.11g	2003 年	扩展的 2.4GHz 微波物理层及 MAC 子层标准（OFDM）
IEEE 802.11h	2003 年	扩展的 5GHz 微波物理层及 MAC 子层标准（欧洲）
IEEE 802.11i	2004 年	增强的无线局域网安全机制
IEEE 802.11j	2004 年	扩展的 5GHz 微波物理层及 MAC 子层标准（日本）
IEEE 802.11k	2005 年	基于无线局域网的微波测量规范
IEEE 802.11m	2006 年	基于无线局域网的设备维护规范
IEEE 802.11n	2007 年	高吞吐量的无线局域网规范（100Mbps）

2. IEEE 802.11 分层协议体系

IEEE 802.11 定义了无线局域网设备的物理层和数据链路层协议规范，图 7.4.5 为 802.11 标准协议分层框架。无线局域网与有线局域网的区别主要在物理层和数据链路层上。

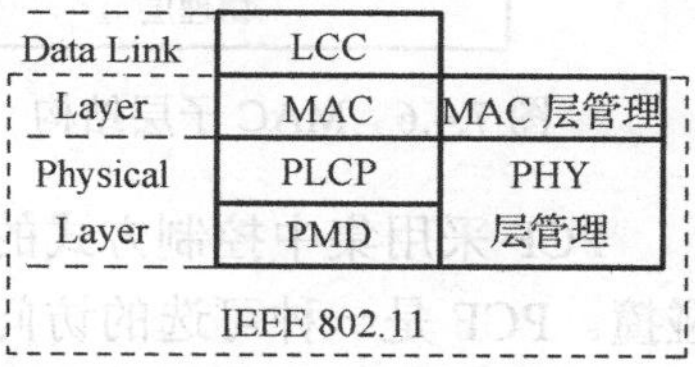

图 7.4.5 IEEE 802.11 分层体系

（1）物理层（Physical Layer）

物理层定义了设备之间实际连接的电气性能。物理层向下直接与传输介质连接，向上为数据链路层提供服务。该层包括了信号的频率、调制技术和编码等传输技术。

物理层分为三个子层，分别为 PLCP（物理层汇聚协议）、PMD（物理介质相关协议）和物理层管理子层（PHY Management）。PLCP 主要进行载波侦听的分析和针对不同的物理层形成相应格式的分组；PMD 层用于识别信号所采用的调制和编码技术；物理管理子层为不同物理层进行信道选择和调谐。

（2）数据链路层（Data Link Layer）

数据链路层分为 MAC 子层、MAC 管理子层和 LLC 层（逻辑链路层）。MAC 层主要负责访问机制的实现和分组的拆分和重组；MAC 管理子层主要负责漫游与电源管理，它还负责登记过程中的关联、去关联和重新关联等过程的管理；LLC 层负责将数据准确地发送到物理层。

7.4.3 IEEE 802.11 数据链路层与 CSMA/CA 协议

1. IEEE 802.11 数据链路层（LLC）

LLC 提供了在网络层之间透明传输数据的基本功能。LLC 为网络层提供了数据链路的建立、拆除、帧传输、差错控制、流量控制和数据链路管理的功能。LLC 分为两个子层，分别为 MAC 子层和 LLC 子层。

（1）MAC（介质访问控制）子层

MAC 负责控制与连接物理层的物理媒体。在发送数据时，MAC 协议可以事先判断是否可以发送数据，如果可以，则将数据加上一些控制信息组装成规定格式的数据包发送到物理层。在接收数据时，MAC 协议首先判断输入的信息是否发生传输错误，如无错误，则信息将接收到的信息去掉控制信息后发送到 LLC。

（2）LLC（逻辑链路控制）子层

LLC 提供了各设备间的初始连接。LLC 子层的主要功能有：传输可靠性保障和控制，数据包的分段和重组，数据包的顺序传输。其中 MAC 层作为数据链路层的关键技术决定了无线局域网的吞吐量、网络时延等性能。MAC 层又可细分为 MAC 子层和 MAC 管理子层。

MAC 子层的主要任务是定义访问机制和 MAC 帧格式，为上层数据链路层提供传输保障。该传输保障是基于控制层的，它是异步的、尽力而为的、无连接的，并不能保证每个帧都能正确无误地传输。

802.11 标准定义了 MAC 子层两个功能，一是分布式协调功能（Distributed Coordination Function，DCF）和点协调或集中协调功能（Point Coordination Function，PCF），如图 7.4.6 所示。

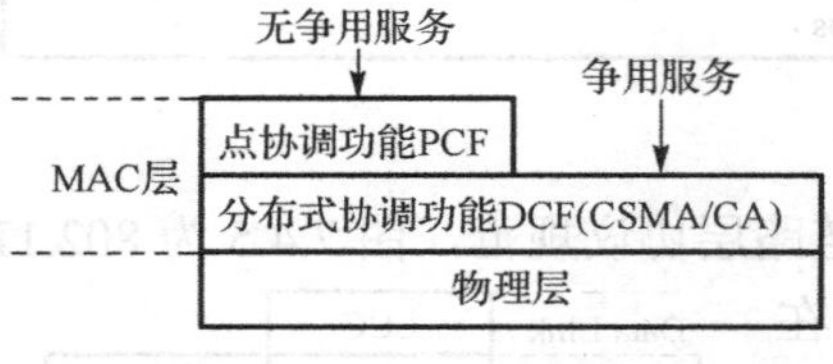

图 7.4.6 MAC 子层结构

DCF 基于 CSMA/CA（载波侦听多址接入/冲突避免）协议，即在发送数据前先检测一下线路的忙闲状态，如果空闲，则立即发送数据，并同时检测有无数据发生碰撞，协调多个用户对链路的共享访问，避免由于争抢线路而无法通信。

PCF 采用集中控制方式的接入算法将发送数据权轮流交给各个无线通信设备，从而避免碰撞。PCF 是一种可选的访问方法，采用轮询机制控制帧传输，以达到消除有限时段内的竞争访问。由于该访问控制无法预先估计传输时间，因此目前应用较少。

2. CSMA/CA 协议

在诸如广播的共享介质的通信网络中，所有终端设备共享一条信道，为了解决多个终端设备竞争一个信道的问题，需要一个公平的介质访问控制协议，IEEE 802.11 提供了一个共享信道访问的协议，称为**避免碰撞的载波侦听多址接入**（Carrier-Sense Multiple Access Collision Avoidance，CSMA/CA）。

（1）工作原理

一个节点在开始传输分组（数据包）前，必须侦听信道，如果侦听到信道空闲，且空闲时间大于分布式帧间间隔（Distributed Inter Frame Space，DIFS），则该节点可以发送数据；否则，节点在[0，CW]（CW 为竞争窗口）内随机产生一个整数 N，并用该整数设定回退时间。回退时间为 N 倍的物理层时隙大小。CSMA/CA 的工作流程如图 7.4.7 所示。

（2）退避计数器的更新

当检测到信道空闲 DIFS 后，如果信道继续空闲，则每空闲 1 个时隙将退避计数器的值减 1；当检测到信道忙时，则暂停该计时器，等到信道再次空闲时间超过 DIFS 后恢复该计时器的递减；当退避计时器的值减为零时才允许节点发送数据。

IEEE 802.11 协议的核心就在于 CSMA/CA 机制，简而言之，CSMA/CA 就是“先听后发”。

每个节点在发送帧之前，必须首先侦听信道状况，以此来判断是否有其他节点正在发送帧，如果信道忙，则此节点将不发送数据。CSMA/CA 机制还定义了两个帧之间的最小时间间隔，即信道由忙变闲后，所有节点都必须至少侦听一段时间才能进入回退时间，试图竞争信道。

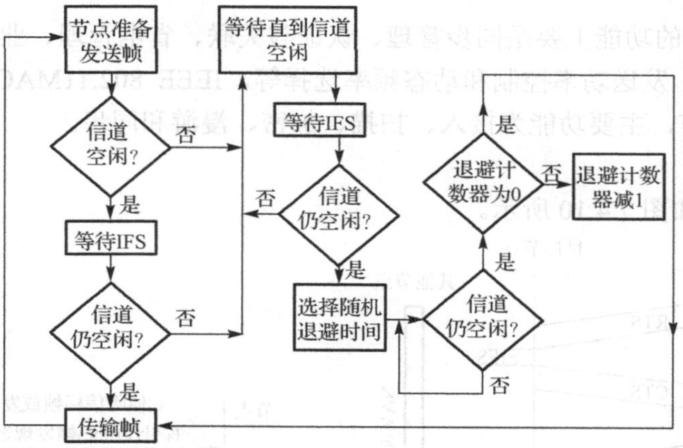

图 7.4.7　CSMA/CA 工作流程

802.11 标准中将回退时间或帧发送之前的时间间隔称为**帧间间隔**（Inter Frame Space，IFS），还定义了分布协调功能帧间间隔（Distributed Coordination Function Inter Frame Space，DIFS）及点协调功能帧间间隔（Point Coordination Function Inter Frame Space，PIFS）和短帧间间隔（Short Inter Frame Space，SIFS）。其大小关系是分布协调功能帧间间隔最大，它等于一个短帧间间隔加上两个时隙；短帧间间隔最小，而点协调功能帧间间隔等于一个短帧间间隔加上一个时隙。分布协调功能帧间间隔对应 802.11 定义的分布协调功能，而点协调功能帧间间隔由短帧间间隔加上一个时隙构成。分布协调功能帧间间隔用在分布协调功能中，作为一般数据发送的帧间间隔，由于比分布协调功能帧间间隔小，因此可以为某些调度的帧提供较高优先级。帧间间隔的关系及回退时间如图 7.4.8 所示。

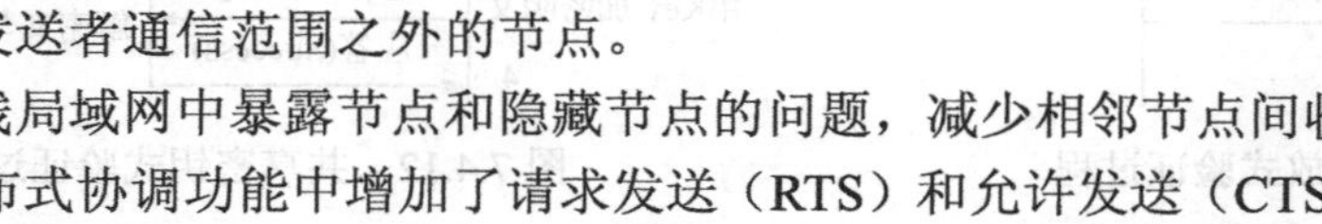

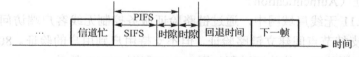

图 7.4.8　帧间间隔及回退时间

在无线局域网中由于节点的传输范围有限，存在暴露节点和隐藏节点的问题。暴露节点是指在发送节点的通信范围内而在接收者通信范围之外的节点；隐藏节点是指在接收者的通信范围之内而在发送者通信范围之外的节点。

为了解决无线局域网中暴露节点和隐藏节点的问题，减少相邻节点间收发信号的相互干扰，在 802.11 分布式协调功能中增加了请求发送（RTS）和允许发送（CTS）一对握手信号。RTS 帧和 CTS 帧中包含了 Duration/ID 域，定义了这次传输能占用多长时间的信道，所有正确接收到了 RTS 帧或 CTS 帧的用户就知道了未来一段时间的信道占用情况。网络分配矢量（Network Allocation Vector，NAV）是用于虚拟载波侦听的机制，矢量中记录了此次通信占用的时间长度，以通知邻居节点不能在此段时间占用信道发送数据。图 7.4.9 为无线局域网中源节点与目标节点的通信过程，其他节点处于等待状态。

介质接入控制层 MAC 采用 RTS/CTS 握手机制，在传输数据帧前加入较短的控制帧，进一步降低了发送帧冲突的概率。RTS/CTS 的应用极大地缓解了隐藏节点对协调产生的影响。

3. IEEE 802.11MAC 管理子层

MAC 管理子层的功能主要是同步管理、认证与关联、省电管理、业务流 TS、块确认操作、直接链路建立、发送功率控制和动态频率选择等。IEEE 802.11MAC 管理子层负责客户端与 AP 之间的通信，主要功能为接入、扫描、加密、漫游和同步。

（1）用户管理

用户管理过程如图 7.4.10 所示。

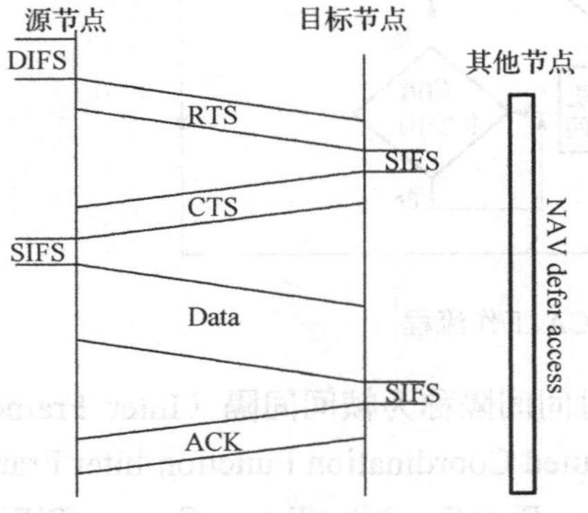

图 7.4.9　源节点与目标节点的通信过程

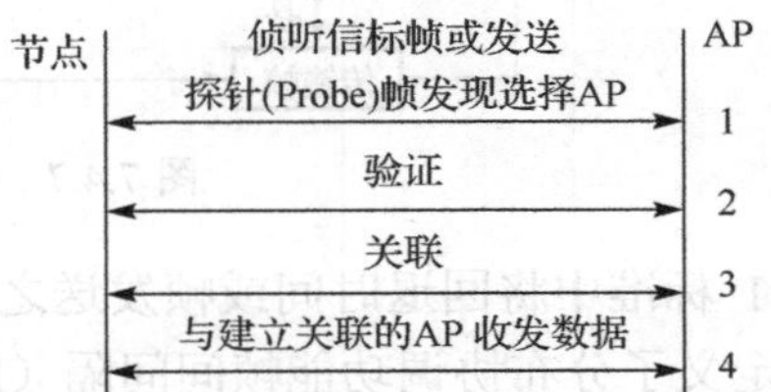

图 7.4.10　用户接入管理

（2）扫描（Scanning）

IEEE 802.11 无线局域网通过扫描方式来获取同步信息。扫描方式有两种，一是主动扫描（Active Scanning），即通过侦听 AP 定期发送的信标帧来发现网络；二是被动扫描（Passive Scanning），即在每个信道上发送 Probe Request 报文，从该报文中获取 AP（或基站 BSS）的基本信息。

（3）链路验证（Authentication）

在 IEEE 802.11 无线局域网中，通过链路验证服务控制无线客户端访问无线节点的合法性，IEEE 802.11 支持节点间建立链路验证，但不支持用户到用户的验证。802.11 支持两种开放式验证和共享密钥验证，其验证过程如图 7.4.11 和图 7.4.12 所示。

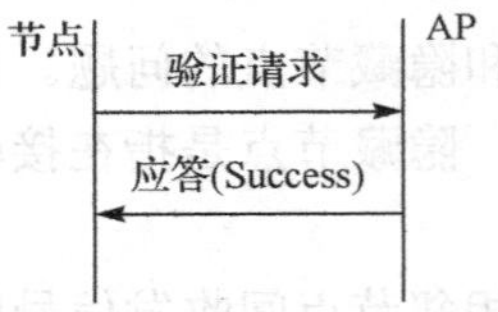

图 7.4.11　开放式验证过程

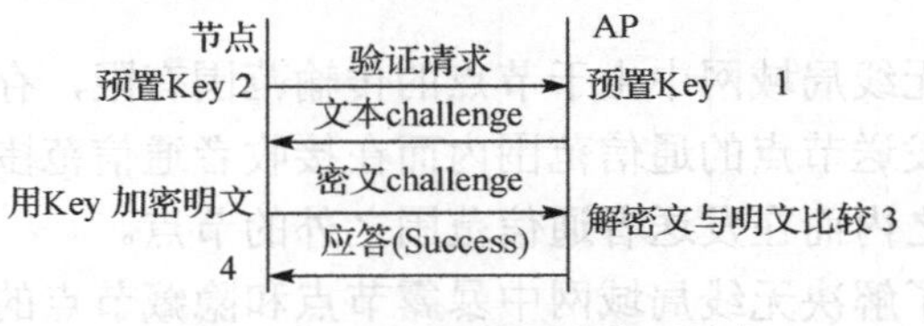

图 7.4.12　共享密钥式验证过程

链路验证分两步进行，第一步为链路请求，第二步为链路响应，如果成功响应，则节点与 AP 建立连接。

（4）关联（Association）

节点首先与接入点 AP 相关联，然后才能被允许与 AP 进行通信。其工作过程如图 7.4.13 和图 7.4.14 所示。

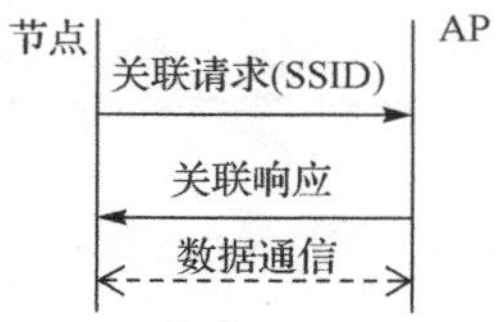

图 7.4.13　连接过程

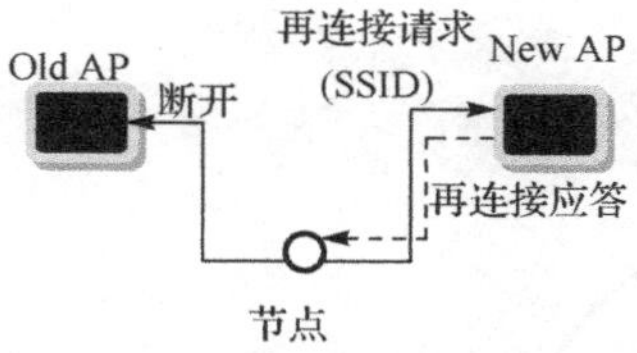

图 7.4.14　再连接过程

（5）同步管理

在 IEEE 802.11 无线局域网中，所有节点必须采用一个公共的时钟才能实现实时通信，时钟同步功能（RSF）使得所有节点的定时器保持同步。

小　结

物联网是基于互联网的信息传输与应用系统，互联网是物联网的核心，互联网的实质是计算机通信网，而因特网则是遵守统一的因特网协议的互连的互联网。

IP 通信是一种基于因特网网络协议（Internet Protocol，IP）发展起来的通信技术，Internet 将各地、各种计算机以 TCP/IP 协议连接起来，以实现数据通信和信息应用服务。

本章主要介绍了互联网与因特网的结构，TCP/IP 协议簇及其分层，IP 通信及 IP 通信网，IEEE 802.11 无线局域网。

通过本章的学习，以及前面学习的短距离通信技术，读者可以充分理解和领会物联网中的通信与网络的构建知识和技术，为灵活解决物联网的网络构建奠定良好的基础。

习　题

1．Internet 的特点有哪些？
2．试画图说明 TCP/IP 模型与 OSI 参考模型的对应关系。
3．简述 TCP/IP 模型各层的主要功能及协议。
4．简述用户数据报协议 UDP 和传输控制协议 TCP 特点。
5．路由器是由哪些部分组成的？路由器的基本功能有哪些？路由器的用途有哪些？
6．什么是宽带 IP 城域网？
7．宽带 IP 网的骨干传输技术主要有哪些？试简述它们的构成与工作原理。
8．简述 IEEE 802.11 中主要协议标准及其特点。
9．简述 Wi-Fi 相关的标准和规范。
10．简述 CSMA/CA 协议的工作原理与流程。
11．简述 IEEE 802.11MAC 管理子层的主要功能。
12．IEEE 802.11 无线局域网可应用于哪些行业和领域？

第8章 移动通信技术

本章学习目标

通过本章的学习，读者应掌握移动通信的概念、移动通信的组网技术；熟悉第三代移动通信系统概念与特点；了解 WCDMA、CDMA2000、TD-SCDAM 及 WiMAX 移动通信技术的频谱分配、结构与组成。

本章知识点

- 移动通信网的体制
- 3G 移动通信技术及其参数
- 通用移动通信系统 UMTS
- CDMA2000 前向及反向物理信道
- TD-SCDMA
- WiMAX 及 IEEE 802.16 标准

教学安排

8.1 移动通信的概念和发展过程（1 学时）
8.2 移动通信的组网技术（1 学时）
8.3 第三代移动通信系统（2 学时）

教学建议

重点讲授移动通信的组网技术、第三代移动通信系统中的 WiMAX 及 IEEE 802.16 标准。

移动通信技术是通信技术发展的一个非常重要的成果，它解决长期以来人们可以在“任何时间、任何地方与任何人”进行通信的设想，具有灵活、快速、便捷、可靠的特点。随着信息技术的发展，人们对信息需求的日益增加，移动通信从原来仅能提供窄带语音通信发展为能提供包括语音通信在内的宽带多媒体通信，目前广泛使用的 3G/4G 移动通信正逐渐改变着我们的生活方式，3G/4G 提供的宽带接入，使得移动互联网及其应用得当预想不到的发展。

物联网需要移动通信网络为其提供便捷、可靠的接入，移动互联网为感知层提供了一个良好的通信平台，从而构建起具有移动特性的感知服务。实际上，目前广泛应用的微信、易信等社交网络就是具有移动特性的社交物联网。

目前各种智能手机（移动终端）除了具有语音通信功能外，还具有定位、摄影/像、近距离通信（NFC）、重力加速度传感等功能，这实际上就是一款功能强大的物联网终端。因此，移动通信与物联网具有非常密切的关系，可以说移动通信进一步丰富了物联网的内涵。

本章首先从移动通信的总体构成入手，全面介绍 2G、3G 移动通信的基本结构和基本原理。

8.1 移动通信的概念和发展过程

8.1.1 移动通信的概念及其特点

移动通信就是在运动中实现的通信，即通信双方或至少有一方是在移动中进行信息交换的过程或方式，如车辆、船舶、飞机、人等移动体与固定点之间，或者移动体之间的通信。移动通信不受时间和空间的限制，可以灵活、快速、可靠地实现信息互通，是目前实现理想通信的重要手段之一，也是信息交换的重要物质基础。移动通信具有以下特点。

（1）电波传播条件恶劣

移动台依靠无线电波传播进行通信，移动通信的质量取决于电波传播条件。电波传播损耗除了与收发天线之间的距离有关外，还与传播途径中的地形、地物紧密相关。例如，由于移动体来往于地面建筑群和各种障碍物之中，根据电波传播的特性会发生直射、折射、绕射等各种情况，从而使电波传播的路径不同，而接收端接收到的信号则是这些信号的多径传播效应。移动体处于不同的位置、不同方向，接收到的合成波信号强度就会有起伏。

（2）环境噪声、干扰和多普勒频移影响严重

移动通信，特别是地面移动通信的电波在地面传播时会受到许多噪声的影响和干扰，这些噪声大多是人为因素造成的，比如汽车点火、电机启动、开关闭合和断开产生的电火花、各种发动机的噪声等都会成为无线电通信的干扰源。移动通信本身发射的电磁波也会相互干扰，不同小区内的频率复用会形成同频干扰、邻道干扰、多路干扰和互调干扰等。另外，雷达等其他能发射高频电磁波的设备、装置都会对移动通信信号造成干扰。

当移动台运动到一定速度时，设备接收到的载波频率将会随运动速度的变化而产生明显的频移，即**多普勒频移**。多普勒频移是无线电波在移动接收中必须考虑的特殊问题，移动速度越快，多普勒频移越严重。

（3）频率资源有限

每个移动用户在通信时都要占用一定的频率资源，无线通信中频率的使用必须遵守国际和国内的频率分配规定，而无线电频率资源有限，分配给移动通信的频带比较窄，随着移动通信用户数量和业务量的急剧增加，现有规定的移动通信频段非常拥挤，如何在有限的频段内满足更多用户的通信需求是移动通信必须解决的一个重要问题。因此，在开发新的频段外，还应采用必要的技术手段来扩大移动通信的信道容量，提高频率的利用率，如多信道共用、频率复用、小区或微小区制、窄带调制等技术。

（4）组网技术复杂

移动通信的特殊性就在于移动，为了实现移动通信，必须解决几个关键问题：由于移动台在整个通信区域内可以自由移动，因此移动交换中心必须随时确定移动台的位置，这样在需要建立呼叫时，才能快速地确定哪些基站可以与之建立联系，并可为其进行信道分配；在

小区制组网中，移动台从一个小区移动到附近另一个小区时，要进行越区切换；移动台除了能在本地交换局管辖区内进行通信外，还要能在外地移动交换局管辖区内正常通信，即具有所谓的漫游功能；很多移动通信业务都要进入市话网，如移动终端和固定电话通话，但移动通信进入市话网时并不是从用户终端直接进入的，而是经过移动通信网的专门线路进入市话网，因此，移动通信不仅要在本网内联通，还要和固定通信网联通。这些都使得移动通信的组网比固定的有线网通信要复杂得多。

8.1.2 移动通信的发展过程

近十几年以来，移动通信的发展极为迅速，已广泛应用于国民经济的各个领域和人们的日常生活中。移动通信的发展大致经历了以下几个发展阶段。

（1）第一代模拟蜂窝移动通信系统

20 世纪 80 年代发展起来的模拟蜂窝移动电话系统，人们把它称为第一代移动通信系统。它是微处理器和移动通信相结合的产物。它采用了频率复用、多信道共用技术，能全自动地接入公共电话网，并采用了小区制，是一个大容量蜂窝式移动通信系统，在美国、日本和瑞典等国家先后投入使用。其主要技术特点是模拟调频、频分多址，主要业务是电话。

（2）第二代数字蜂窝移动通信系统

第二代数字蜂窝移动通信系统以数字信号传输、时分多址（Time Division Multiple Access，TDMA）、码分多址（Code Division Multiple Access，CDMA）为主要技术，频谱效率得到了提高，系统容量得到增大。具有易于实现数字保密、通信设备的小型化和智能化，标准化等特点。第二代数字蜂窝移动通信系统制定了更加完善的呼叫处理和网络管理功能，克服了第一代移动通信系统的不足之处，可与窄带综合业务数字网相兼容，除了传送语音外，还可传送数据业务，如传真和分组的数据业务等。

北美、欧洲和日本自 20 世纪 80 年代中期起相继开发第二代全数字蜂窝移动通信系统。各国根据自己的技术条件和特点确定了各自的开发目标和任务，制定了各自不同的标准，主要有欧洲的全球移动通信系统（Global System for Mobile Communiction，GSM），北美的 D-AMPS，日本的个人数字蜂窝系统（JDC）。

美国的 Qualcomm（高通）公司提出了一种采用码分多址（CDMA）方式的数字蜂窝系统技术方案。1992 午 Qualcomm 公司向 CTIA 提出了码分多址的数字蜂窝通信系统的建议和标准。该建议于 1993 年被 CTIA 和 TIA 批准为中期标准 IS-95。1996 年，CDMA 系统在美国投入运营。

（3）第三代数字蜂窝移动通信系统

为了满足更多更高速率的业务以及更高频谱效率的要求，同时减少目前存在的各大网络之间的不兼容性，一个世界性的标准——未来公用陆地移动电话系统 FPLMTS（Future Public Land Mobile Telephone System）应运而生。1995 年，又更名为国际移动通信 2000（IMT-2000）。IMT-2000 支持的网络被称为第三代移动通信系统，简称 3G。

第三代移动通信系统 IMT-2000 为多功能、多业务和多用途的数字移动通信系统，是在全球范围内覆盖和使用的。它根据特定的环境提供从 144Kbit/s 到 2Mbit/s 的个人通信业务，支持全球无缝漫游和提供宽带多媒体业务。目前常用的标准有欧洲提出的 WCDM、北美提出的 CDMA-2000 及中国提出的 TD-SCDMA。

（4）第四代数字蜂窝移动通信系统

第四代移动通信系统（4G）标准比第三代标准具有更多的功能。第四代移动通信系统可以在不同的固定、无线平台和跨越不同频带的网络中提供无线服务，可以在任何地方实现宽带接入互联网（包括卫星通信），能够提供除信息通信之外的定位定时、数据采集、远程控制等综合功能，是多功能集成的宽带移动通信系统或多媒体移动通信系统。第四代移动通信系统应该比第三代移动通信系统更接近个人通信。

8.2　移动通信的组网技术

移动通信网主要完成移动用户之间、移动用户与固定用户之间的信息交换。移动通信组网有多种方式，根据业务种类的不同，可分为移动的电话网、数据网、计算机通信网、专用调度网、无线寻呼网、电报和传真网等。在移动通信系统中，除了一些特殊要求的专用移动通信网不需要进入市话网，一般的移动通信业务均可向社会公众提供服务。移动通信网与公共交换电话网联系密切，并经专门的线路进入公共交换电话网，因此又称之为**公用移动电话网**。

移动通信组网涉及的技术问题较多，如区域划分、组网制式、工作方式、信道分配、信道选择、信令格式及控制与交换等。

移动通信网的体制

目前，移动通信的频率主要集中在 UFH 频段。根据无线电波的视距传播特性，一个基站发射的电磁波只能在有限的区域内被移动台所接收。这个能为移动用户提供服务的范围称为无线覆盖区，或称为无线小区（Cell）。一个大的服务区可以划分为若干个无线小区，同时许多个无线小区彼此相邻接可以组成一个大的服务区，用专门的线路和设备将这些大的服务区相连接，就构成了移动通信网。

一般来说，移动通信网的服务区域覆盖方式可分为两类，一类是小容量的大区制；另一类是大容量的小区制，即蜂窝系统。

（1）大区制

大区制是指一个基站覆盖整个服务区，并由基站（BS）负责移动台（MS）的控制和联络。在大区制中，服务区范围的半径通常为 20km～50km。为了覆盖这个服务区，BS 发射机的功率要大，通常为 100W～200W；BS 天线要架得很高，通常在几十米以上，以保证大区中的 MS 能正常接收 BS 发出的信号。MS 的发射功率较小，通常在一个大区中需要在不同地点设立若干个接收机，接收附近 MS 发射的信号，通过微波接力的方式将信号传输至基站，其基本结构如图 8.2.1 所示。

大区制的特点是只有一根天线，且架设高、功率大，覆盖半径也大，一般用于集群通信中。该方式设备较简单、投资少、见效快，但频率利用率低，扩容困难，不能漫游。

（2）小区制

小区制就是将整个服务区划分成若干个小区，在每个小区中分别设置一个 BS，负责小区中的移动通信的联络控制，如图 8.2.2 所示。各 BS 统一连接到移动交换中心（MSC），由 MSC 统一控制各 BS 协调工作，并与有线通信网相连接，使移动用户进入有线网，保证 MS 在整个服务区内，无论在哪个小区都能正常进行通信。

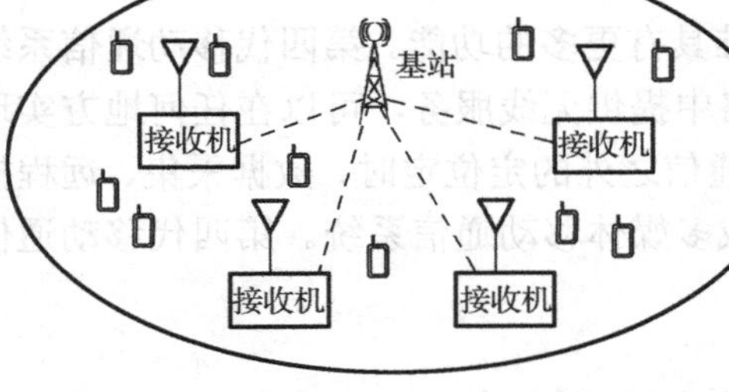

图 8.2.1 大区制结构图

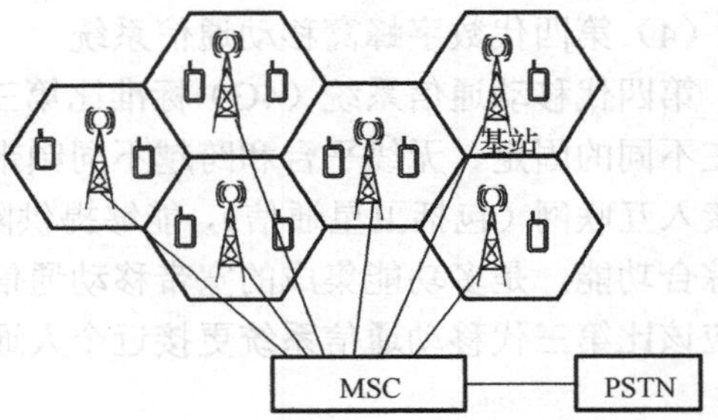

图 8.2.2 小区制结构图

随着用户数的不断增加，无线小区还可以继续划分为微小区（Microcell）和微微小区（Picrocell），以不断适应用户数增长的需要。在实际中，用小区分裂（Cell Splitting）、小区扇形化（Sectoring）和覆盖区域逼近（Coverage Zone Approaches）等技术来增大蜂窝系统容量。小区分裂是将拥塞的小区分成更小的小区，每个小区都有自己的基站并相应地降低天线高度和减小发射机功率。由于小区分裂提高了信道复用次数，因而使系统容量有了明显提高。小区扇形化依靠基站方向性天线来减少同信道干扰，提高系统容量。通常一个小区划分为 3 个 120° 的扇区或 6 个 60° 的扇区。

采用小区制不仅提高了频率的利用率，而且由于基站功率减小，也使相互间的干扰减少。此外无线小区的范围还可根据实际用户数的多少灵活确定，具有组网的灵活性。采用小区制最大的优点是有效地解决了信道数量有限和用户数增大之间的矛盾。小区制有以下四个特点。

特点一：BS 仅提供信道，其交换、控制都集中在一个移动电话交换局（Mobile Telephone Switching Office，MTSO），或称为移动电话交换中心，其作用相当于市话交换局，而大区制的信道交换、控制等功能都集中在 BS 完成。

特点二：具有“过区切换功能”，简称“过区”功能，即从一个小区进入另一个小区时，要从原 BS 的信道切换到新 BS 的信道上，且不能影响正常通话。

特点三：具有漫游功能，即一个 MS 从原管理区进入到另一个管理区时，其电话号码不能变，仍然像在原管理区一样能够被呼叫到。

特点四：具有频率复用的特点，频率复用是指一个频率可以在不同的小区重复使用。由于同频信道可以重复使用，复用的信道越多，用户数也就越多，因此，小区制可以提供比大区制更大的通信容量。

（3）带状覆盖服务区

列车的无线电话、长途汽车的无线电话，以及沿海内河航行的船舶无线电话系统等都属于带状服务区。为了克服同信道干扰，常采用双频组频率配置和三频组频率配置，如图 8.2.3 所示。这种服务区域的无线小区是按横向排列覆盖整个服务区的，因此在服务区域比较狭窄时，带状服务覆盖网的基站可以使用定向天线，这样整个系统是由许多细长的无线小区相连而成的，因此也称“链状网”。

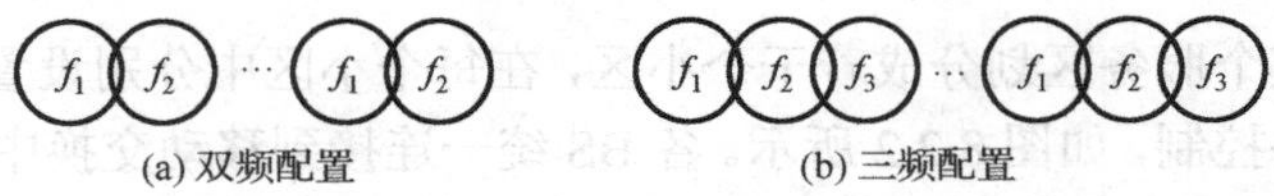

图 8.2.3 带状服务覆盖区频率配置

从造价和频率资源的利用率来考虑，双频组最好，但双频组的抗同信道干扰性能比较差。

（4）面状服务覆盖区

面状服务覆盖区的形状取决于电波传播条件和天线的方向性。如果服务区的地形、地物相同，且基站采用全向天线，则它的覆盖面积大体是一个圆。为了不留空隙地覆盖整个服务区，一个个圆形的无线小区之间会有重叠。每个小区实际上的有效覆盖区是一个圆的内接多边形。根据重叠情况不同，这些多边形有正三角形、正方形或正六边形，如图 8.2.4 所示。

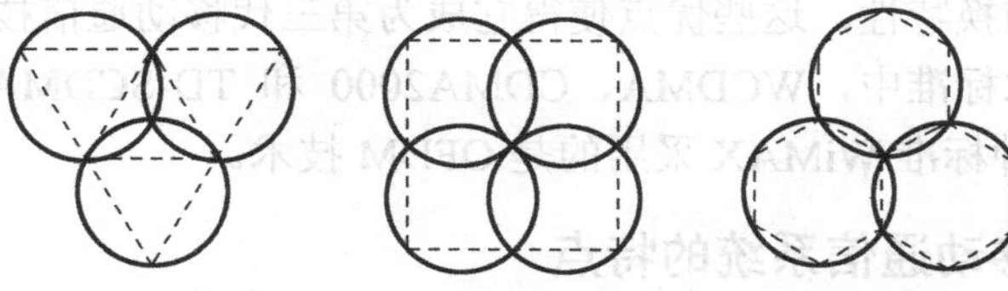

图 8.2.4　面状服务覆盖区的形状

在这三种小区结构中，正六边形小区的中心间隔和覆盖面积都是最大的，而重叠区域宽度和重叠区域的面积又最小。对于同样大小的服务区域，采用正六边形构成的小区所需的小区数最少，所需频率组数最少，各基站间的同信道干扰最小。由于小区采用了正六边形小区结构，形成蜂窝状分布，故小区制亦称蜂窝制。

在移动通信系统中，对基站进行选址和分配信道组的设计过程称为频率规划（Frequency Planning）。

由于地形、地物等因素的影响，不可避免地会出现电场覆盖不到的地区，通常把这种地区称为盲区或死角。为了消除这种盲区，常在适当的地方建立直放站，以连接盲区移动台与基站之间的通信。直放站的主要功能是把基站部分信道引过来，以实现接收和转发来自基站和移动台的信号。

当采用正六边形来模拟覆盖范围时，基站发射机可安置在小区的中心，称为中心激励方式；或者安置在六个小区顶点之中的三个点上，称为顶点激励方式。通常中心激励方式采用全向天线，顶点激励方式采用扇形天线。

（5）蜂窝网无线区群的组成

蜂窝移动电话网，通常先由若干个邻接的无线小区组成一个无线区群，再由若干无线区群组成一个服务区。为了实现频率复用，而又不产生同信道干扰，要求每个区群中的无线小区不得使用相同频率。只有在不同区群中的无线小区，并保证同频无线小区之间的距离足够大时，才能进行频率复用。

8.3　第三代移动通信系统

第三代移动通信系统与第二代移动通信系统的主要不同在于它可以提供移动环境下的多媒体业务和宽带数据业务，其数据传输速率最高可达 2Mbit/s。目前第三代移动通信系统的标准分别为 WCDMA、CDMA2000、TD-CDMA 和 WiMAX 这 4 种。

第三代移动通信系统在继承前两代移动通信提供的语音服务基础上，还提供了低速率数据服务，其最终目标是提供宽带多媒体通信服务。

3G 是 3rdGeneration 的缩写，是第三代移动通信技术的简称，它是将无线通信与互联网等多媒体通信相结合的新一代移动通信系统，能够处理图像、音乐、视频流等多种媒体形式，提供包括网页浏览、电话会议、电子商务等多种信息服务。为了满足不同应用需求，第三代移动通信技术能够支持不同的数据传输速率，即在室内、室外和行车的环境中能够分别支持至少 2Mbit/s，384Kbit/s 以及 144Kbit/s 的传输速率。

CDMA 系统的频率规划简单、系统容量大、频率复用系数大、抗多径能力强、通信质量好，具有软容量、软切换特性，这些优点使得它成为第三代移动通信技术的主流技术。在 4 种第三代移动通信技术标准中，WCDMA、CDMA2000 和 TD-SCDMA 这 3 种标准都采用 CDMA 技术。另外一种标准 WiMAX 采用的是 OFDM 技术。

8.3.1 第三代移动通信系统的特点

从目前已确立的 3G 标准来看，其网络特征主要体现在无线接口技术上，主要包括小区复用、多址/双工方式、应用频段、调制技术、射频信道参数、信道编码及纠错技术、帧结构、物理信道结构和复用模式等诸多方面。3G 技术的特点包括以下几方面。

第一，采用高频段频谱资源。为实现全球漫游，按 ITU 的规划，IMT—2000 将统一采用 2G 频段，可用带宽高达 230MHz，分配结陆地网络 170MHz、卫星网络 60MHz，这为 3G 容量发展，实现全球多业务环境提供了广阔的频谱空间，同时可更好地满足宽带业务。

第二，采用宽带射频信道，支持高速率业务。充分考虑承载多媒体业务的需要，3G 网络射频载波信道根据业务要求，在室内、室外和行车的环境中至少支持 2Mbit/s，384Kbit/s 以及 144Kbit/s 的传输速率，同时进一步提高了码片速率，系统抗多径衰落能力也大大提高。

第三，实现多业务、多速率传送。在宽带信道中，可以灵活应用时分复用、码分复用技术，单独控制每种业务的功率和质量，通过选取不同的扩频因子，将具有不同 QoS 要求的各种速率业务映射到宽带信道上，实现多业务、多速率传送。

第四，快速功率控制。3G 主流技术均在下行信道中采用了快速闭环功率控制技术，用以改善下行传输信道性能，这提高了系统抗多径衰落能力，但由于多径信道的影响，会导致扩频码分多址用户间的正交性不理想，所以增加了系统自干扰的偏差，但总体上快速功率控制的应用对改善系统性能是有好处的。

第五，采用自适应天线及软件无线电技术。3G 基站采用带有可编程电子相位关系的自适应天线阵列，可以对发送信号的波束进行赋形，自适应地调整功率，减小系统自干扰，提高接收灵敏度，增大系统容量；另外软件无线电技术在基站及终端产品的应用，对提高系统灵活性、降低成本至关重要。

8.3.2 3G 参数

国际电信联盟对第三代移动通信系统 IMT—2000 划分了 230MHz 频率，即上行 1885MHz～2025MHz、下行 2100MHz～2200MHz，共 230MHz。上下行频带不对称，可使用双频 FDD 方式和单频 TDD 方式。

在 2000 年的 WRC2000 大会上，在 WRC—1992 基础上又批准了新的附加频段：即 860MHz～960MHz、1710MHz～1885MHz、2500MHz～2690MHz 。以下是各种 3G 标准的相关参数及在我国的频谱分配情况。

（1）WCDMA

双工方式：FDD

异步 CDMA 系统：无 GPS

带宽；5MHz

码片速率：3.84Mc/s

中国联通频段

核心频段：1920MHz～1980MHz，2110MHz～2170MHz（分别用于上行和下行）

补充频率：1755MHz～1785MHz，1850MHz～1880MHz（分别用于上行和下行）

（2）TD-SCDMA

双工方式：TDD

同步 CDMA 系统：有 GPS

带宽：1.6MHz

中国移动

核心频段：1880MHz～1920MHz，2010MHz～2025MHz

补充频段：2300MHz～2400MHz

（3）CDMA2000

双工方式：FDD

同步 CDMA：有 GPS

带宽：1.23MHz

码片速率：1.2288Mc/s

中国电信

核心频段：825MHz～835MHz，870MHz～880MHz（分别用于上行和下行）

补充频段：885MHz～915MHz，930MHz～960MHz（分别用于上行和下行）

（4）WiMAX

微波接入全球互通，其他名称为 802.16

带宽：1.5MHz～20MHz

最高接入速率：70Mbit/s

最远传输距离：50km

8.3.3 WCDMA

1. UMTS 与 WCDMA

（1）UMTS 结构

通用移动通信系统（Universal Mobile Telecommunications System，UMTS）是采用 WCDMA 空中接口技术的第三代移动通信系统，通常也把 UMTS 系统称为 WCDMA 通信系统。UMTS 系统结构如图 8.3.1 所示，主要由无线接入网络（Radio Access Network，RAN）和核心网络（Core Network，CN）两个部分组成。RAN 用于处理所有与无线有关的功能，CN 用于处理 UMTS 系统内所有的语音呼叫和数据连接，并实现与外部网络的交换和路由。无线接入网可以借用 MUTS 中地面 RAN 的概念，简称 UTRAN；CN 从逻辑上分为电路交换域（Circuit Switched Domain，CS）和分组交换域（Packed Switched Domain，PS）。UTRAN、CN 与用户设备（User Equipment，UE）一起构成了整个 UMTS 系统。

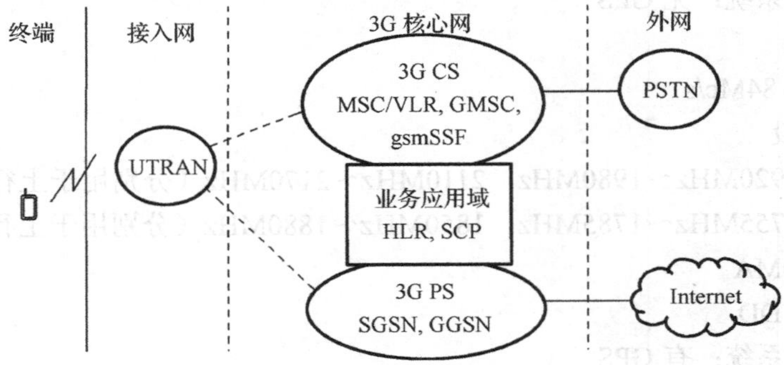

图 8.3.1　UMTS 系统结构

（2）UMTS 模型

UMTS 模型系统（如图 8.3.2 所示）分为两个域：用户设备域和基本结构域。用户设备域是用户用来接入 UMTS 业务的设备，它通过无线接口与基本结构域相连接。基本结构域由物理节点组成，这些物理节点完成终止无线接口和支持用户通信业务需要的各种功能。基本结构域是共享的资源，它为其覆盖区域内的所有授权用户提供服务。

用户设备域包括具有不同功能的各种类型设备，可能兼容一种或多种现有的固定或无线接口设备，如双模 GSM/UMTS 用户终端等。用户设备域可进一步分为移动设备（ME）域和用户业务识别单元（USIM）域。

移动设备域的功能是完成无线传输和应用。移动设备还可以以实体来分，如完成无线传输和相关功能的移动终端（MT），包含端到端应用的终端设备（TE）。对移动终端与 UMTS 的接入层和核心网有关。

用户业务识别单元（USIM）域包含安全确定身份的数据和过程，这些功能一般存入智能卡中。它只与特定的用户有关，而与用户所使用的移动设备无关。

基本结构域可进一步分为接入网域和核心网域。接入网域由与接入技术相关的功能模块组成，直接与用户相连接；而核心网域的功能与接入技术无关，两者通过开放接口连接。核心网又可以分为分组交换业务域和电路交换业务域。网络和终端可以只具有分组交换功能或电路交换功能，也可以同时具有两种功能。

接入网域由系列的物理实体来管理接入网资源到核心网域的机制。UMTS 的 UTRAN 由无线网络系统（RNS）通过 Iu 接口和核心网相连。

UMTS 支持各种接入方法，以便于用户利用各种固定和移动终端接入 UMTS 核心网和虚拟家用环境（Virtual Home Environment，VHE）业务。此时，不同模式的移动终端对应不同的无线接入环境，用户则依靠用户业务识别单元接入相应的 UMTS 网络。

核心网域包括支持网络特征和通信业务的物理实体，提供包括用户位置信息的管理、网络特性和业务的控制、信令和用户信息的传输机制等功能。核心网域又可分为服务网域、原籍网域和传输网域。

服务网域与接入网域相连接，其功能是呼叫的寻路和将用户数据与信息从源传输到目的地。它既和原籍网域联系以获得和用户有关的数据与业务，也和传输网域联系以获得与用户无关的数据和业务。

原籍网域管理用户永久的位置信息。用户业务识别单元和原籍网域有关。

传输网域是服务网域和远端用户间的通信路径。

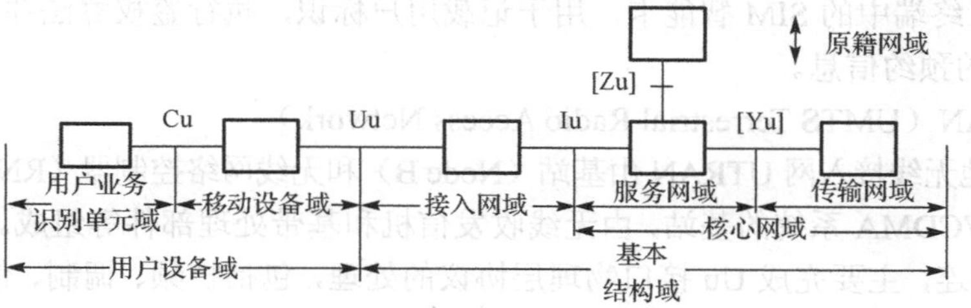

图 8.3.2 UMTS 物理结构模型

在图 8.3.2 所示的 UMTS 物理结构模型中，[Zu]为多个服务域间的互连参考点；[Yu]为服务网域和传输网域间的参考点；Cu 是 USIM 卡和 ME 之间的电气接口，遵循智能卡的标准接口；Uu 是 WCDMA 的无线接口，UE 通过 Uu 接口接入到 UMTS 系统的固定网络部分，Uu 接口是 UMTS 系统中最重要的开放接口，其开放性可以确保不同制造商设计的 UE 终端可以接入其他制造商设计的 RAN 中；Iu 接口是连接 UTRN 和 CN 的接口，是一个开放的标准接口，这也使通过 Iu 接口相连接的 UTRAN 与 CN 可以分别由不同的设备制造商提供。

2. WCDMA 系统组成

WCDMA 的系统组成如图 8.3.3 所示。WCDMA 系统由若干逻辑网络元素构成。逻辑网络元素可以按不同子网分类，也可以按功能来划分。

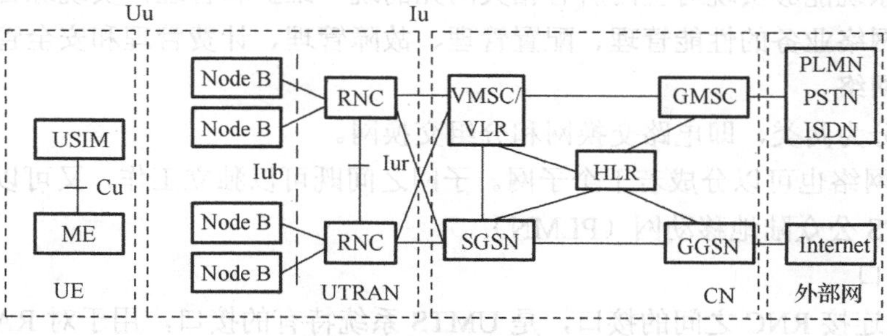

图 8.3.3 WCDMA 组成结构

WCDMA 逻辑网络元素按功能可以分成用户设备终端（UE）、无线接入网（RAN）和核心网（CN）。无线接入网可以借用 UMTS 中地面 RAN 的概念，简称为 UTRAN。RAN 处理与无线通信有关的功能。

CN 处理语音和数据业务的交换功能，完成移动网络与其他外部通信网络的互连，相当于第二代系统中的 MSC/VLR/HLR。除 CN 基本上来源于 GSM 外，UE 和 RAN 采用 WCDMA 无线技术规范。

（1）UE（User Equipment）

UE 为用户终端设备，主要由射频处理单元、基带处理单元、协议栈模块以及应用层软件模块等组成。UE 通过 Uu 接口与网络设备进行数据交互，为用户提供电路域和分组城内的各种业务功能，包括普通语音、宽带语音、Internet 应用和移动多媒体业务等。UE 包括以下两个部分：移动设备 ME（The Mobile Equipment）：提供与 Node B 进行无线通信接口和应用接口服务；UMTS 用户识别模块 USIM （The UMTS Subscriber Module）：提供用户身份识别功能。其相当于 GSM 终端中的 SIM 智能卡，用于记载用户标识，执行鉴权算法并保存鉴权、密钥以及终端所需的预约信息。

（2）UTRAN（UMTS Terrestrial Radio Access Network）

UMTS 陆地无线接入网 UTRAN 由基站（Node B）和无线网络控制器（RNC）两部分组成。

Node B：WCDMA 系统的基站，由无线收发信机和基带处理部件等组成。通过标准的 Iub 接口和 RNC 相连，主要完成 Uu 接口物理层协议的处理，包括扩频、调制、信道编码、解扩、解调、信道解码、基带信号和射频信号的相互转换等功能。此外，Node B 还提供部分无线资源管理业务。Node B 包含 RF 收发放大、射频收发系统（TRX）、基带部分（BB）、传输接口单元和基站控制部分等逻辑功能模块。

NC（Radio Network Controller）：无线网络控制器，用于完成连接建立和断开、切换、宏分集合并、无线资源管理控制等功能。

（3）CN（Core Network）

CN 负责与其他网络的连接和对 UE 的通信和管理。主要提供呼叫接续、移动性管理、鉴权和加密、移动性管理、会话管理、IP 的路由管理和新业务支持等功能。

（4）OMC（Operation Maintenance Center）

网络操作维护中心 OMC 包括设备管理系统和网络管理系统。设备管理系统完成对各独立网元的维护和管理，包括性能管理、配置管理、故障管理、计费管理和安全管理的业务功能。网络管理系统能够实现对全网所有相关网元的统一维护和管理，实现综合集中的网络业务功能，包括网络业务的性能管理、配置管理、故障管理、计费管理和安全管理。

（5）外部网络

外部网络分为两类，即电路交换网和分组交换网。

WCDMA 网络也可以分成若干个子网。子网之间既可以独立工作，又可以协同工作。子网可称为 UMTS 公众陆地移动网（PLMN）。

（6）Iur 接口

Iur 接口是连接 RNC 之间的接口，是 UMTS 系统特有的接口，用于对 RAN 中移动台的移动管理，比如在不同的 BNC 之间进行软切换时，移动台所有数据都是通过 Iur 接口从正在工作的 BNC 转到候选 RNC 的，Iur 是开放的标准接口。

（7）Iub 接口

Iub 接口是连接 Node B 与 RNC 的接口，Iub 接口是一个开放的标准接口。这也使通过 Iub 接口相连接的 RNC 与 Node B 可以分别由不同的设备制造商提供。

8.3.4 CDMA2000

CDMA2000 是由美国高通北美公司为主提出的，摩托罗拉、韩国三星等都有参与的移动通信标准。该系统是从窄带 CDMA one 数字标准衍生出来的，可以从原有的 CDMA one 结构直接升级到 3G，建设成本低廉。

1．CDMA2000 特点

CDMA2000 的目标是进一步提高语音容量，提高数据传输效率，支持更高数据速率，降低移动台电源消耗，延长电池寿命，消除对其他电子设备的电磁干扰，实现更好的加密技术，后向兼容 CDMA one。与 CDMA one 相比，CDMA2000 具有以下特点。

（1）多种射频信道带宽

CDMA2000 在前向链路上支持多载波（MC）和直扩（DS）两种方式，反向链路仅支持直扩方式。当采用多载波方式时，能支持多种射频带宽，射频信道带宽可以是 N×1.25MHz，其中 N=1,3,5,9 或 12，即可选择的带宽有 1.25MHz、3.75MHz、6.25MHz、11.25MHz 和 15MHz。目前的技术仅支持前两种带宽。

（2）Turbo 码

为了适应高速数据业务的需求，CDMA2000 采用 Turbo 编码技术，编码速率可以是 1/2、1/3 或 1/4。Turbo 编码器由两个递归系统卷积码（RSC）成员编码器、交织器和删除器构成，每个 RSC 有两路校验位输出，两个 RSC 的输出经删除复用后形成 Turbo 码。编码器一次输入 N Turbo bit，包括信息数据、帧校验（CRC）和保留 bit，输出（N Turbo+6）/R 符号。Turbo 译码器由两个软输入软输出的译码器、交织器和去交织器构成，两个成员译码器对两个成员编码器分别交替译码，并通过软输出相互传递信息，进行多轮译码后，通过对软信息作过零判决得到译码输出。

Turbo 码具有优异的纠错性能，但译码复杂度高，时延大，因此主要用于高速率、对译码时延要求不高的数据传输业务。与传统的卷积码相比，Turbo 码可降低对发射功率的要求，增加系统容量。在 CDMA2000 中，Turbo 码仅用于前向补充信道和反向补充信道中。

（3）3800MHz 前向快速功率控制

CDMA2000 采用新的前向快速功率控制（FFPC）算法，该算法使用前向链路功率控制子信道和导频信道，使移动台收到的全速率业务信道的 E_b/N_t 保持恒定。移动台测量到的业务信道 E_b/N_t，并与门限值相比较，然后根据比较结果，向基站发出升高或降低发射功率的指令。功率控制命令比特由反向功率控制子信道传送，功率控制速率可达到 800bit/s。采用前向快速功率控制，能尽量减小远近效应，降低移动台接收机实现一定误帧率所需的信噪比，进而降低基站发射功率和系统的总干扰电平，提高系统容量。

（4）前向快速寻呼信道

前向快速寻呼信道用于指示一次寻呼或配置改变。基站使用前向快速寻呼信道的寻呼指示符（PI）比特来通知位于覆盖区域，并工作于时隙模式且处于空闲状态的移动台，是监听下一个前向公共控制信道/前向寻呼信道的时隙，还是返回低功耗的睡眠状态直至下一周期到来。当寻呼负载较高时，可以使用一个以上的前向快速寻呼信道来减少冲突，前向快速寻呼信道的使用可使移动台不必长时间连续监听前向寻呼信道，减少激活移动台所需的时间，降低移动台功耗，从而延长了移动台的待机时间和电池寿命。

如果最近 10 分钟内有任何配置消息（如系统参数消息）发生变化，那么前向快速寻呼信道上的配量改变指示符（CCI）比特将被设置，然后移动台通过解调前向广播信道来获得新消息。

前向快速寻呼信道采用通断键控（OOK）调制，可节约基站发射功率。

(5) 前向链路发射分集

前向链路采用的发射分集方式包括多载波发射分集和直接扩频发射分集两种。前者用于多载波方式，每个天线发射一个载波子集；后者用于多载波方式，每个天线发射一个载波子集。后者用于直扩方式，又可分为正交发射分集和空时扩展分集两种。

采用前向发射分集技术能减小每个信道要求的发射功率，增加前向链路容量，改善室内单径瑞利衰落环境和慢速移动环境下的系统性能。

(6) 反向相干解调

为了提高反向链路性能，CDMA2000 采用反向链路导频信道，它是未经编码的由 0 号 Walsh 函数扩频的信号，基站用导频信道完成初始捕获、时间跟踪和 Bake 接收机相干解调，并为功率控制测量链路质量。导频参考电平随数据速率而变化。

基站可以利用反向导频帮助捕获移动台的发射，实现反向链路上的相干解调，与采用非相干解调的 CDMA2000 相比，所需的信噪比显著降低，从而降低了移动台发射功率，提高了系统容量。当移动台发射无线配置为 RC-6 的反向业务信道时，在反向导频信道中插入一个反向功率控制子信道，移动台通过该子信道发送功率控制命令，实现前向链路功率控制。反向导频还可以采用门控发送方式，即非连续发送，不仅能减小对其他用户的干扰，也降低了移动台的功耗。

(7) 连接的反向空中接口波形

在反向链路中，所有速率的数据都采用连续导频和连续数据信道波形。连续波形可以把对其他电子设备的电磁干扰降到最低。通过降低数据速率，能扩大小区覆盖范围；允许在整个帧上实现交织，并改善搜索性能；连续波形还支持移动台为快速前向功率控制连续发送前向链路质量测量信息，以及基站为反向功率控制连续监控反向链路质量。

(8) 辅助导频信道

CDMA2000 中新增加了前向辅助导频信道，支持对一组移动台的波束形成，以及对单个移动台的波束控制和波束形成。点波束应用能扩大覆盖区域和增加容量，并提高可支持的数据速率。

(9) 增强的媒体接入控制功能

媒体接入控制（MAC）子层控制系统中多种业务到物理层的接入过程，保证多媒体业务的实现。它的引入能满足更高带宽和更广泛业务种类的需求，支持语音、分组数据和电路数据业务的同时处理。CDMA2000 系统的 MAC 子层能提供尽力发送（Best Effort Delivery）复用和 QoS 控制，以及接入程序。

(10) 灵活的帧长

CDMA2000 支持 5ms、10ms、20ms、40ms、80ms 和 160ms 多种灵活的帧长。不同类型的信道分别支持不同的帧长。例如，前向基本信道、前向专用控制信道、反向基本信道和反向专用控制信道采用 5ms 和 20ms 帧，前向补充信道和反向补充信道采用 20ms、40ms 或 80ms 帧，语音业务采用 20ms 帧。较短的帧可以减少时延，较长的帧因帧头所占比重小，可降低对发射功率的要求。

2. DMA2000 系统结构

CDMA2000 系统由无线接入网、核心网电路域、核心网分组域、智能网短消息中心、无线应用协议（WAP）网关以及定位部分组成。系统结构的组成如图 8.3.4 所示。

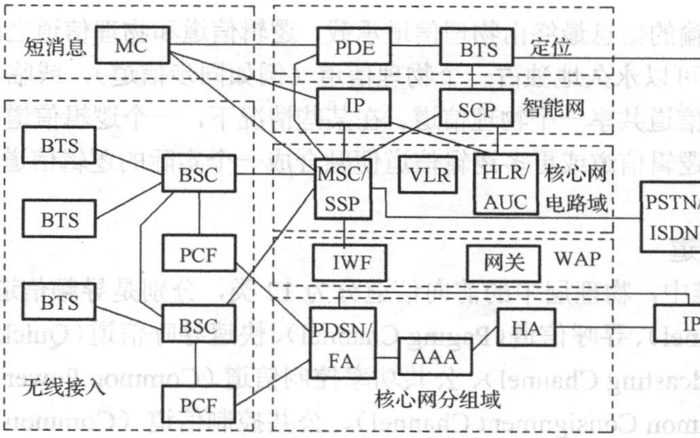

图 8.3.4　CDMA2000 系统结构

（1）无线接入

无线接入部分由基站收发信机（BTS）和基站控制器（BSC）组成。BTS 主要负责接收移动台的无线信号，BSC 则负责管理多个 BTS，与移动交换中心（MSC）和分组控制功能（PCF）进行语音和数据的交互。PCF 则主要负责与分组数据业务相关的无线资源管理控制。

（2）核心网电路域

核心网电路域主要由 MSC、访问位置寄存器（VLR）和原籍位置寄存器（HLR）和鉴权中心（AUC）构成。该部分主要用于控制电路域的业务。

（3）核心网分组域

核心网分组域主要由 PCF、分组数据服务节点（PDSN）、认证、授权、计费（AAA）、本地代理（HA）等组成。该部分主要用于控制分组数据业务。其中 PDSN 负责管理用户通信状态，转发用户的数据到另外一个 MSC 网络中。AAA 主要用来对用户的权限和计费进行管理。

（4）智能网

智能网部分主要由 MSC、业务交换点（SSP）、IP、业务控制节点（SCP）等构成。智能网是目前移动通信系统中非常重要的部分，许多新业务都需要智能网。

（5）短消息中心

短消息中心（MC）主要完成与短消息相关的业务。

（6）无线应用协议

无线应用协议（WAP）主要完成一系列网络协议的转换，将 Internet 与移动通信网相连。

（7）定位

定位部分是 CDMA 提供的一个特殊服务，主要用在各种切换技术中。

3. CDMA2000 的信道

CDMA2000 定义了逻辑信道和物理信道两个概念。物理信道是 CDMA2000 标准中物理层的描述对象，和空中无线特性有关。在物理层之上的协议中，为了更好地定义各种业务并便于控制，采用了逻辑信道的概念，高层数据在链路层的逻辑信道数据帧内，并在链路层和物理层的接口处映射到物理信道上。

高层的信令都是在逻辑信道上传输的，屏蔽了具体物理层的特点，使得无线接口对高层是透明的。逻辑信道传输的信息最终由物理信道承载，逻辑信道和物理信道之间的对应关系称为映射。一个逻辑信道可以永久地独占一个物理信道（例如同步信道），或临时独占一个物理信道，或者和其他逻辑信道共享一个物理信道。在某些情况下，一个逻辑信道可以映射到另一个逻辑信道中，这两个逻辑信道或更多逻辑信道便融合成一个实际的逻辑信道，可以传送不同类的业务。

（1）前向物理信道

CDMA2000 标准中，物理层中的前向信道分为 12 类，分别是导频信道（Pilot Channel）、同步信道（Sync Channel）、寻呼信道（Paging Channel）、快速寻呼信道（Quick Paging Channel）、广播控制信道（Broadcasting Channel）、公共功率控制信道（Common Power Control Channel）、公共指配信道（Common Consignment Channel）、公共控制信道（Common Control Channel）、前向专用控制信道（Forward Dedicated Control Channel）、业务信道（Traffic Channel）、辅助信道（Supplemental Channel）、基本信道（Fundamental Channel）。前向物理信道分配如图 8.3.5 所示，可分为专用和公用两类。

前向公用信道包括：导频信道、同步信道、寻呼信道、广播控制信道、快速寻呼信道、公共功率控制信道、公共指配信道和公共控制信道。其中前 3 种与 CDMA-95X 系统兼容。后面是 CDMA2000 新定义的信道。其中部分信道的功能如下。

导频信道：导频信道不断地发送不含数据信息的扩频信号。基站覆盖区中的移动台利用导频信号实现同步，同时也为移动台越区切换提供依据，此外导频信号也是移动台开环功率控制的依据。

同步信道：在基站覆盖区中，处于开机状态的移动台通过同步信道来获得初始的时间同步。

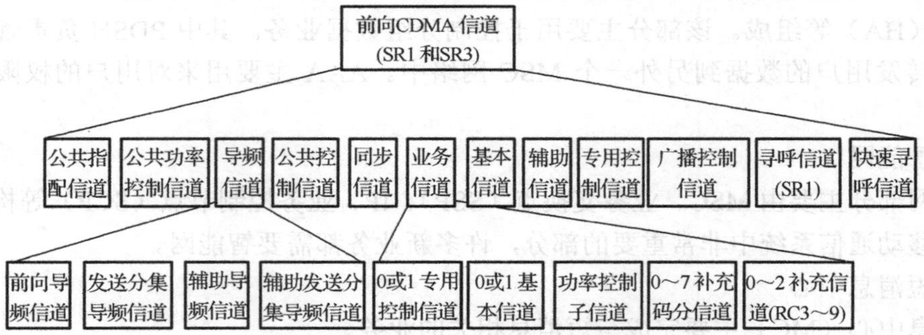

图 8.3.5　CDMA2000 前向物理信道

寻呼信道：每个基站有 1 个或最多 7 个寻呼信道。当呼叫时，在移动台没有接入业务信道之前，基站通过寻呼信道传送控制信息给移动台。当需要时，寻呼信道可以变成业务信道，用于传输用户业务数据。寻呼信道的作用为：第一，定时发送系统信息，使移动台能收到入网参数，为入网做准备；第二，基站通过它寻呼移动台。

广播控制信道：基站用来发送系统开销信息以及需要广播的信息，可工作在非连续方式。

快速寻呼信道：基站用来通知覆盖范围内的工作在时隙模式且处于空闲状态的移动台工作信息。

公共功率控制信道：对多个反向控制信道进行功率控制。

公共指配信道：用来发送反向信道快速响应的指配信息。

公共控制信道：基站用来发送给指定移动台的消息，数据传输速率较高，可靠性强。

（2）反向物理信道

反向物理信道分配如图 8.3.6 所示。相关部分信道的功能如下。

接入信道：用于移动台与基站的通信或响应寻呼信道消息。

增强型接入信道：用于移动台与基站的通信或响应指向移动台的消息，也可用于发送中等大小的数据分组。增强型接入信道有 3 种可能的工作模式，即基本接入模式、功率控制接入模式和预约接入模式。功率控制接入模式和预约接入模式可以工作于同一个增强型接入信道。基本接入模式工作于独立增强型接入信道。

反向公共控制信道：用于当无反向话务信道可用时向基站发送用户和信令信息。

反向专用控制信道：用于呼叫中向基站发送用户和信令信息，反向话务信道可以包含 1 个专用控制信道。

反向基本信道与反向补充信道：其中反向基本信道用于在呼叫中向基站发送用户和信令信息。反向业务信道可以包含一个反向基本信道。反向补充信道用于在呼叫中向基站发送用户信息。反向话务信道包含最多 2 个反向补充信道。

反向补充信道：用于在呼叫中向基站发送用户信息；反向导频信道：用于辅助基站检测移动台的发送信号；反向功率控制子信道：用于移动台调节发射功率，消除远近效应。

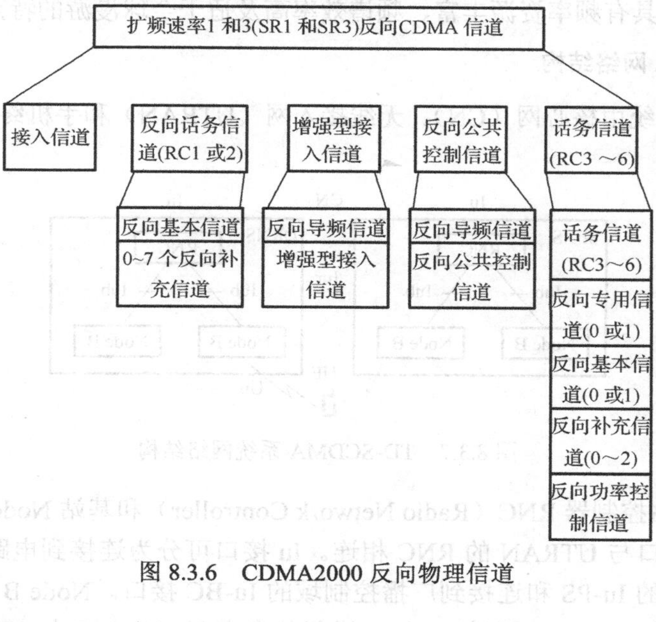

图 8.3.6　CDMA2000 反向物理信道

8.3.5　TD-SCDMA

1．TD-SCDMA 的特点

时分同步码分多址接入 TD-SCDMA 系统是首次由中国提出的全球 3G 标准之一。TD-SCDMA 是 TDD 和 CDMA、TDMA 技术的完美结合，其具有以下特点：

（1）时分双工（TDD）

采用时分双工（TDD）技术，仅需一个 16MHz 带宽，而以 FDD 为代表的 CDMA2000

需要 1.25×2MHz 带宽，WCDMA 需要 5×2MHz 带宽。其语音频谱利用率比 WCDMA 高 2.5 倍，数据频谱利用率甚至高 3.1 倍，无须成对频段，适合多运营商环境。

（2）新技术

采用智能天线、联合检测和上行同步等大量先进技术，可以降低发射功率，减少多址干扰，提高系统容量。采用“接力切换”技术，可克服软切换大量占用资源的缺点；采用 TDD 后不需要双工器，可简化射频电路，系统设备和移动台的成本较低。

（3）非对称上下行传输速率

采用 TDMA 更适合传输下行数据速率高于上行的非对称因特网业务。而 WCDMA 并不适合，在 R5 版本中增加了高速下行链路分组接入（HSDPA）。

（4）软件无线电

采用软件无线电先进技术，更容易实现多制式基站和多模终端，系统更易于升级换代，更适合在开通 GSM 网络的大城市热点地区首先建设，借以满足局部用户群对 384Kbit/s 多媒体业务的需求，通过 GSM/TD 双模终端以适应两网并存的过渡期用户漫游切换的要求。

（5）数字集群

采用 TDD 与 TDMA 更易支持 PTT 业务和实现新一代数字集群。

（6）频谱高效

DT-SCDMA 还具有频率资源丰富、频谱效率高及适于全球漫游的特点。

2．TD-SCDMA 网络结构

TD-SCDMA 系统由核心网（CN）、无线接入网（UTRAN）和手机终端（UE）组成，如图 8.3.7 所示。

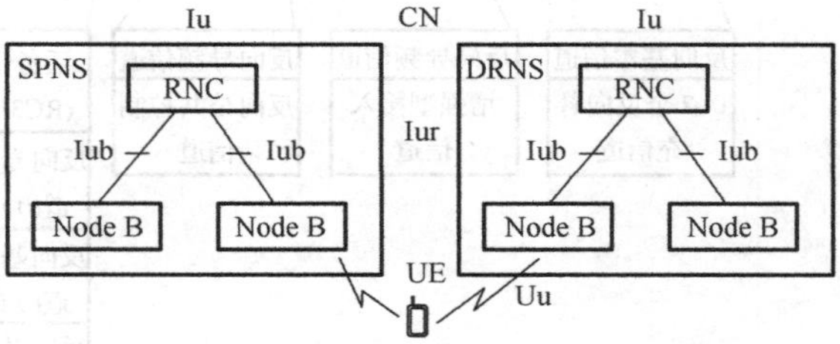

图 8.3.7　TD-SCDMA 系统网络结构

UTRAN 由基站控制器 RNC（Radio Network Controller）和基站 Node B 组成。

CN 通过 Iu 接口与 UTRAN 的 RNC 相连。Iu 接口可分为连接到电路交换域的 Iu-SC、连接到分组交换域的 Iu-PS 和连接到广播控制域的 Iu-BC 接口。Node B 与 RNC 之间由 Iub 相连。在 UTRAN 内部，RNC 通过 Iur 接口进行信息交互。Node B 与 UE 之间通过 Uu 接口交换信息。

3．系统信道

TD-SCDMA 系统中有 3 种信道模式：逻辑信道、传输信道和物理信道，如图 8.3.8 所示。其中，各信道模式描述如下。

逻辑信道：是 MAC 子层向上层提供的服务，描述的是承载信息类型；

传输信道：作为物理层向高层提供服务，描述的是所承载信息的传送方式；

物理信道：系统直接发送信息的通道，即在空中传输信息的物理信道。

传输信道作为物理层提供给高层的服务，通常分为公共信道和专用信道。专用信道（DCH）是一个用于上下行链路，承载网络和 UE 之间的用户或控制信息的上下行传输信道。

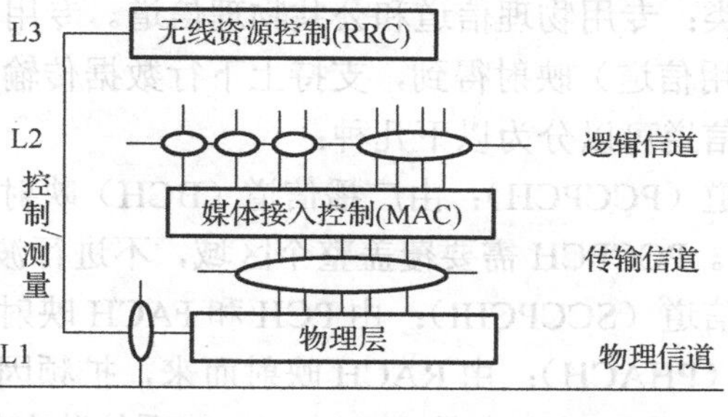

图 8.3.8 TD-SCDMA 无线接口协议体系结构

（1）公共信道

公共信道是当消息发送给某一特定的 UE 时，有内识别信息的信道，公共信道有：

广播信道（BCH）：用于广播系统和小区特有信息的 1 个下行传输信道。

寻呼信道（PCH）：用于当系统不知道移动台所在的小区位置时，承载发向移动台的控制信息的一个下行传输信道。

前向接入信道（FACH）：用于当系统知道移动台所在的小区位置时，承载发向移动台的控制信息的一个下行传输信道。FACH 也可以承载一些短的用户信息数据包。

随机接入信道（RACH）：用于承载来自移动台控制信息的一个上行传输信道。RACH 也可以承载一些短的用户信息数据包。

上行共享信道（SCH）：一种被几个 UE 共享的上行传输信道，用于承载专用控制数据或业务数据。

下行共享信道（DSCH）：一种被几个 UE 共享的下行传输信道，用于承载专用控制数据或业务数据。

（2）物理信道

TD-SDMA 的物理信道由 4 层结构组成：系统帧、无线帧、子帧和时隙/码。依据不同的资源分配方案，子帧或时隙/码的配置结构可能有所不同。时隙能够在时域和码域上区分不同用户信号，具有 TDMA 的特性，如图 8.3.9 所示。

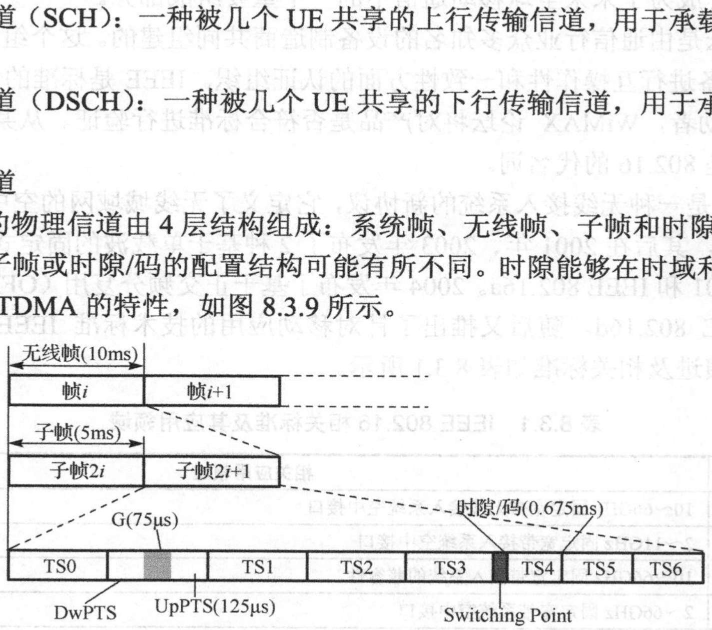

图 8.3.9 TD-SCDMA 物理信道信号格式

TDD 模式下的物理信道可以实现一个突发在所分配的无线帧的特定时隙的发射。无线帧的分配可以是连续的，即每一帧的相应时隙都可以分配给某个物理信道，也可以是不连续的分配，即仅有部分无线帧中的相应时隙分配给该物理信道。一个突发由数据部分、Midamble部分和一个保护间隔组成。一个突发的持续时间就是一个时隙。

物理信道分为两大类：专用物理信道和公共物理信道。专用物理信道（DPCH）由DCH（Dedicated Channel，专用信道）映射得到，支持上下行数据传输，下行通常采用智能天线进行波束赋形。公共物理信道可以分为以下几种：

主公共控制物理信道（PCCPCH）：由广播信道（BCH）映射而来。PCCPCH的位置（时隙/码）是固定的（TS0）。PCCPCH需要覆盖整个区域，不进行波束赋形，其扩频因子为16。

辅助公共控制物理信道（SCCPCHl）：由PCH和FACH映射而来，扩频因子为16。

物理随机接入信道（PHACH）；由RACH映射而来，扩频因子为16、8或4。

快速物理接入信道（FPACH）；它是TD-SCDMA系统独有的信道，用作对UE发出的UpPTS信号的响应，支持建立上行同步，采用固定扩频因子16。

物理上行共享信道（PUSCH）：由USCH（Uplink Shared Channel）映射而来。

物理下行共享信道（PDSCH）：由DSCH（Downlink Shared Channel）映射而来。

寻呼指示信道（PICH）：用来承载寻呼指示信息，扩频因子为16。

下行导频信道（DwPCH）：承载在DwPTS时隙上，主要完成下行导频和下行同步。

上行导频信道（UpPCh）：承载在UpPTS时隙上，主要完成用户接入过程中的上行同步。

8.3.6 WiMAX

2007年10月19日，ITU批准WiMAX标准成为ITU移动无线标准，于是在移动通信技术领域，WiMAX成为了未来全球移动通信中的一个重要组成部分。

WiMAX论坛是由通信行业众多知名的设备制造商共同组建的。这个组织是对基于IEEE 802.16标准的设备进行互操作性和一致性方面的认证组织。IEEE是标准的制定者，WiMAX论坛是标准的推动者，WiMAX论坛将对产品是否符合标准进行验证。从某种意义上来说，WiMAX几乎就是802.16的代名词。

IEEE 802.16是一种无线接入系统的新协议，它定义了无线城域网的空中接口。该标准从1999年开始提出，其后在2001年、2003年发布了2种基于单载波的固定式传输的技术标准IEEE 802.16—2001和IEEE 802.16a。2004年发布了基于正交频分复用（OFDM）的固定式应用技术标准IEEE 802.16d。随后又推出了针对移动应用的技术标准IEEE 802.16e标准。WiMAX标准的演进及相关标准如表8.3.1所示。

表8.3.1 IEEE 802.16相关标准及其应用领域

标 准 号	相关应用领域
IEEE 802.16	10～66GHz固定宽带无线接入系统空中接口
IEEE 802.16a	2～11GHz固定宽带接入系统空中接口
IEEE 802.16c	10～66GHz固定宽带接入系统的兼容性
IEEE 802.16d	2～66GHz固定宽带系统空中接口
IEEE 802.16e	2～66GHz固定和移动宽带无线接入系统空中接口管理信息库
IEEE 802.16f	固定宽带无线接入系统空中接口管理信息库（MIB）要求
IEEE 802.16g	固定和移动宽带无线接入系统空中接口管理平面流程和服务要求

IEEE 802.16 系列标准主要定义了空中接口的物理层和 MAC 层规范。MAC 层独立于物理层，并能支持多种不同的物理层。

1. WiMAX 技术特点

（1）覆盖范围大

WiMAX 能为 50km 范围内的固定站点提供无线宽带接入服务，或者为 5～15km 范围内的移动设备提供同样的接入服务。WiMAX 标准中采用了很多先进技术，包括先进的网络拓扑、OFDM 和天线技术中的波束成形、天线分集和多扇区等技术。另外，WiMAX 还针对各种传播环境进行了优化。

（2）无线数据传输性能强

WiMAX 技术支持 TCP/IP。TCP/IP 的特点之一是对信道的传输质量有较高的要求，无线宽带接入技术面对日益增长的 IP 数据业务的需求，必须适应 TCP/IP 对信道传输质量的要求。同时，WiMAX 技术在链路层加入了 ARQ 机制，减少了到达网络层的信息差错，可大大提高系统的业务吞吐量。此外，WiMAX 采用天线阵、天线极化方式等天线分集技术来应对无线信道的衰落。这些措施都提高了 WiMAX 的无线数据传输性能。

（3）数据传输速率高

WiMAX 技术具有足够的带宽，支持高频谱效率，其最大数据传输速率可高达 75Mbit/s，是 3G 所能提供的传输速率的 30 倍。即使在链路环境最差的环境下，也能提供比 3G 系统高得多的传输速率。

（4）支持 QoS

WiMAX 向用户提供具有 QoS 性能要求的数据、视频、语音（VoIP）业务。WiMAX 提供 3 种等级的服务：CBR（Constant Bit Rate，固定带宽）、CIR（Committed Information Rate，承诺带宽）、BE（Best Effort，尽力而为）。CBR 的优先级最高，任何情况下，网络操作者与服务提供商以高优先级、高速率及低延时的要求为用户提供服务，保证用户订购的带宽。CIR 的优先级次之，网络操作者以约定的速率来提供服务，但速率超过规定的峰值对，优先级会降低，此外可以根据设备带宽资源情况向用户提供更多的传输带宽。BE 则具有更低的优先级，这种服务类似于传统 IP 网络的尽力而为的服务，网络不提供优先级与速率的保证，而是在系统满足其他用户较高优先级业务的条件下，尽力为用户提供传输带宽。

（5）可靠的安全性

WiMAX 技术在 MAC 层中利用一个专用子层来提供认证、保密和加密功能。

（6）业务功能丰富

WiMAX 技术支持具有 QoS 性能要求的数据、视频、语音（VoIP）业务，可支持不同的用户环境。在同一信道上可以支持上千个用户。

2. WiMAX 网络架构

WiMAX 网络可以分为终端、按入网和核心网三部分，如图 8.3.10 所示。

接入网又可以分为基站 BS 和接入网关 （Access Service Network Gateway，ASNG）。接入网的功能包括为终端的 AAA（认证、授权和计费）提供代理、支持网络服务协议的发现和选择、IP 地址的分配、无线资源管理、功率控制、空中接口数据的压缩和加密以及位置管理等。

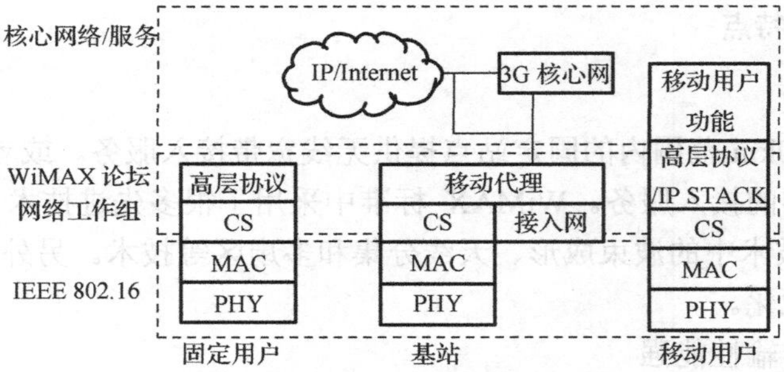

图 8.3.10 WiMAX 网络架构

WiMAX 核心网主要实现漫游、用户认证以及 WiMAX 网络与其他网络之间的接口功能，包括用户的控制与管理、用户的授权与认证、移动用户终端的授权认证、归属网络的连接、与 2G/3G 等其他网络的核心网的互通、防火墙、VPN、合法监听等安全管理、网络选择与重选及漫游管理等。

WiMAX 网络架构可以分为不支持漫游和支持漫游两种，如图 8.3.11 所示。

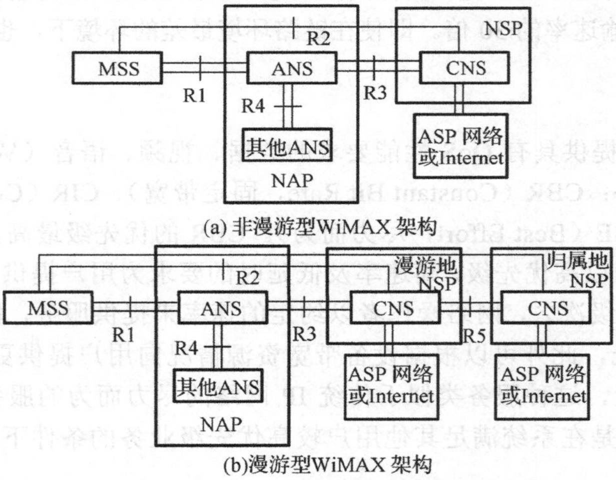

图 8.3.11 漫游及非漫游型 WiMAX 架构

（1）ASN 的功能

WiMAX 网络结构主要由接入网 ASN 和连接业务网 CNS 组成，ASN 的功能如下：

第一，发现网络。根据策略选择基站，获得无线接入服务，在基站和用户终端间建立物理层和 MAC 层连接，同时进行无线资源管理。

第二，将 AAA 控制消息传递给用户的归属网络业务提供商，协助完成认证、业务授权和计费等功能。

第三，协助高层与用户终端建立 3 层连接，即建立物理层、MAC 和 CS 层连接。同时分配 IP 地址，并完成业务网络和连接业务网络之间的建立和管理。

第四，根据分级结构进行接入业务网络内的移动性管理、所有类型的切换，并进行接入网络内的寻呼和位置管理。

第五，存储临时用户信息列表。

（2）接入业务网络功能

接入业务网络由基站和接入网关两部分组成，这两部分功能如下：

第一，基站用于完成 WiMAX 网络空中接口功能，包括物理层与 MAC 层的调度以及切换、功率控制和网络接入功能，并更新无线资源管理信息和用户活动状态，支持密钥管理和会话管理功能。

第二，接入业务网关负责实现 CSN 的接口功能和对 ASN 的管理，并实现 ASN 网关决策点和 ASN 网关执行点两类逻辑功能，其中前者负责承载平面功能，后者负责承载双平面功能。

每个接入网络都可以连接到多个连接业务网络，并为不同的网络业务提供商的用户提供无线接入网络。

（3）CSN

连接业务网络主要由路由器、AAA 代理服务器、用户数据库以及 Internet 网关设备等组成。主要功能为：

第一，为用户会话建立连接，为终端分配 IP 地址并提供 Internet 接入，实现 ASN 和 CSN 之间的隧道建立和管理；

第二，基于用户属性的控制和管理；

第三，ASN 网和核心网之间的隧道建立和维护；

第四，作为 AAA 代理服务器，完成用户计费和结算；

第五，WiMAX 服务，基于位置服务、点对点服务、多波服务 IMS 和紧急呼叫等；

第六，满足漫游需要的 CNS 之间的隧道建立与维护；

第七，接入网之间的移动性管理。

小　　结

移动通信就是在运动中实现的通信，即通信双方或至少有一方是在移动中进行信息交换的过程或方式，如车辆、船舶、飞机、人等移动体与固定点之间，或者移动体之间的通信。移动通信不受时间和空间的限制，可以灵活、快速、可靠地实现信息互通，是目前实现理想通信的重要手段之一，也是信息交换的重要物质基础。本章主要介绍了移动通信的概念和发展过程，移动通信的组网技术，第三代移动通信系统概念与特点，介绍了 WCDMA、CDMA2000、TD-SCDAM 及 WiMAX 四个第三代移动通信技术的特点、结构与组成。

习　　题

1．什么是移动通信？移动通信具有哪些特点？

2．移动通信的发展大致经历了哪几个发展阶段？

3．什么是移动通信的大区制和小区制？各有何特点和不同？

4．试述带状覆盖服务区和面状覆盖服务区的概念。

5．什么是 3G？它包含哪些主要技术？具有哪些特点？

6．我国对 3G 的频谱是如何分配的？

7．WCDMA 系统主要有哪些接口？这些接口是如何定义的？

8．CDMA2000 有何特点？

9．CDMA2000 系统由哪些部分构成？各部分的功能如何？

10．TD-SCDMA 的特点如何？

11．TD-SCDMA 系统由哪些部分构成？各部分的功能如何？

12．TD-SDMA 的物理信道包含哪几个层次结构？

13．简述 WiMAX 标准。

14．WiMAX 技术有何特点？

第3篇

综合应用层

综合应用层是物联网中非常重要的核心层，各种物联网的相关应用都由该层提供。综合服务层就其实质而言，它是一个庞大的信息处理与信息应用系统，主要完成包括感知信息在内的信息协同、信息处理、信息共享、信息存储和信息应用功能。

物联网的价值在于利用感知获取的信息为人们提供多种综合服务。要使信息能为人们服务，除感知、传输外，还需要对信息进行某种程度上的转换、处理和共享，另外还要考虑到信息的安全。

物联网所提供的服务必然要借助于现有的通信网络基础设施，但由于信息存在编码格式、协议等方面的差异，使得某些信息无法利用这些基础设施，因此需要对其进行某种程度的转换、控制和处理，即需要中间件来完成这样的功能。

现有通信网络中包含了大量的计算资源，这些计算资源包括了分布在全球范围内的计算机、服务器、软件等，这些计算资源可以通过网络来为人们提供存储服务、计算服务和信息服务。而云计算就是将这些分布式计算资源进行合理的组织管理、调度和分配为人们提供低成本的计算服务的技术。

提供定位服务以及与位置相关的如导航、地图等服务日益成为综合信息服务的重要分支。基于定位的位置服务需要不同的精度和不同的应用环境的定位技术。传统的GPS定位服务仅能满足大尺度的室外定位，而无线局域网定位和无线传感器网络定位则可满足室内小尺度的定位要求。

在信息社会中，信息安全至关重要。传统意义上的信息安全在物联网中得到了扩展，从以前的网络信息安全扩展到了感知层的信息安全以及云计算的信息安全。在物联网中，信息安全涉及物联网的感知控制层、传输网络层和综合应用层，因此物联网的信息安全是全方位、多层次的信息安全。

物联网的综合应用是多领域、多层次的综合应用，可以说它涉及了社会生活、生产的各个层面，这是物联网的价值所在，也是当前调整产业结构、转变生产方式、提高人们生活质量的技术路线。

第9章 中间件技术

本章学习目标

通过本章的学习，读者应掌握中间件的基本概念、中间件的体系框架、中间件分类。同时，应掌握无线传感器中间件的功能与体系结构参考模型，基于EPC的RFID中间件的功能，了解其核心功能模块。此外，对云计算中间件的基本概念与研究热点，以及物联网中间件所面临的挑战也应有基本的了解。

本章知识点

- 中间件基本概念与功能
- 中间件体系框架
- 无线传感器网络中间件体系结构参考模型
- 基于EPC的RFID中间件的功能
- 云计算中间件的基本概念

教学安排

9.1 物联网与中间件（2学时）

9.2 感知控制层的中间件（3学时）

9.3 云计算中间件及物联网中间件及其面临的挑战（1学时）

教学建议

重点讲授中间件基本概念与功能、中间件体系框架、无线传感器网络中间件和基于EPC的RFID中间件，简要介绍云计算中间件。

9.1 物联网与中间件

9.1.1 中间件的基本概念

随着计算机的快速发展，各式各样的应用软件也不断涌现，这就使得人们面临着将这些应用软件运行于不同环境中的问题。于是就产生了各式各样的应用软件在各种平台间进行移植，或一个平台需要支持多种应用软件以及管理这些软件。为了完成移植与跨平台，软硬件平台和应用系统之间需要可靠、高效的数据传递及转换，使得系统能够协调地运行。这些都需要一种构建在软、硬件平台之上，同时对更高层次的应用软件提供支撑的软件系统——中间件（Middleware）就此诞生了。

物联网中间件（Internet of Things Middleware，IoT-MW）概念，最早是在美国提出的，其目的是为了解决 RFID 工程中所面临的复杂、费时等技术与工程问题，物联网中间件的提出较好地解决了上述 RFID 所面临的复杂工程问题。

1．中间件的定义

（1）定义

中间件是一种独立的系统软件，分布式应用软件凭借这种软件在不同技术平台共享资源。中间件位于客户机/服务器的操作系统之上，用来管理计算机资源和网络通信。

（2）中间件的含义

从中间件的定义可以看出，中间件是一类软件，它不仅实现互连，而且还实现应用之间的相互访问、操作。中间件是基于分布式处理的软件，网络通信是中间件的另外一个非常重要的功能，中间件用于网络体系的应用层中各应用成分之间，以实现跨网络的协同工作，并允许各应用成分向下涉及的“系统结构、操作系统、通信协议、数据库和其他应用服务”各不相同。中间件是位于操作系统和应用软件间的通用服务，其主要作用是用来屏蔽网络硬件平台的差异和操作系统与网络协议的异构性，使应用软件能够比较平滑地运行在不同平台上，同时中间件在负载平滑、连接管理和调度方面具有非常重要的作用，使得各种异构的应用的性能得到大幅度提升。

2．物联网中间件

以中间件的分类来看，物联网中间件为一种面向消息的中间件（Message Oriented Middleware，MOM）。面向消息的中间件的功能包含多个方面，如消息传输、数据的编解码、安全、容错、网络资源定位等。物联网中间件具有以下特点：

（1）独立于 RFID 架构

物联网中间件介于 RFID 阅读器与上层应用程序之间，又独立于它们之外，能与多个 RFID 阅读器、多个上层应用程序进行交互，以减少架构与维护的复杂度。

（2）实现数据处理与流处理

物联网中间件具有数据搜索、过滤、整合与传递等特性，能将实体对象转换为消息环境下的虚拟对象，数据处理是其最重要的功能。

物联网中间件采用程序逻辑及存储转发的功能来提供顺序的信息流，具有数据流设计与管理功能。

中间件处于操作系统与应用软件之间。中间件在操作系统、网络和数据之上，在应用软件之下，其功能是为处于上层的应用软件提供运行与开发环境，以便灵活高效地开发与集成多种应用软件。

物联网中间件负责实现与感知设备间的信息交互与管理，它屏蔽了感知设备的复杂性，并将感知到的信息发送到应用服务层。

9.1.2 中间件的体系框架

中间件提供的程序接口定义了一个相对稳定的高层应用环境，在底层硬件、系统软件与中间件演进中，只要中间件的对外接口保持稳定不变，则应用程序不必演进和修改，从而节约了应用软件方面由于演进而花费的代价。

一个标准的中间件体系结构如图 9.1.1 所示。从图中可以看出，中间件应具备两个关键特征：第一，为上层的应用服务；第二，与硬件、操作系统相联系，并保持运行工作状态。除了这两个关键特征外，中间件还有许多其他的特点，如满足大量应用的需要，运行于多种硬件和操作系统平台，支持分布式计算，提供跨网络、跨硬件和跨操作系统平台的透明性的应用或服务性交互，支持标准协议与接口。由于标准接口对于可移植性，以及标准协议对于互操作性的重要性，中间件已成为许多标准化工作的主要部分。

中间件的研究和应用领域非常广泛，不仅涉及各个行业领域的应用，还涉及移动与网络领域。从技术的集成视角来看，中间件也涉及运营管理环境、安全、框架开发与集成等方面。图 9.1.2 所示为中间件的各个研究与应用领域。

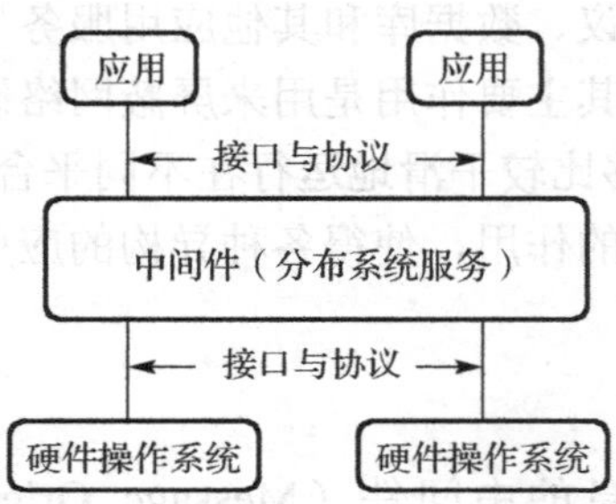

图 9.1.1　中间件体系结构

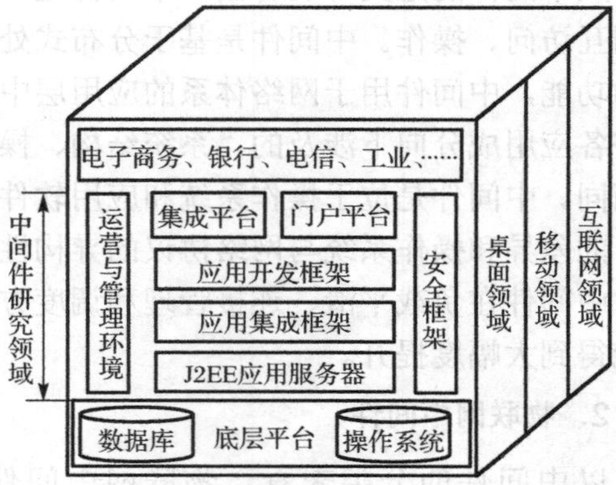

图 9.1.2　中间件的研究与应用领域

9.1.3　中间件分类

中间件的作用是用来屏蔽各种复杂技术细节，使软件开发者面对一个简单且统一的开发环境，以降低软件设计的复杂性，将更多的精力投入到业务本身，不必再为软件在不同系统平台上的移植而进行重复工作，从而缩短开发周期，减轻系统维护、运行和管理的工作负担。

中间件作为介于操作系统与应用程序之间的新层次的基础软件，它的重要作用是将不同时期、在不同操作系统平台上开发的应用软件集成起来，彼此协调工作。

中间件的应用范围十分广泛，对于不同的应用需求而出现了各种具有特色的中间件软件，但对于中间件，至今还尚未有一个确切的定义，因此在从不同的角度或不同的层次上对中间件的分类也有所不同。依据中间件在系统中所发挥的作用和采用的技术不同，主要可分为数据访问、远程过程调用、面向对象、基于事件、面向消息、对象请求代理和事务处理监控中间件等。

1．数据访问中间件

数据访问中间件是在系统中建立数据应用资源互操作的模式，实现异构环境下的数据库连接或文件系统连接，从而为在网络中进行虚拟缓冲存取、格式转换、解压等带来便利。数据访问中间件在所有中间件中是应用最为广泛的，也是技术最成熟的中间件。

在数据访问中间件处理模型中，数据库是信息存储的核心单元，而中间件则完成通信功能。这种方式虽然较灵活，但并不适合一些要求高性能处理的情景，这是由于需要进行大量的数据通信，当网络发送故障时，系统将不能正常工作。

2. 远程过程调用中间件

远程过程调用中间件（Remote Procedure Call Middleware，RPCM）是一种广泛应用的分布式应用程序处理方法，用来执行一个位于不同地址空间的过程，并且从效果上看，它与执行本地调用的效果相同。

它的工作原理是：当一个应用程序A需要与远程的另一个应用程序B交换信息或要求B提供协助时，A在本地产生一个请求，通过通信链路通知B接收信息或提供相应的服务，B完成相关处理后将信息或处理结果返回给A。

RPCM在客户/服务器计算方面与数据访问中间件相比有了较大的进步。在RPCM模型中，客户（Client）和服务器（Server）只要具备相应的RPC（Remote Procedure Call，远程过程调用）接口，并且具有RPC运行支持就可以完成相应的操作，而不必限于特定的服务器。因此，RPC为客户/服务器分布式计算提供了有力支持。同时，RPC所提供的是基于过程的服务访问，客户与服务器进行直接连接，没有中间环节来处理请求。但也有一定的局限性，如RPC通常需要一些网络细节来定位服务器；在客户发出请求时，要求服务器必须处于工作状态等。

3. 面向对象中间件

面向对象中间件（Object-Oriented Middleware，OOM）将程序设计模型从面向过程提升为面向对象，对象之间的方法调用通过对象请求代理（Object Request Broker，ORB）转发。ORB能够为应用提供位置透明性和平台无关性，接口定义语言（Interface Definition Language，IDL）还可提供语言无关性。此外，该类中间件还为分布式应用环境提供多种基本服务，如名录服务、事件服务、生命周期服务、安全服务和事务服务等。其代表产品有CORBA、DCOM和Java RMI。

4. 基于事件的中间件（Event-Based Middleware，EBM）

大规模分布式系统拥有数量众多的用户和联网设备，没有中心控制，系统需要对环境、信息和进程状态的变化做出响应。传统的一对一请求/应答模式已不再适应大规模的分布式系。而基于事件的系统以事件作为主要交互方式，允许对象间异步、对等地交互，它特别适应于广域分布式系统对松散、异步交互模式的要求。基于事件的中间件关注于为建立基于事件的系统所需的服务与组件的概念、设计、实现和应用。EBM提供了面向事件的编程模型，支持异步通信机制，与面向对象的中间件相比，它有更好的可扩展性。

5. 面向消息的中间件（Message-Oriented Middleware，MOM）

面向消息的中间件是基于报文传送的网络通信机制的拓展。其工作方式类似于电子邮件：发送者只负责消息的发送，消息内容由接收方解释并产生相应的响应；消息暂存在消息队列中，当需要可在任何时间取出时，通信双方不需要同时在线。

MOM利用高效、可靠的消息传递机制进行与平台无关的数据通信，并基于数据通信实现分布式协调的集成。通过提供消息传递和消息排队模型，可在分布环境下扩展进程间通信，并支持多通信协议、语言、应用程序和软硬件平台。

由于没有同步建立过程，也不需要对调用参数进行编解码，所以消息中间件工作效率高，且具有更强的可扩展性和灵活性，更适合建立大规模的分布式协调。然而，由于不需要建立同步及双方在线，MOM 的异步通信可能不太适合实时性的要求。另外从程序设计的角度看，MOM 的抽象级别较低，容易出错，不易调试。

消息中间件通常有“消息传递/消息队列”及“出版/订阅”两种类型。在交互模式上，前者是“推”模式，后者是“拉”模式。典型的面向消息的中间件产品有 BEA 的 Message Q、微软的 MSMQ、IBM 的消息排队系统 MQ Series，以及 SUN 的 Java Message Queue。消息传递和排队技术主要有以下三个特点。

（1）通信程序可在不同时间运行

程序不在网络上直接交互，而是间接地将消息放入消息队列，它们不必同时运行。当消息放入适当的队列时，目标程序甚至根本不需要运行，即使目标程序在运行，也不意味着要立即处理该消息。

（2）对应于程序的结构没有约束

在复杂的应用情形下，通信程序之间不仅可以是一一对应关系，还可以是一对多或多对多的关系，甚至是这些关系的多种组合。但多种通信方式的组合并未增加应用程序的复杂度。

（3）程序与网络复杂性相隔离

程序将消息放入消息队列或从消息队列中取出，以实现相互间的通信。与此关联的全部活动是面向消息中间件的任务，这些任务包括维护消息队列、维护程序和队列间的关系、处理网络的重启和在网络中移动消息等。由于程序不直接与其他程序交互通信，因此不涉及网络通信的复杂性。

6. 对象请求代理中间件

对象请求代理（Object Request Broker，ORB）的作用是提供一个通信框架，定义异构环境下对象透明地发送请求和接收响应的基本机制，建立对象之间的 Client/Server 关系。ORB 使得对象可以透明地向其他对象发出请求或接收其他对象的响应，这些对象可以位于本地，也可以位于远端。ORB 拦截请求调用，并负责找到可以实现请求的对象、传递参数、调用相应的方法、返回结果等。Client 对象并不知道同 Server 对象通信、激活或存储 Server 对象机制，也不必知道 Server 对象位于何处、用何种语言、使用何种操作系统或其他不属于对象接口的系统成分。Client 和 Server 角色只是用来协调对象之间的相互作用，根据应用的场合，ORB 上的对象可以是 Client，也可以是 Server，甚至两者都是。当对象发出一个请求时，它是处于 Client 角色；当它在接收请求时，它就处于 Server 角色。另外，由于 ORB 负责对象的传送和 Server 的管理，Client 和 Server 之间并不直接连接，因此与 RPC 所支持的单纯的 Client/Server 结构相比，ORB 可以支持更加复杂的结构。

7. 事务处理监控中间件

事务处理中间件又称为事务处理监控器（Transaction Processing Monitors，TPM），它支持分布组件的事务处理。通常有请求队列、会话事务、工作流等模式。多数事务监控器支持负载均衡和服务组件管理，具有事务的分布式两段提交、安全认证和故障恢复等功能。事务处理监控主要有进程管理、事务管理以及通信管理等功能。

（1）进程管理

进程管理包括启动 Server 进程，为其分配任务，监控其执行，并对负载进行均衡。

（2）事务管理

事务管理是保证在其监控下的事务处理应具有原子性、一致性、独立性和持久性。

（3）通信管理

通信管理为 Client 和 Server 之间提供了多种通信机制，包括请求响应、会话、排队、订阅和广播等。

事务处理监控能够为大量的 Client 提供服务，对 Client 请求进行管理并对其分配相应的进程，使 Server 在有限的系统资源下能够高效地为大规模的客户提供服务。

9.2　感知控制层的中间件

感知控制层包含大量的感知设备，这些设备主要分为以无线传感器为代表的传感设备、以 RFID 或 EPC 为代表的自动识别设备、以图像视频为代表的多媒体设备等。由于感知控制层包含了大量异构的感知设备，因而需要各种不同的中间件来保障信息的获取、传送和应用。本节主要介绍无线传感器网络中间件和 EPC/RFID 中间件技术。

9.2.1　无线传感器网络中间件

1. 无线传感器中间件的特点[①]

中间件作为操作系统与应用程序之间的系统软件，通过对底层组件异构性的屏蔽，提供一个统一的运行平台和友好的开发环境，并随着技术的进一步发展，具有了动态重配置、可扩展、上下文敏感等特征。无论是在节点的物理分布，还是在节点间协同处理及系统资源共享上，无线传感器网络都是一个分布式系统，因此，可用分布式系统的处理方法来设计无线传感器中间件。

无线传感器网有限的资源、动态变化的网络环境、应用程序 QoS 的需求以及内在的分布式特性决定了无线传感器中间件的功能需求。从概念层面上讲，无线传感器网络中间件为开发人员提供了一个熟悉的编程范式；从功能层面上讲，其解决了节点的嵌入式本质和分布式问题。

然而，由于无线传感器网络的独特特点和应用程序的多样性，传统中间件的体系结构不能简单应用于无线传感器网络，必须对现存中间件作修改或者开发新的中间件来满足无线传感器网络的如下需求。

（1）性能与资源消耗之间的平衡

由于节点的能量、计算、存储能力和通信带宽资源有限，因此中间件必须是轻量级的。另外中间件也应该提供优化整个系统性能的资源分配机制，在性能和资源消耗之间获取合适的平衡。

（2）无人干涉操作

与传统网络中计算设备的所有者负责维护和配置不同，由于无线传感器网络的节点数目庞大，加上所处环境的限制，人工部署、维护也相对困难，所以中间件应该提供容错、自适应和自维护机制，执行无人干涉操作。

---

① 李仁发等. 无线传感器网络中间件研究进展[J]. 计算机研究与发展，2008，45(3)：383-391, 2008

（3）提供合适的 QoS 机制

在无线传感器网络中，可从应用程序相关和网络相关两种角度看待 QoS。前者把 QoS 视为应用程序相关的一些参数，如覆盖、活动节点数、评估的精确性等，后者考虑底层通信网络怎样有效使用网络资源处理 QoS 约束的传感数据。由于无线传感器网络具有的独特特性，使得传统的端到端 QoS 机制已经无法适应无线传感器网络，因此，中间件也要提供合适的 QoS 机制，在性能、延时和能量使用之间达到一个平衡。

（4）数据融合

数据收集和处理是无线传感器网络的核心功能，然而，大部分应用中都包含了冗余信息，为减小通信开销和能量消耗，一般要进行数据融合，并将融合后的数据传送给用户。

（5）可扩展性与鲁棒性

必须能够灵活支持网络在任何时候、任何地方可扩展，并且要维护一个可以接受的性能级别。同时能够自适应由设备故障、障碍物等因素引起的动态网络环境，支持传感网络的鲁棒性。

（6）系统服务

为方便应用开发，中间件应为开发者针对各种各样的异构计算设备提供一个统一的系统视图，例如编程抽象或者系统服务，单个节点设备仅保留最小功能。

2．无线传感器中间件的分类

传统的中间件位于应用与操作系统之间，屏蔽了底层组件的异构性和分布式环境的复杂性，很好地解决了应用跨不同平台的互操作问题。随着物联网、普适计算的发展，出现了适应动态环境变化和不同 QoS 需求的新中间件技术，其中，无线传感器网络中间件就是其中之一。

无线传感器网络中间件，将能以更加便捷的方式支持应用程序的设计、部署、维护及执行。为了更好地实现这些目标，需在诸如任务与网络的有效交互、任务分解、各节点间协同，在数据处理、异构抽象等方面提供各种机制。

无线传感器网络分布式处理分为单节点控制和网络级分布式控制两个层面，这里根据这一观点结合 WSN 中间件的底层编程范式，将现有 WSN 中间件分为虚拟机、基于数据库、基于元组空间和事件驱动以及自适应中间件 5 类。基于数据库和自适应中间件通常采用耦合的同步通信范式；元组空间和事件驱动中间件通常基于比较灵活的去耦合的异步通信范式，如表 9.2.1 所示，例如，SINA、TinyDB、Cougar 属于数据库类的设计。

表 9.2.1　无线传感器网络中间件设计分类

单节点控制	虚拟机	Mate	
		MagnetOS	
		Sensorware	
网络级控制	耦合范式	数据库	SINA TinyDB Cougar
		自适应	MILAN AutoSpec TinyCubus
	去耦合	元组空间	Agilla TinyLime
		事件驱动	Impala DSWare Mires

3．无线传感器网络中间件参考模型①

无线传感器网络中间件参考模型如图 9.2.1 所示。参考模型主要由通用服务、领域服务和运行支持三大功能构成。

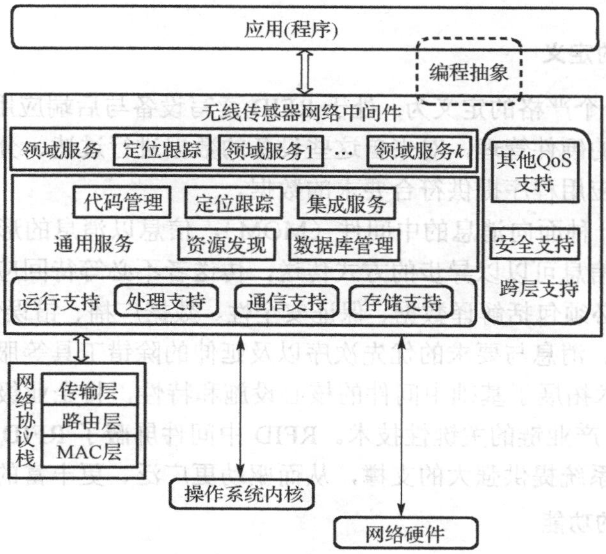

图 9.2.1　WSN 中间件体系结构参考模型

（1）通用服务

通用服务主要指可以被不同的 WSN 应用所共享的服务。通用服务进一步分为：代码管理服务、数据管理服务、资源发现和管理服务以及集成服务。

代码管理：主要指代码的迁移管理、对于已部署网络的代码的更新等；

数据管理：主要指数据的查询、数据存储、数据同步、数据分析和挖掘等；

资源发现和管理：主要指对于新的网络节点的发现，对于失效节点的发现，对于节点资源（能量、A/D 设备、通信模块）的管理和对于网络资源的管理（拓扑管理、路由管理、系统时间管理）等；

集成：主要指 WSN 应用和其他现有系统（例如：Internet，网格，数据库系统）上的应用之间的交互。

（2）领域服务

领域服务的目的是利用通用服务，提供对于特殊领域的中间件算法模块，从而加速领域相关的无线传感器网络应用开发。

（3）运行支持

运行支持提供了应用底层的执行环境。可以被看成嵌入式操作系统的扩展。WSN 的运行支持通常包括对于任务的调度、任务进程间的通信、内存的控制、能量的控制、组件的唤醒和休眠等管理。WSN 的运行支持方面，通常以虚拟机的形式出现，并且和特定的操作系统绑定。例如，Mate 作为此类 WSN 中间件组成部分的代表，就是建立在 TinyOS 操作系统之上

① 王苗苗. 面向普适计算的无线传感器网络中间件研究[D]. 中国科学技术大学博士学位论文，2008

的。QoS 机制是 WSN 中间件的高级特征。WSN 的 QoS 特征通常通过各种 WSN 系统服务来具体体现。

9.2.2 RFID 中间件

1. RFID 中间件的定义

RFID 中间件的一个严格的定义为：处于 RFID 读写设备与后端应用之间的程序，提供了对不同数据采集设备的硬件管理，对来自这些设备的数据进行过滤、分组、计数、存储等处理，并为后端的企业应用程序提供符合要求的数据。

RFID 中间件是一种面向消息的中间件（MOM），信息以消息的形式从一个程序传送到另一个或多个程序。信息可以以异步的方式传送，传送者不必等待回应。MOM 包含的功能不仅是传递信息，还必须包括解译数据、保证安全性、数据广播、错误恢复、定位网络资源、找出符合成本的路径、消息与要求的优先次序以及延伸的除错工具等服务。

RFID 中间件技术拓展了基础中间件的核心设施和特性，将企业级中间件技术延伸到了 RFID 领域，是 RFID 产业链的关键性技术。RFID 中间件屏蔽了 RFID 设备的多样性和复杂性，能够为后台业务系统提供强大的支撑，从而驱动更广泛、更丰富的 RFID 应用。

2. RFID 中间件的功能

RFID 中间件的技术重点研究的内容包括并发访问技术、目录服务及定位技术、数据及设备监控技术、远程数据访问、安全和集成技术、进程及会话管理技术等。大部分的 RFID 中间件提供了以下几个功能。

（1）对读写器或数据采集设备的管理

在不同的应用中可能会使用不同品牌型号的读写设备，各读写设备的通信协议不一定相同，因此需要一个公用的设备管理层来驱动不同品牌型号的读写设备共同工作。对读写器或数据采集设备的管理还包括了对逻辑读写设备的管理。例如一些读写设备，虽然它们所处的物理位置不同，但是在逻辑意义上它们属于同一位置，这种情况下就可以将这些读写设备定义为同一逻辑读写设备进行处理。在中间件中，所有读写设备都以逻辑读写器作为单位来管理，每个逻辑读写设备可以根据不同的应用灵活定义。

（2）数据处理

来自不同数据源的数据需要经过滤、分组、计数等处理才能提供给后端应用。从 RFID 读写器接收的数据往往有大量的冗余数据。这是因为 RFID 读写器每个读周期都会把所有在读写范围内的标签读出并上传给中间件，而不管这一标签在上一读周期内是否已被读到，在读写范围内停留的标签会被重复读取。另一个造成数据重复的原因是由于读写范围重叠的不同读写器，将同一标签的数据同时上传到中间件。除了要处理重复的数据，中间件还需要对这些数据根据应用程序的要求进行分组、计数等处理，形成各应用程序所需要的事件数据。

（3）事件数据报告生成与发送

中间件需要根据后端应用程序的需要生成事件数据报告，并将事件数据发送给使用这些数据的应用程序。根据数据从中间件到 RFID 应用的方法不同可以分为两种数据发送方式。一种是应用程序通过指令向中间件同步获取数据；另一种是应用程序向中间件订阅某事件，当事件发生后由中间件向该应用程序异步推送数据。

（4）访问安全控制

对于来自不同 RFID 应用程序的数据请求进行身份验证，以确保应用程序有访问相关数据的权限。对标签的访问进行身份的双向验证以确保隐私的保护与数据的安全。对需通过网络传输的消息进行加密与身份认证，以确保 RFID 应用系统安全性。

（5）提供符合标准的接口

接口有两个部分，一个是对下层的硬件设备接口，需要能和多种读写设备进行通信；另一个是对访问中间件的上层应用，需要定义符合标准的统一接口，以便更多的应用程序能和中间件通信。

（6）集中统一的管理界面

提供一个 GUI 可以让中间件管理人员对中间件的各系统进行配置、管理。

（7）负载均衡

有些分布式的 RFID 中间件具有负载均衡的功能，即可以根据每个服务器的负载自动进行流量分配以提高整个系统的处理能力。 RFID 中间件扮演了 RFID 硬件和应用程序之间的中介角色，使用 RFID 中间件后，标签数据的获得、处理和使用的各个过程可以相互独立起来。即使存储 RFID 标签信息的数据库软件或后端应用程序增加或更改，或者 RFID 读写设备种类和数量增加或减少等情况发生，应用程序也不需要修改就能正常使用，提高了系统的灵活性和可维护性。

3．基于 EPC 的 RFID 中间件核心功能模块

基于 EPC 的 RFID 中间件的核心模块主要包括事件管理系统（Event Management System，EMS）、实时内存事件数据库（Real-time In-memory Event Database，RIED），以及任务管理系统（Task Management System，TMS）等三个主要功能模块。

（1）事件管理系统（EMS）

EMS 用于收集所读到的标签信息。EMS 的主要任务如下：

（a）能够使不同类型的阅读器将信息写入到适配器；

（b）从阅读器中收集标准格式的 EPC 数据；

（c）允许过滤器对 EPC 数据进行平滑处理；

（d）允许将处理后的数据写入 RIED 或数据库，或通过 HTTP/JMS/SOAP 将 EPC 数据广播到远程服务器；

（e）对事件进行缓冲，使得数据记录器（Logger）、数据过滤器（Filter）和适配器（Adapter）能够互不干扰地相互工作。

MES 的框架结构如图 9.2.2 所示。许多不同型号的阅读器都可以连接到 EPC 中间件，阅读器能够检测 EPC 标签并产生 EPC 事件，阅读器还能产生如温度、湿度等非 EPC 事件。

事件产生传递给适配器后，它们将被传递到一个队列（Queue），在该队列中，事件将自动传递到过滤器，根据不同过滤器的定义，将会过滤不同事件，例如时间过滤器只允许特定事件标记的事件通过。数据记录器与过滤器功能类似，只是记录器主要用于将事件存储在数据库或将事件传送到某种如 Socket、Http 等的网络连接。

EMS 中不同类型的阅读器、队列、过滤器和记录器的工作流程如图 9.2.3 所示。它们之间可通过搭积木的形式处理不同事件。

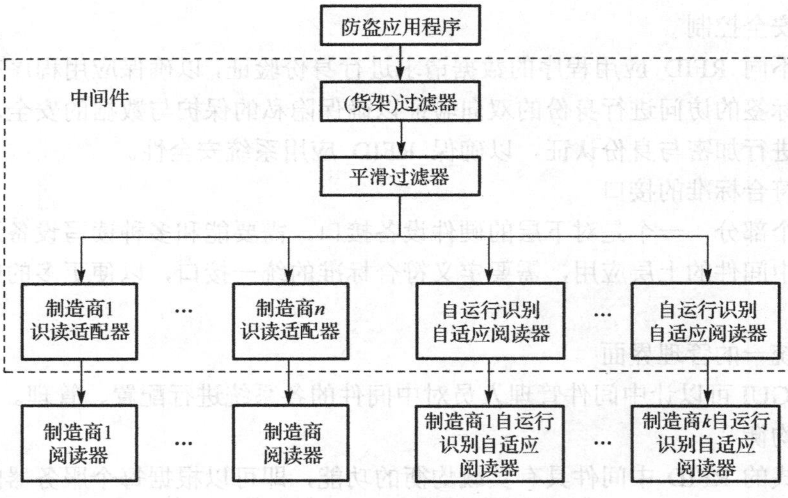

图 9.2.2 MES 的框架结构

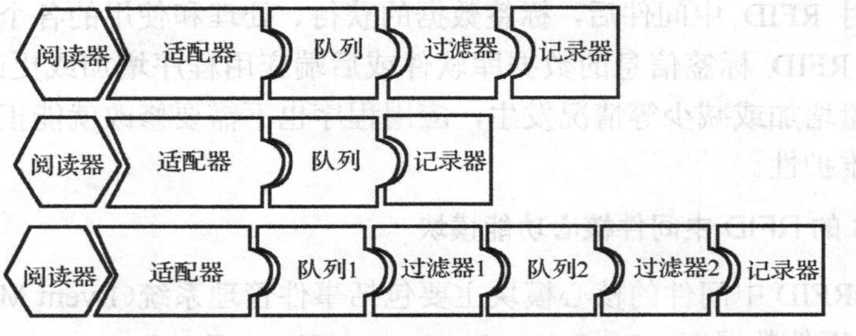

图 9.2.3 积木式结构的事件处理流程

（2）实时内存事件数据库（RIED）

实时内存数据库 RIED 用来存储“边缘 EPC 中间件”事件信息。“边缘 EPC 中间件”用来维护来自阅读器的信息，提供过滤和记录事件的框架。事件记录器（Logger）能够将事件记录到数据库，但数据库不同，它不能在非常短的时间内处理上千个事务，为此 RIED 提供了与数据库互通的接口。RIED 由于是在内存上操作，因此其性能与响应速度大大提升。应用程序能够使用 JDBC 或本地接口访问 RIED，RIED 提供了诸如 SELECT、UPDATA、INSERT 和 DELETE 等的 SQL 操作，RIED 支持一个定义在 SQL92 中的子集，RIED 同时提供了快照功能，能维护数据库不同时间的数据快照。RIED 的模型如图 9.2.4 所示，RIED 的构成如下。

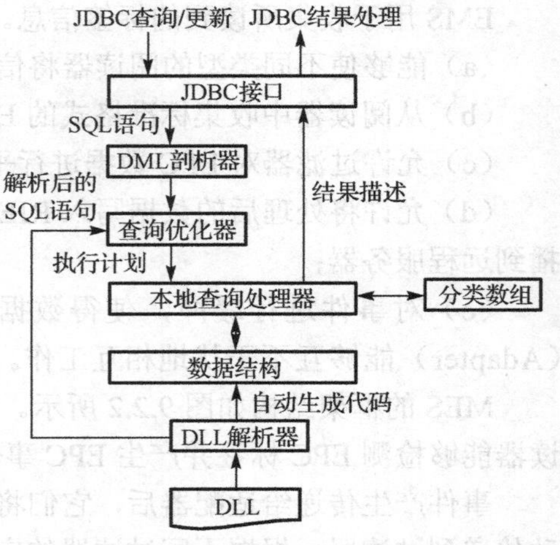

图 9.2.4 RIED 模型

（a）JDBC 接口。JDBC 接口使远程的设备能够使用标准的 SQL 查询语句访问 RIED，并能够使用标准的 URL 定位 RIED。

（b）DML 剖析器。DML 剖析器剖析 SQL 数据修改语句，包括标准 SQL 的 SELECT、INSERT 和 UPDATA 命令。RIED 的 DML 剖析器是整个 SQL92DML 规范的子集。

（c）查询优化器。查询优化器使用 DML 剖析器的输出，将其转化为 RIED 可以查询的执行计划，计划定义中定义的搜索路径是用来找到一个有效的执行计划。

（d）本地查询处理器。本地查询接口处理直接来自应用程序或 SQL 剖析器的执行计划。

（e）排序区。排序区是本地查询接口处理器用来执行排序、分组和连接操作的。排序区应用哈希表来进行连接和分组操作，使得排序更有效。

（f）数据结构。RIED 应用“有效线程安全持久数据结构”来存储不同的数据块，该持久数据结构允许创建新的数据快照，以保证操作的快速响应。

（g）DDL 剖析器。DDL 剖析器处理计划定义文档和初始化内存模型中的不同数据结构，DDL 剖析器还提供查找定义在 DDL 中的查询路径功能。

（i）回滚缓冲。在 RIED 中执行的事务可以提交或者回滚，回滚缓冲持有所有的更新直到事务被提交。

（3）任务管理系统（TMS）

EPC 中间件的 TMS 管理任务的方法与操作系统中的线程管理相似，同时，TMS 提供一些任务操作系统不能提供的特性，如具有时间段任务的外部接口，从冗余的类服务器中随机选择加载 Java 虚拟机的统一类库，调度程序维护任务长久信息，以及任务重启等。

TMS 简化了分布式 EPC 中间件的维护，企业可以通过仅保证一系列的类服务器上的任务更新，并更新相关的 EPC 中间件上的调度任务来维护 EPC 中间件。但这要求硬件和诸如操作系统、Java 虚拟机等核心软件必须定期更新，以便 TMS 编写的任务可以访问所有 EPC 中间件工具。

TMS 的任务可以是多样性的操作，如数据采集、收发一个 EPC 中间件的产品信息、XML 查询、查询 ONS/XML、远程任务调度、删除另一个 EPC 中间件上的任务、远程更新，以及与其他信息管理系统交互等。

EPC 中间件的 TMS 体系架构如图 9.2.5 所示。TMS 系统包含了任务管理器、简单对象访问协议 SOAP（Simple Object Access Protocol）、类服务器和数据库。

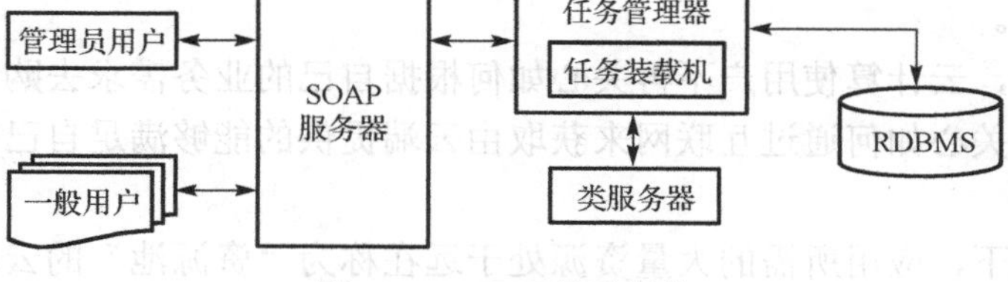

图 9.2.5　TMS 体系架构

（a）任务管理。TMS 主要是代表用户负责执行和维护运行在 EPC 中间件上的任务，每个提交给系统的任务都有一个时间表，时间表中标明任务的运行周期，是否连续执行等。根据任务的特点和与任务相关的时间表，定义如下任务类型：

- 一次性任务。若请求是一次性的查询，则任务管理器就生成该查询任务并返回运行结果。
- 循环性任务。若请求有一个循环的时间表，则任务管理器就将该任务作为持久化数据存储并按照给定的时间表执行该任务。
- 永久性任务。若请求是一个永久性的、需要不断执行的任务，则任务管理器会定期监视该任务，如果任务崩溃，则任务管理器将重新生成并执行该任务。

（b）SOAP 服务器。SOAP 服务器的任务是将功能和任务管理器的接口作为服务形式显露出来，使得所有系统都可以访问。可通过一个简单的部署描述文件来完成部署，该文件描述了哪些任务管理器的方法将显露。

（c）类服务器。类服务器使得给系统动态加载额外服务成为可能，任务管理器指向类服务器并在类服务器有效时加载需加载的新的类。这样可以很容易地实现更新，而添加和修改任务不需要重新启动系统。

（d）数据库。数据库是任务管理器所提供的一个持久性的存储区域，数据库存有提交的任务及其相应进度的详细信息。因此，即使任务管理器崩溃，所有提交给系统的任务仍会被存储起来。在每一个循环中，任务管理器都将查询数据库中的任务并更新相关的记录。

9.3 云计算中间件、物联网中间件及其面临的挑战

9.3.1 云计算中间件

1．云计算中间件的概念

（1）云计算的概念

面向云计算的中间件简称云计算中间件，其主要任务是对云计算涉及的各类网络信息资源进行有效管理，并为云计算应用提供高效、可信的开发、部署和运行的支撑环境。

云计算是互联网上一种新型的网络计算商业模式，它将计算任务分布在由大量计算机所构成的资源池（云）上，使各类应用系统能够根据需要从（云）中获取计算能力、存储空间和各种数据与软件服务。

（2）云计算的两个视角

从系统角度看，云计算把分布在网络上的各种资源，包括基础设施、平台、应用软件等信息资源逻辑上整合在一起，聚集到资源池中加以集中管理，并以虚拟化的有偿服务方式发布和提供给使用者。

从用户角度看，云计算使用户不再关心如何根据自己的业务需求去购买服务器、软件和解决方案，而只需关心如何通过互联网来获取由云端提供的能够满足自己需要的各种信息资源服务。

在云计算模式下，应用所需的大量资源处于远在称为“资源池”的云端，用户不需要关心这些设施所处的具体位置，于是就用网络图中常用的一朵云形象地加以代替。

2．云计算中间件

（1）云计算的体系结构

云计算的体系结构大致可以分为 4 层，自底向上依次是：

第一层，物理资源层，包括各种计算机、存储设备、网络设施、数据库和软件等；

第二层，资源池，包括计算资源池、存储资源池、网络资源池、数据资源池和软件资源池等；

第三层，中间件管理层，主要有资源管理、任务管理、用户管理和安全管理；

第四层，服务构建层，包括服务接口、服务查找、服务访问、服务工作流等。

可以看出，云计算中间件在云计算中处于核心地位，其作用向下是支持各类信息网络资源的集成和聚合，以及对资源池中各类资源实施有效管理；向上需要面向大规模客户端访问，提供资源按需部署和使用、对任务自适应地调度与执行、服务质量控制、用户环境管理、账户管理和多租户的安全保障等支持，为各类用户提供灵活、可信和低成本的自助服务。

（2）云计算中间件主要研究热点

中间件已成为发展云计算的重点，不少云计算解决方案都是基于中间件提出来的。例如，IBM 的云计算解决方案是基于其 WebSphere 中间件体系的；Oracle 的云计算中间件是基于 WebLogic 的；微软的中间件则扩展了.NET 功能。

由于中间件可以视为网络环境上的操作系统，因此目前有研究者把云计算中间件称为云操作系统。从技术路线上看，云计算中间件更多的是从互联网应用的角度研究一体化互联网计算环境，而云操作系统是经典操作系统向互联网资源管理的拓展，两者支持网络计算的目标基本一致，因此，云计算中间件与云操作系统本质上属于同一概念。

云计算是互联网上以数据处理和信息服务为主的一种按需自助服务模式下松散耦合的网络计算，呈现出多种新的网络计算特征：大规模多样化网络资源聚合、按需自助和按量可伸缩性服务、大量客户端访问、多用户共享资源池、服务可度量等。云计算的这些新特征为云计算中间件提出了许多新的挑战性课题。

从技术层面上看，云计算是资源聚合、虚拟化、服务化和效用计算等概念与技术跃升的产物。资源聚合是云计算的基础，虚拟化是云计算的核心，服务化是云计算的灵魂，效用计算是云计算的宗旨。云计算中间件围绕以下技术展开。

（a）数据密集型计算

数据量达 PB 量级（千万亿量级），且仍在不断扩张，并发访问量达 GB 量级，且峰值与平均的访问量可能相差几个数量级。数据类型除数值型外，还涉及大量文本、图形、图像、音频和视频等半结构或非结构化数据。传统的关系数据库已难以满足云计算对海量数据的高效存储与快速检索的要求，也不具备数据存储无缝扩展到整个集群环境中的能力，不支持在运行时将数据存放于内存中。于是，一种放松了事务的一致性约束，但具有更好分区容错和更高可用性的非关系数据库 NoSQL 应运而生。

（b）虚拟化

虚拟化是将实体计算资源进行逻辑抽象而创建虚拟计算资源的过程。由虚拟化创建的虚拟资源通常比实体资源具有更丰富的功能、更灵活的可配置性或者更友善的应用接口。经过逻辑抽象后，实体资源成为制式化和同构化的虚拟资源，从而能够达到屏蔽实体资源多样性的目的，使应用不必关心实际的服务资源。虚拟化的实现主要依靠软件技术，特别是中间件的解释、映射、包装、调度和管理等技术。实际上，从虚拟化的视角看，操作系统的主要作用便是将硬件裸机改造成为一台资源利用率更高、运行环境更好、使用和管理更加方便、功能更加强大的虚拟机器。在云计算中，基础设施或硬件的虚拟化是当前的研究热点，涉及的主要调度与管理技术有集群计算和分区计算两类。前者是多到一的虚拟过程，如将多台服务器虚拟化为具有单一映像的一台服务器，通过负载均衡等集群技术，以提高整个系统的计算能力和可扩展能力，或提升系统的容错水平；后者是一到多的虚拟过程，如通过动态可配置的分区等技术，将一台大型服务器虚拟化为可以同时满足不同租户要求的几台甚至上百台相互隔离的、运行不同操作系统实例的虚拟服务器，以实现不同应用在虚拟化平台上的整合，简化系统的部署和管理，提高资源的利用率，以及让信息技术对未来业务的变化更具适应力。实际上，前者属于资源聚合，后者属于按需服务，两者是密切关联的。上述虚拟化过程还应在网络、存储、数据、平台和软件服务各个层次加以展开。为了使云计算的各类实体资源变换成同构的虚拟资源，需要构建一个完整的信息资源的虚拟化环境。如何通过多层次、多方位的虚拟化技术实现云计算平台各类信息资源的无差别共享，使云计算平台成为集中式同构无限可扩展的网络计算平台，是云计算中间件需要不断深入探索的课题。

（c）资源共享

云计算服务模型有三种，分别是基础设施即服务（IaaS）、平台即服务（PaaS）、软件即服务（SaaS），服务化是当今信息社会各类信息资源共享的主流模式，它们也构成了云计算的基本概念框架。云计算面对大量存在、广泛分布、访问方式多样和对服务质量要求各异的云用户，必须具备泛在的快速提供各类云服务的能力。为应对“无限”的云服务供给需求以及负载可变的应用场景，云计算中间件平台应该具有良好的计算弹性和管理大规模计算的能力。为此，需要在面向服务的体系架构和面向服务的计算、基于服务分发技术的按需弹性云服务运行环境、资源按需使用的弹性伸缩技术和自适应集群调整方法以及高效而准确的服务发现、自动而有效的服务组合和服务协同等方面取得新的更大的技术突破。

（d）多承租效用计算

多承租效用计算旨在最大限度地使云计算各类信息资源为多租户提供优质而安全的共享服务。资源能否充分高效共享，是云计算有别于传统企业计算的本质特征。多承租是云计算资源的使用模式，它使云计算可以在应对峰值需求的同时有效避免大规模的资源闲置。多承租所面临的主要挑战是如何在多层次灵活地支持多承租以及如何在多租户之间实现有效的资源隔离与共享。显然，资源共享的程度越高，相应的资源管理的难度就越大。目前，支持多承租的各种资源共享方案、弹性管理技术、自适应机制、多级负载均衡策略以及面向多租户进行优化部署与资源使用等技术，已成为云计算中间件的重要研究课题。另一方面，因为云应用与云平台是松散耦合的，多种用户、多类应用和多种服务同时驻留、运行在云平台上，用户之间还可能存在着某种复杂的交互关系，因此，恶意破坏、数据泄密、账户或服务劫持等信息安全问题在云计算系统中显得尤为突出。云计算中间件如何在多个层次、多个租户之间灵活地支持云计算在公用计算环境下安全、可信的效用计算，是当前人们极为关切的又一个研究热点。相应的关键技术主要包括权限分离框架、严密的访问控制和审计、加强的数据加密和各种隐私保护技术等。

9.3.2 物联网中间件及其面临的挑战

物联网是通过感知设备按照约定的协议把各种“物”与网络连接起来进行信息交换和通信，以实现智能化识别、定位、跟踪、监控和管理的一种信息网络。附着在“物”上的感知设备通过各种短距离通信与互联网互连，以实现信息的传送与交互，并基于诸如云计算等信息系统的中间设施进行信息存储、管理、应用、处理和服务，实现对物理世界的深度感知。

实际上，物联网与云计算是密切相关的，从网络的方面来看，物联网可以说是普适计算[①]

① Shiele G, Handte M, Becker C. Pervasive computing middleware[M]. Handbook of Ambient Intelligence and Smart Environments, 2010. 201-227.

（或移动计算）和云计算的融合，或者说，物联网是一种泛在化的或移动的云计算。因此，云计算中间件的所有关键技术原则上也应该是物联网中间件的关键技术。物联网涉及感知、互连互通和智能处理与应用这三大核心功能，这三大功能都涉及了中间件技术。

（1）感知和互连

在底层的感知和互连互通方面，物联网中间件的主要研究目标是屏蔽底层硬件及网络平台的差异，支持物联网应用开发与运行，保障物联网系统的高效部署与可靠管理。已经研制和正在不断发展的物联网中间件规范主要有：用于读取 RFID 标签数据的接口标准 EPC，用于数据交换和过程控制的工业标准 OPC，用于无线传感网应用开发、维护、部署和运行的技术规范 WSN 以及为各种嵌入式设备提供的基于 Java 技术的通用运行环境的中间件及相关的开放标准 OSGi 等。由于物联网具有资源环境受限、系统规模庞大、设备异构、网络动态变化等特点，因此如何用负载指派等技术和更有效的机制支持传感器节点的低功耗通信并延长传感器节点的寿命，支持在网络动态变化情况下维持整个系统的性能和健壮性，且在可靠性、能量消耗和系统响应速度之间加以折中等，都是亟待深入探索和研究的课题。

（2）海量数据的实时处理

物联网智能应用的一大特点是对海量传感器数据或事件的实时处理。面对来自大量不同感知设备的数据源，且不断增长的不确定海量时序关联数据和相关的海量感知事件，面向服务的中间件技术已难以发挥作用，复杂事件处理中间件及其相应的事件驱动架构成为物联网大规模应用的核心研究内容。

事件驱动架构的优点在于能使物联网应用系统针对海量传感器事件，在很短的时间内做出反应，复杂事件处理中间件通过其边缘服务器从系统中获取大量统称为事件的信息，将其过滤组合，并进行基于规则引擎的智能处理和基于数据流的分析计算。如何有效支持不确定海量时序关联数据流的数据级、特征级和决策级等多层次的数据融合，支持物联网服务的动态发现和动态定位，以及应对越来越多的感知层、传输层和应用层等多层次的安全挑战，是当前物联网中间件的重要研究热点。

（3）多网融合环境和泛在化

物联网是互联网向其他网络延伸的一种新型应用模式，因此物联网中间件还面对着以互联网为中心的多网融合环境和泛在化的需求挑战。相关的关键技术主要包括自适应软件体系结构和普适计算环境下的共性支撑服务两个方面，其中，运行时的构件自适应切换、服务自主组合和动态环境下的自适应应用等技术都颇具挑战性。自适应软件体系结构方面的研究课题主要有基于自主单元的普适计算空间建模方法、基于构件技术的轻量级自适应模型、基于微内核架构和内置策略管理的自适应软件实现机制等；共性支撑服务方面主要有信息空间与物理空间的整合技术、面向多网融合的自适应通信与互操作机制、面向分布实时嵌入式设备的服务质量保障等。

小　结

中间件是一种独立的系统软件，分布式应用软件凭借这种软件在不同的技术之间共享资源。中间件位于客户机/服务器的操作系统之上，用来管理计算机资源和网络通信。

本章首先介绍了中间件的基本概念、中间件的体系框架、中间件分类；其次介绍了感知控制层的中间件中最重要的无线传感器中间件、基于 EPC 的 RFID 中间件；最后介绍了云计算中间件，同时也介绍了物联网中间件所面临的挑战。

习　题

1．中间件是如何定义的？中间件有何含义？
2．物联网中间件具有何主要特点？
3．中间件主要可分为哪几类？试简述各类的功能或特点。
4．无线传感器中间件有哪些特点？
5．无线传感器网络中间件设计主要分为哪些类？
6．试简述无线传感器网络中间件参考模型。
7．RFID 中间件的功能主要有哪些？
8．试简述云计算中间件的基本概念与作用。
9．云计算中间件的研究热点有哪些？
10．物联网中间件面临哪些主要挑战？

第 10 章　云计算与大数据

本章学习目标

通过本章的学习，应掌握云计算的定义、基本概念及模型。了解云计算的虚拟化技术、云计算的机制以及云计算的基本架构。掌握大数据的概念和典型的大数据处理系统、大数据处理的基本流程，了解 Hadoop 分布式大数据系统。

本章知识点

- 云计算的定义、基本概念及模型
- 云计算的虚拟化技术、云计算的机制以及云计算的基本架构
- 大数据的概念
- 大数据处理的基本流程

教学安排

10.1　云计算基础（4 学时）
10.2　云计算机制（4 学时）
10.3　大数据技术（4 学时）

教学建议

本章是物联网的关键技术之一，是构建物联网应用的核心技术，对于初学者较抽象。在教学中，建议重点讲授云计算的基础。在讲授云计算机制时，应重点讲授虚拟化技术。在讲授大数据技术时，应重点讲授大数据的“3V”特征，并建议学生访问www.hadoop.apache.org 网站，了解相关知识与技术。

云计算（Cloud Computing）①是互联网相关服务的提升、使用和交付模式。云计算通过互联网来提供动态、易扩展、虚拟化的计算资源，是计算机软硬件技术和互联网技术发展到一定程度的产物，是现今分布式计算的一种典型技术的代表，它为物联网的应用服务提供了一种虚拟化、可扩展的计算资源，是物联网的关键技术之一。

大数据是信息社会的产物，它具有规模大、种类多、获取与处理高速频繁的特点，是传统数据库技术难以处理的信息。物联网的广泛应用将产生海量的异构数据，这些数据具有大

① 百度百科中对云计算的定义

数据的明显特征，需要采用大数据技术对其进行高速、并行处理，挖掘其中的知识，以获得有价值的应用。

物联网需要云计算和大数据技术作为支撑，物联网中庞大的、异构的感知设备所感知的海量信息就是典型的大数据，它需要云计算对其进行存储、处理和应用，因此云计算和大数据自然就成为了物联网的关键技术。

10.1 云计算基础

10.1.1 云计算的起源与定义

1. 云计算的起源

云计算不是现今才出现的概念，云计算的思想可以追溯到20世纪60年代，经过半个世纪的发展才形成了如今的概念与技术，它才以全新的面貌展现在世人面前，为人们提供便捷、廉价的计算资源。

（1）效用计算与网络技术催生了云计算

“如果我倡导的计算机能在未来得到使用，那么有一天，计算机可能像电话一样成为公用设施。……计算机应用（Computer utility）将成为一种全新的、重要的产业基础。”这是John McCarthy在1961年提出的，其思想是为了阐述效用计算的概念。John McCarthy将计算机及其应用设想为公共设施，这也是当下云计算的IaaS（Infrastructure as a Service，基础设施即服务）的概念。

“现在，计算机网络还处于初期阶段，但随着网络的进步和复杂化，我们将可能看到‘计算机应用’的扩展……”这是ARPANET[①]项目（Advanced Research Project Agency Network）首席科学家Leonard Kleinrock在1969年所提出的。他的思想透露出了网络与计算机应用的关系，也就是现今的云计算是建立在网络基础上的思想。

20世纪90年代出现的互联网使得人们进入了以互联网为基础设施的信息化时代，互联网的广泛应用与普及带来了以用户服务为中心的理念，从而奠定了现代意义下的云计算的核心概念。

（2）远程服务加快了云计算的发展

20世纪90年代后期，Salesforce.com首先在企业中引入了远程提供服务的概念。2002年，Amazon.com启动了Amazon Web服务平台，该平台为一套面向企业的服务、提供远程配置存储、计算资源以及业务功能的软件。这两种服务都是目前云计算提供的基础服务，可见这种远程服务加快了云计算的发展。

（3）早期的“网络云或云”与现在的“云”的异同

20世纪90年代，在整个网络行业出现了“网络云”或“云”的术语，但它的含义与现今的概念有所区别。它是由于异构公共或半公共网络中数据传输方式而导致的一个抽象层，这些网络属于数据通信范畴，采用的是分组交换。它的组网方式支持数据从本地一个节点传输到广域网的“云”中，然后再传送到特定的节点，此地所指的“云”是广域网。

---

① 互联网的前身

2006 年，"云计算" 这一术语才出现在商业领域。这期间，Amazon 推出了弹性云计算服务（Elastic Computer Cloud，EC2），企业可以通过租赁计算容量和处理能力来运行企业的应用程序；与此同时，Google Apps 也推出了基于浏览器的企业应用服务。2009 年，Google 应用引擎（Google App Engine）成为云计算发展的一个非常重要的历程。

可以看出，计算机应用的效用化及互联网的普及化带来了云计算概念的诞生与发展，企业推出的远程服务及远程计算资源的租赁使得云计算真正成为一种全新的信息技术。

2．云计算的定义

云计算有多种定义，先后由 Gartner 公司、Forrester Research 公司及 NIST（美国国家标准与技术研究院）等给出。但目前广泛被接受的定义是 NIST 于 2011 年 9 月发布的修订版的定义。

（1）NIST 给出的定义

云计算是一种模型，可以实现随时随地、便捷地、按需地从可配置计算资源①共享池中获取所需资源（例如，网络、服务器、存储、应用程序及服务），资源可以快速供给和释放，使管理的工作量和服务提供者的介入降低至最少。这种云模型由五个基本特征、三种服务模型和四种部署模型构成。

（2）Thomas Erl 等人给出的定义

Thomas Erl②等人给出了云计算的简洁定义，即云计算是分布式计算的一种特殊形式，它引入了效用模型来远程供给可扩展和可测量的资源。

（3）本书的定义

云计算是一种基于网络的分布式计算，它可以按需提供给用户可扩展和可计量的计算资源。

3．云计算的技术创新

云计算是一种信息技术的创新，它的创新是在以下几个技术上的创新，这些技术的成熟应用与集成造就了云计算。

（1）集群化的冗余与故障转移

集群化是一组相互独立的信息技术资源以整体形式工作，它具有冗余和容错性的特点，当个体的可用性与可靠性提高时，整体的性能得到提高，可靠性将会得到极大的提升。

硬件集群的一个必备条件是其组件系统由基本相同的硬件和操作系统构成，当一个故障组件被其他组件替代后，集群的性能不会有明显的降低。构成组件的设备通过专用高速网络来保持同步。内置冗余和故障转移是云计算的核心概念。

（2）网格计算

网格计算为计算资源提供了一个高性能的计算资源池，这个资源池由一个或多个逻辑池组成，它们统一协调为一个高性能的分布式网格，有时也称为"超级虚拟计算机"。网格计算与集群计算的区别是，网格计算的耦合更加松散、分散。因此，网格计算协调可以包含异构系统，且可以处于不同地理位置，而集群计算则不具备松散、分散、异构和异地的特性。

---

① 计算资源是指各种硬件和软件资源（如服务器、软件、网络等与计算相关的实体）。

② Thomas Erl 等（著），龚奕利等译. 云计算概念、技术与架构[M].北京：机械工业出版社，2015 年 5 月

网格计算与云计算密切相关，网格计算方面的部分特性融入了云计算，如网络接入、资源池、可扩展性和可恢复性等。

网格计算是以中间件为基础的，该中间件是在计算资源上部署的，这些资源构成网格池，实现一系列负载分配和相互协调。中间件可以包含负载逻辑、故障转移控制和自动配置管理，有观点认为云计算是早期网格计算的衍生品。

（3）虚拟化

虚拟化是一个技术平台，用于创建信息资源的虚拟实例。虚拟化软件允许物理资源提供自身多个虚拟映像，这样多个用户就可以共享它们的底层处理能力。

虚拟化技术摆脱了软件与硬件的绑定，消除了软件对硬件的依赖。虚拟化是云计算的主要特征之一。

（4）使能技术

云使能技术（Cloud-enable technology）对于云计算有着非常重要的作用，主要包括宽带网络与 Internet 架构、数据中心技术、虚拟化技术、Web 技术、多租户技术和服务技术。

10.1.2 云计算基本概念及模型

1. 基本概念与术语

（1）云（Cloud）

云是指一个独特的计算环境，它可以按需提供给用户可扩展和可计量的计算资源。云这个术语原来比喻 Internet，在本质上是由网络构成的，可用于对一组分散的计算资源进行远程访问。云的符号如图 10.1.1 所示。在云计算出现之前，云符号代表 Internet，在云计算中专门表示云环境边界。

（2）计算资源

计算资源是指一个与计算有关的物理或虚拟的实体，它可以是硬件（如服务器或网络），也可以是虚拟服务器或软件。图 10.1.2 所示为一个云环境的边界，这个云环境容纳并提供了一组计算资源。

图 10.1.1 云符号，用于表示云环境的边界

图 10.1.2 包含计算资源的云

（3）云用户与云提供者

提供基于云计算资源的一方称为云提供者（Cloud Provider），使用基于云的计算资源的一方称为云用户（Cloud Consumer）。

（4）可扩展性

从计算资源的角度看，可扩展性是指计算资源可以增加或减少的使用需求的能力。可扩展性主要有两种类型：第一种是向外或向内扩展的水平扩展；另一种是向上或向下扩展的垂直扩展。

（a）水平扩展

分配和释放计算资源属于水平扩展（Horizontal Scaling），如图 10.1.3 所示。水平分配资源也称为**向外扩展**（Scaling Out），水平释放资源也称为**向内扩展**（Scaling in），两者都是云环境下的常规扩展模式。在图 10.1.3 中，一个虚拟服务器计算资源得到了扩展，增加了更多的计算资源，原来的一个虚拟服务器 A，增加了 B、C 两个虚拟服务器。

（b）垂直扩展

当现有计算资源被具有更大或更小容量的资源所替代，则为垂直扩展（Vertical Scaling），如图 10.1.4 所示。被具有更大容量计算资源替代称为**向上扩展**（Scaling up）；被具有更小容量的计算资源所替代称为**向下扩展**（Scaling down）。在图 10.1.4 中，原来的 4 核 CPU 被现在的 8 核 CPU 所替代，增加了计算能力。

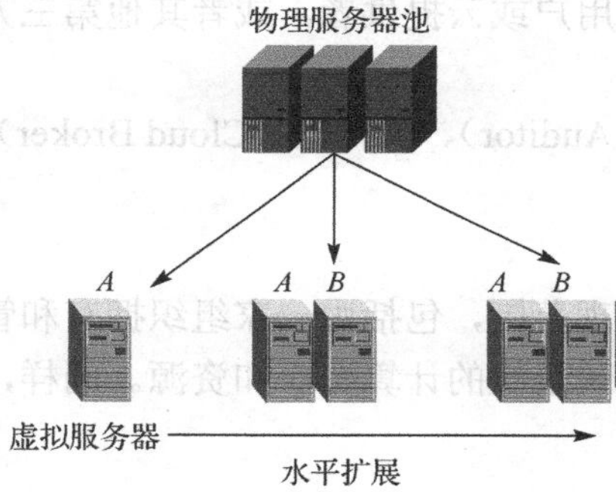

图 10.1.3 计算资源水平扩展

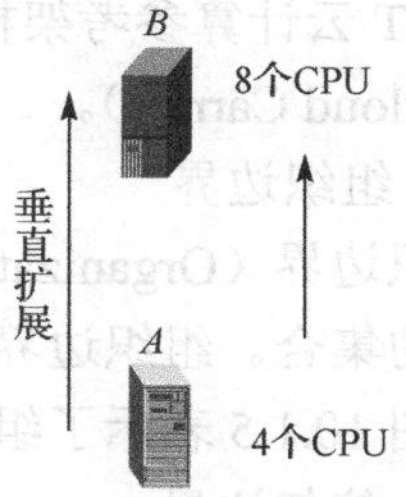

图 10.1.4 垂直扩展

（5）云服务

云服务（Cloud Service）是指任何可以通过远程访问的计算资源。云服务的含义较宽泛，可以是一个简单的 Web 程序，或者是管理工具，也可以是更大环境和其他计算资源远程接入点。

云计算是以服务形式提供计算资源的，这些服务封装了其他计算资源，向客户端提供远程应用功能，亦即“作为服务”（As-a- Service）。

（6）云端用户

云端用户（Cloud Consumer）是一个临时的运行角色，由访问云服务的软件承担此功能。常见的云端用户可为软件程序、服务、工作站、笔记本电脑和移动终端等。

云计算可以降低用户的投资，提高计算资源的可扩展性，提高可用性和可靠性。

2. 云概念与模型

（1）角色与边界

依照与云以及承载云的计算资源之间的关系和交互状况，组织机构与人可以在云环境中承担不同类型的、事先定义好的角色，各角色参与云计算活动，履行与之相应的职责。角色可分为以下几种。

（a）云提供者

提供云计算资源的组织机构称为云提供者（Cloud Provider）。如果角色是云提供者，则组织机构要依据 SLA[①]保证，负责向云用户保证云服务可用。云提供者的一个重要任务是进行必要的管理，以保证整个基础设施的持续运行。

云提供者通常拥有计算资源，可供云用户租用，也有些云提供者会“转租”从其他云提供者那里租用的计算资源。

（b）云用户

云用户（Cloud Consumer）是组织机构或人，他们与云提供者签订正式的合同来使用云提供者提供的可用计算资源。

（c）云服务拥有者

拥有云服务的个人或组织称为云服务提供者（Cloud Service Owner）。云服务拥有者可以是云用户或者是拥有该云服务的云提供者。

（d）云资源管理者

云资源管理者（Cloud Resource Administrator）是负责管理包括云服务在内的云计算资源的人或组织。云资源管理者可以是云服务所属的云用户或云提供者，或者其他第三方。

（e）其他角色

NIST 云计算参考架构定义了云审计者（Cloud Auditor）、云代理（Cloud Broker）和云运营商（Cloud Carrier）。

（f）组织边界

组织边界（Organizational Boundary）是一个物理范围，包括由一家组织拥有和管理的计算资源的集合。组织边界不表示实际的边界，只是该组织的计算资产和资源。同样，云也有边界。图 10.1.5 表示了组织边界。

（g）信任边界

信任边界（Trust Boundary）是一个逻辑范围，通常会跨越物理边界，表明计算资源受信任的程度，如图 10.1.6 所示。在分析云环境时，信任边界常常与作为云用户的组织发出信任关联到一起。

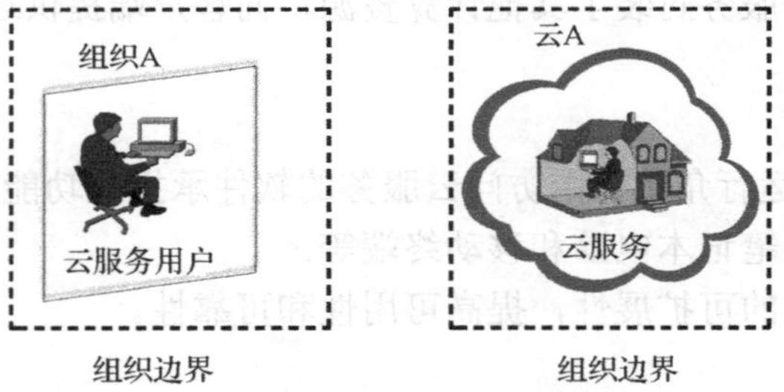

图 10.1.5　云用户（左）和云提供者（右）的组织边界（虚线表示）

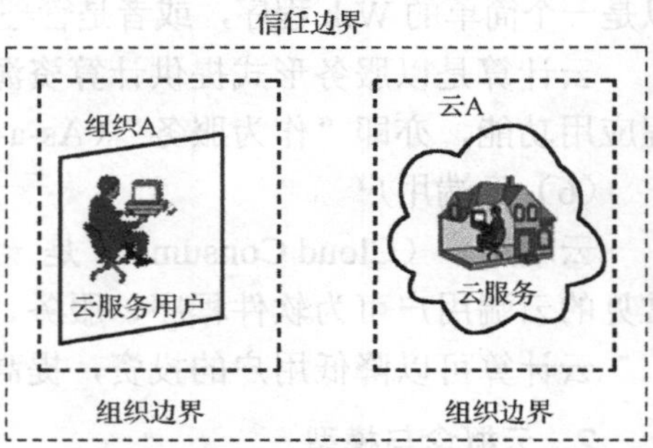

图 10.1.6　扩展的信任边界包括了云提供者和云用户的组织边界

① SLA，Service-Level-Agreement，服务水平协议。是云提供者与云用户之间签订的服务条款，主要规定了 QoS 的特点、行为、云服务限制等，以及其他条款。

（2）云计算的 6 大特性

（a）按需使用

云用户可以单向访问云计算资源，自助配置计算资源，对自助配置计算资源的访问可以自动化，不再需要云用户或云提供者的介入。这就是按需使用（On-Demand Usage）的环境，也称为“按需自助服务使用”。

（b）泛在接入

泛在接入（Ubiquitous Access）是一个云服务可被广泛访问的能力。要使云服务能泛在接入可能需要支持的一组设备、传输协议、接口安全技术。要支持这种等级的访问，通常需要裁剪云服务架构来满足不同云服务用户的特殊需求。

（c）多租户与资源池

一个软件的实例能够服务不同用户或租户，租户之间相互隔离，使得软件程序具有这种能力的特性称为多租户（Multi-tenancy）。云提供者将它的计算资源放到一个池里，使多租户模型来服务多个云服务用户，这些模型通常依赖虚拟化技术。通过多租户技术，可以根据云服务用户的需求动态分配计算资源。

资源池允许云提供者将大量计算资源放到一起为多用户服务。不同的物理和虚拟计算资源是根据云用户的需求动态分配和再分配的。资源池常常是通过多租户技术来实现的。单租户与多租户的区别如图 10.1.7 和图 10.1.8 所示。

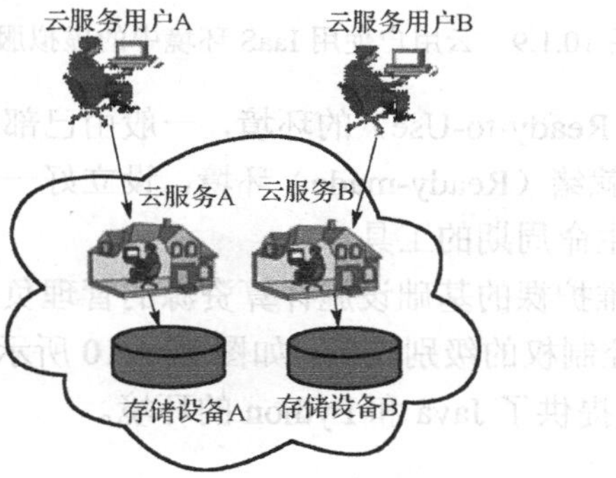

图 10.1.7　单租户环境中，每个云用户都有单独的计算资源实例

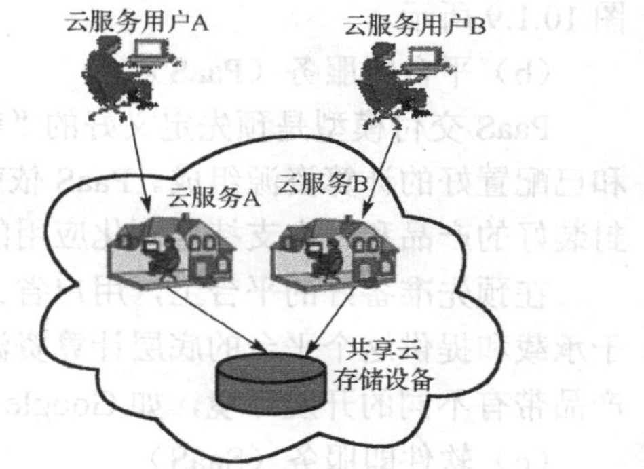

图 10.1.8　在多租户环境中，计算资源的一个实例要服务多个用户

（d）弹性

弹性（Elasticity）是一种能力，云根据运行时的条件或云提供者事先确定的要求自动透明地扩展计算资源。弹性是云计算的核心技术。

（e）可计量使用

可计量使用（Measured Usage）特性表示云平台记录对计算资源使用情况的能力，这些技术资源主要被云用户使用。根据记录的内容，云提供者只对用户实际使用的资源收费。

（f）可恢复性

可恢复性计算（Resilient Computing）是一种故障转移（Failover）技术，通过多个计算资源的冗余来实现。可以事先配置好计算资源，当一个资源出现故障时，就自动转移到另一个冗余的实体上进行处理。可恢复性可以是指在同一个云中的冗余计算资源，也可以是跨多个云的冗余计算资源。云计算的可恢复性增加了应用的可靠性和可用性。

（3）云交付模型

云交付模型（Cloud Delivery mode）是云提供者提供具体的、事先封装好的计算资源的组合，常见的云交付模型有 IaaS、PaaS 和 SaaS。

（a）基础设施即服务（IaaS）

IaaS 交付模型是一种自我包含的计算资源，由以基础设施为中心的计算资源组成，可以通过云服务接口和工具访问、管理这些资源。这个环境可以包括硬件、网络、连通性、操作系统以及其他一些原始的计算资源。在 IaaS 中计算资源通常是虚拟化的封装，在运行时扩展和定制基础设施就较简单容易。

IaaS 环境一般允许云用户对其资源配置和使用进行更高层次的控制。IaaS 提供的计算资源通常是未配置好的，需要云用户配置管理。

有时，为了扩展自身的云环境，云提供者会从其他云提供者处“购买”一些 IaaS 资源。通过 IaaS 环境得到的计算资源通常是新初始化的虚拟实例。一个典型的 IaaS 环境中的核心和主要的计算资源就是虚拟服务器，虚拟服务器的租用是通过服务器硬件需求来完成的，例如，处理器能力、内存和本地存储框架，如图 10.1.9 所示。

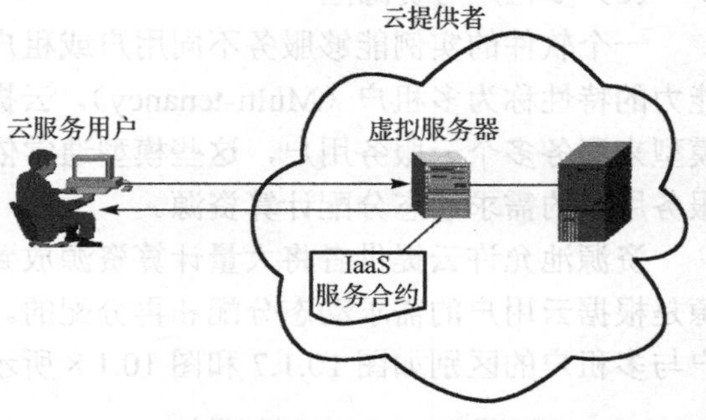

图 10.1.9　云用户使用 IaaS 环境中的虚拟服务器

（b）平台即服务（PaaS）

PaaS 交付模型是预先定义好的“就绪可用”（Ready-to-Use）的环境，一般由已部署好的和已配置好的计算资源组成。PaaS 依赖于使用已就绪（Ready-made）环境，设立好一套预先封装好的产品和用来支持定制化应用的整个交付生命周期的工具。

在预先准备好的平台上，用户省去了建立和维护裸的基础设施计算资源的管理负担。对于承载和提供这个平台的底层计算资源，云用户控制权的级别较低，如图 10.1.10 所示。PaaS 产品带有不同的开发环境，如 Google App Engine 提供了 Java 和 Python 的环境。

（c）软件即服务（SaaS）

SaaS 通常将软件定位为共享的云服务，作为“产品”或通用的工具提供服务。SaaS 交付模型一般是一个可重用的云服务，对大多数云用户可用，如图 10.1.11 所示。

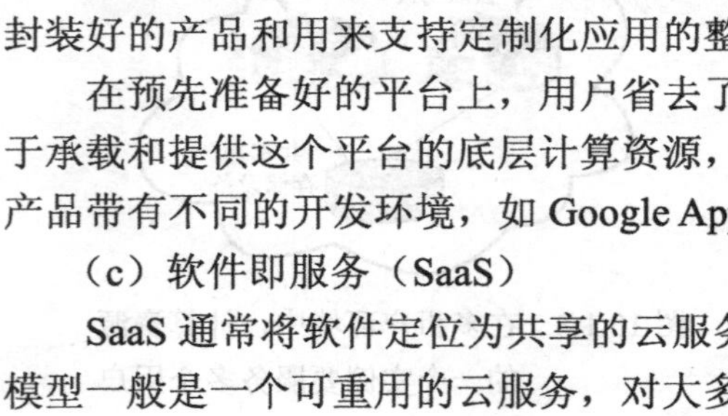

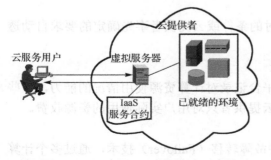

图 10.1.10　云用户访问已就绪的 PaaS 环境

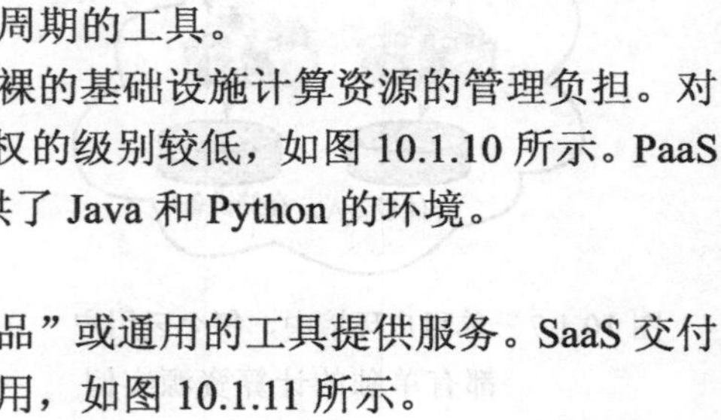

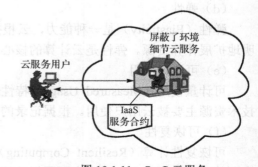

图 10.1.11　SaaS 云服务

交付模型 IaaS、PaaS 和 SaaS 的控制等级、典型行为可汇总如表 10.1.1 和表 10.1.2 所示。

表 10.1.1　交付模型 IaaS、PaaS 和 SaaS 的控制等级

交付模型	云用户的典型控制等级	云用户可用的典型功能
SaaS	使用及其与之相关的配置	前端用户接口访问
PaaS	有限的管理	对云用户使用平台相关的计算资源中的等级进行管理控制
IaaS	完全管理	对虚拟化的基础设施相关的计算资源以及底层物理计算资源的完全访问

表 10.1.2　用户与提供者间的与交付模型有关的典型行为

交付模型	常见的云用户行为	常见的云提供者行为
SaaS	使用和配置云服务	实现、管理和维护云服务，监控云用户的使用
PaaS	开发、测试、部署和管理云服务及基于云的解决方案	实现配置好的平台和在需要时提供底层的基础设施中间件和其他所需的计算资源，监控用户使用
IaaS	建立和配置裸的基础设施，安装、管理和监控所需软件	提供和管理需要的物理处理器、存储器、网络和托管，监控云用户的使用

（d）云交付模型组合

三个基础的云交付模型组成了一个资源提供的层级，可以把这些模型组合起来使用。常见的组合有 IaaS+PaaS，IaaS+PaaS+SaaS。

（4）云部署模型

云部署模型表示的是某种特定的云环境类型，主要是以所有权、大小和访问方式来分类的。常见的云部署有公有云、社区云、私有云和混合云。

（a）公有云

公有云（Public Cloud）是由第三方云提供者拥有的、可公共访问的云环境。公有云里的计算资源通常是由事先描述好的云交付模型提供的。云用户一般需要通过某种商业模式（付费或看广告等）才能获得访问。云提供者负责创建和维持公有云及其计算资源。

（b）社区云

社区云与公有云类似，只有社区内的云用户才可访问社区云。社区云可以是社区成员或提供具有访问限制的公有云的第三方提供者共同拥有的。

社区中的成员不一定能访问或控制云中的所有计算资源。除非社区允许，否则社区外的组织通常不能访问社区云。

（c）私有云

私有云是由一家组织或单位单独拥有的云。在私有云中，组织可以集中访问不同部分、不同位置或部门的计算资源。采用私有云时，从技术上来看，该组织既可以是云用户，又可以是云提供者。

在物理上，尽管私有云可以在组织范围之内，但只要它的计算资源允许云用户远程访问，那么就仍然被认为是“基于云的”。

（d）混合云

混合云是由两个或多个不同云部署模型组成的云环境。例如，云用户可能会选择将处理敏感数据的云服务部署到私有云上，而将其他不那么敏感的云服务部署到公有云上。

10.1.3　虚拟化

虚拟化技术是云计算的关键技术之一。虚拟化是将物理的计算资源转化为虚拟的计算资源的过程。计算资源的虚拟化主要包括以下三个部分：

一是服务器的虚拟化，即将一个物理服务器抽象为一个虚拟的服务器；

二是存储设备的虚拟化，即将一个物理存储设备抽象为一个虚拟存储设备或一个虚拟磁盘；

三是网络的虚拟化，即将一个物理的路由器、交换机等网络设备抽象为逻辑网络，如VLAN。

采用虚拟化软件创建新的虚拟服务器时，首先分配物理计算资源，然后安装操作系统。虚拟服务器使用自己的操作系统，它独立于创建虚拟服务器的操作系统。安装了操作系统的虚拟机的运行过程与在物理服务器上运行一样。

运行虚拟化软件的物理服务器称为主机（Host）或物理主机（Physical Host），其底层硬件可以被虚拟化软件访问。虚拟化软件功能包括系统服务（与虚拟机管理相关的服务），这些服务通常不会出现在标准的操作系统中。因此，这种虚拟化软件有时也称为虚拟机管理器（Virtual Machine Manager）或虚拟机监视器（Virtual Machine Monitor，VMM）。

1．硬件无关性与服务器整合

（1）硬件无关性

在非虚拟化环境下，操作系统是按照特定的硬件进行配置的，当硬件资源发生变化时，操作系统需要重新配置。而虚拟化则是一个转化过程，它对某种硬件资源进行仿真，将其标准化为基于软件的实体。依赖于硬件的无关性，虚拟服务器能够自动解决软硬件不兼容的问题，很容易地迁移到另一个虚拟主机上。

（2）服务器整合

虚拟化软件提供的协调功能可以在一个虚拟主机上同时创建多个虚拟服务器。虚拟化技术允许不同的虚拟服务器共享同一个物理服务器，即服务器整合（Server Consolidation），通常用于提高硬件利用率、负载均衡以及对可用的计算资源的优化。服务器整合带来了灵活性，使得不同的虚拟服务器可以在同一台主机上运行不同的客户操作系统。

（3）资源复制

创建虚拟服务器就是生成虚拟磁盘映像，它是硬盘内容的二进制文件的副本。主机操作系统可以访问这些虚拟磁盘映像，因此，简单的文件操作[①]可以用于实现虚拟服务器的复制、迁移和备份。这种操作和复制是虚拟化技术最突出的特点之一，并可实现以下功能：

（a）创建标准化虚拟机映像

通常包含了虚拟机硬件功能、客户操作系统和其他应用软件，将这些内容预先封装到虚拟磁盘映像，以支持瞬时部署。

（b）增强灵活性

增强迁移和部署虚拟机新实例的灵活性，以便快速向外和向上扩展。

（c）回滚功能

将虚拟机服务器内存状态和硬盘映像保存到主机文件中，可以快速创建虚拟机（VM）快照，操作人员可以很容易地恢复这些快照，将虚拟机还原到之前的状态。

（d）支持业务连续性

支持业务连续性，具有高效的备份和恢复程序，为关键计算资源和应用创建多个实例。

① 简单文件操作是指如复制、移动和粘贴等操作。

2．基于操作系统的虚拟化

基于操作系统的虚拟化是指在一个已存在的操作系统上安装虚拟化软件，该已存在的操作系统称为宿主操作系统（Host Operating System），例如，一个用户的工作站安装了操作系统，现在欲生成虚拟服务器，于是，就像安装其他软件一样，在宿主操作系统上安装虚拟化软件。该用户需要利用这个应用软件生成并运行一个或多个虚拟服务器，并对生成的虚拟服务器直接访问。由于宿主操作系统可以提供对硬件设备的支持，所以，即使虚拟化软件不能直接应用硬件驱动程序，但操作系统也可以支持虚拟机使用硬件驱动程序。图 10.1.12 为基于操作系统的虚拟化逻辑分层结构，其中 VM 首先安装到宿主操作系统上，然后生成虚拟机。虚拟化带来的硬件无关性使硬件计算资源的使用更加灵活。

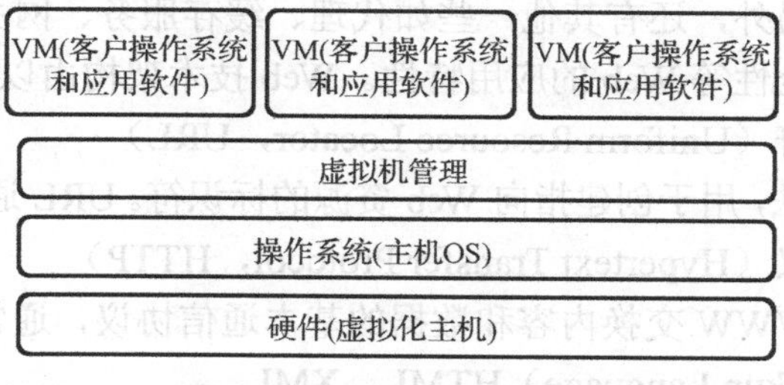

图 10.1.12　基于操作系统的虚拟化逻辑分层结构

虚拟化软件将需要特殊操作系统的硬件计算资源转化为兼容多个操作系统的虚拟计算资源。由于宿主操作系统自身就是一个完备的操作系统，因此，许多用来作为管理工具的操作系统服务可以用来管理物理主机。这些服务有：备份与恢复；目录服务；安全管理。

3．基于硬件的虚拟化与虚拟化管理

（1）基于硬件的虚拟化

基于硬件的虚拟化是指，将虚拟化软件直接安装在物理主机硬件上，这样可以绕过宿主操作系统。由于虚拟服务器与硬件的交互处于宿主操作系统的中间环节，因此，基于硬件的虚拟化具有更高的效率。在这种情况下，虚拟化软件一般是指虚拟机管理程序（Hypervisor），其具有简单的用户接口，所需的存储空间非常小。它由处理硬件管理功能的软件构成，形成了虚拟化管理层。虚拟服务器优化了驱动程序、系统服务和系统的性能开销，使得多个虚拟服务器可以同时在一个硬件平台上进行交互。图 10.1.13 所示为基于硬件虚拟化的逻辑分层，它不需要另一个宿主操作系统。

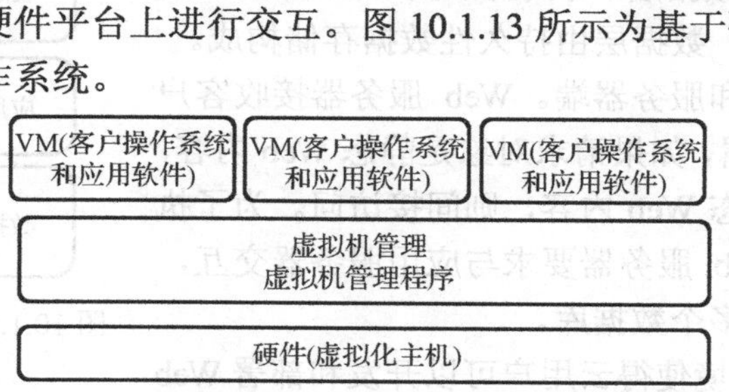

图 10.1.13　基于硬件的虚拟化逻辑分层结构

（2）虚拟化管理

当前的虚拟化软件提供了一些管理功能，使得管理任务自动化，减少了虚拟计算资源的总体负荷。

虚拟化计算资源的管理通常是由虚拟化基础设施管理（Virtualization Infrastructure Management，VIM）工具来实现的，对计算资源可以进行统一管理。

10.1.4 Web 技术

由于 Web 技术通常用来对云服务实现访问应用和管理接口，因此 Web 技术也是云计算的关键技术之一。

1. 基本 Web 技术

WWW 是通过 Internet 访问互连的信息资源系统的。它由 Web 浏览器客户端和 Web 服务器两个基本组件构成。另外，还有其他一些如代理、缓存服务、网关、负载均衡等组件，用来改善诸如扩展性和安全性等 Web 的应用特性。Web 技术架构由以下三个基本元素组成。

（1）统一资源定位符（Uniform Resource Locator，URL）

URL 是一个标准语法，用于创建指向 Web 资源的标识符。URL 通常由逻辑网络位置构成。

（2）超文本传输协议（Hypertext Transfer Protocol，HTTP）

HTTP 是一个通过 WWW 交换内容和数据的基本通信协议，通常 URL 通过 HTTP 传送。

（3）标记语言（Markup Language）HTML，XML

标记语言提供了一个轻量级的方法来表示以 Web 为中心的数据和元数据。HTML 表示 Web 页面样式；XML 允许定义词汇表，以便通过元数据对 Web 数据赋予意义。

Web 浏览器可以请求对 Internet 上的 Web 资源执行读、写、更新或删除等操作，并通过该资源的 URL 对其进行识别和定位。请求通过 HTTP 发送到由 URL 标识的资源主机，然后，Web 服务器定位资源并处理所请求的操作，将处理结果发送给浏览器客户端。

Web 资源也称为超媒体（Hypermedia），以区别超文本，这就意味着包含图形、音频、视频、纯文本和 URL 等，全部可以在单个文件中引用。

2. Web 应用

由于具有高性能的访问性，基于 Web 技术的分布式应用可以用于云环境中。一个 Web 应用的简化通用架构如图 10.1.14 所示，其为三层结构，分别为表示层、应用层和数据层。表示层用于用户界面，应用层用于实现应用逻辑，数据层由持久性数据存储构成。

表示层分为客户端和服务器端。Web 服务器接收客户端请求后，根据应用逻辑，如果请求对象是静态 Web 内容，则直接访问；如果是动态 Web 内容，则间接访问。为了执行请求的应用逻辑，Web 服务器要求与应用服务器交互，该交互将会涉及一个或多个数据库。

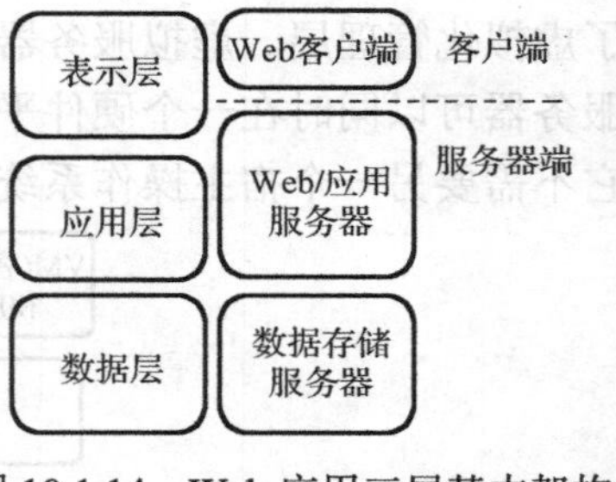

图 10.1.14 Web 应用三层基本架构

已配置好的 PaaS 环境使得云用户可以开发和部署 Web 应用。典型的 PaaS 会为 Web 服务器、应用服务器和数据存储服务器环境提供独立的环境。

3. Web 服务

Web 服务的核心技术由 Web 服务描述语言、XML 描述语言、SOAP 和 UDDI 体现。

（1）Web服务描述语言

Web服务描述语言（Web Service Description Language，WSDL）为标记语言，用于创建WSDL定义，该定义界定了Web服务的应用编程接口，包括独立的操作或功能，以及每个操作的输入/输出消息。

（2）XML模式定义语言（XML Schema Definition Language）

Web服务交换的消息必须采用XML表示。XML模式定义了基于XML的输入/输出消息的数据结构，这些消息由Web服务来交换。XML模式可以直接链接到WSDL定义，或嵌入到WSDL定义中。

（3）SOAP

SOAP的前身为简单对象访问协议，它定义了Web服务交换的请求和响应消息的通用格式。SOAP消息由报文和报头组成，报文是主要消息内容，报头一般包含运行时可处理的元数据。

（4）UDDI

统一描述、发现和集成（Universal Description Discovery and Integration，UDDI）规定服务要进行注册，将WSDL定义发布到服务目录，以便用户发现该服务。

10.2 云计算机制

云计算具有以技术为中心的特点，这就需要建立一系列的技术机制作为架构云计算的基础。本节将介绍多个常用的云计算机制，它们可以形成不同的组合，构建不同的云计算。

10.2.1 云基础设施机制

云基础设施是云环境的基础，是云技术构架基础的主要构件，主要的云基础设施机制有：逻辑网络边界、虚拟服务器、云存储设备、云使用监控、资源复制和已就绪环境等，它们是云平台中常见的核心组件。

1. 逻辑网络边界

（1）逻辑网络边界的定义

逻辑网络边界（Logical Network perimeter）定义为：将一个网络环境与通信网络的其他部分隔开，形成一个虚拟网络边界。它包含并隔离了一组相关的基于云的计算资源，这些资源在物理上可能是分布式的。

（2）用途

逻辑网络边界的机制可被用于以下情形中：

（a）将云中的计算资源与非授权用户隔离；

（b）将云中的计算资源与非用户隔离；

（c）将云中的计算资源与云用户隔离；

（d）控制被隔离的计算资源的可用带宽。

（3）逻辑网络包含的设备

逻辑网络边界通常是由数据中心的网络设备建立的，一般作为虚拟化计算资源进行部署，主要包括：

（a）虚拟防火墙（Virtual Firewall）

虚拟防火墙是一种计算资源，可主动过滤被隔离的网络流量，控制与 Internet 的交互。

（b）虚拟网络（Virtual Network）

虚拟网络一般通过 VLAN 形成，用来隔离数据中心基础设施内的网络环境。

我们可以应用虚拟网络和防火墙，通过一组逻辑网络边界构建逻辑网络布局，如图 10.2.1 所示。

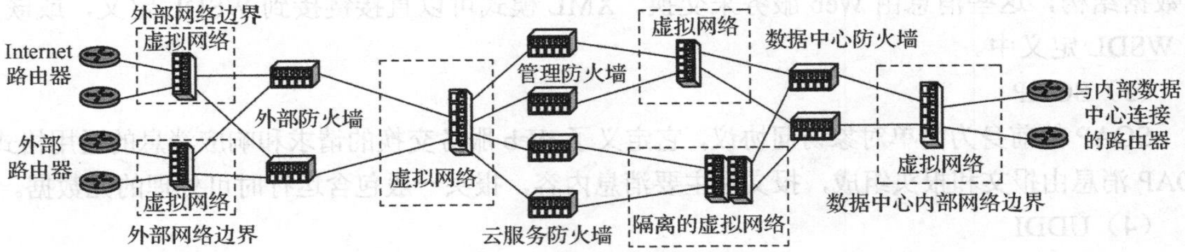

图 10.2.1　逻辑网络布局示例

2．虚拟服务器

虚拟服务器[①]（Virtual Server）是一种模拟物理服务器的虚拟化软件，通过云向用户提供独立的虚拟化服务器实例。云提供者使多个云用户共享同一物理服务器。如图 10.2.2 所示，2 个物理服务器提供了 3 个虚拟服务器。一个给定的物理服务器可以共享的实例数量由其容量决定。虚拟服务器是最基本的云环境构建模块。每个虚拟服务器均可以存储大量的信息资源。

通过安装或释放虚拟服务器，云用户可以定制自己的环境，该环境独立于其他正在使用的由同一物理服务器提供的虚拟服务器。

应用物理服务器、虚拟机监控器和虚拟基础设施管理器（VIM）可以创建分层化的虚拟服务器群组，如图 10.2.3 所示，这些虚拟服务器均由中心 VIM 控制。

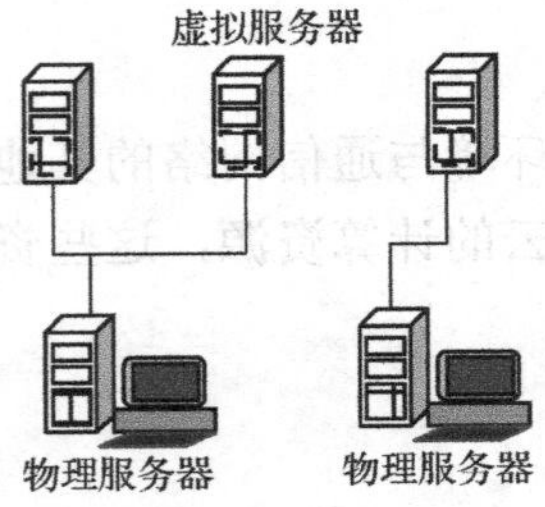

图 10.2.2　虚拟服务器实例

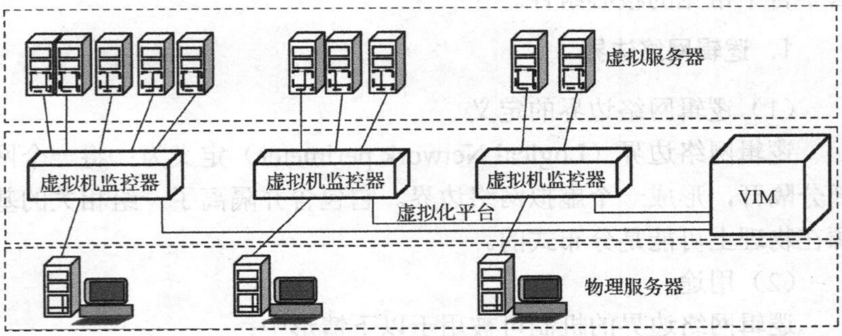

图 10.2.3　虚拟服务器组群

3．云存储设备

云存储设备（Cloud Storage Device）机制是指专门为云配置而设计的存储设备。同物理服务器一样，它可以进行虚拟化。在支持按使用计费的机制时，云存储设备通常可以提供固定增幅的容量分配。另外，通过云存储服务，还可以远程访问云存储设备。

① 虚拟服务器与虚拟机是同一个含义。

云存储的一个主要问题是数据的安全性、完整性和保密性。对于大型数据库存储的性能来说，本地存储的性能要优于远程存储的性能。

（1）云存储等级

云存储设计机制提出的常见数据结构有文件（File）、块（Block）、数据集（Dataset）和对象（Object）。

文件：数据集合分组，存放在文件夹中的文件中；

块：存储的最低级，最接近硬件，数据块是可被访问的最小数据单位；

数据集：基于表格的、以分隔符分隔的或以记录形式组织的数据集合；

对象：将数据及其相关元数据组织为 Web 的资源。

每个数据存储等级通常都与某种类型的接口相关，该接口不仅与特定类型的云存储设备对应，还与 API 的云存储服务对应，如图 10.2.4 所示为部分访问的数据结构与接口。

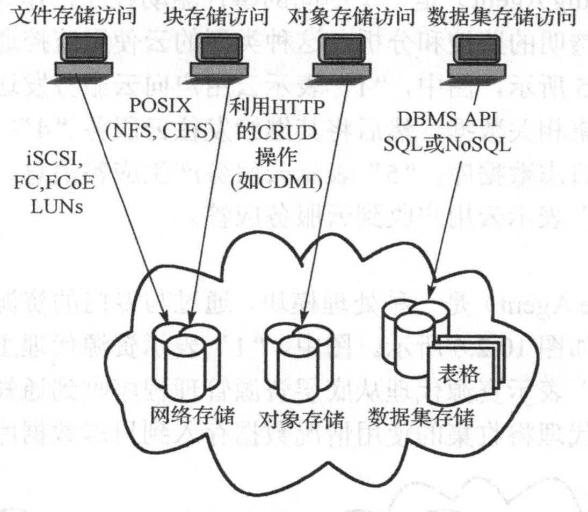

图 10.2.4　不同的云用户采用不同的技术访问云存储设备

（2）网络存储接口

传统的网络存储大多数受到网络存储接口类型的影响，包括了符合标准协议的存储设备，例如，用于存储块和服务器消息块（SMB）的 SCSI，用于文件与网络存储的通用 Internet 文件系统（CIFS）和网络文件系统（NFS）。文件存储需要将独立的数据存入不同的文件，这些文件的大小和格式可以不同，并且可以形成文件夹和子文件夹。当数据发生变化时，原来文件通常要被生成的新文件替换。

块存储要求数据具有固定的格式，其格式最接近硬件，是存储和访问的最小单位。不论是使用逻辑单元号（LUN）还是虚拟卷，与文件级存储相比，块存储通常都具有更好的性能。

（3）对象存储接口

各种类型的数据都可以作为 Web 资源被引用和存储，这即为对象存储，它可以支持多种数据和媒体类型。实现这种接口的云存储设备通常可以通过 HTTP 为主要协议的 REST，或基于 Web 服务的云来访问。SNIA（网络存储协会）的云数据管理接口（CDMI）规范支持使用对象存储接口。

（4）数据库存储接口

基于数据库存储接口的云存储设备机制除了支持基本存储操作外，通常还支持查询语言，并通过标准 API 或管理用户接口实现存储管理。这种存储可分为关系数据库存储和非关系数据库存储两类。

4．云使用监控

云使用监控机制是一种轻量级软件，用来收集和处理计算资源的使用情况数据。根据需要收集的指标和收集数据的方式，云使用监控器可以有不同的实现形式。常见的实现形式为监控代理、资源代理和轮询代理。每种形式都将收集到的使用情况数据发送到日志数据库，以便后续处理和报告。

（1）监控代理

监控代理（Monitoring Agent）是一个中间的事件驱动程序，作为服务代理，驻留在通信路径上，对数据流进行透明的监控和分析。这种类型的云使用监控通常被用来计量网络流量和消息指标。如图 10.2.5 所示，图中，“1”表示云用户向云服务发送请求消息；“2”表示监控代理拦截此消息，收集相关数据，然后将其继续发往云服务“4”；“3”表示监控代理将收到的使用情况数据存入日志数据库；“5”表示云服务产生应答消息，并将其发往云用户，此时监控代理不拦截；“6”表示云用户收到云服务应答。

（2）资源代理

资源代理（Resource Agent）是一种处理模块，通过与专门的资源软件进行事件驱动交互来收集使用情况数据，如图 10.2.6 所示。图中，“1”表示资源代理主动监控虚拟服务器，并检测到使用的增加；“2”表示资源代理从底层资源管理程序收到通知，虚拟服务正在扩展，按照其监控指标，资源代理将收集的使用情况数据存入到日志数据库。

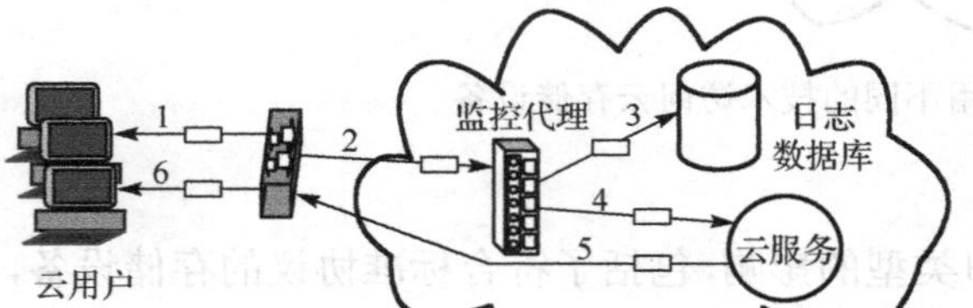

图 10.2.5　监控代理工作流程

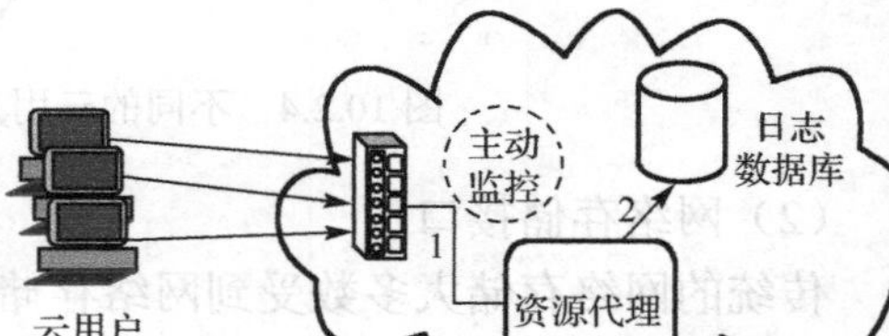

图 10.2.6　资源代理工作流程

它在资源软件级上监控预定义的且可观测事件的使用指标，如启动、暂停、恢复和垂直扩展等。

（3）轮询代理

轮询代理（Polling Agent）是一种处理模块，通过轮询计算资源来收集云服务使用情况数据。它通常被用于周期性地监控计算资源状态，如正常运行时间与停机时间。

5．资源复制

复制被定义为对同一计算资源创建多个实例，通常在需要加强计算资源的可用性和性能时执行。

使用虚拟化技术来实现资源复制（Resource Replication），其基本原理如图 10.2.7 所示。图中，虚拟机监控器利用已存储的虚拟服务器映像复制了该虚拟服务的多个实例。

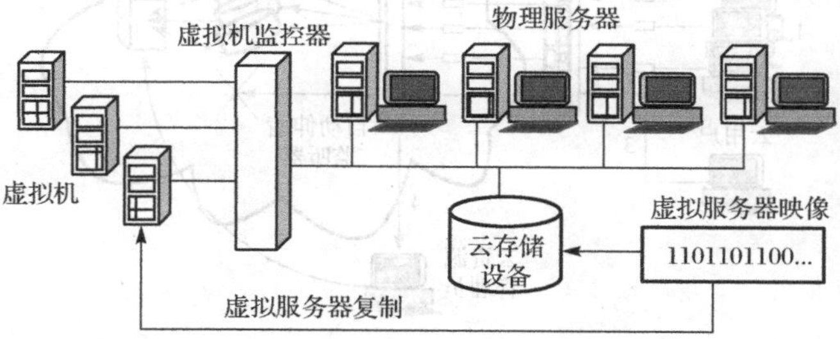

图 10.2.7　资源复制原理

6. 已就绪环境

已就绪环境机制是 PaaS 云交付模型定义的组件，它代表的是预定义的云平台，该平台由一组已安装的计算资源组成，云用户可以使用和定制，如图 10.2.8 所示。云用户使用这些环境在云内远程开发和配置自身的服务与应用程序。典型的已就绪环境包括预安装的计算资源，如数据库、中间件、开发工具和管理工具。已就绪环境通常配备一套完整的软件开发工具包（SDK）。

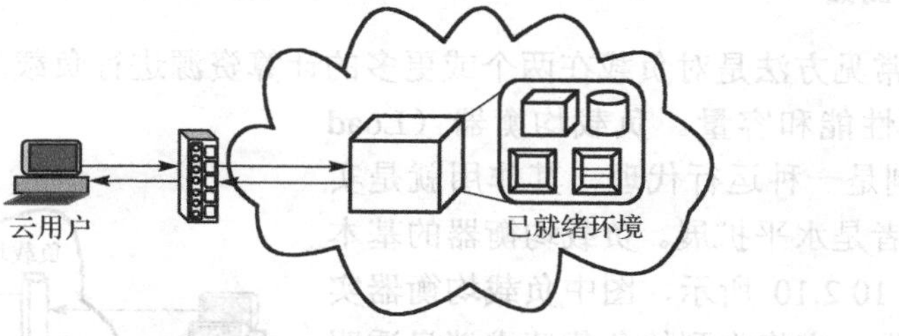

图 10.2.8　云用户访问虚拟服务上已就绪环境

中间件用于多租户平台，支持开发和部署 Web 应用程序。一些云提供者向包含计费参数的不同性能的云服务提供运行时的执行环境。

10.2.2　特殊云机制

特殊云机制是完成特定运行时的一个功能实体，用来支持一个或多个云特性。特殊云机制包括了自动伸缩监听器、负载均衡器、SLA 监控器、按使用付费监控器、审计监控器、故障转移系统、虚拟机监控器、资源集群、多设备代理和状态管理数据库。这些特殊云机制可以看成云基础设施的扩展，它们可以以多种方式组合，作为不同的和定制的技术架构的一部分。

1. 自动伸缩监听器

自动伸缩监听器（Automated Scaling Listener）机制是一个服务代理，它监控和追踪云服务和云用户之间的通信，用以动态自动伸缩。自动伸缩监听器部署在云中，通常接近防火墙，在这里它们自动跟踪负载状态信息。负载量可以由用户产生的请求量或某种类型的请求引发的后台处理量的需求来决定。图 10.2.9 所示为三个试图同时访问一个云服务时的自动伸缩监听器的工作流程。

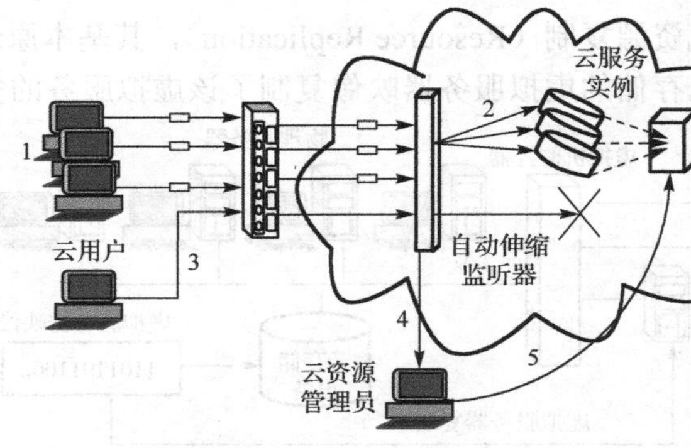

图 10.2.9　自动伸缩监听器工作流程

在图 10.2.9 中，“1”为三个云用户试图同时访问一个云服务；“2”为自动伸缩监听器扩展启动创建该服务的三个冗余实例；第四个云用户（“3”）试图使用该云服务；预先设定只允许该云服务有三个实例，自动伸缩监听器拒绝第四个请求，并通知该用户超出了请求负载限度（“4”）；云服务的云资源管理员访问远程管理环境，调整供给设置，并增加冗余的实例限制（“5”）。

2．负载均衡器

水平扩展常见方法是对负载在两个或更多的计算资源进行负载均衡，与单一计算资源相比，它提升了性能和容量。负载均衡器（Load Balancer）机制是一种运行代理，其作用就是实现负载均衡或者是水平扩展。负载均衡器的基本工作原理如图 10.2.10 所示，图中负载均衡器实现为代理服务器，它将收到的负载请求消息透明地分配到两个冗余的云服务实现上，相应地最大化云服务的性能。

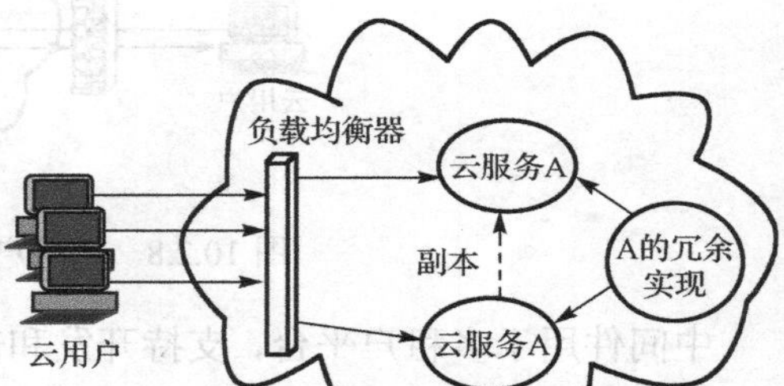

图 10.2.10　负载均衡器工作原理

负载均衡除了图 10.2.10 所示的简单劳动分工算法外，还可以执行一组特殊的运行时的负载分配功能，它们是非对称分配（Asymmetric Distribution）、负载优先级（Workload Prioritization）和上下文感知分配（Content-Aware Distribution）。

负载均衡器的目的是优化计算资源的使用，避免过载并最大化吞吐量。负载均衡器机制可以是：多层网络交换机、专门硬件设备、专门的软件系统和代理服务器。负载均衡器通常位于产生负载的计算资源和执行负载处理的计算资源间的通信路径上。

3．SLA 监控器

SLA 监控器（SLA Monitor）机制被用来专门观察云服务运行时的性能，确保它们履行了 SLA 中公布的约定 QoS 需要。SLA 监控器收集的数据由 SLA 管理系统处理，并集成到 SLA 报告的标准中。当异常条件发生时，如当 SLA 监控器报告有云服务“下线”时，系统可以主动地修复转移云服务。

4．故障转移系统

故障转移系统（Failover System）机制通过使用现存的集群技术提供冗余来增加计算资源的可靠性和可用性。

故障转移系统通常用于关键任务和重用的服务。故障转移系统可以跨越多个地理区域，这样每个地点都能有一个或多个同样计算资源的冗余。

故障转移系统有时会利用资源复制机制提供冗余的计算资源实例。主动监控这些资源实例，以获得它们的失效与不可用性的情况。故障转移系统有两种基本配置，即主动-主动，主动-被动配置。

（1）主动-主动配置

主动-主动配置中，计算资源的冗余实现会主动地同步服务工作负载，如图 10.2.11 所示。在活跃的实例之间需要进行负载均衡。当发现故障时，将失效的实例从负载均衡调度器中移除，如图 10.2.12 所示。在发现失效时，仍然保持可运行的计算资源就会接管处理工作，如图 10.2.13 所示。

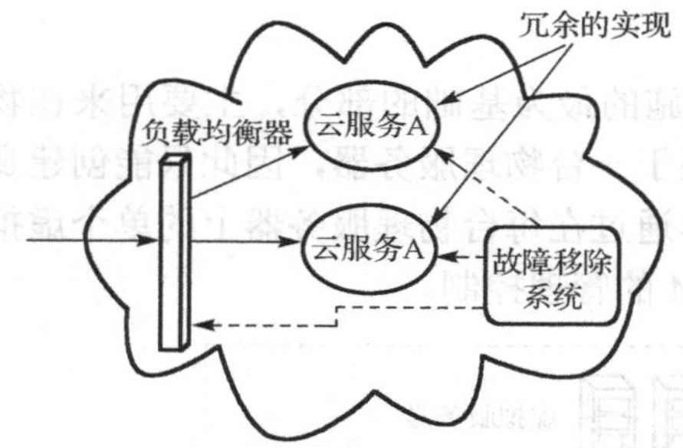

图 10.2.11　主动-主动故障移除中的冗余实现

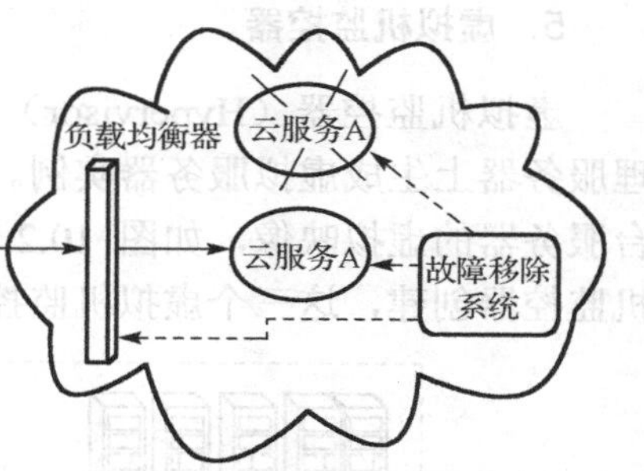

图 10.2.12　主动-主动故障移除中的负载切换

在图 10.2.11 中，故障转移系统监控云服务 A 的运行状态，实现云服务的冗余；在图 10.2.12 中，当故障转移系统监测到一个云服务实现失效时，故障转移系统将命令负载均衡器将工作负载切换到云服务 A 的冗余实现上；在图 10.2.13 中，失效的云服务 A 实现完成恢复，或者复制到一个可运行的云服务上，这时故障转移系统命令负载均衡器再次分配工作负载。

（2）主动-被动配置

在主动-被动配置中，休眠的实现将会被激活，从变得不可用的计算资源处接管处理工作。相应的工作负载就会被重新定向到接管操作的实例上，如图 10.2.14～图 10.2.16 所示。

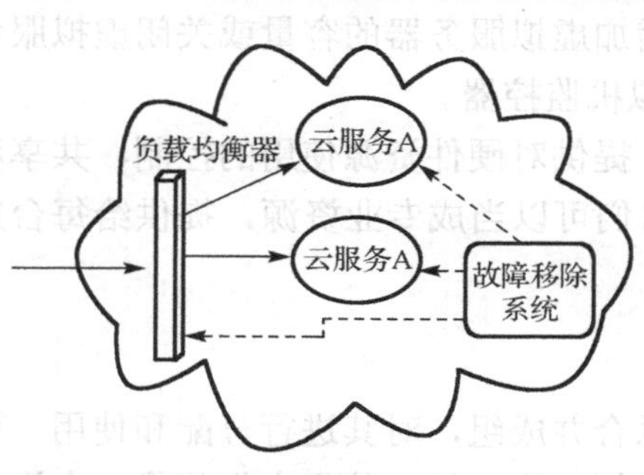

图 10.2.13　主动-主动故障移除中的资源接管

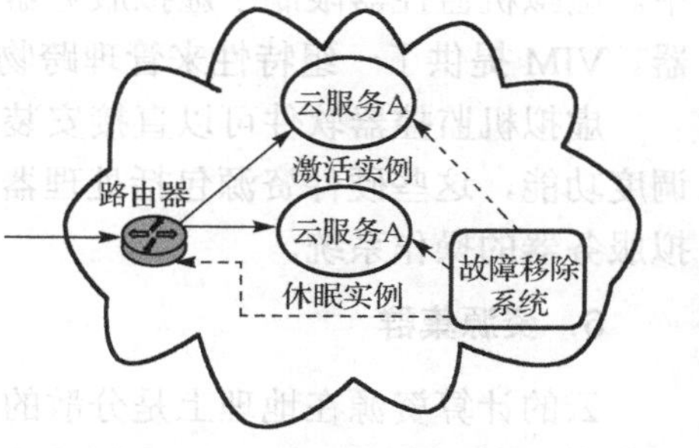

图 10.2.14　故障移除监控状态

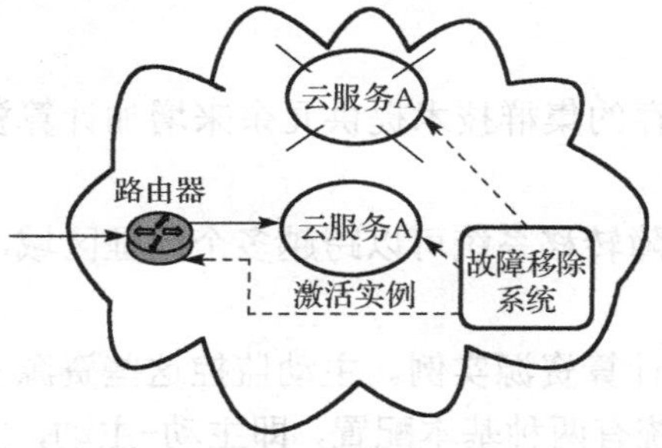

图 10.2.15　计算资源转移

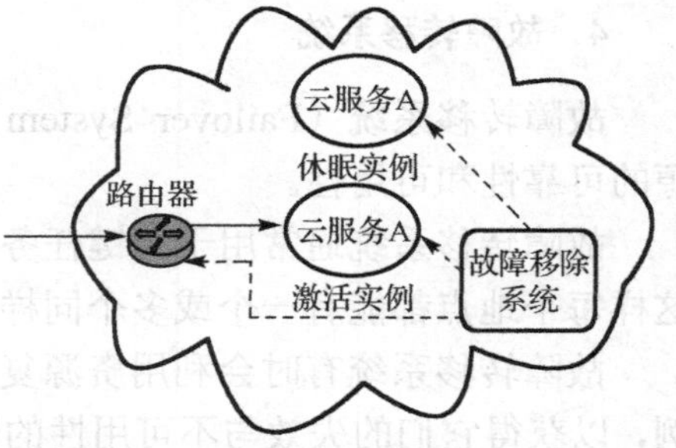

图 10.2.16　计算资源激活

在图 10.2.14 中，故障转移系统监控云服务 A 的运行状态，激活实例的云服务 A 接收云服务用户的请求；在图 10.1.15 中，激活的云服务实例 A 发生故障，故障转移系统检测到后，激活了休眠的云服务实例，并将工作负载重新定向到该实例上，这个实例就承担了激活状态下的云服务；在图 10.2.16 中，失效的云服务 A 被恢复（或者复制到了一个可运行的云服务上），并将其重新定位为休眠实例，而原来被激活的云服务 A 仍然保持为激活实例。

5．虚拟机监控器

虚拟机监控器（Hypervisor）机制是虚拟化基础设施的最为基础的部分，主要用来在物理服务器上生成虚拟服务器实例。虚拟机监控器通常限于一台物理服务器，因此只能创建那台服务器的虚拟映像，如图 10.2.17 所示，虚拟服务器通过在每台物理服务器上的单个虚拟机监控器创建，这三个虚拟机监控器共同受到一个 VIM 的管理控制。

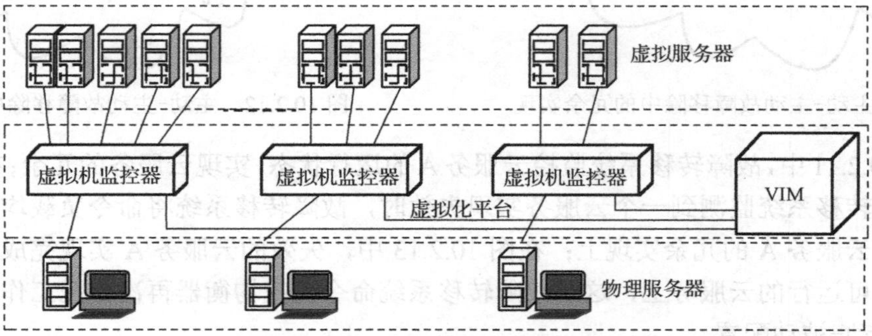

图 10.2.17　虚拟服务的创建

虚拟机监控器只能把它自己创建的虚拟服务器分配到位于同一底层的物理服务器资源池中。虚拟机监控器限制了虚拟服务器的管理角色，如增加虚拟服务器的容量或关闭虚拟服务器。VIM 提供了一组特性来管理跨物理服务器的多虚拟机监控器。

虚拟机监控器软件可以直接安装在裸机服务器上，提供对硬件资源使用的控制、共享和调度功能，这些硬件资源包括处理器、内存和 I/O。它们可以当成专业资源，提供给每台虚拟服务器的操作系统。

6．资源集群

云的计算资源在地理上是分散的，但是逻辑上可以合并成组，对其进行分配和使用。资源集群（Resource Cluster）机制是将多个计算资源的实例分为一组，使得它们能像一个资源那样进行操作，这增强了计算资源的组合计算能力、负载均衡能力和可用性。

资源集群架构依赖于计算资源实例间的高速网络链接或集群节点，在计算资源实例间就工作负载分布、任务调度、数据共享和系统同步等进行通信。

集群管理平台是作为分布式中间件运行在所有的集群节点上的，它通常负责上述任务，使分布式计算资源如同一个资源一样。常见的资源集群类型有如下几种。

（1）服务器集群（Server Cluster）

服务器集群由物理或虚拟服务器组成，用以提供系统的性能和可用性。运行在不同物理服务器上的虚拟机监控器可以被配置成共享虚拟服务器执行状态（例如，内存页和处理器寄存器状态），以此建立起集群化的虚拟服务器。在这种通常需要物理服务器访问共享存储的配置下，虚拟服务器能够从一台物理服务器在线迁移到另一台。在此过程中，虚拟化平台挂起某个物理服务器上给定的虚拟服务，再在另一个物理服务器上继续执行该服务。该过程对虚拟服务器操作系统来说是透明的，可以通过把运行在负载过重的物理服务器上的虚拟服务器在线迁移到另一台物理服务器上来增加可扩展性。

（2）数据库集群（Data Cluster）

数据库集群可用资源集群来改进数据的可用性，它具有同步特性，可以维持集群中使用到的各种存储设备上存储数据的一致性。冗余能力通常是基于致力于维护同步条件的主动-主动或主动-被动故障迁移系统的。

（3）大数据库集群（Large Data Cluster）

大数据库集群实现了数据的分区和分布，这样目标数据集可以很有效地划分区域，且不需要像其他集群类型一样，与其他节点进行过多的通信。

许多资源集群要求集群节点有大致相同的计算能力和特性，这样可以简化资源集群架构，设计并维护其一致性。高可用性集群架构中集群节点需要访问和共享共同的计算资源。这可能要求节点有两层通信，一层是为了访问存储设备，另一层是为了进行计算资源的协调。有些资源集群是松耦合的，仅要求网络层通信。

（4）资源集群的两种类型

（a）负载均衡的集群（Load Balanced Cluster）

这种资源集群专用于集群节点的分布工作负载，既要提高计算资源的容量，又要保持计算资源的集中管理。它通常要实现一个负载均衡机制。

（b）HA 集群（HA Cluster）

HA 集群使得高可用性集群在遇到节点失效的情况下，仍然能够维持系统的可用性，这需要通过集群化的冗余来实现。它可实现一个故障转移系统机制监控失效情况，并自动将工作负载重新定向为远离故障节点。

7．多设备代理

一个云服务可能会被大量云服务用户访问，而它们对主机硬件设备和通信需求是不同的。为了克服云服务和不同云服务用户之间的不兼容性，需要创建映射逻辑来转换运行时交换的信息。

多设备代理（Multi-device broker）机制用来帮助运行时的数据转换，使得云服务能够被更广泛的云服务用户程序和设备所使用，如图 10.2.18 所示。

图 10.2.18 中，多设备代理包含转换数据所需的映射逻辑，这些数据是通过云服务和不

同类型用户设备之间交换的。在此场景下，多设备代理被描述为具有自己API的云服务。这个机制还可以实现为运行时截取消息来完成必要转换的服务代理。

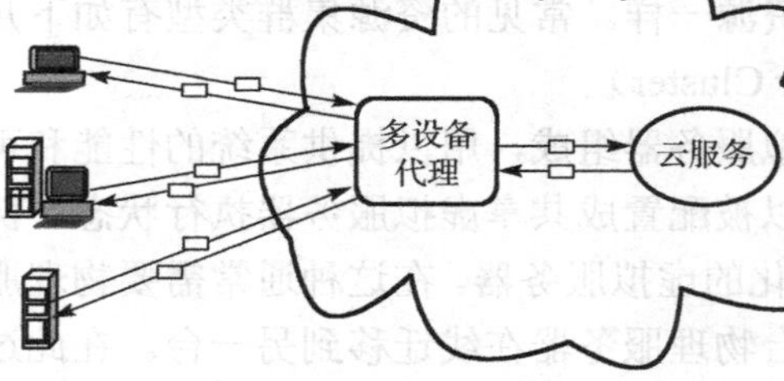

图 10.2.18　多设备代理

多设备代理通常是作为网关存在的，或者包含网关组件，它们有 XML 网关、云存储网关和移动设备网关等。可以创建的转换逻辑层次包括：传输协议、消息协议、存储设备协议、数据模式/数据模型等。

10.2.3　云管理机制

云计算资源需要创建、配置、维护和管理，云管理机制可以完成这些功能。以下将介绍云的管理机制系统，主要包括远程管理系统、资源管理系统、SLA 管理系统和计费管理系统。这些系统通常由 API 整合在一起，为用户提供较完善的云管理服务。

1. 远程管理系统

远程管理系统（Remote Administration System）机制向外部云资源管理者提供工具和用户界面来配置并管理云计算资源。用户界面通常是一个特定类型的门户网站。

远程管理系统能够建立一个入口，以便访问各种底层系统的控制与管理功能，这些功能包括了资源管理、SLA 管理和计费管理，如图 10.2.19 所示。

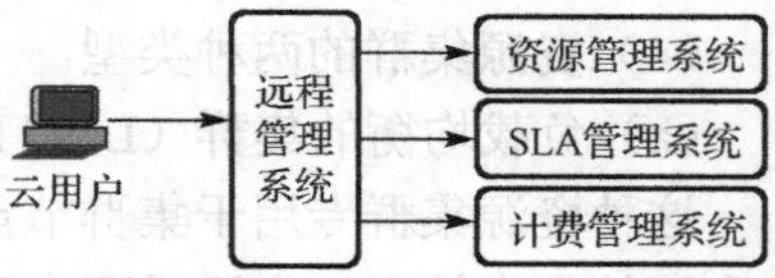

图 10.2.19　远程管理系统结构

在图 10.2.19 中，远程管理系统将底层管理系统抽象为公开的集中式管理控制，并提供给外部云资源管理者，系统提供的用户控制台通过底层管理系统的 API 实现编程交互。

远程管理系统提供的工具和 API 一般被云提供者用来开发和定制在线入口，这些入口向用户提供各种管理控制。远程管理系统主要创建如下两类入口：

（1）使用与管理入口（Usage and Administration Portal）

该入口为通用入口，集中管理不同的云计算资源，并提供计算资源使用报告。该入口是许多云技术架构的组成部分。

（2）自助服务入口（Self-Service Portal）

该入口本质上是一个购买门户，它允许云用户搜索云提供者提供的最新云服务和计算资源列表。然后，用户向云提供者提交其选项进行资源调配。

另外，通过远程管理控制台，云用户通常能够执行的任务有：配置与建立云服务；为按需云服务提供和释放计算资源；监控云服务状态、使用和性能；监控 QoS 和 SLA；管理租赁成本与使用费用；管理用户账户、安全凭证、授权和访问控制；跟踪对租赁服务内部与外部的访问；容量规划。

2．资源管理系统

资源管理系统（Resource Management System）机制帮助协调计算资源，以响应云用户和云提供者执行的管理，其结构如图 10.2.20 所示。系统的核心是虚拟基础设施管理器（VIM），它用于协调服务器硬件，可以从最合适的底层物理服务器创建虚拟服务器实例。VIM 用于管理一系列跨多个物理服务器的计算资源，例如 VIM 可以创建并管理跨不同物理服务器的虚拟机监控器的多个实例，或者将一个物理服务器上的虚拟服务器分配到另一个物理服务器/资源池上。

资源管理器系统包含一个 VIM 平台和一个虚拟机映像库。VIM 也可能有额外的库，包括专门用来存放操作数据的库。通常通过资源管理器系统自动化，可实现的任务有：

（1）管理用来创建预构建实例的虚拟计算资源模板，如虚拟服务器映像；

（2）在可用的物理基础设施中分配和释放计算资源，以响应虚拟计算资源实例的开始、暂停、继续和终止；

（3）在有其他机制参与的条件下，协调计算资源，如资源复制、负载均衡和故障转移系统；

（4）在云服务实例的生命周期内，强制执行使用策略与安全规定；

（5）监控计算资源的操作条件。

资源管理系统通常发布 API，以便云提供者建立远程管理系统入口。该入口可以定制为通过使用与管理入口向代表用户组织的外部云资源管理者选择性地提供资源管理控制。

3．SLA 管理系统

SLA 管理系统（SLA Management System）机制代表的是一系列商品化的可用云管理产品。这些产品提供的功能有：SLA 数据库的管理、收集、存储、报告以及运行时通知，其结构如图 10.2.21 所示。SLA 管理系统包含一个 SLA 管理器和 QoS 测量库。

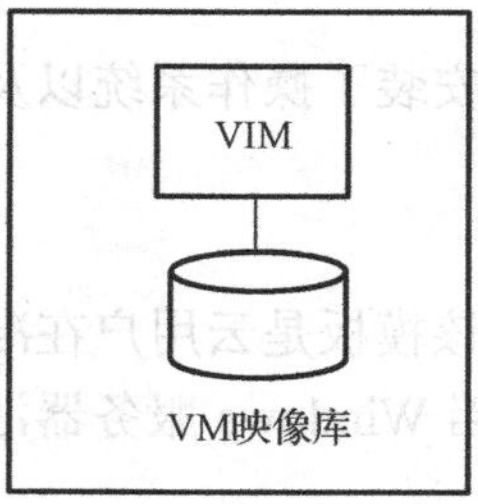

图 10.2.20　资源管理系统结构

图 10.2.21　SLA 管理系统

4．计费管理系统

计费管理系统（Billing Management System）机制专门用于收集和处理云使用数据，它涉及云提供者的结算和云用户的计费。计费管理系统依靠云使用费监控器来收集运行时的云使用数据。这些数据存储在系统组件的一个库中，计费、报告和发票等动作都从该库中获取数据。

10.2.4 基本云架构

本节介绍基本云架构，其中的每一个代表了现在构建云环境的常见方法和特性。

1．负载分布架构

通过增加一个或多个相同的计算资源可以进行计算资源的水平扩展，负载均衡器能在可用的计算资源上均匀分配工作负载，由此产生的负载分布架构（Workload Distribution Architecture）在一定程度上依靠复杂的负载均衡算法和运行时的逻辑，这样可以减少计算资源的过度使用和使用率不足的状况。图 10.2.22 为一个负载分布架构，其中云服务 A 在虚拟服务器 B 上有一个冗余副本，负载均衡器截获云用户的请求，并将其定位到虚拟服务器 A 和 B 上，以保证均匀的负载分布。

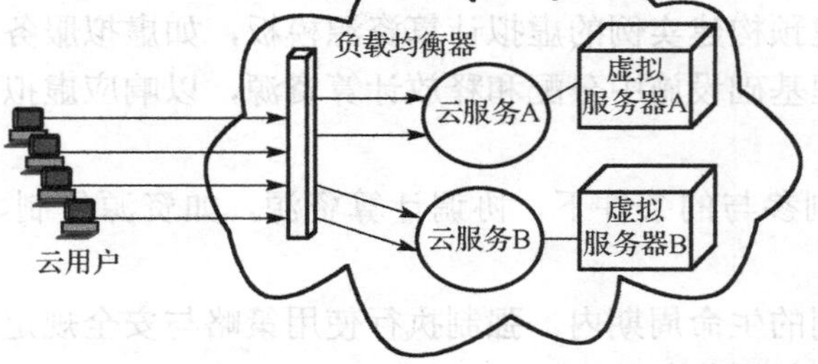

图 10.2.22　负载均衡分布架构模型

负载分布常常可以用于支持分布式虚拟服务器、云存储设备和云服务，因此这种基本架构模型可以应用于任何计算资源。

2．资源池架构

资源池架构（Resource Pooling Architecture）以使用一个或多个资源池为基础，其中相同的计算资源由一个系统进行分组和维护，以自动确保它们保持同步。常见的资源池有：

（1）物理服务器池

物联网服务器池由联网的服务器构成，这些服务器已安装了操作系统以及必要的程序和应用，并且可以立即投入使用。

（2）虚拟服务器池

一般将虚拟服务器池配置为一个被选择的可用模板，该模板是云用户在准备期间从几种可用模板中选择出来的。例如，一个用户可以建立一个中档 Windows 服务器池，配置有 4GB 的 RAM 或者 2GB 的 RAM。

（3）云存储池

云存储池由基于文件或基于块的存储结构构成，它包含了空的或满的云存储设备。

（4）网络池（或互联池）

网络池（或互联池）由不同配置的网络互连设备组成。如为了冗余连接，负载均衡或链路聚合可以创建虚拟防火墙设备池或物理网络交换机。

（5）CPU 池

CPU 池准备分配给虚拟服务器，通常分解为单个处理器内核。

（6）内存池

物理 RAM 池可以用于物理服务器的新供给或垂直扩展。

它可以为每种类型的计算资源创建专用池，也可以将单个池集合为一个更大的池，在这个更大的池中，每个单独的池成为了子资源池。

3．动态可扩展架构

动态可扩展架构（Dynamic Scalability Architecture）是一个架构模型，它是基于预先定义扩展条件的系统，触发这些条件会导致从资源池中动态分配计算资源。由于不需要人工交互就可以有效地回收不必要的计算资源，因此，动态分配使得资源池的使用可以按照使用需求的变化而变化。

自动扩展监听器配置了负载阈值，以决定何时为工作负载的处理添加新计算资源。根据给定云用户的供给条款来提供该机制，并配以决定可动态提供的额外计算资源。常用的动态扩展类型有：

（1）动态水平扩展（Dynamic Horizontal Scaling）

向内或向外扩展计算资源实例，以便适应处理工作负载的变化。按照需求和权限，自动扩展监听器请求资源复制，并发出信号启动计算资源的复制。

（2）动态垂直扩展（Dynamic Vertical Scaling）

当需要调整单个计算资源的处理容量时，向上或向下扩展资源实例。例如，当一个虚拟服务器超载时，可以动态增加其内存容量，或增加 CPU 处理内核。

（3）动态重定位（Dynamic Relocation）

将计算资源重新放置到更大容量的主机。例如，将一个数据库从一个磁带的 SAN 存储器设备迁移到另一个磁盘的 SAN 存储设备，前者的 I/O 容量为 4GB/s，后者的 I/O 容量为 8GB/s。

动态扩展架构可以应用于一系列计算资源上，包括虚拟服务器和云存储设备。

4．弹性资源容量架构

弹性资源容量架构（Elastic Resource Capacity Architecture）主要与虚拟服务器的动态供给有关，利用分配和回收 CPU 与 RAM 资源的系统，立即响应托管计算资源的处理请求变化。

扩展技术使用的资源池与虚拟机监控器和 VIM 进行交互，在运行时检索并返回 CPU 和 RAM 资源。对虚拟服务器的运行处理进行监控，从而在到达容量阈值前，通过动态分配可以从资源池获得额外处理能力。在响应时，虚拟服务器和其托管的应用程序和计算资源是垂直扩展的。

该架构是这样设计的，即智能自动化引擎脚本通过 VIM 发送其扩展请求，而不是直接发送给虚拟机监控器。参与弹性资源分配的虚拟服务器可能需要重启才能使动态资源分配生效。

5．服务负载均衡架构

服务负载均衡架构（Server Load Balancing Architecture）可以被认为是工作负载分布架构的一个特殊变种，它是专门针对扩展云服务的。在动态分布工作负载上增加负载均衡系统，就创建了云服务冗余部署。

云服务实现的副本组织为一个资源池，负载均衡器则作为外部或内部组件，允许托管服务器自行平衡工作负载。

根据托管服务器的预期工作负载和处理能力，每个云服务实现的多个实例可以被生成为资源池的一部分，以便更有效地响应请求量的变化。

负载均衡器在位置上可以独立于云设备及其主机服务器，也可以成为应用程序或服务器环境内置组件。

6．弹性磁盘供给架构

弹性磁盘供给架构（Elastic Disk Provisioning Architecture）建立了一个动态存储供给系统，它确保按照云用户实际使用的存储进行精确计费。该系统采用自动精简供给技术，实现存储空间的自动分配，并进一步支持运行时使用监控采集来的精确使用数据以便计费。

自动精简供给软件安装在虚拟服务器上，通过虚拟机监控器处理动态存储分配，同时，使用付费监控器跟踪并报告与磁盘使用数据相关的精确计费。

7．冗余存储架构

云存储设备有时会遇到一些故障及损坏，造成该状况的原因可能是网络问题、控制器或硬件故障以及安全问题等。一个组合的云存储设备的可靠性会存在连锁反应，这会使云中的服务受到影响。

冗余存储架构（Redundant Storage Architecture）引入了复制的辅助云存储设备作为故障处理系统的一部分，它与云中的主存储设备中的数据保持同步。当主设备失效时，存储设备网关就把云用户的请求转移到辅助设备。

10.3 大数据技术

随着信息技术的快速发展，尤其是物联网的产生与兴起，感知的泛在化、计算的普适化以及信息的广泛应用化都产生了大量的数据。数据或者信息的产生在物联网环境下将不受时空、行业等诸多维度的制约，人们将处在数据海洋的世界中，即所谓的大数据中。大数据是当下信息技术高度发展的产物，它涵盖了数据和计算两大主题，是当前产业界和学术界关注的热点，被誉为未来十年革命性的信息技术。本节将对大数据技术给予简明地介绍。

10.3.1 大数据的发展及其相关概念

1．大数据的发展

2008年，著名的《Nature》杂志推出了“大数据”专辑，引发了学术界和产业界的高度关注，从而推动了全球范围内的大数据研究热潮，各国相关的学者将研究的重点转到了大数据上。

我国也对大数据表现出了极大的热情和投入。自2011年以来，大数据的研究和应用在我国得到了快速的发展，目前已在国内掀起了大数据研究和应用的热潮，尤其是近年来电子商务的蓬勃发展，导致了大数据商业应用的深度研究，业界尤其是大型的电子商务企业纷纷推出了各种题材的大数据研究项目，阿里巴巴甚至推出了各种大数据研究专题的大学生竞赛，每届都吸引了大量的参赛者。

2012年3月，美国政府发布了“大数据研究和发展倡议”，投资2亿美元发展大数据研究，用以强化国土安全，转变教育学习模式，加快科学和工程领域的创新。

2012 年 7 月，日本提出以电子政府、电子医疗、防灾等为中心制定新的信息通信战略，重点关注大数据的研究与应用。

2013 年 1 月，英国政府宣布将在对地观测、医疗卫生等大数据和节能计算方面投资 1.89 亿英镑。同年，我国的上海市、重庆市等地相继分布了大数据行动计划。

数据库技术出现以来，人们产生数据的方式经过了以下三个主要发展阶段。

第一个阶段，被动式生成数据：数据库技术使得数据的保存和管理变得简单，业务系统在运行时产生的数据直接保存在数据库中，此时数据的产生是被动的，数据是随业务系统的运行而产生的。

第二个阶段，主动式生成数据：互联网的产生，尤其是 Web 2.0、移动互联网的发展加速了数据的产生，人们可以随时随地地通过电脑、移动终端生成数据，于是数据的生成由被动转向主动。据统计，在 1 分钟内，新浪平均有 2 万条微博产生，苹果商店平均有 4.7 万次应用下载，淘宝平均有 6 万件商品交易记录，百度大约有 90 万次搜索查询。可见数据生成的速度大大加快了。

第三个阶段，感知式生成数据：物联网的出现产生了大量的感知数据，由于物联网的泛在性，每时每刻都在全球范围内产生大量的感知数据，这些数据是通过感知装置自动生成的。

2. 大数据的概念与特点

（1）大数据的概念

大数据是一个较为抽象的概念，维基百科将大数据描述为：大数据是现有数据库管理工具和传统数据处理应用很难处理的大型、复杂的数据集，大数据的挑战包括采集、存储、搜索、共享、传输、分析和可视化等。

大数据系统需要满足以下三个“V”条件：

（a）规模性（Volume）

规模性是指需要采集、处理、传输的数据容量大。

（b）多样性（Variety）

多样性是指数据的种类多，复杂性高。

（c）高速性（Velocity）

高速性是指数据需要频繁地采集、处理和输出。

（2）大数据的来源

大数据的来源很多，主要包括物联网、信息管理系统、网络信息系统、科学实验系统等，这些数据类型有结构化数据、半结构化数据和非结构化数据。

（3）大数据的特点

在现今信息、通信技术广泛应用的环境下，数据的采集、分析、处理与传统的方式有较大的不同，主要表现在以下几个方面：

（a）数据产生的方式不同

在大数据环境下，数据采集的方式由以往的被动方式转变为主动采集方式。

（b）数据采集的密度不同

以往数据采集的密度较低，所获得的采样数据有限。在大数据环境下，有了大数据处理系统的支撑，可以对需要分析的事件数据进行更加密集的采样，从而精确地获得事件的全局数据。

（c）数据的来源不同

以往我们多从各个单一的数据源获取数据，获得的数据较为孤立，不同数据源之间相互整合的难度较大。在大数据环境下，我们可以通过分布式计算、分布式文件系统、分布式数据库等技术对多个数据源获取的数据进行整合处理。

（d）数据的处理方式不同

以往我们对数据的处理大多采用离线处理，对已生成的数据集中进行分析处理，不对实时产生的数据进行分析。在大数据时代，我们可以根据应用的实际需求对数据采取灵活的处理方式，对较大的数据源、响应时间要求低的应用可以采取批处理的方式集中处理，而对响应时间要求高的实时数据的处理则采用流处理的方式进行实时处理，并且可以通过对历史数据的分析进行预测。

（e）数据量大且结构种类多样

大数据需要处理的数据量通常达到了 PB 级（1024TB）或 EB（1024PB）级，且数据的类型多种多样，既包括结构化数据，也包括半结构和非结构化数据。这就给大数据的存储和处理带来了巨大的挑战，单节点的存储容量和计算能力成为了大数据的瓶颈。

分布式系统是大数据处理的基本方法，分布式系统将数据分割后存储到多个节点，并在多个节点发起计算，解决单节点存储和计算的制约。常见的数据分割方法有随机法、哈希法和区间法。

（4）大数据的应用领域

大数据在社会生活的各个领域都将得到广泛的应用，这些领域包括物联网、科学计算、金融、社交网络、移动服务、Web、多媒体等。不同领域的大数据应用具有不同的特点，其响应时间、系统的稳定性、计算的精度各有不同。

10.3.2 典型的大数据处理系统

大数据处理的数据源类型不同，有结构化、半结构化以及非结构化数据，数据处理的需求各不相同，有些需要对海量已有数据进行批量化处理，有的需要对大量实时生成的数据进行实时处理，有的需要在数据分析时反复迭代计算，有的则需要对图像数据进行分析计算。目前典型的大数据处理系统有数据查询分析计算系统、批处理系统、流式计算系统、迭代计算系统、图计算系统和内存计算系统等。

1. 数据查询分析计算系统

在大数据环境下，数据查询分析计算系统需要具备对大规模数据进行实时或准实时查询的能力，数据规模的增长已超出了传统关系数据库的承载及处理能力。目前主要的数据查询分析计算系统有 HBase、Hive、Cassandra、Dremel、Shark 和 Hana 等。

（1）HBase

HBase 为开源、分布式、面向列的非关系型数据库模型，是 Apache 的 Hadoop 项目的子项目，源于 Google 论文“Bigtable：一个结构化数据的分布式存储系统”，它实现了其中的压缩算法、内存操作和布隆过滤器。HBase 的编程语言为 Java。HBase 的表能够作为 MapReduce 任务的输入和输出，通过 Java API 来存取数据。

（2）Hive

Hive 是基于 Hadoop 的数据仓库工具，用来查询、管理分布式存储的大数据，提供完整的 SQL 查询功能，可以将结构化的数据文件映射为一张数据表。Hive 提供了一种类 SQL 的 HiveSQL 语言，可以将 SQL 语句转换为 MapReduce 任务运行。

（3）Cassandra

Cassandra 为开源 NoSQL 数据库系统，最早由 Facebook 开发，于 2008 年宣布开源。由于其开放性好，得到了许多大公司的广泛应用，是一种流行的分布式结构化数据存储方案。

2．批处理系统

MapReduce 是被广泛应用的批处理计算模式。MapReduce 对具有简单数据关系、易于分割的大数据采用了“分而治之”的并行处理思想，将数据记录分为 Map 和 Reduce 两个简单的操作，提供了一个统一的并行计算框架。批处理系统将复杂的并行计算的实现进行封装，大大降低了开发人员的并行程序设计的难度。Hadoop 和 Spark 是典型的批处理系统。MapReduce 处理模式不支持迭代计算。

（1）Hadoop

Hadoop 是目前大数据处理的最主要的平台之一，是 Apache 基金会的开源项目，是用 Java 语言开发实现的。开发人员无须了解 Hadoop 底层分布式细节即可开发出分布式程序，在集群中对大数据进行存储、分析。

（2）Spark

Spark 是由美国加州大学伯克利分校 AMP 实验室开发的，适合于机器学习、数据挖掘等迭代计算较多的计算任务。Spark 引入了内存计算的概念，运行 Spark 时服务器可将中间数据存储在 RAM 中，大大加速了数据分析结果的返回速度，可用于需要互动分析的场景。

3．流式计算系统

流式计算具有很强的实时性，需要对应不断产生的实时数据处理，使数据不积压、不丢失，常常用于处理电信等行业及互联网行业的访问日志等。Facebook 的 Scribe，Apache 的 Flume，Twitter 的 Storm，Yahoo 的 S4，UCBerkeley 的 Spark Streaming 等是常用的流式计算系统。

4．迭代计算系统

对应 MapReduce 不支持迭代计算的缺陷，人们对 Hadoop 的 MapReduce 进行了大量改进，Hadoop、iMapReduce、Twister、Spark 是典型的迭代计算系统。Spark 是基于内存计算的开源集群计算框架。

5．图计算系统

社交网络、网页链接等包含具有复杂关系的图数据，这些图数据的规模巨大，可包含数十亿个顶点和上百亿条边，图数据需要由专门的系统进行存储和计算。常用的图计算系统有 Google 的 Pregel、Pregel 的开源版本 Giraph、微软的 Trinity、Berkeley AMPLab 的 GraphX 以及高速图数据处理系统 PowerGraph。

6．内存计算系统

目前常用的内存计算系统有分布式内存计算系统 Spark、全内存式分布式数据库系统 Hana、Google 的可扩展交互查询系统 Dremel。

10.3.3 大数据处理的基本流程

大数据的处理流程可以定义为在适合工具的辅助下，对广泛异构的数据进行抽取和集成，结果按照一定的标准统一存储，利用合适的数据分析技术对存储数据进行分析，从中获取有益的知识并利用恰当的方式将结果提交给终端用户。大数据处理的流程如图 10.3.1 所示。

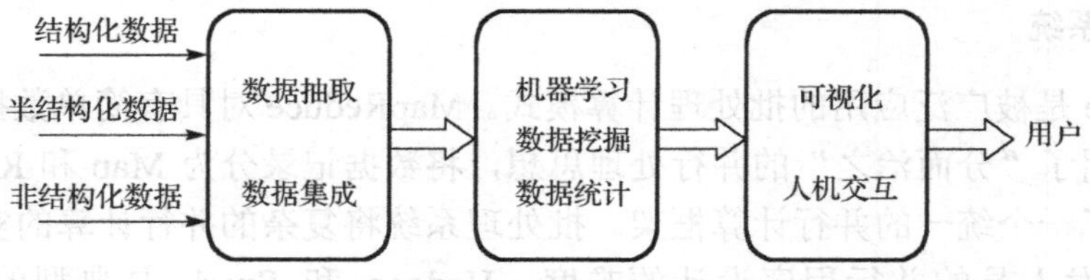

图 10.3.1 大数据处理的基本流程

1. 数据抽取与集成

因为大数据处理的数据来源类型较丰富，所以大数据处理的第一步是对数据进行抽取和集成，从中提取关系和实体，经过关联和聚合等操作，按照统一的格式对数据进行存储。现有的数据抽取和集成的方法有三种：

（1）基于物化或 ETL 方法的引擎（Materialization or ETL[①] Engine）；
（2）基于联邦数据库或中间件方法的引擎（Federation Engine or Mediator）；
（3）基于数据流方法的引擎（Stream Engine）。

2. 数据分析

数据分析是大数据处理流程的核心，通过数据抽取和集成环节，已从异构的数据源中获得用于大数据处理的原始数据，因此用户可以根据自己的需求对这些数据进行分析，如数据挖掘、机器学习、数据统计等。数据分析可以用于决策支持、商业、推理系统和预测系统等。

3. 数据解释

在大数据处理流程中，用户最关心的是数据处理的结果，正确的数据处理结果只有通过合适的展示方式才能被终端用户理解。可视化和人机交互是数据解释的主要技术。

10.4 Hadoop：分布式大数据系统

1. Hadoop 概要

Hadoop 是由 Apache 软件基金会开发的开源、高可靠、伸缩性强的分布式计算系统，主要用于大于 1TB 的海量数据处理。Hadoop 采用 Java 语言开发，实现了对 Google 的 MapReduce 核心技术的开源。目前，Hadoop 的核心模块主要包括 HDFS（Hadoop Distributed File System）

① ETL，Extract-Transform-Load，用来描述将数据从来源端经过抽取（extract）、转换（transform）、加载（load）到目的端的过程。

和分布式计算框架 MapReduce，该结构实现了计算和存储的高度融合，非常适应于面向数据的系统架构的分布式处理。

Hadoop 设计时有以下几点假设：服务器失效是正常的；存储和处理的数据是海量的；文件不会被频繁地写入和修改；机柜内的数据传输速度大于机柜间的数据传输速度；海量数据的情况下移动计算比移动数据更高效。

Hadoop 分为第一代和第二代 Hadoop。第一代 Hadoop 包含 0.20.x 和 0.21.x、0.22.x 三个版本，0.20.x 最后演化为了 1.0.x 版本；第二代 Hadoop 包含 0.23.x 和 2.x 两个版本，2.x 版本与 0.23.x 版本相比增加了 NameNode HA 和 Wire-compatibility 两个特性。

Hadoop 与 MPI① 在数据处理上的差异主要体现在数据存储与数据处理在系统中位置的不同，MAP 是计算与存储分离的，而 Hadoop 是计算向存储迁移的，如图 10.4.1 所示。

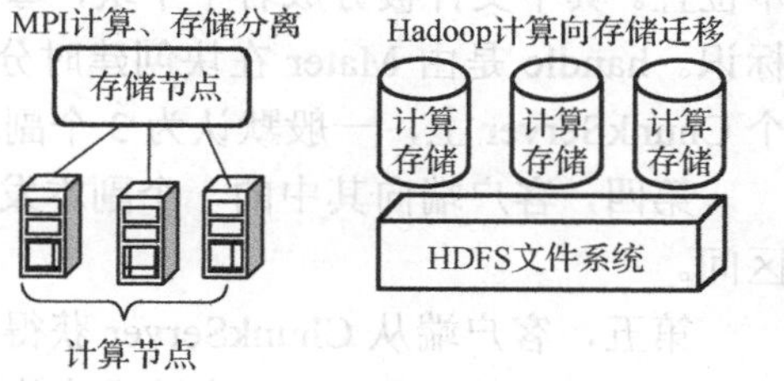

图 10.4.1 Hadoop 与 MPI 在数据处理上的差异

2. HDFS

Hadoop 是对大数据进行自动处理的系统，是一种并行数据处理的方法，实现自动处理时需要对数据进行分割，对数据的分割是在进行数据存储时就开始的，因此文件系统是 Hadoop 系统重要的组成部分，也是它实现自动并行处理的框架基础。

（1）HDFS 文件系统的原型 GFS

Hadoop 中的 HDFS 的原型来自于 Google 文件系统（Google File System，GFS），为了满足 Google 迅速增长的数据处理要求，Google 设计并实现了 GFS。GFS 是一个可扩展的分布式文件系统，用于对大量数据进行访问的大型、分布式应用。它运行在普通、廉价的计算机硬件上，可提供较好的容错性能，给大量的用户提供总体性能较高的服务，也可以提供容错功能。

GFS 为分布式结构，是一个高度容错的网络文件，主要由 Master（主）和众多的 ChunkServer（大块设备）构成，其体系结构如图 10.4.2 所示。

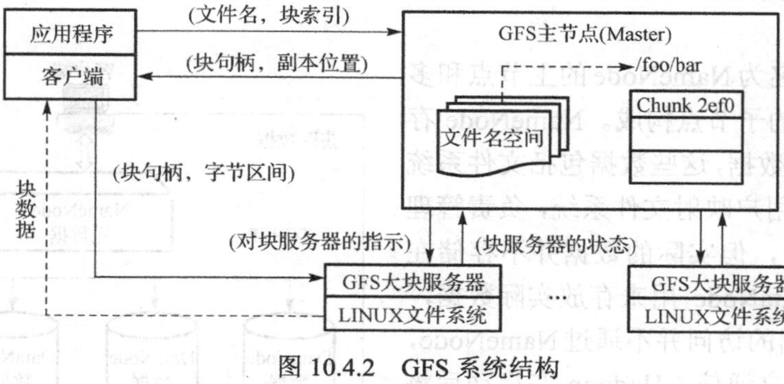

图 10.4.2 GFS 系统结构

① MPI（Message Passing Interface），消息传递接口。MPI 标准描述了一种消息传递编程模型，它不是一个具体的实现，而只是一种标准，MPI 库可以被 FORTRAN77/C/FORTRAN90/C++调用。消息传递机制使服务器之间能有机地结合在一起形成一个更大的资源池。通过消息通信机制，服务器之间能进行数据交换，从而实现对计算任务的相互协作。

GFS 的简单工作过程如下：

第一，客户端使用固定大小的块将应用程序指定的文件名和字节偏移量转换为文件的一个块索引，向 Master 发送包含文件名和块索引的请求。

第二，Master 收到客户请求，Master 向块服务器发出指示，同时时刻监控众多 ChunkServer（大块服务器）的状态。ChunkServer 缓存 Master 从客户端收到的文件名和块索引等信息。

第三，Master 通过和 ChunkServer 的交互，向客户端发送 Chunk-handle（块句柄）和副本位置。其中文件被分成若干个块，每个块都由一个不变的、全局唯一的 64 位 Chunk-handle 标识。handle 是由 Mater 在块创建时分配的。出于安全性考虑，每个文件块都要被复制到多个 ChunkServer 上，一般默认为 3 个副本。

第四，客户端向其中的一个副本发出请求，请求指定了 Chunk-handle 和块内的一个字节区间。

第五，客户端从 ChunkServer 获得数据块，任务完成。

通常，客户端可以在一个请求中询问多个 Chunk 的地址，而 Master 也可以很快应答这些请求。

GFS 可以被多个用户同时访问，一般情况下，应用程序和 ChunkServer 可以在同一台计算机上，主要的数据流是通过应用程序与 ChunkServer 相互访问的。在本地间访问，减少了 Master 的工作负荷，提高了文件系统的性能。

客户端从来不会从 Master 读写文件数据。客户端只是询问 Master 它应该与哪个 ChunkServer 联系。客户端在一段限定的时间内将这些信息缓存，在后续的操作中，客户端直接和 ChunkServer 交互。由于 Master 对于读和写的操作极少，因而极大地提高了 Master 的可用性，减少了工作负荷。

Master 保持着三类元数据（Metadata），即文件名和块的名字空间、文件到块的映射和副本位置。所有的元数据都在内存中。操作日志的引入可以更简单、更可靠地更新 Master 的信息。

（2）HDFS 文件的基本结构

（a）系统结构

HDFS 是一种典型的主从式分布文件系统，它是仿照 GFS 文件系统设计的，其架构如图 10.4.3 所示。

HDFS 由一个名为 NameNode 的主节点和多个名为 DataNode 的子节点构成。NameNode 存储着文件系统的元数据，这些数据包括文件系统的名字空间等，向用户映射文件系统，负责管理文件的存储等服务，但实际的数据并不存储在 NameNode 中。DataNode 用来存放实际数据，对 DataNode 上数据的访问并不通过 NameNode，而是直接与用户建立通信。Hadoop 在启动后将启动 NameNode 和 DataNode 两个最重要的进程。HDFS 的工作过程如下。

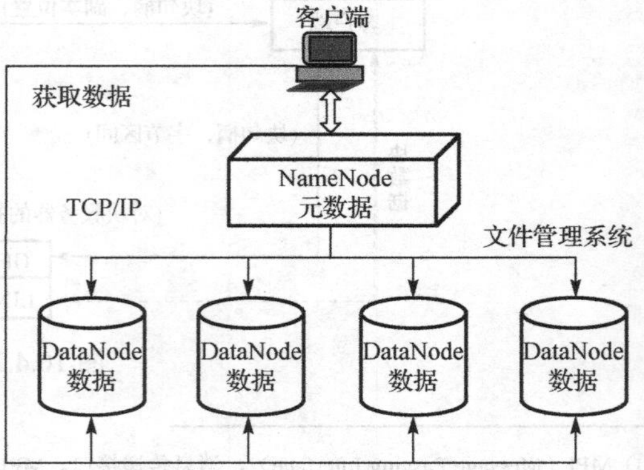

图 10.4.3　HDFS 架构

（b）工作过程

用户请求创建文件的指令由 NameNode 接收，NameNode 将存储数据的 DataNode 的 IP 返回给用户，并通知其他 DataNode 接收副本，由用户直接与 DataNode 进行数据传送。NameNode 同时存储相关的元数据。整个文件系统采用标准 TCP/IP 协议通信，实际是在 Linux 文件系统上的一个上层文件系统。HDFS 上的一个典型容量的大小一般都在 GB 到 TB 之间。

主从式是云计算的一种典型架构，系统通过主节点屏蔽底层复杂结构，并向用户提供便捷的文件目录映射。若采用分层结构，还可以减轻主节点的工作负荷。

（3）HDFS 的存储过程

HDFS 在对一个文件存储时采用了两个重要策略：一是副本，二是分块。副本策略保证了文件存储的高可靠性；分块策略保证了数据并发读写的效率，是 MapReduce 实现并行数据处理的基础。

（a）分块策略

通常 HDFS 在存储一个文件时，将文件分割为 64MB 大小的块来存储，数据块会被分别存储在不同的 DataNode 节点上，该过程就是一种数据任务的切分过程，在后面对数据进行 MapReduce 操作时非常重要，同时数据被分块存储后在数据读写时能实现对数据的并发操作，提高了数据操作的效率。HDFS 采用 64MB 文件分块有以下优点：

一，降低了客户端与主服务器的交互代价；

二，降低了网络负荷；

三，减少主服务器中元数据的大小。

（b）副本策略

HDFS 对数据块的典型副本策略为三个副本，第一个副本存放在本地节点，第二、三个副本分别存放在不同机架的另一个节点。这样的副本策略保证了 HDFS 文件系统中存储的文件具有很高的可靠性。

（c）文件写入的基本过程

一个文件要写入 HDFS，首先由 NameNode 为该文件创建一个新的记录，该记录为文件分配存储节点，包括文件的分块存储信息。在写入时，系统会对文件进行分块，文件写入的客户端获得存储位置的信息后，直接与指定的 DataNode 进行通信，将文件块按 NameNode 分配的位置写入到指定的 DataNode，数据块在写入时不再通过 NameNode，因此 NameNode 不会成为数据通信的瓶颈。

小　　结

云计算是互联网的相关服务提升、使用和交付模式，它通过互联网来提供动态易扩展、虚拟化的资源。它是计算机软硬件技术和互联网技术发展到一定程度的产物，为物联网的应用服务提供了一种虚拟化、可扩展的计算资源，是物联网的关键技术之一。

大数据是信息社会的产物，它具有规模大、种类多、获取与处理高速频繁的特点，是传统数据库技术难以处理的信息。物联网的广泛应用将产生海量的异构数据，这些数据具有大数据的明显特征，需要采用大数据技术对其进行高速、并行处理，挖掘其中的知识，以获得有价值的应用。

物联网的发展离不开云计算和大数据，物联网中庞大的、异构的感知设备所感知的海量信息就是典型的大数据，它需要云计算对其进行存储、处理和应用，因此云计算和大数据自然就成为了物联网的关键技术。

本章首先介绍了云计算的起源和定义、基本概念及模型，云计算的虚拟化技术、云计算的机制以及云计算的基本架构；其次介绍了大数据的概念、发展和典型的大数据处理系统，大数据处理的基本流程；最后简要地介绍 Hadoop 分布式大数据系统。

习　　题

1. 简述云计算的起源，网络“云”与云计算中的“云”有何异同？
2. 云计算主要有哪几种定义？
3. 云计算是在哪些技术上的创新？
4. 试简述云、计算资源、云用户与云提供者、可扩展性、云服务和云端用户的含义与概念。
5. 云计算中的角色与边界都有哪些？
6. 云计算有哪 6 大特性？
7. 常见的云交付模型有哪些？试简述之。
8. 常见的云部署有哪些？试简述之。
9. 计算资源的虚拟化主要包括哪几种？
10. 试简述 Web 技术。
11. 云基础设施机制主要包括哪些内容？
12. 常见的云存储机制中数据结构有哪几种？试简述之。
13. 常见的云监控机制的实现形式有哪些？
14. 特殊云机制包括哪些机制？
15. 常见的资源集群类型包括哪些？
16. 云管理机制主要包含哪些系统？
17. 基本云架构有哪些？试述资源池架构的组成与作用。
18. 动态可扩展架构有何作用？试简述常用的动态扩展类型。
19. 什么是大数据？它有何特点？
20. 典型的大数据处理系统有哪些？
21. 简述大数据处理的基本流程。
22. Hadoop 的核心模块主要包括哪些？
23. 简述 GFS 的简单工作过程。
24. HDFS 的存储过程中采用了哪两种策略？简述在 HDFS 中文件写入的基本过程。

第 11 章　物联网定位技术

本章学习目标

通过本章的学习，读者应掌握 GPS、移动蜂窝测量技术、WLAN、短距离无线测量、WSN 这些物联网中常用的定位技术的基本原理、主要参数和应用场合。

本章知识点

- 物联网定位技术
- GPS 的组成
- C/A 码、P 码与 Y 码
- GPS 定位、测速和授时
- 细微特征匹配
- 指纹室内定位技术

教学安排

11.1　概述（1 学时）
11.2　GPS 定位技术（2 学时）
11.3　无线蜂窝定位（1 学时）
11.4　WLAN 室内定位技术（1 学时）

教学建议

建议重点讲授 WLAN 室内定位技术，如有条件可安排演示指纹室内定位技术。

11.1　概　述

在物联网中，对“物”的感知，可认为是对“物”的运动特性的感知，这里包括对“物”的时空特性的感知，对“物”的物理、化学或生物特性等的感知。而对“物”的定位，是对“物”的时空特性的感知。

所谓“物联网定位”，就是在所选定的坐标系中，确定“物”的坐标。所谓“物联网定位技术”就是采用某种测量和计算技术测量“物”在所选定坐标系中的坐标。对选定坐标系中“物”的定位，首先是测量其坐标系中的各维度的坐标，在实际应用中，我们所测量的空间是三维空间。因此，在定位测量中，一般需要测量“物”的三个维度的坐标。

在物联网中常用的定位技术主要有 GPS/北斗、移动蜂窝测量技术、WLAN、短距离无线测量、WSN、UWB（超宽带）等。本章我们主要介绍 GPS、蜂窝定位以及 WLAN 定位技术。

在众多的定位技术中，各种定位技术有其自身的特点和应用场合，表 11.1.1 给出了这些技术在覆盖范围、可靠性、共存性、移动性、成本、应用等方面的比较。

表 11.1.1 用于主要定位技术特点对比

	GPS	蜂窝	WiFi	UWB	ZigBee	蓝牙	RFID
覆盖范围	★★★★	★★★	★★	★★	★★	★	★
可靠性	★★	★★★	★★★	★★★	★★	★★	★★
共存性	★	★★	★★	★★★★	★★	★★	★★
移动性	★★★	★★★	★★	★★★★	★★★★	★★★★	★★★★
灵活性	★★★	★★★	★★★	★★	★★	★★	★
成本	★	★★	★★★	★★	★★★	★★	★★★★
响应	★	★★★	★★	★★★	★★★	★★	★★★★
精度	＜50m	20m	10m	＜0.3m	1～3m	>3m	—
相对精度	★★★	★	★★	★★★	★★	★	—
能耗	★	★	★★	★★	★★★	★★★	★★★
应用	室外	3G/4G	室内	工业	室内	智能设备	物料管理

首先从定位范围来看，以 GPS 为代表的卫星定位系统覆盖范围最广，利用移动蜂窝基站定位（Cellular Based Localization）提供的位置服务则次之，蓝牙（Bluetooth）和 RFID 覆盖范围最小。实际中可根据定位场景的需求选择相应技术，如 GPS 适用于车联网定位，蜂窝定位支持 3G 移动应用。GPS 支持节点移动性，其定位优势表现在室外，室内环境信号衰减严重，且容易受到其他无线通信系统干扰。蜂窝网定位是基于蜂窝移动通信技术开发的，同样是干扰受限系统。WiFi 和 UWB（Ultra Wide Band）等技术定位范围相对较小，常用于完成局部范围内的相对定位。WiFi、ZigBee 和 Bluetooth 都工作（或部分工作）在 ISM 开放频段，因此共存能力不强而易受干扰。UWB 信号由于占据带宽较宽，可达 GHz，功率谱密度很低，因而其共存性能最好。灵活性和系统成本是相对应的，GPS 和蜂窝基站定位运行成本较高，但覆盖范围大，可以弥补灵活性的不足。WiFi、UWB 和 ZigBee 等都支持移动性且灵活性高。

UWB 技术可获得的理论定位精度最高，GPS 尽管定位精度不高（不考虑差分修正等），但相对定位精度最好。ZigBee 具有高效且低成本的组网能力，因此适用于网络定位和监控等。ZigBee 和 CSS（Chip-Spread-Spectrum，码片扩频）在精度和相对精度间能获得较好平衡。RFID 实现成本低，用于人员的识别定位并不侧重位置精度，若结合信号强度检测等方法和充分部署参考节点，也能获得较好的定位性能。GPS 接收机成本较高，响应速度较慢。我国的北斗系统已明显提升了定位响应速度，GPS 首次定位需要约 1 分钟，北斗系统约 1～3 秒。在能量消耗方面，大范围的定位技术如 GPS 较高，短距离如 ZigBee 和 RFID 等，则功耗很低。

11.2 GPS 定位技术

11.2.1 GPS 的组成与应用

GPS 是 Navigation Satellite Timing and Ranging/Global Positioning System 的缩写 ANVSTAR/GPS 的简称。其含义是利用导航卫星进行定时和测距的全球定位系统。GPS 的目的主要是为了军用，但已向民用开放，目前民用用户约占 90%。

GPS 是一种全天候空基导航系统，用于精密定位、测速和提供精密时间，它可以看成一种卫星从空间已知位置发射信号，用户接收信号测定到达卫星距离的测距系统。测定距离必须要知道卫星信号的传播时间，而要测定这个时间要求用户接收机和卫星都装有时间精密同步的钟——原子钟。对于一般用户来说配备这种昂贵的原子钟是不现实的。事实上，普通用户接收机不需原子钟，但这样测定用户至卫星的距离不是真实的距离，而是伪距。通过测量到 4 颗卫星的伪距，解定位方程，可求得用户在空间的三维位置坐标和时钟差这 4 个未知数。

1．GPS 组成

GPS 由卫星部分、地面控制部分和用户设备组成。

（1）空间卫星部分

空间卫星早期的方案由分布在 3 个轨道面上的 24 颗卫星组成。后来，因美国国防预算缩减，改为分布在 6 个轨道面上的 18 颗卫星组成。但这个方案不能提供满意的全球覆盖而被否决了。大约在 1986 年计划卫星数增至 21 颗，即在 18 颗卫星星座的基础上增加了 3 颗有源在轨备用卫星。最后，实际星座由 24 颗卫星组成，均匀分布在 6 个倾角为 55° 的轨道面上，其中三颗为有源在轨备用卫星。GPS 卫星由收发设备、操作系统和各种辅助设备、太阳能电池等组成。

GPS 卫星有 5 种类型，它们是 Block I、Block II、Block II A，Block II R 和 Block II F。其中 Block I 为试验卫星，Block II、Block II A 为工作卫星，Block II R 为 Block II 和 Block II A 的替补卫星，Block II F 为本世纪初发射的下一代 GPS 卫星。

为了测量卫星至接收机的伪距，卫星发射三种伪随机码（简称伪码）信号，即 C/A 码、P 码与 Y 码，它们分别调制在两个载频上发射。C/A 码——粗码/捕获码，为民间用户提供标准定位服务（SPS）；P 码——精密码，为美国军方用户和特许的用户提供精密定位服务（PPS）。最初预计 C/A 码的定位精度约为 400m，但由外场试验结果表明，定位精度可达到 15～40m。而测速精度达到每秒零点几米。为实现为美军服务，美国国防部把精度降低到 100m（水平位置）和 156m（高度），测速精度为 0.3m/s，定时精度 340ns。以上精度均指 95%概率。选择可用性 SA（Selective Availability）就是为了达到这一目的而在下层采取的技术措施。

P 码是保密码，但 P 码的编码方式已公开。为了严格限制非特许的用户使用 P 码，美国于 1994 年 1 月 31 日在卫星上实施了反电子欺骗 A-S（Anti-Spoofing）的技术措施，将 P 码进一步加密编译成 Y 码。Y 码是 P 码与一个被称为 W 码的密码模二相加而成的。这样，倘若发射虚假的 P 码信号进行电子欺骗，使对方产生错误定位，对方只要采用装有选择 Y 码附加芯片的 P 码接收机，不接收这种假信号，就可达到防止电子欺骗的目的。

（2）控制部分

控制部分由 1 个主控站、5 个全球监测站和 3 个地面控制站组成，它的任务是跟踪所有卫星，进行卫星轨道参数和卫星钟钟差测定，并将预测轨道修正参数和各个卫星的钟差数据注入卫星，它还有控制卫星飞行姿态、控制 SA 的大小和决定接通与不接通 A-S 等功能。

（3）用户设备

GPS 用户设备包括 GPS 接收机和传感器。接收机的种类繁多，例如按工作原理可分为伪距法、载波相位法、多普勒法、干涉法等接收机，按用途可分为导航、测量、跟踪、授时等接收机。

为了提高 GPS C/A 码的定位精度，消除 SA 的影响，出现了多种类型的差分 GPS（DGPS）

技术。所谓差分 GPS 就是在位置确定的地点，建立差分 GPS 基准站、基准站的 GPS 接收机接收卫星信号，将实测的数据与计算的数据相比较，得到基准站位置或基准站至卫星的伪距测量误差。将这些误差数据通过无线电波传递给用户，用户接收机以此来修正自身测定的数据，消除或减小各种因素引起的定位误差。DGPS 的精度主要取决于大气电离层相对流层的空间相关性，在用户与基准站的距离小于 100 海里时，对大气电离层影响的修正有显著的作用，随着距离的增加此种修正作用减弱。但是，在不少高精度的应用中往往要求大于此距离，甚至要求构成高精度的大范围的导航网，于是产生了所谓广域差分 WADGPS 系统。为了满足某些要求更高的用户需要，在 WADGPS 的基础上又出现广域增强型 GPS 系统（WAAS）。

2. GPS 应用

GPS 卫星定位的应用非常广泛，主要应用在：

（1）导航与车辆管理

为船舶、汽车、飞机等运动物体进行定位导航。为车辆进行管理监控，配合智能交通提供实时道路信息。

（2）测绘与跟踪服务

为测绘人员提供精确的二维坐标，为人员和车辆提供航迹跟踪服务。另外，在军事和国防方面能为各种精确武器提供制导。

11.2.2 轨道参数

1. 轨道参数

卫星运行的轨迹称为**轨道**，描述卫星空间轨道位置与状态的参数称为**轨道参数**。在 GPS 定位时，根据 GPS 卫星的轨道参数计算卫星在任一瞬间的位置，从而计算测点的位置。

根据开普勒定律，可以推导出用来计算卫星位置的轨道参数。如果只考虑地球对卫星的引力，并把地球当成理想球体，卫星在空间的位置可由以下 6 个轨道参数确定，如图 11.2.1 所示。

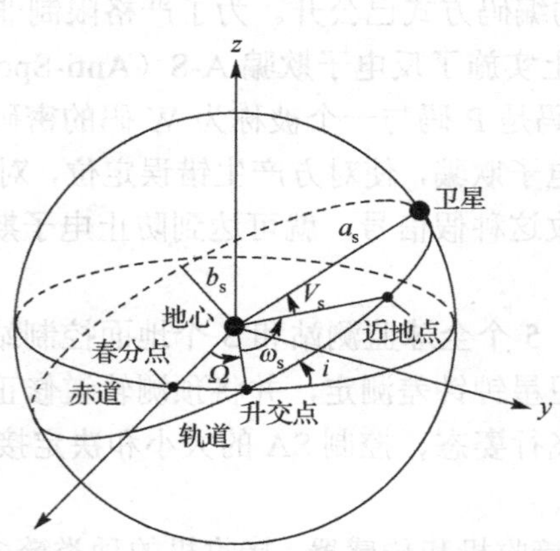

图 11.2.1 轨道参数示意图

（1）轨道倾角 i

轨道倾角 i 是卫星轨道平面与地球赤道平面的交角，也是地球自转方向与卫星运动方向的交角。当 i=90°时，卫星轨道平面通过地球南北极上空，这种轨道称为极轨道。当 i=0°时，卫星轨道平面与地球赤道平面重合，这种轨道称为赤道轨道。

（2）升交点赤径 Ω

卫星轨道与赤道面相交于两点，其中卫星从南向北越过赤道的交点称为升交点。从春分点方向向东在赤道上量得的升交点的弧距，称为升交点赤径。

（3）近地点角距 ω_s

从升交点到近地点的地心角距，称为近地点角距 ω_s。

（4）轨道椭圆长半轴 a_s

（5）轨道椭圆偏心率 e_s

轨道椭圆的偏心率由轨道椭圆的长半轴 a_s 和短半轴 b_s 计算得到。

（6）真近点角 V_s

卫星与地心连线与近地点与地心连线的夹角，称为真近点角 V_s。

以上 6 个卫星轨道参数中，只有真近点角 V_s 是时间的函数，其余均为常数。其中，i 与 Ω 确定轨道平面在空间的位置；ω_s 确定近地点在轨道上的位置，即长半轴的方向；a_s 和 e_s 确定轨道大小和形状；V_s 确定卫星在轨道上的位置。

（7）卫星摄动轨道和摄动运行的轨道参数

卫星由于受到各种因素的影响，会产生轨道的变动，即为轨道的摄动。卫星的摄动可以视为不同时刻卫星沿不同参数的轨道运动，也可视为某一起始时刻 t_0 的轨道参数与瞬时轨道参数的差异。卫星轨道摄动使 6 个轨道参数随时间发生变化，不能用上述无摄动轨道参数计算卫星运行的准确位置，必须随时加以修正。为此，在 GPS 发射的电文中，除了给出 6 个基本轨道参数以外，还给出了 9 个修正参数：升交点赤径变化率 $\dot{\Omega}_0$；平均角度修正量 $\Delta\omega$；轨道倾角修正量 δ_i；升交点角距修正量 C_{uc}、C_{us}；轨道向径修正量 C_{rc}、C_{rs}；轨道倾角修正量 C_{ic}、C_{is}。

2．GPS 卫星位置计算

利用卫星定位必须首先计算卫星的位置，然后根据卫星所在位置和对卫星的观测量（在 GPS 中为伪距或相位）计算观测点的位置。GPS 卫星通过发播电文向用户提供有关卫星轨道参数等信息，此类信息称为**导航电文**。卫星位置就是以导航电文中给出的某些参数进行计算的。

在地球上任一点观测卫星，最直观方便的是知道卫星所在的瞬时位置，即知道相对于观测者的方位和仰角（高度）。为此，必须将卫星的地心坐标转换到以观测点为中心的站心坐标系中。

11.2.3　GPS 定位、测速和授时原理

1．伪距测量定位

GPS 定位按照测量方法分为伪距测量法、多普勒测量法、载波相位测量法和干涉法 4 种，以下仅介绍伪距测量法。

（1）卫星无源测距定位

测定卫星与用户之间的距离来确定用户位置的方法，称为**卫星测距定位**。用户接收机接

收卫星信号，测定卫星至用户的传播时间，从而确定卫星至用户的距离，此种测距称为**无源测距**。距离和电波传播延迟时间的关系为：

$$R = cT$$

式中，c 为光速；T 为电波传播延迟时间；R 为卫星到用户的距离。

根据卫星信号所含的卫星星历信息，可以求得每颗卫星在发射时刻的位置，从而确定用户的位置在以卫星为球心，以 R 为半径的球面（球面位置面）上。用同样方法，测定至 3 颗卫星的距离，可以确定用户在空间的位置（三球面的交点）。若观测点在地面上，则只要测定至 2 颗卫星的距离，就可确定观测点所在位置。

卫星无源测距定位要确定用户至卫星的距离，就要测量卫星至用户的电波传播延迟时间，为此用户必须具有保持与卫星钟时间准确同步的本地钟——原子钟。由于原子钟昂贵，价格比普通的 GPS 接收机高得多，因此对于一般用户来说配用原子钟是不现实的。无源测距只能用于地面站测控卫星或者其他特种用途的用户。

（2）伪距测量定位

用户设备不配带原子钟，测量的用户至卫星的距离包括钟差等引入的误差，此距离称为**伪距**。测点 P 与第 i 颗卫星 S_i 的伪距 PR_i 可由式（11.2.1）确定：

$$PR_i = R_i + c\Delta t_{Ai} + c(\Delta t_u - \Delta t_{si}) \tag{11.2.1}$$

式中，$i=1,2,3,4$；R_i 为第 i 颗卫星到观测点的实际距离；c 为光速；Δt_{Ai} 为第 i 颗卫星信号传播延迟误差和其他误差；Δt_u 为用户时钟相对于 GPS 系统时间的偏差；Δt_{si} 为第 i 颗卫星钟相对于 GPS 系统时钟的偏差。

设卫星 S_i 和观测点 P 在地心直角坐标系中的位置为 (X_{si},Y_{si},Z_{si}) 和 (X,Y,Z)，则

$$R_i = \sqrt{(X_{si}-X)^2+(Y_{si}-Y)^2+(Z_{si}-Z)^2} \tag{11.2.2}$$

将式（11.2.2）代入式（11.2.1），有

$$PR_i = \sqrt{(X_{si}-X)^2+(Y_{si}-Y)^2+(Z_{si}-Z)^2} + c\Delta t_{Ai} + c(\Delta t_u - \Delta t_{si}) \tag{11.2.3}$$

在式（11.2.3）中，卫星位置 (X_{si},Y_{si},Z_{si}) 和卫星钟偏差 Δt_{si} 由解调卫星电文并通过计算获得；电波传播延迟误差 Δt_{Ai} 用双频测量法修正，或利用卫星电文提供的校正参数根据电波传播模型估计得到。伪距 PR_i 由接收机测定。

在式（11.2.3）中，观测点位置 (X,Y,Z) 和钟差 Δt_u 为方程组成的 4 个未知数，通过解方程组获得。对于陆地或海上的用户来说，如果知道天线的高度，只需测量到 3 颗星的伪距，就可确定二维（精度、纬度）和用户时钟相对于 GPS 系统时间的钟差。

2．GPS 测速原理

通过对卫星信号的多普勒频移的测量，列出 4 颗卫星距离变化率方程。按照类似于解用户位置和钟差的方程式（11.2.3），根据已测定的伪距和解得的用户真实位置，可求得用户三维速度和用户钟差的变化率。将式（11.2.3）两边求导，将伪距方程变换为距离变化方程，则有

$$\dot{P}R_i = \frac{(X_{si}-X)(\dot{X}_{si}-\dot{X})+(Y_{si}-Y)(\dot{Y}_{si}-\dot{Y})+(Z_{si}-Z)(\dot{Z}_{si}-\dot{Z})}{\sqrt{(X_{si}-X)^2+(Y_{si}-Y)^2+(Z_{si}-Z)^2}} + c\Delta\dot{t}_{Ai} + c(\Delta\dot{t}_u - \Delta\dot{t}_{si}) \tag{11.2.4}$$

式中，$i=1,2,3,4$；$\dot{PR}_i$ 为伪距变化率，由多普勒测量获得；X_{si}、Y_{si}，Z_{si} 为第 i 颗卫星的位置坐标；$\dot{X}_{si}$、$\dot{Y}_{si}$，$\dot{Z}_{si}$ 为第 i 颗卫星的运动速度，由卫星星历计算得到；X、Y 和 Z 为用户位置，可由式（11.2.3）解得；Δt_{si} 为卫星钟钟差；$\Delta \dot{i}_{si}$ 卫星钟钟差变化率，因测量时间短，所以 $\Delta \dot{i}_{si} \to 0$；$\Delta \dot{i}_{Ai}$ 为传播延迟误差变化率；$\dot{X}$、$\dot{Y}$ 和 $\dot{Z}$ 为用户速度，为未知数；Δt_u 及 $\Delta \dot{i}_u$ 分别为用户钟差和用户钟差变化率，均为未知数。通过解式（11.2.4）所构成的方程组，则可解出 $\dot{X}$、$\dot{Y}$、$\dot{Z}$ 和 $\Delta \dot{i}_u$。

3. GPS 授时原理

GPS 授时具有授时精度高、方法简便，可在全球连续、实时进行等优点，目前被广泛采用。利用 GPS 时间传递分为单站法和共视法两种。

（1）单站法时间传递

（a）已知用户位置

如果授时用户的位置已知，那么卫星位置可由 GPS 授时接收机所获得的卫星导航电文求得，因此可计算卫星至用户接收机的距离。从而，计算出卫星发射信号的电波传播延迟。另外，由导航电文可获得信号发射时刻的卫星钟时间。把发射信号时刻的卫星钟时间加上电波传播延迟，就可以确定在接收时刻的卫星钟时间。用导航电文中的卫星钟修正参数，并根据预先在接收机中存储的卫星钟修正模型，对上述卫星钟可进行修正。修正后的卫星钟时间就是 GPS 系统时间。

为了校正用户本地时钟的时间，把用户时钟输出信号（例如秒脉冲信号）简单地与 GPS 系统时间进行比较，得出本地时钟与 GPS 系统时间的时差。用此时差校准本地时钟时间，或将此时差值显示出来。

因为 GPS 卫星昼夜向全球发射信号，卫星钟的时间与 GPS 系统时间同步，所以分散在全球的用户时钟都可将它们的时间同步到 GPS 系统时间上。由于用户的位置已知，所以授时接收设备不须求解位置。授时用户是无源的，用户不发射信号，也不需要进行通信，只需接收一颗卫星信号即可。

在 GPS 导航电文中，还包含 GPS 时间和协调世界时（UTC）之间的偏差数据。因此，用户时钟的时间也可自动同步到 UTC 上。

（b）未知用户位置

以上所述是一种简单的时间传递系统，即只接收一颗卫星的 C/A 码单频（L_1）信号就可以实现时间传递的方法。在未实施 SA 时，时间传递精度优于 100ns，实施 SA 后优于 175ns。但是，这种方法只有在用户位置确定以后才能进行。

GPS 是高精度的定位系统，测定位置是其主要功能，只要 GPS 接收机同时接收 4 颗或 3 颗卫星信号，通过解式（11.2.3），可同时得到用户钟差 Δt_u 和位置 (X,Y,Z)。用此方法进行时间传递，用户不需要预先知道观测点的位置，运动中的 GPS 接收机即可获取精密的时间，但该种动态授时与定点授时相比精度有所下降。

（2）共视法时间传递

要获得优于 100ns 精度的时间，可以采用二种方法：第一种是共视法，也称“共模-共视”法；第二种是采用 P 码的双频（L_1，L_2）GPS 接收机。后者要用 P 码工作，目前还不能推广作为民用。共视法是高精度、远距离时间传递的好方法。

例如，某一时刻 A、B 两地时钟所指的时间分别为 UTC(A)、UTC(B)，由卫星信号得到的 GPS 系统时间为 UTC(GPS)，用上述单站测量法分别测得两地时钟相对于 GPS 系统时间的钟差分别为 UTC(A)–UTC(GPS)和 UTC(B)–UTC(GPS)，它们的差值就是两地时钟的钟差 UTC(A)–UTC(B)。

共视法时间传递使到达用户的 UTC(GPS)包含 SA 引入的误差、星历误差、电离层和对流层引入误差。若 A、B 两地相差距离不大，这些误差值在两地基本上是相同或相干的，通过两地钟差相减后绝大部分可以消除，因此有较高的时间传递精度。

11.2.4 GPS 用户接收机

1. GPS 终端构成

虽然 GPS 接收机的种类较多，用途也不同，但其基本组成是相同的，其组成结构如图 11.2.2 所示，由天线、接收单元、计算控制部分和电源组成。

（1）天线

所有的 GPS 接收天线都要求全向圆极化。大多数把放大器和天线组成整体，以减少信号传输的损耗和引入噪声，这些天线称为有源天线。有的天线，例如微带天线、锥形天线可以工作在 L_1 和 L_2GPS 两个频段上，而另一些天线，例如单极或偶极子天线、四线螺旋天线只能接收单频信号。

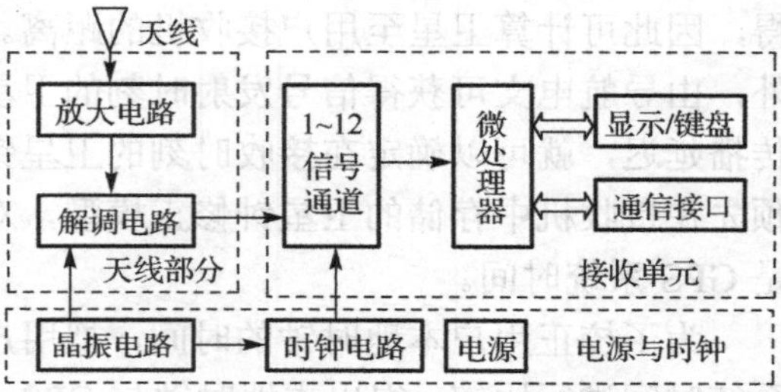

图 11.2.2 GPS 接收机的组成结构图

（2）接收单元

接收通道经过接收来自天线单元的 GPS 信号、解调等一系列处理过程，实现对 GPS 信号的跟踪、锁定、测量，提供计算的位置等信息。根据不同的需要，接收机可设计成 1～12 个信号通道。

信号通道是由硬件和软件组成的。每一通道某一时刻只能跟踪一颗卫星信号。并行多通道技术用于 GPS 接收机，有利于测量精度的提高。相关型通道广泛应用于 GPS 接收机，这对于接收机在噪声中提取 GPS 有用信息进行定位计算是必需的。相关型接收机主要由码延迟锁定环（DLL）和载波相位锁定环（PLL）组成。DLL 是将本地伪随机码（C/A 码或 P 码）与卫星伪随机码一一对准，实现对卫星信号的跟踪、识别和伪距测量。PLL 是利用本机的 Costas 环，将本机载波相位锁定于卫星载波相位，用以解调出导航电文，并进行载波相位和多普勒频移测量。

微处理器部分用于实现以下功能：

（a）对接收机故障状况进行自检；

（b）根据采集的卫星星历、伪距和多普勒频移观测值计算三维位置坐标和速度等数据；

（c）进行人机对话，输入有关数据和各种指令，计算或更新位置，进行自动导航，控制屏幕显示。

2. GPS 接收机的主要技术指标

（1）通道数与跟踪方式

CPS 接收机要跟踪视界内的所有卫星，取得这些卫星的修正参数，要具有 8～12 个接收通道。目前生产的 GPS 接收机通常通道数在 5～12 个。

（2）信号的载频和伪随机码

普通的 GPS 导航型接收机接收 f_1 载频信号，跟踪 C/A 码，进行伪距测量。这种接收机称为单频单码接收机；而高档的测量型和军用 GPS 接收机接收 f_1、f_2 两个载频，跟踪 C/A 码、P 码，或者跟踪 C/A 码、Y 码及无码信号，这种接收机称为双频双码接收机。每一类接收机都给出所采用的载频和伪随机码。

（3）接收灵敏度

卫星信号到达地面观测点，随着用户观测卫星仰角的减小，大气吸收加强。为了对 GPS 卫星信号正常跟踪，要求接收机的灵敏度优于−130dB。

（4）精度

主要指标为定位精度、测速精度、定时精度、首次定位时间、热启动时间、冷启动时间、再捕获时间等。

另外还有工作条件、环境参数、天线要求等技术指标。

11.3　无线蜂窝定位

11.3.1　蜂窝移动通信定位技术的体制

1. 蜂窝移动定位技术的发展

目前，蜂窝移动通信已广泛深入到社会生活的各个方面，尤其是第三代移动通信的广泛应用以及刚刚开始应用的第四代移动通信，不论从业务形态上，还是业务内容丰富性上，都有了长足的发展。移动通信的发展推动了移动互联网的发展，而移动互联网发展所诞生出的丰富多彩的应用又进一步改变着社会生活的多个方面，其中尤其显著的是以定位导航为技术蓝本所延展的各种应用，更加为人们的日常生活提供了极大的便利。虽然，目前的各种智能移动终端都提供了以 GPS 为主的导航定位及其相关的应用，但基于 CDAM 技术的三代及四代移动通信却更能实现民用级的导航定位，因此，作为移动数据业务重要组成部分的定位业务日益成为人们关注的焦点，也日益成为各个通信运营商竞争的通信业务领域。

国内外，应用蜂窝移动通信技术进行定位已有较长的历史。1996 年美国 FCC 制定了 E911 规范，要求所有的移动运营商必须以 67%的概率提供优于 125 米精度的定位结果以保证紧急救援服务，这推动了蜂窝定位技术的研究和应用。从此以后基于无线电定位技术的位置服务在全球范围内开始发展壮大，此后日本、德国、法国、瑞典、芬兰等国家也纷纷推出各具特色的公众和商用位置服务。

2. 蜂窝移动通信定位技术的体制

蜂窝移动通信系统中用户的定位是无线电定位技术的一种具体应用。场强测量、到达角测量、时间（差）测量等技术都可以应用到蜂窝移动通信系统中。但是与传统的广域无线电导航定位系统相比，蜂窝系统工作频段、电波传播环境、用户与基站的相对距离、用户运动特性以及空中接口、协议栈等各个方面都存在明显不同，完全照搬上述这些技术难以满足蜂窝环境下用户定位的需求。根据蜂窝移动通信系统本身的特点，国内外的众多研究机构和学者提出了多种解决方案，出现了许多新的基于蜂窝网络技术的定位方法，如表 11.3.1 所示。

表 11.3.1 各种定位技术比较

性能	Cell-ID	TDOA	E-OTD	OTDOA	GPS	A-GPS
定位精度	低 100m～20km	较高 50～150m	中 100～500m	中 100～500m	高 5～50m	高 5～50m
鲁棒性	差	好	一般	一般	一般	很好
三维支持	否	否	否	否	是	是
响应时间	快（1s 内）	快（10s 内）	快（10s 内）	快（10s 内）	慢（30s～15m）	一般（5～10s）
漫游支持	好	好	差	差	好	好
网络负载	小	小	大	大	无	小
系统扩展	好	好	中	差	好	好
空中接口	好	一般	差	差	好	好
系统成本	低	中	高	高	中	低
总体	一般	好	较好	一般	一般	很好

不同的蜂窝系统具体的定位体制和方案的选择有所不同。北美部分地区仍在采用 AMPS（FDMA 体制）和 D-AMPS（TDMA 体制）系统，用户定位主要基于 TOA 和 TDOA 技术，通过在反向控制信道上的信息中增加训练序列，并使用高精度定时系统、高可靠性的锁相环和滤波器进行参数估计，能够获得误差小于 50 纳秒的 TOA 或 TDOA 参数，实现 100 米以内的定位精度。根据 GSM 系统所采用的 TDMA 接入方式和网络本身提供的时间提前（TA）参数，E-OTD 和基于 Cell-ID 的定位技术成为 GSM 系统定位技术的主要候选方案。对于已经在韩国及我国大量部署的 IS- 95CDMA 系统，主要采取了 TDOA 定位体制，充分利用了扩频系统的高多径分辨能力和时差提取能力。第三代移动通信系统（3G）的三个主要标准 WCDMA、CDMA-2000 和 TD-SCDMA 均采用 CDMA 作为基本的多址接入方式，基于 IS- 95CDMA 开发的各种定位技术可以在适当地修改后应用于 3G 系统中。

3. 蜂窝移动通信系统分类

根据不同的划分准则，实际应用和正在研究开发的蜂窝移动通信系统定位技术可以有以下多种分类方法：

（1）根据定位系统所处空间位置的不同，可以分为空基定位系统（GPS）、地基定位系统以及混合定位系统（A-GPS）；

（2）根据定位参数测量位置的不同，可以分为基于网络的定位和基于用户的定位；

（3）根据定位所用参数的不同，可以分为场强测量法（SOA）、增强型场强测量法（ESOA）、到达角度测量法（AOA）、到达时间/时间差测量法（TOA/TDOA/OTDOA/E-FLT）、混合参数定位法和细微特征匹配方法等。

11.3.2　主要蜂窝定位技术

1. A-GPS

A-GPS 是 GPS 技术与蜂窝网络技术相结合的产物。通过在基站设备中增加 GPS 接收机，用户 GPS 接收模块可以从蜂窝网络获得少量辅助数据（如可视卫星数目与坐标），完成 GPS 的初始同步与捕获，计算用户到卫星的距离，然后将该参数反馈给蜂窝网络内的定位服务器完成定位计算。由于使用了位置固定的基站 GPS 接收机作为定位参考，并利用基站的架设高度消除了建筑物对卫星信号的阻挡，所以 A-GPS 已经成为目前定位精度最高的实现方案，现已出现了多种实用化的包含 A-GPS 功能的芯片组及终端产品。

2. Cell-ID/SECTOR-ID/TA

定位系统根据用户在网络内部所处的小区或者基站来标识用户位置。蜂窝系统的每个基站都有全网唯一的标识号（Cell-ID），系统可以根据与用户进行通信的基站标识来确认用户所在区域。由于用户可能在小区内部的任何位置，所以定位精度完全取决于小区的大小。GSM 系统典型的小区半径为 2～20km（包括农村地区），城市商业密集区的小区半径可以减小到 0.5km，而 CDMA 系统典型的小区半径规划为 0.5～2km（城区）/1～10km（郊区、农村）。一般情况下，城区的小区半径远小于郊区和农村的小区半径，所以 Cell-ID 的定位精度在城区比在郊区和农村高。另外，CDMA 系统用户在切换状态下同时与多个基站保持联系，这时将出现小区定位模糊问题。基于扇区标识的 Cell-ID/SECTOR-ID 技术和基于 TA 参数的 Cell-ID/TA 技术可以在一定程度上解决小区模糊问题。Cell-ID 技术定位精度低，只能作为辅助定位手段，为精确定位提供初始估计。

Cell-ID/SECTOR-ID 是完全基于网络协议的定位方法，不需要测量任何电波参数。严格来讲它并不属于无线电定位技术，但是考虑到该技术是目前蜂窝网络广泛使用的定位技术，并得到各个标准的支持，所以将它也纳入无线电定位技术当中。

3. 到达角 AOA

AOA 定位技术利用分布于多个位置的阵列天线获得同一个用户信号的角度信息，通过示向线交会获得用户的二维或者三维位置估计。AOA 体制的定位精度随建筑物密度、城市地形地貌特性而呈现强烈的不一致性。根据 AOA 在城市蜂窝系统的实测数据，室内、城区以及农村的 AOA 典型扩展值分别为 360°、20°和 1°，AOA 定位精度约为 300～500m。当接收天线位于高层建筑物顶层并没有明显的遮挡时，AOA 精度可以达到 100m 以内。

4. 到达信号强度 SOA

基于 SOA 的定位体制是最早用于用户定位的方法。利用电波损耗与传输距离之间指数形式的数学模型，SOA 方法可以获得用户与接收设备之间的距离，多个这样的测量可以得到用户位置。由于受到快衰落和慢衰落的影响，所以路径损耗在小尺度范围内具有较大的波动。各种经验公式虽然能够预测一定范围内的路径损耗均值，但误差通常在 10dB 以上，而且需要根据实际环境对模型参数进行校正后才能应用。所以，虽然众多学者提出了各种基于 SOA 体制的定位算法，但目前并没有出现使用 SOA 参数实现定位的实用系统。

5．到达时间 TOA

TOA 的主要实现方式包括测量 RTT（Round Time Trip）参数或者直接测量到达时间 TOA。另外，GSM 系统中基于时间提前（TA）的定位方式也是 TOA 体制的一种。RTT 方式中，基站收到移动台发出的定位请求后将向用户发送特定的信息，移动台检测到该信息后不做任何处理马上将其转发回基站，基站发送和接收该信息的时间差即为 RTT 参数值，该值由上下行链路信号传播时延 τ_F、τ_R 及移动台处理信息的时延 τ_p 共同决定。τ_p 是随机变量，其均值和方差与终端特性有关，难以确定统一的参考值，这将极大影响 RTT 参数的测量，从而降低定位精度。另外，直接测量 TOA 的实现方式要求移动台必须具有高精度的同步时钟，这也是阻碍该体制广泛应用的主要因素之一。

6．到达时间差 TDOA

TDOA 定位技术是目前无线电定位技术中切实可行且精度比较高的定位体制，得到了广泛关注与研究。TDOA 参数的测量可以在网络侧进行，也可以由移动台完成。OTDOA 和 E-OTD 通过使用 TDOA 参数完成定位，具有和 TDOA 相同的定位数学模型，并已经成为 3GPP（3rd Generation Partnership Project，第三代合作伙伴计划）定位技术标准的候选技术。不同之处在于 TDOA 参数的测量和定位计算由用户完成并将结果通过协议发送给网络，其中 E-OTD 应用于 GSM/GPRS 系统，OTDOA 应用于 WCDMA 系统。

TDOA 体制的定位精度受定时精度的影响较大。基于用户和基于网络的 TDOA 定位技术都需要准确的 TDOA 参数，这要求各基站必须严格同步，以保证系统本身的定时误差不对定位结果造成明显影响。IS-95CDMA 和 CDMA2000 使用 GPS 实现全网同步，属于同步系统，基站的定时精度可以得到保证；GSM/GPRS 和 WCDMA 为异步网络，必须在每个基站增加高精度和稳定性的定时单元（原子钟或 GPS 时钟）或者在基站中增加定时单元来实现时间统一。利用 GPS 设备可以实现 10^{-7}s 以上的定时精度，定时误差对于系统定位误差的影响可以忽略。另外，设备的测量误差、基站分布的 GDOP、多址干扰、非视距传输都将影响 TDOA 技术的定位精度。基于 TDOA 体制的 CDMA 用户定位系统可以实现优于 100 米的定位精度，发展潜力可以达到 50 米以内；而 E-OTD 的试验测试结果也实现了 50 米的高定位精度。

7．混合定位

上述的各种定位体制都存在优点与不足，单一技术体制难以满足定位精度的要求，采用多种参数的混合定位体制可以有所改进。数据融合是获得目标信息的有效手段，也是当前信息技术领域研究的热点之一。定位数据融合能够利用不同定位方法的优点，根据先验信息对不同类型的定位结果进行融合，获得一定的统计增益，从而取得比单一技术体制更好的定位性能。因此，数据在模型中不同层次之间的转移及对应的决策和推理是数据融合技术的基本特征，决策和推理在不同层次进行，其基础是数据的特征识别。

8．细微特征匹配

多径传播模式完全取决于电波传播环境，特定地区的多径传播模式具有自己的特征。移动台发射的信号经建筑物和其他障碍物的反射与折射后，产生了与周围环境密切相关且具有特定模式的多径信号。定位系统的前端传感器阵列（通常是基站的天线阵）检测信号的幅度与相位特性，提取出多径干扰特征参数并将该参数与预先存储在数据库中的模式进行匹配找出最相似的结果，然后结合地理信息系统，找到和该模式相匹配的地区范围，以街道和城区的形式输出定位结果。多径指纹技术（Finger Print），或称为射频信号模式匹配（RF Pattern Match），是一种将细微特征识别匹配应用于蜂窝无线系统的专利技术，由美国 US Wireless 公司开发并已经应用于 Radio Camera 系统中。

由于利用了环境特征参数，所以理论上来说，细微特征匹配技术适用于所有蜂窝网络。同时，基于该技术的定位系统只需要在基站处单独架设天线阵列或对现有基站天线阵进行改造，并在网络中增加适当的接口以提供最终的定位信息，所以它可以叠加于现有蜂窝网络之上并能够独立于蜂窝网络运行。另外，数据库的存在使单基站具备了定位功能，不需要多个基站的参与即可完成用户位置估计。这对于解决系统同步、信号可测性以及降低系统复杂性非常有效，而且受非视距传输效应的影响比较小。要将这种技术实用化，关键在于合理的参数模型设计、高效可靠的模式匹配算法、高灵敏度的传感器阵列实现以及高速大容量计算平台组成，核心是在采用该技术的定位系统投入实际运行前建立庞大、完整的位置指纹数据库，详细记录城市每个可分辨最小区域的特征，并保持与城市建设同步更新，以保证指纹样本的有效性、可靠性和准确性。另外，由于不同城市的地理环境、城市规划千差万别，所以如何提取各个城市多径环境的基本框架和模型，减少工作量，也是决定该技术能否实际使用的关键因素。细微特征匹配的关键是多径分辨能力。CDMA 系统采用高速扩频码后具有高精度的多径分辨能力，AMPS、D-AMPS 以及 GSM 系统的多径分辨能力则受到空中接口信息速率的限制而相对要低得多，所以在 CDMA 系统中细微特征匹配的应用具有明显的优势；但是 CDMA 系统同频同时造成的多址干扰问题有可能增加细微特征匹配定位方法实现的难度。细微特征匹配原理如图 11.3.1 所示。

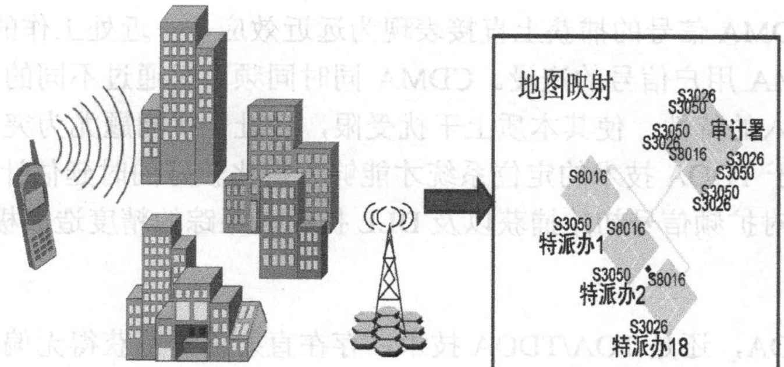

图 11.3.1 细微特征匹配原理图

11.3.3 影响精度的因素

从信号中获得定位信息包括以下两个过程：定位参数的测量以及定位算法的研究。保证高精度实时定位的关键是能够获得准确可靠的参数和可以有效降低甚至消除各种噪声影响的定位算法，前者是实现定位的前提，后者是定位系统的核心。不同的定位技术需要测量不同的定位参数，如 SOA 体制中的信号发射与接收功率、AOA 体制中的信号到达角度、TOA 体制中的时间延迟，以及 TDOA 体制中的到达时间差。从统计的角度来看，由于受到设备测量误差以及信号本身固有的随机性的影响，从用户信号中获得的参数带有了一定的噪声与误差。这些误差来源主要包括多址干扰、多径干扰、非视距传输、系统内部误差等。

1. 信号的可测性

在目前所有的 CDMA 系统中，都采用功率控制来减小多址干扰的影响。但对于 TDOA 等需要多个基站参与定位的技术体制，将出现所谓的“信号可测性”问题（Signal Hearability）。功率控制是 CDMA 系统克服远近效应的有效手段，它能够保证各个基站以基本相同的功率接收来自不同用户的信号，防止信号相互间的淹没。由于功率控制的存在，除服务基站外，其他基站由于本小区用户信号的存在，可能无法正常接收到需定位用户所发送的信号，对于第三方（被动）定位系统而言更有可能出现这种情况。目前解决可测性问题的候选方案包括 3GPP 提出的在 E-911 呼叫时将移动台发射功率瞬时增加到最大的 Power Up 方法和 IPDL 方法等。

2. 多径干扰

多径传播是由于信号源以及接收机周围存在的各种物体，包括建筑物、车辆、树木甚至行人对无线电波的反射、折射、绕射以及衍射等造成电磁能量在空间的分散，并通过多个路径以多个相关信号的形式进入接收机而形成的。多径干扰是城市电波传播环境中造成信号参数测量出现误差的主要原因之一。各个路径的信号携带相同的信息，但在不能有效分离时，它们与其他干扰信号一样，成为影响正常通信和测量的噪声因素。多径干扰对 TOA 和 TDOA 参数的测量有明显影响，而对 AOA 体制定位系统则有可能造成参数的错误选择。对于 CDMA 体制蜂窝系统，即使用户与基站之间存在可视传播路径（LOS），但当多径时延在一个码片周期内时，基于传统相关方法的 DLL 仍无法进行多径分离和正确的参数估计，从而引入较大的参数估计误差。

3. 多址干扰

多址干扰在 CDMA 信号的捕获上直接表现为远近效应——近处工作的 CDMA 用户发射的信号对远处 CDMA 用户信号的淹没。CDMA 同时同频而仅通过不同的扩频码来进行身份识别和实现多址接入的特性，使其本质上干扰受限，多址干扰问题尤为突出。只有在一定的信噪比条件下，基于 TDOA 技术的定位系统才能够获得比较好的时延估计；存在严重远近效应时，多址干扰将对扩频信号初始捕获以及 DLL 扩频码跟踪的精度造成极大的影响。

4. 非视距传输

无论 SOA、AOA，还是 TOA/TDOA 技术，存在直射信号是获得无偏参数估计的前提与关键。但是在城市蜂窝移动通信环境中，由于建筑物或者其他环境因素的影响，用户与接收机之间经常不存在视距传播路径，大多数情况下信号通过反射、折射或其他方式传播，造成非视距传输效应（NLOS）。NLOS 的产生机理与多径传播类似，但对定位系统性能的影响却并不相同。NLOS 主要在基于 TOA/ TDOA 技术体制的定位系统时间（差）参数的测量中引入比较大的误差。在这种情况下，即使系统不存在设备测量误差、无多径和多址干扰并可以实现高精度的定时，最终得到的用户位置仍将存在很大误差。根据 NOKIA 公司在 GSM 系统所做的现场测试，存在 NLOS 效应时，系统定位误差的均方根在 400～700 米范围内；而无 NLOS 效应时，该值降低到 100～200 米，由此可以看出 NLOS 对定位精度的影响。需要指出的是，NLOS 效应与具体的蜂窝技术体制如 GSM、D-AMPS 以及 CDMA 无关，它完全由通信环境所决定。不同城市其建筑物高度、密集程度以及分布特点都不尽相同，NLOS 的误差范围也相应地会有所变化，但它引入的定位误差的基本性质是相同的。

5. 站址误差

基站的自定位精度对用户定位结果具有一定的影响。蜂窝系统的基站通常架设在较高建筑物顶，与卫星之间具有较好的链路，通过 GPS 或 DGPS 设备可以实现高精度的自定位。但对于第三方（被动）定位系统，有可能采用车载方式进行工作。在城市环境中时，车载设备的自定位精度受到建筑物的影响，自定位误差对于用户定位精度的影响将不可忽略。

11.4 WLAN 室内定位技术

11.4.1 概述

随着无线局域网的广泛部署和普及应用，利用无线局域网（Wireless Local Area Network，WLAN）的室内定位技术随着物联网应用的需要，在逐步得到发展和应用。

无线局域网络技术是 20 世纪末发展起来的一种高速无线网络通信技术，技术标准组为 IEEE 802.11，目前应用最广泛的标准是 IEEE 802.11b 和 IEEE 802.11g。WLAN 网络具有高速通信、部署方便的特点，切合了现代社会对移动办公、移动生活娱乐的需求。室内环境和人们活动的热点地区（如机场、写字楼、大型超市、校园、酒店和家庭）是 WLAN 主要的应用环境。

无线局域网的定位就是在无线局域网中通过对接收到的无线电信号的特征信息进行分析，根据特定的算法来计算出被测物体所在的位置。这种定位系统主要由数据采集、定位估计和显示三个功能模块组成，如图 11.4.1 所示。

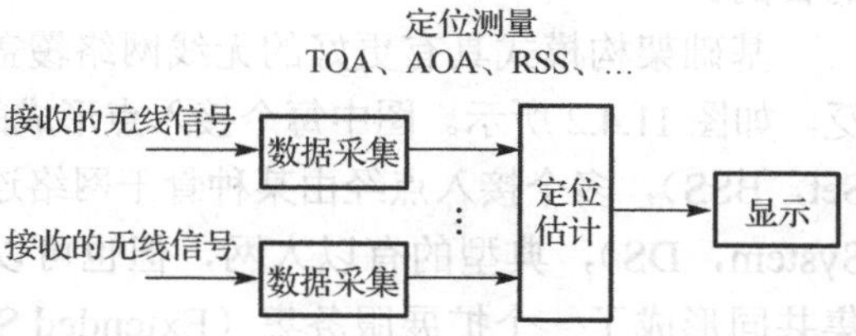

图 11.4.1 WLAN 定位系统组成

数据采集是指用户携带的无线通信设备，通过它们可以测量出到达用户的无线信号。这些无线信号作为输入信息传给定位估计模块，根据使用的定位算法的不同使用无线信号的不同度量指标，例如：无线信号传输的时间（TOA），无线信号到达的角度（AOA），无线信号的强度（RSS）等。最后，显示模块将定位结果显示出来，定位结果的表达方式可以是位置坐标或位置的符号表达。在 WLAN 定位算法中，一般采用的度量指标是无线信号的接收信号强度（Received Signal Strength，RSS），与其他无线信号的度量指标相比，采用接收信号强度的无线局域网定位系统有着以下的优点。

首先，它是一种经济的解决方案。目前，无线局域网网络已经成为基础网络通信架构中的一个组成部分。许多移动设备，像笔记本、PDA、智能手机，已经内置了对无线局域网的支持。因此，它可以有效地避免部署专用的网络体系架构，不需要添加其他的硬件设备或电子标签，从而降低了成本。其次，与采用红外线、视频信号的室内定位系统相比，基于无线局域网的定位系统能够使用的范围更大。无线信号通常可以覆盖整个大楼甚至是一个楼群，因此既能被应用在室内又能被应用在室外。此外，在使用无线局域网的数据通信功能的同时，用户还可以获得定位服务以及基于位置的服务，反过来也充分开发了无线局域网的应用潜能。最后，无线射频信号的健壮传输特性使得基于无线局域网的定位系统成为一种比较稳定的系统。那些基于视频或者基于红外线的定位系统更容易受到限制，比如，基于视频的技术对用户的定位需要在可视的条件下；当有荧光照射或阳光直射时，红外线信号的性能会大大降低。基于上述优势，无线局域网定位技术的研究引起了越来越多研究者的兴趣。

2006 年 8 月，世界第一大信息技术研究与咨询公司 Gartner[①]发布了《2006 年新兴技术发展周期》的报告，该报告对 36 项重要技术的成熟度、影响力、市场接受速度以及未来十年的趋势进行了评估。其中，定位技术被评为具有特别大影响力的技术。Gartner 指出借助 WLAN 以及其他定位技术对移动用户提供的基于位置的服务将会被认同并获得快速的发展，在未来五年内，位置感知应用程序将成为主流。可见，基于无线局域网的室内定位技术具有重要的现实意义和应用价值。

11.4.2 无线局域网室内定位技术的分类

无线局域网有两种工作模式，即基础架构模式和点对点模式。

基础架构模式为最主要的一种工作模式，基础架构模式（Infrastructure Model）或称为集中控制模式，该模式是利用接入点（Access Point，AP）来承担无线网络覆盖和通信的任务。接入点如同无线蜂窝网里的基站，可以将多个无线的移动终端汇聚到有线网络上。

点对点模式或者分布对等模式（Ad-Hoc Model）是另一种较特殊的工作模式，常用于野外和家庭环境下组成临时的对等无线网，不需要接入点设备就可以达到相互连接、资源共享的目的。

基础架构模式具有更好的无线网络覆盖和容量，网络通信也更加稳定可靠，应用也最广泛，如图 11.4.2 所示。图中每个接入点形成的一个信号覆盖范围称为基本服务集（Basic Service Set，BSS），多个接入点经由某种骨干网络连接在一起。骨干网又被称为分布系统（Distribution System，DS），典型的有以太网，但也可以是无线网。上述分布系统、接入点及其基本服务集共同形成了一个扩展服务集（Extended Service Set，ESS），即 802 无线网络。

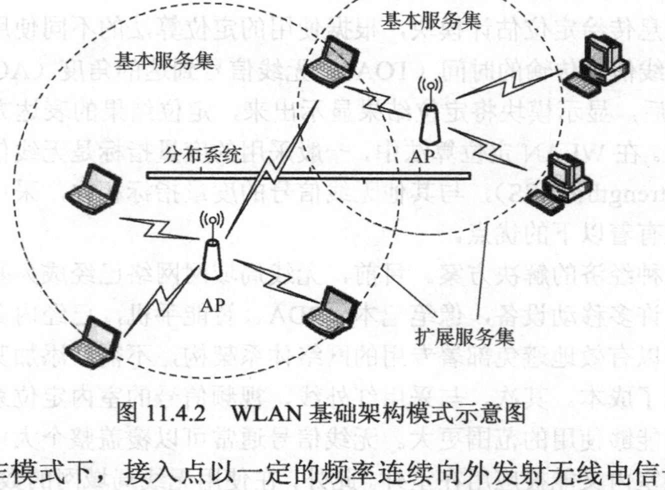

图 11.4.2 WLAN 基础架构模式示意图

在基础架构工作模式下，接入点以一定的频率连续向外发射无线电信号，标识自己的存在和发布有关无线网络的基本信息，如 SSID（服务集标识码）、WEP 信息等。WLAN 客户

① Gartner, Emerging Technologies Hype Cycle Highlights Key Technology Themes. http://www.gartner.com/it/page.jsp?id=495475, 2006

端通过扫描获取与无线网络相关的信息，如来自不同 AP 的接收信号强度、信噪比等，然后按照一定的策略，选择最合适的接入点建立无线连接，如最简单的是直接与信号强度最强的 AP 建立连接，或者选择具有某个指定 SSID 的接入点。无线局域网定位技术正是基于 WLAN 客户端与 AP 之间的无线信号信息进行位置的估计的。

几何法（Geometry）、近似法（Proximity）和场景分析法（Scene Analysis）是定位技术中经常采用的思想。

1．几何法

几何法是指利用几何学的原理来计算待测目标的位置。它又分为两种，即三边测量（Trilateration）和三角测量（Triangulation）。三边测量采用距离测量技术，而三角测量采用方位测量技术。

（1）三边测量

三边测量通过测量待测物体与其他多个参考点之间的距离来计算待测物体的位置。在二维平面上，已知物体与三个不共线的参考点之间的距离就可以计算出待定位目标的位置。计算物体的三维位置则需要测量它与其他四个不共面的参考点间的距离。在无线局域网中，参考点就是负责网络通信的接入点。用户与接入点间的距离可以通过以下两种方法测得：

（a）到达时间

通过测量无线电信号到达终端的时间来估计距离，即到达时间法（Time of Arrival，TOA）。

（b）传播模型法

利用无线电信号传播的数学模型，把在用户端测得的信号强度转化为距离。传播模型法采用信号强度作为距离测量的媒介，根据信号的传播模型将信号强度转换为距离。一般地，用户离接入点越近，测到的信号强度越强。在开放的自由空间中，信号强度的衰减与用户到接入点的距离的平方成反比。但在室内环境里，复杂的建筑布局、房间里的家具和设备等都会使无线信号在传播中产生多次的反射、折射、透射及衍射现象，信号传播模型也变得更加复杂。根据信号传播模型的产生方式，传播模型法分为统计传播模型法和确定性传播模型法两种。统计的信号传播模型来自于实际测量数据，而确定性传播模型反映的是无线电传播的基本原理。

（2）三角测量

在二维平面上，已知两个参考点发射的信号分别到达用户的角度和两个参考点的位置，即可估计出用户的位置，这种方法被称为**到达角度法**（Angle of Arrival，AOA）。相控天线阵列（Phased Antenna Arrays）是一种测角技术。在室内环境里，由于墙壁、门窗等的遮挡，角度的测量值也会存在一定误差。

2．近似法

近似法的原理是通过物理接触或其他的感知方式，当发现用户“靠近”某一已知位置或距离已知位置在一定范围内时，用已知的位置来估计用户的位置，如图 11.4.3 所示。

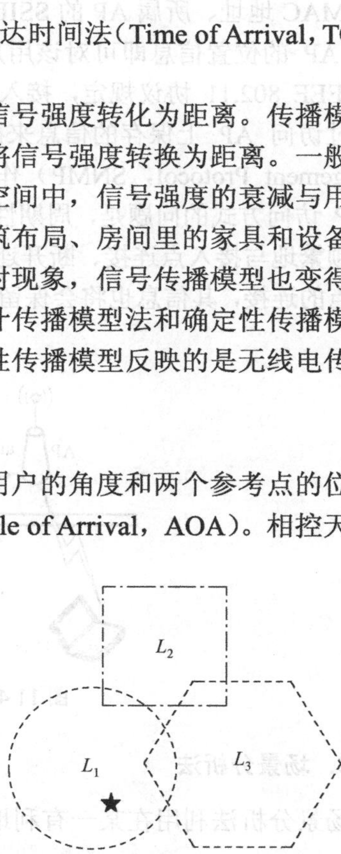

图 11.4.3　近似法估计用户位置的原理图

在无线局域网中，接入点是连接用户从无线通信到有线通信的关口。每个接入点都有一定的信号覆盖范围，进入这一信号区域的无线用户都可以通过与它的连接实现网络通信。所以，在无线局域网里，近似法定位技术的实现是通过接入点的位置来确定移动用户的位置的。近似法的最大优点是简单，易于实现。它的定位准确度主要依赖于无线接入点的性能和定位所在的环境。无线 AP 与无线路由器类似，按照协议标准本身来说 IEEE 802.11b 和 IEEE 802.11g 的覆盖范围是室内 100 米、室外 300 米。这个数值仅是理论值，在实际应用中，会碰到各种障碍物，其中以玻璃、木板、石膏墙对无线信号的影响最小，而混凝土墙壁和铁对无线信号的屏蔽最大，所以通常实际使用范围是：室内 30 米、室外 100 米（没有障碍物）。

Place Lab[①]项目通过监听无线网络信号源发送的信息，从中获得移动用户所在的蜂窝或所连接的 AP，对无线用户提供一种广域的、便宜的定位服务。他们在整个西雅图地区的室外环境中实验，对 802.11 和 GSM 网络的信标进行监听，达到了比较好的定位效果，误差中间值大约 20～30 米。考虑到更好地保护用户的隐私，他们将定位算法放在客户端。

目前有两种途径可以获取 AP 上记录的所连接用户的信息：基于 RADIUS 和基于 SNMP 方法。RADIUS（Remote Authentication Dial-In User Service）是一种提供集中式认证、授权和网络访问的服务。基于 RADIUS 方法使用的前提是无线局域网中应采用 RADIUS 服务器来负责 WLAN 用户的访问和认证。图 11.4.4 为基于 RADIUS 的认证过程。当用户通过认证后，他的 MAC 地址、所属 AP 的 SSID 等信息都会保存在 RADIUS 服务器的日志文件中，然后结合 AP 的位置信息即可对该用户定位。

IEEE 802.11 协议规定，接入点上要保存当前与其相连接的移动终端的信息。因此，也可以通过访问 AP 上保存的信息来确定移动用户的位置。简单网络管理协议（Simple Network Management Protocol，SNMP）作为一种标准的方式，能够支持对 AP 上信息的访问。基于 SNMP 访问方式的问题是，周期性的轮询将消耗大量的网络资源，延长响应时间。此外，为了减少频繁地与接入点连接、断开连接带来的资源消耗，IEEE 802.11 规定即使移动端已断开与接入点的连接，其信息也将会保留 15～20 分钟。这使得对用户的位置估计会产生一定的误差。

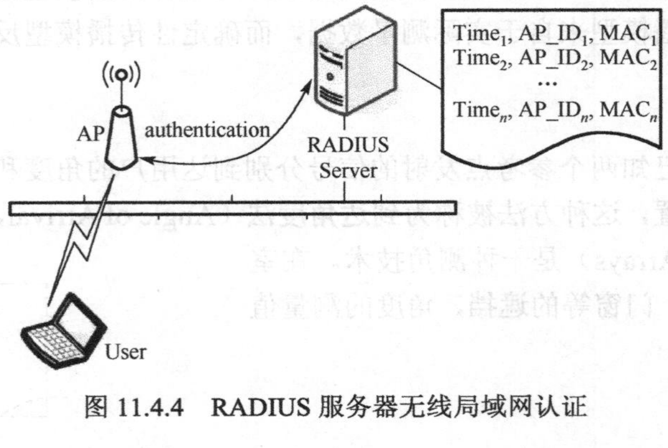

图 11.4.4 RADIUS 服务器无线局域网认证

3. 场景分析法

场景分析法利用在某一有利地点观察到的场景中的特征来推断观察者或场景中物体的位置。

① Hightower J, LaMarca A, Smith I. Practical Lessons from Place Lab. IEEE Pervasive Computing, 2006, 5(3), 32-39

置。一般地，观察的场景都被简化成易于表示或计算的特征。场景分析法又分为静态场景分析（Static Scene Analysis）和差动场景分析（Differential Scene Analysis）。在静态场景分析中，观察的特征用来在一个预定的数据集中查询，并将其映射成物体的位置。相对地，差动场景分析通过追踪连续的场景间的差异来估计位置。场景的差异相当于观察者的运动，如果已知场景中特征的具体位置，就可以由此计算出与特征相关联的观察者的位置。

场景分析的优点在于物体的位置能够通过非几何的角度或距离这样的特征推断出来，不用依赖于几何量。测量角度或长度需要添加一些专用的精密设备，既增加了成本，也不易于移动用户的使用，而且测出的几何量仍然可能受到其他因素的干扰而存在误差。但是另一方面，场景分析法的缺点是观察者需要获取整个环境的特征集，用以和他观察到的场景特征进行比较和定位。此外，环境中的变化可能会在某种程度上影响观察的那些特征，从而可能要重建预定的数据集或使用一个全新的数据集。

常用的场景有视频图像，如穿戴式照相机捕捉到的一些帧图像，或者任何其他可测量的物理现象，比如当一个物体处于某一方位时产生的电磁特性。在无线局域网环境里，信号强度、信噪比都是比较容易测得的电磁特征。微软研究的 RADAR 定位系统就采用了一个信号强度的样本数据集。该数据集包含了在大楼里多个采样点和方向上采集的 802.11 网络通信设备感测的无线信号强度。然后，其他使用 802.11 网络的终端设备的位置即可通过查表操作计算出来。这里，观察的特征、信号强度值，虽然与楼内某处的位置相关，但并没有直接被转换成几何长度或角度来得到物体的位置。Castro①等人则使用信噪比作为 IEEE 802.11 网络里捕捉的场景特征。不过，由于无线信号在室内环境的传播受到多种因素的干扰，信噪比的变化更加不稳定，因此目前的研究基本上都是选择信号强度作为场景的特征。在利用无线局域网的定位技术中，信号强度的样本数据集也被称为位置指纹（Location Fingerprint）或者无线电地图（Radio Map）。不同于视频图像中提取的特征，信号强度的测量值中还包含有更多的噪声和干扰，因此，大部分的研究集中在如何准确地估计用户的位置。

位置指纹法与其他方法比较起来，虽然定位准确度不及 TOA、AOA，但其表现出来的优点更具吸引力，即成本低，它可以方便地在客户端实现，有利于更好地保护用户的个人隐私，定位结果可以是物理或逻辑位置，更容易被用户理解，此外，位置指纹法不需要知道 AP 的位置、发射功率等信息即可定位，使得方法的灵活性增强。正是由于以上原因，位置指纹法成为目前室内定位技术研究的主流。

11.4.3 基于 WLAN 和位置指纹的室内定位技术

1. 基本原理

基于位置指纹的无线局域网室内定位大致分为两个阶段：离线采样阶段和在线定位阶段（或者实时定位阶段）。离线采样阶段的目标是构建一个关于信号强度与采样点位置间关系的数据库，也就是位置指纹的数据库或无线电地图。为了生成该数据库，操作人员需要在被定位环境里确定若干采样点，然后遍历所有采样点，记录下在每个采样点测量的无线信号特征，即来自所有接入点的信号强度，最后将它们以某种方式保存在数据库中。在第二阶段，当用

---

① Castro P, Chiu P, Kremenek T, et al. A Probabilistic Room Location Service for Wireless Networked Environments. In Proceedings of the International Conference on Ubiquitous Computing, Atlanta Georgia: 2001, 18-24

户移动到某一位置时，根据实时收到的信号强度信息，利用定位算法将其与位置指纹数据库中的信息进行匹配、比较，计算出该用户的位置。整个过程如图 11.4.5 所示。

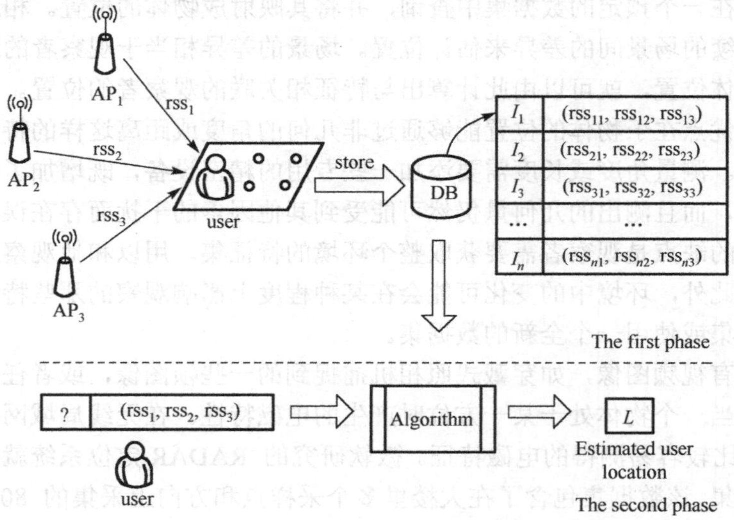

图 11.4.5　基于无线局域网和位置指纹的室内定位技术原理

这里，用户位置的表示方式非常灵活，既可以是一个空间坐标的多元组，也可以是一个指示型的变量或逻辑符号。例如：三元组 $L=\{(x,y,d)\mid x,y\in R^2, d\in (\text{North},\text{South},\text{East},\text{West})\}$ 表示了用户的二维坐标和方向；$L=\{-1,1\}$ 表示用户在定位区域以内或定位区域以外；$L=$ room237 表示用户在房间 237 中。坐标的表示方法精确，但不容易有直观的理解。相反地，逻辑符号代表的范围较大，但比较直观、清晰。

2．主要算法

以下将简要地给出两种典型的定位算法，即最近邻法和朴素贝叶斯法，它们代表了两种类型的位置指纹定位算法。

（1）最近邻法

最近邻法可以看成 k 最近邻分类法的一个特殊情况，即 $k=1$。k 最近邻方法是 20 世纪 50 年代早期首次引进的。给定大量训练集时，该方法的计算是密集的，直到 20 世纪 60 年代计算能力大大增强之后才流行起来。此后它广泛用于模式识别领域。

最近邻法是基于类比学习，即通过给定的检验样例与和它相似的训练样例进行比较来学习的。使用最近邻法确定类标号的合理性用下面的谚语最能说明："如果走着像鸭子，叫着也像鸭子，看起来还像鸭子，那么它很可能就是一只鸭子"。

在定位问题里，样例就是位置指纹，类标号就是位置指纹对应的物理位置。假设定位区域里共产生 l 个位置指纹，记作 $\{F_1,F_2,\cdots,F_l\}$，每个位置指纹与一组位置 $\{L_1,L_2,\cdots,L_l\}$ 有一对一的映射关系。在实时定位阶段，一个 RSS 位置指纹样例记为 $\boldsymbol{S}$，它包含来自 n 个接入点的接收信号强度的平均值，即 $\boldsymbol{S}=(s_1,s_2,\cdots,s_n)$。位置指纹数据库里，每个位置指纹表示成 $F_i=(r_1^i,r_2^i,\cdots,r_n^i)$，其中 r_n^i 表示第 i 个位置指纹里包含的来自第 n 个接入点的接收信号强度的平均值。那么，实时信号的位置指纹 $\boldsymbol{S}$ 与位置指纹数据库中的样例的邻近性用两者间的距离来度量，如欧几里得距离。即如式（11.4.1）所示：

$$dist(\boldsymbol{S},F_i)=\sqrt{\sum_{j=1}^{n}(s_j-r_j)^2} \tag{11.4.1}$$

最后，对于实时信号的位置指纹 $\boldsymbol{S}$，估计的位置为和它最接近的位置指纹所对应的位置，如式（11.4.2）所示：

$$L=\min_{L_i} dist(\boldsymbol{S},F_i) \tag{11.4.2}$$

（2）朴素贝叶斯法

贝叶斯分类基于贝叶斯定理（Bayes Theorem），它是一种把类的先验知识和从数据中收集的新证据相结合的统计原理。朴素贝叶斯（Naive Bayes）是贝叶斯分类的一种实现。利用朴素贝叶斯法的定位过程如下：

首先，与最近邻法的介绍一样，假设定位区域里共产生 l 个位置指纹，记作 $\{F_1,F_2,\cdots,F_l\}$，每个位置指纹与一组位置 $\{L_1,L_2,\cdots,L_l\}$ 有一对一的映射关系。在实时定位阶段，一个 RSS 位置指纹样例记为 $\boldsymbol{S}$，它包含来自 n 个接入点的接收信号强度的平均值，即 $\boldsymbol{S}=(s_1,s_2,\cdots,s_n)$。

那么，朴素贝叶斯法就是要得到实时 RSS 位置指纹样例 $\boldsymbol{S}$ 在定位区域的每个位置处的后验概率，即表示为 $p(L_i\,|\,\boldsymbol{S})$。根据贝叶斯定理，该后验概率可以进一步推导为下面的式（11.4.3）：

$$p(L_i|\boldsymbol{S})=\frac{p(\boldsymbol{S}|L_i)p(L_i)}{p(\boldsymbol{S})}=\frac{p(\boldsymbol{S}|L_i)p(L_i)}{\sum_{k\in L}p(\boldsymbol{S}|L_k)p(L_k)} \tag{11.4.3}$$

在式（11.4.3）中，$p(\boldsymbol{S}|L_i)$ 称为在已知某个位置的情况下实时 RSS 位置指纹样例 $\boldsymbol{S}$ 的条件概率。$p(L_i)$ 称为位置 L_i 在定位区域上的先验概率。一般地，由于用户可能出现在定位区域上的任何一个位置，所以认为 $p(L_i)$ 服从均匀分布。朴素贝叶斯的一个重要假定是每个属性值对给定类的影响独立于其他的属性值，换句话说，在某一位置处，来自各个接入点的接收信号强度是独立不相关的，而这个假设在基于接收信号强度的定位问题里也是合理的。因此，$p(\boldsymbol{S}|L_i)$ 的计算就可以简化为 $p(\boldsymbol{S}|L_i)=p(s_1\,|\,L_i)p(s_2\,|\,L_i)\cdots p(s_n\,|\,L_i)$。用高斯概率分布来近似表示接收信号强度在某一位置处的分布，则有

$$p(s|L_i)=\frac{1}{\sqrt{2\pi}\delta}\mathrm{e}^{-\frac{(s-\mu)^2}{2\delta^2}} \tag{11.4.4}$$

其中，μ 和 δ 表示信号强度的平均值和标准偏差。最后，采用最大后验假设得到估计的用户位置，即式（11.4.5）

$$L=\max_{L_i} p(L_i\,|\,\boldsymbol{S}) \tag{11.4.5}$$

小　结

所谓“物联网定位”，就是在所选定的坐标系中，确定“物”的坐标。所谓“物联网定位技术”就是采用某种测量和计算技术测量“物”在所选定坐标系中的坐标。对选定坐标系中“物”的定位，首先是测量其坐标系中的各维度的坐标，在实际应用中，我们所测量的空间是三维空间。因此，在定位测量中，一般需要测量“物”的三个维度的坐标。

在物联网中常用的定位技术主要有GPS/北斗、移动蜂窝测量技术、WLAN、短距离无线测量、WSN、UWB（超宽带）等。本章主要介绍了GPS、蜂窝定位以及WLAN定位技术。

习　题

1. 物联网定位一般采用什么方法？常用的定位技术有哪些？
2. 试述GPS的定位原理，并详细论述GPS的基本构成。
3. GPS卫星发射的信号主要有哪些？
4. 试推导蜂窝定位技术中的TODA表达式，并对所得表达式进行简要分析。
5. 试述室内指纹定位技术中的最近邻法的基本原理。

第12章　物联网安全

本章学习目标

通过本章学习，读者应掌握物联网安全要素、物联网安全架构；了解物联网安全的研究现状、感知控制层安全、无线传感器网络安全、传输网络层安全，以及综合应用层安全的关键技术和面临的问题。

本章知识点

- 物联网安全三要素
- 感知控制层的安全保护
- 物理攻击、信道阻塞、伪造攻击、假冒攻击、复制攻击、重放攻击和信息篡改
- 网关节点捕获、普通节点捕获、传感信息窃听、DoS 攻击、重放攻击、完整性攻击、虚假路由信息、选择性转发、Sinkhole 攻击、Sybil 攻击、Wormholes 虫洞攻击
- SS、TLS、IPsec、DNSSEC
- 流量窃听、恶意媒介、授权不足、虚拟化攻击

教学安排

12.1　物联网安全概述（2 学时）
12.2　感知控制层安全（2 学时）
12.3　传输网络层安全（2 学时）
12.4　综合应用层安全的关键技术和面临的问题（2 学时）

教学建议

建议重点讲授物联网安全的基本概念，简要讲授感知控制层安全和传输网络层安全、云计算安全。

物联网通过大量异构的感知控制设备与互联网相连建立与物理世界相互联系的信息世界。通过物联网的感知控制层、传输网络层和综合应用层的构建，扩展了人们应用信息、服务于实体社会的深度和广度。物联网在为人们带来巨大生活便利的同时，也受到了由于物联网信息安全的问题所带来的损失和灾难，这就需要人们从物联网的构建转向对已构建的物联网的保护上来，真正使得物联网在给人们带来巨大效益的同时，避免由于其安全问题所带来的损失和灾难。

从广义上来看，物联网的安全属于信息安全的范畴，但传统狭义上的信息安全仅是指网络安全。由于物联网在深度和广度上都是对互联网的延伸与扩展，因此，物联网的安全与传统意义上的信息安全不论在外延上，还是在内涵上都具有非常大的不同。在外延方面，物联网涉及感知、传送和应用三个层次；在内涵上，物联网不但涉及虚拟的信息领域，还涉及实体的物理世界。物联网的安全是一个复杂的、多领域的安全问题。

本章我们将介绍和探讨物联网的安全问题，主要从物联网的感知控制层、传输网络层和综合应用层这三个层次上来介绍和探讨物联网的安全。

12.1 物联网安全概述

物联网将人们的经济社会生活及其相关联的基础设施与资源通过全球性的网络联系到一起。这使得人们的所有活动及其相关的设施在理论层面上透明化，物联网一旦遭受攻击，安全和隐私将面临巨大威胁，甚至可能引发电网瘫痪、交通失控、工厂停产等一系列恶性后果。因此实现信息安全和网络安全是物联网大规模应用的必要条件，也是物联网应用系统成熟的重要标志[①]。

12.1.1 物联网安全的要素

物联网的安全形态主要体现在其体系结构的各个要素上，主要包括物理要素、运行要素、数据要素三个方面。

1. 物理要素

物理安全是物联网安全的基础要素。主要涉及感知控制层的感知控制设备的安全，包括对传感器及 RFID 的干扰、屏蔽、信号截获等，是物联网安全特殊性的体现。

2. 安全运行要素

运行安全存在于物联网的各个环节中，涉及物联网的三个层次，其目的是保障感知控制设备、网络传输系统及处理系统的正常运行，与传统信息系统安全基本相同。

3. 数据安全

数据安全也存在于物联网的各个环节之中，要求在感知控制设备、网络传输系统、处理系统中的信息不会出现被窃取、被篡改、被伪造、被抵赖等问题。其中传感器与传感网所面临的安全问题比传统的信息安全更为复杂，因为传感器与传感网可能会因为能量受限的问题而不能运行过于复杂的保护体系。

4. 物联网面临的威胁和攻击

物联网除面临一般信息网络所具有的安全问题外，还面临物联网特有的威胁和攻击。

（1）威胁

相关威胁有：物理俘获、传输威胁、自私性威胁、拒绝服务威胁和感知数据威胁。

---

① 武传坤. 物联网安全关键技术与挑战[J]. 密码学报, 2015, 2(1): 40–53

(2) 攻击

相关攻击有：阻塞干扰、碰撞攻击、耗尽攻击、非公平攻击、选择转发攻击、漏洞攻击、女巫攻击、洪泛攻击和信息篡改等。

5. 安全对策

针对物联网的安全问题，目前相关安全对策主要有：加密机制和密钥管理、感知层鉴别机制、安全路由机制、访问控制机制、安全数据融合机制和容侵容错机制。

12.1.2 物联网安全的研究现状

1. 物联网安全在国外的研究现状

在国际上，各国学者对物联网安全投入了很多的关注，取得了较好的研究成果。意大利 Sapienza 大学的 C.M. Medaglia 等人指出物联网在用户隐私和信息安全传输机制中存在诸多不足：如标签被嵌入任何物品，用户在没有察觉的情况下其标签被阅读器扫描，通过对物品的定位可追踪用户的行踪，使个人隐私遭到破坏；物品的详细信息在传输过程中易受流量分析、窃取、嗅探等网络攻击，导致物品信息的泄漏。

瑞士苏黎世大学的 R. H. Weber 指出物联网安全体系不仅要满足抵抗攻击、数据认证、访问控制及用户隐私等要求，而且需针对物联网感知节点易遭攻击，计算资源受限导致无法利用高复杂度的加解密算法保证自身安全等物联网安全所面临的特殊问题展开研究，并指出应该从容忍攻击方面进行研究，以应对单点故障、数据认证、访问控制和客户端的隐私保护等问题，建议对企业进行必要的风险评估与风险管理。

英国 Newcastle 大学的 Leusse 提出了一种面向服务思想的安全架构，即利用 Identity Brokerage、Usage&Access Management、SOA Security Analysis、SOA Security Autonomics 等模块来构建一个具有自组织能力的安全物联网模型。

瑞士苏黎世大学的 Mattern 团队指出了从传统的互联网到物联网的转变过程中可能会面临的一系列安全问题，尤其强调了资源访问控制问题。德国 lbert- Ludwigs 大学的 C. Struker 提出利用口令管理机制来降低物联网中感知节点（如 RFID 设备）遭受攻击和破坏等威胁的思想，并介绍了 RFID 网络中的两种口令生成方法，以防止非法用户肆意利用 RFID 的 kill 标签来扰乱感知节点正常工作。德国 Humboldt 大学的 Fabian 团队提出 EPC 网络所面临的一系列的安全挑战，对比了 VPN（Virtual Private Networks）、TLS（Transport Layer Security）、DNSSEC（DNS Security Extensions）、Private Information Retrieval、Peer-to-Peer Systems 等应对措施的优缺点和有效性。

在 RFID 和无线传感器网等物联网相关领域，美国丹佛大学的 Ken Traub 等人基于 RFID 和物联网技术提出了全球物联网体系架构，并结合该架构给出了物联网信息服务系统的设计方案，为实现物联网安全架构、信息服务系统和物联网安全管理协议提供了参考。

在无线传感器认证领域中，R. Watro 等人首次提出了基于低指数级 RSA 的 TinyPK 实体认证方案，并采用分级的思想来执行认证的不同操作部分。TinyPK 较方便地实现了 WSN 的实体认证，但单一的节点是比较容易被捕获的，在 TinyPK 中，如果某个认证节点被捕获了，那么整个网络都将变得不安全，因为任意的敌对第三方都可以通过这个被捕获的节点获得合法身份进入 WSN。

然而，Z. Benenson 等人提出的强用户认证协议可以在一定程度上解决这个问题。相对于 TinyPK，强用户认证协议有两点改进：一是公钥算法不是采用 RSA，而是采用密钥长度更短却具有同等安全强度的椭圆曲线加密算法；二是认证方式不是采用传统的单一认证，而是采用 *n* 认证。这个强用户认证协议安全强度较高，不过其缺点则主要体现在对节点能量的消耗过大。K. Bauer 提出了一种分布式认证协议，采用的是秘密共享和组群同意的密码学概念。即网络由多个子群组成，每个子群配备一个基站，子群间通信通过基站进行。该方案的优点是在认证过程中没有采用任何高消耗的加/解密方案，而是采用秘密共享和组群同意的方式，容错性好，认证强度和计算效率高；缺点是认证时子群内所有节点均要协同通信，在发送判定包时容易造成信息碰撞。

由于低成本的 RFID 标签仅有非常有限的计算能力，所以现有的应用广泛的安全策略无法在其上实现。西班牙的 P. P. Lopez 提出了一种轻量级的互认证协议，可以提供合适的安全级别并能够应用在大部分资源受限的 RFID 系统上。

2．国内研究现状

国内物联网技术已经取得了较快的发展，但相关安全领域的研究目前还处于起步阶段。

方滨兴院士指出物联网的安全与传统互联网的安全有一定的异同。物联网的保护要素仍然是可用性、机密性、可鉴别性与可控性。从物联网的三个构成要素来看，物联网的安全体现在传感器、传输系统以及处理系统之中，特别地，就物理安全而言，主要表现在传感器的安全方面，包括对传感器的干扰、屏蔽、信号截获等，这是物联网的特殊所在；至于传输系统与处理系统中的信息安全则更为复杂，因为传感器与传感网可能会因为能量受限的问题而不能运行过于复杂的保护体系。

中科院的武传坤研究员从感知层、传输层、处理层和应用层等各个层次分析了物联网的安全需求，初步搭建了物联网的安全架构体系，并特别指出：已有的对传感网、互联网、移动网等的安全解决方案在物联网环境中不再适用，物联网这样大规模的系统在系统整合中会带来新的安全问题。

12.1.3 物联网安全架构

按照物联网的基本层次架构，物联网安全需围绕着该层次架构来构建。物联网的安全架构应包含对感知控制层、传输网络和综合应用层的安全保障机制，使得这三层能不受到威胁与攻击。

1．感知控制层的安全保护

感知控制层涉及大量的如无线传感器、RFID 等感知控制终端。对感知控制层的安全威胁主要有物理破坏、替代欺骗、干扰、屏蔽、信号截获。由于感知控制设备的计算资源、能量等是有限的，因此对该层的安全保护应是轻量级的。主要技术如下。

（1）轻量级加密认证技术

轻量级加密认证技术包括轻量级的分组密码、流密码、数字签名等技术。目前国际标准化组织也正在制定轻量级密码算法的相关标准，但还尚未正式推出。

（2）感知节点鉴别技术

鉴别机制提供了关于某个实体（用户、节点或设备）身份的保证，这意味着每当某个实体声称具有一个特定的身份时，鉴别机制将提供某种方法来证实该声明是正确的。目前，提出的一些轻量级的鉴别机制有牺牲机制、聚合签名等。

2. 传输网络层安全

物联网传输网络层主要实现信息的转发和传送，它将感知控制层获取的信息传送到远端，为数据在远端进行智能处理和分析决策提供强有力的支持。考虑到物联网本身具有专业性的特征，其基础网络可以是互联网，也可以是具体的某个行业网络。物联网的网络层按功能可以大致分为接入层和核心层[①]，因此物联网的网络层安全主要体现在两个方面。

（1）接入设备的安全

物联网的接入层将采用如移动互联网、有线网、Wi-Fi、WiMAX 等各种无线接入技术。由于物联网接入方式将主要依靠无线通信网络，而无线接口是开放的，因此任何使用无线设备的个体均可以通过窃听无线信道而获得其中传输的信息，甚至可以修改、插入、删除或重传无线接口中传输的消息，达到假冒移动用户身份以欺骗网络端的目的。因此应重点防范无线网络存在无线窃听、身份假冒和数据篡改等不安全的因素。

（2）网络安全

物联网的网络核心层主要依赖于互联网技术，为了保障网络安全，目前采用的网络安全技术主要有 IPsec 协议，它在 IP 层上对数据包进行了高强度的安全处理，提供数据源地址验证、无连接数据完整性、数据机密性、抗重播和有限业务流加密等安全服务。

3. 应用层安全

物联网应用与行业专业紧密相关。物联网智能处理是应用层的显著特点，涉及业务管理、中间件、云计算和数据挖掘等技术。由于物联网涉及多领域多行业，因此广域范围的海量数据信息处理和业务控制策略将在安全性和可靠性方面，特别是在业务控制、管理和认证机制、中间件以及隐私保护等安全方面需要得到保证。

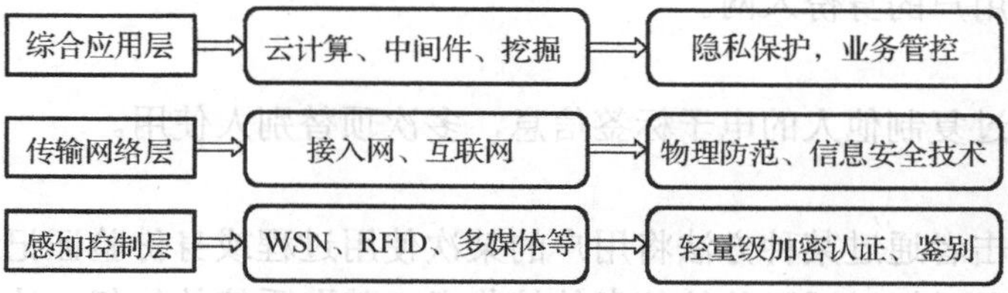

图 12.1.1 物联网安全架构

（1）业务控制和管理

由于物联网设备可能是先部署后连接网络，而物联网节点又无人值守，所以需要一个强大而统一的安全管理平台，进行认证和身份鉴别，对业务进行安全的控制和管理。

（2）中间件

中间件的特点是其固化了很多通用功能，但在具体应用中多半需要二次开发来实现个性化的行业业务需求，而中间件安全机制不完整会产生外来的攻击和入侵，因此需要健全中间件的安全机制，以保障不被其他系统入侵。

---

① 刘宴兵，胡文平，杜江. 基于物联网的网络信息安全体系[J]. 中兴通信技术，2011，17(1)：17-20

（3）隐私保护

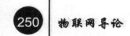

在物联网发展过程中，大量的数据涉及个体隐私问题（如个人出行路线、消费习惯、个体位置信息、健康状况、企业产品信息等），因此隐私保护是必须考虑的一个问题。

12.2 感知控制层安全[①]

感知层面临的威胁有针对RFID的安全威胁[②]、针对无线传感网的安全威胁和针对移动智能终端的安全威胁。

12.2.1 RFID安全

1. 针对RFID的威胁

目前，针对RFID的主要安全威胁有物理攻击、信道阻塞、伪造攻击、假冒攻击、复制攻击、重放攻击和信息篡改等。

（1）物理攻击

物理攻击主要针对节点本身进行物理上的破坏，导致信息泄露、恶意追踪等。

（2）信道阻塞

信道阻塞指攻击者通过长时间占据信道导致合法通信无法传输。

（3）伪造攻击

伪造攻击指伪造电子标签产生系统认可的“合法用户标签”。该攻击手段实现攻击的代价高，周期长。

（4）假冒攻击

假冒攻击指在射频通信网络中，攻击者截获一个合法用户的身份信息后，利用这个身份信息来假冒该合法用户的身份入网。

（5）复制攻击

复制攻击指通过复制他人的电子标签信息，多次顶替别人使用。

（6）重放攻击

重放攻击指攻击者通过某种方法将用户的某次使用过程或身份验证记录重放或将窃听到的有效信息经过一段时间以后再传给信息的接收者，骗取系统的信任，达到其攻击的目的。

（7）信息篡改

信息篡改指攻击者将窃听到的信息进行修改之后再将信息传给接收者。

2. RFID安全措施

（1）对标签的身份进行一定的管理和保护

这种安全措施必然会对认证速度产生影响，需要在安全性和效率之间找到一个最佳平衡点，以满足RFID安全性和效率的双重需要。

---

① 杨光，耿贵宁，都婧等. 物联网安全威胁与措施[J]. 清华大学学报（自然科学版），2011，55(10)：1335-1340

② Juels A. RFID security and privacy :A research survey [J] .IEEE Journal on Selected Areas in Communication , 2006 ,24(2):381 - 394

（2）短距离通信安全技术和认证、鉴别技术

利用短距离通信安全技术和认证、鉴别技术，可以更好地保护 RFID 的安全性和隐私。

（3）轻量级的加密算法

可以应用目前已知的轻量级密码算法，主要包括 PRESENT①和 LBLOCK②等。

（4）加强立法

对利用 RFID 技术威胁用户安全的行为立法，明确违法行为及其代价。参考美国加利福尼亚州和华盛顿州关于 RFID 恶意行为的法律规定，同时也可参考 NIST 发布的“Guidance for Securing Radio Frequency Identification（RFID）System”。

12.2.2 无线传感器网络的安全

1. 针对无线传感器网络的威胁

针对无线传感器网络的威胁比较多，主要有网关节点捕获、普通节点捕获、传感信息窃听、DoS 攻击、重放攻击、完整性攻击、虚假路由信息、选择性转发、Sinkhole 攻击、Sybil 攻击、Wormholes 虫洞攻击和 HELLO flood 等。

（1）网关节点捕获

网关节点等关键节点易被敌手控制，可能导致组通信密钥、广播密钥、配对密钥等全部泄漏，进而威胁到整个网络的通信安全。

（2）普通节点捕获

普通节点易被敌手控制，导致部分通信密钥被泄露，对局部网络通信安全造成一定威胁。

（3）传感信息窃听

攻击者可轻易地对单个甚至多个通信链路间传输的信息进行窃听，从而分析出传感信息中的敏感数据。另外，通过传感信息包的窃听，还可以对无线传感器网络中的网络流量进行分析，推导出传感节点的作用等。

（4）DoS 攻击

DoS 是 Denial of Service 的简称，即拒绝服务，造成 DoS 的攻击行为被称为 DoS 攻击，其目的是使计算机或网络无法提供正常的服务。最常见的 DoS 攻击有计算机网络带宽攻击和连通性攻击，网关节点易受到 DoS 攻击。DoS 攻击会耗尽传感器节点资源，使节点丧失运行能力。

（5）重放攻击

攻击者使节点误认为加入了一个新的会话，并截获在无线传感器网络中传播的传感信息、控制信息、路由信息等，再对这些截获的旧信息进行重新发送，从而造成网络混乱、传感节点错误决策等。

（6）完整性攻击

无线传感器网络是一个多跳和广播性质的网络，攻击者很容易展开对传输的信息进行修改、插入等完整性攻击，从而造成网络的决策失误。

---

① Bogdanov A, Knudsen L, Leander G, et al. PRESENT: an ultra-lightweight block cipher[C]. In: Cryptographic Hardware and Embedded Systems—CHES 2007. Springer Berlin Heidelberg 2007: 450-466

② Wu W L, Zhang L. LBlock: a lightweight block cipher[C]. In: Applied Cryptography and Network Security—ACNS 2011. Springer Berlin Heidelberg, 2011: 327-344.

（7）虚假路由信息

通过欺骗、篡改或重发路由信息，攻击者可以创建路由循环，引起或抵制网络传输，延长或缩短源路径，形成虚假错误消息，分割网络，增加端到端的延迟，以及耗尽关键节点能源等。

（8）选择性转发

恶意节点可以概率性地转发或者丢弃特定消息，使数据包不能到达目的地，导致网络陷入混乱状态。

（9）Sinkhole 攻击

攻击者利用性能强的节点向其通信范围内的节点发送零距离公告，影响基于距离向量的路由机制，从而吸引其邻居节点的所有通信数据，形成一个路由黑洞（Sinkhole）。

（10）Sybil 攻击

Sybil 攻击为一个恶意节点，具有多个身份并与其他节点通信，使其成为路由路径中的节点，然后配合其他攻击手段达到攻击目的。

（11）Wormholes 虫洞攻击

恶意节点通过声明低延迟链路骗取网络的部分消息并开凿隧道，以一种不同的方式来重传收到的消息，虫洞攻击可以引发其他类似于 Sinkhole 等的攻击，也可能与选择性转发或 Sybil 攻击结合起来。

（12）HELLO flood

攻击者使用能量足够大的信号来广播路由或其他信息，使得网络中的每一个节点都认为攻击者是其直接邻居，并试图将其报文转发给攻击节点，这将导致随后的网络陷入混乱之中。

（13）确认欺骗

一些传感器网络路由算法依赖于潜在的或者明确的链路层确认。在确认欺骗攻击中，恶意节点窃听发往邻居的分组并欺骗链路层，使得发送者相信一条差的链路是良好的或一个已死节点是活着的，而随后在该链路上传输的报文将丢失。

（14）海量节点认证问题

海量节点的身份管理和认证问题是无线传感网亟待解决的安全问题。

2. 无线传感器网络的安全措施

无线传感网作为物联网感知层的重要组成部分，应对其密码与密钥技术、安全路由、安全数据融合、安全定位和隐私保护方面进行较全面的安全保护。具体来说，可以采用链路层加密和认证、身份验证、双向链路认证、路由协议认证、多径路由技术及广播认证[①]等技术。

12.2.3 移动智能终端

随着移动智能设备的迅速发展，以移动智能手机为代表的移动智能设备已是物联网感知层的重要组成部分，其面临恶意软件、僵尸网络、操作系统缺陷和隐私泄露等安全问题。

2004 年出现了第一个概念验证（botnet-esque）手机蠕虫病毒 Cabir，此后针对移动智能手机的移动僵尸病毒等恶意软件呈现多发趋势。移动僵尸网络的出现将对用户的个人隐私、话费、移动支付业务、银行卡、密码等有价值信息构成直接威胁。

---

① 杨庚，许建， 陈伟等. 物联网安全特征与关键技术[J]. 南京邮电大学学报（自然科学版），2010,30(4)：20-29

Android 手机操作系统具有开放性、大众化等特点，几乎所有的 Android 手机都存在重大的验证漏洞，使黑客可通过未加密的无线网络窃取用户的数字证书。如存在于 Android 2.3.3 或更早版本的谷歌系统中的 Client Login 验证协议漏洞。

Android 市场需要更加成熟的控制机制，需要建立严格的审查机制。基于 Android 手机操作系统的恶意应用软件较多，据卡巴斯基（Kaspersky）透露，Google Android 操作系统到 2011 年 3 月份为止至少面临着 70 种不同恶意软件的攻击，而且这一数字仍在持续增长。某些常用智能手机软件也可能会主动收集用户隐私，如 Kik Messager 等会自动上传用户通讯录。

12.3　传输网络层的安全

物联网是以互联网为核心构建的面向众多领域开展专业应用的网络，其传输网络层包含互联网、无线网络传输感知数据，综合应用层可以实现物联网的相关应用，因此传输网络层的安全对于整个物联网非常关键，需要对其重点保护。由于传输网络层的核心是互联网，因此对传输网络层的保护也是对互联网的安全保护。

12.3.1　互联网与物联网分层模型比较①

1. 互联网分层模型

为了在各种异构软硬件环境中实现网络的互连，国际标准化组织 ISO 在 1981 年提出了开放系统互连 Open System Interconnection（OSI）7 层模型，将互联网划分为物理层、数据链路层、网络层、传输层、会话层、表示层、应用层。

（1）各层的功能

物理层：以物理接口为基础，对传输数据所需要的物理链路进行建立、保持、拆除；数据链路层：为通信双方建立可靠的数据传输链路，并提供必要的差错管理、拥塞管理等管理控制功能；网络层：在数据链路层之上，通过若干个中间节点的传输，使数据实现在源与目的节点间的端到端传输；传输层：在网络层之上，对网络层的服务质量给予提高；会话层：在传输层基础之上，为用户提供用户间的会话建立、保持、拆除功能；表示层：将数据按用户侧应用进程所需方式进行表示，使数据能够在不同应用系统间进行通信；应用层：OSI 模型的最高层，目的是直接为应用程序提供服务，例如应用程序接口。

物理层、数据链路层、网络层为 OSI 模型的低三层，主要负责创建、维护、拆除通信连接的链路；传输层、会话层、表示层、应用层为 OSI 模型的高四层，负责通信实体间端到端的数据通信。

（2）OSI 模型各层的主要协议

工作在 OSI 模型低三层的主要协议有：IEEE 802.11 协议族、SDH、DHCP、IPv4/v6（Internet Protocol Version4/Version6）、IPsec。

工作在 OSI 模型高四层的主要协议有：TCP （Transmission Control Protocol）、UDP、MIME、HTTP、SSL/TLS。

---

① 王延炯. 物联网若干安全问题研究与应用[D]. 北京邮电大学博士论文，2011

OSI 模型保证了模型中的每层完成其职责范围内的功能，并为其上层提供服务，在通信过程中数据发送端由模型以自上而下的方式对数据进行封装，接收端由模型自下而上对数据进行拆解。

2．物联网分层模型

对照互联网的 OSI 7 层模型，从物联网层次结构上来看，它也可以分为三层，即感知控制层、传输网络层和综合应用层。

（1）感知层

通过各种感知设备感知各类数据，并通过短距离通信技术等接入网关设备，实现对采集数据的汇聚。感知层的“上行”数据传输为感知信息的获取，它也包括“下行”数据的传输用来实现对物的控制。

（2）传输网络层

主要对物的信息进行传递，并对传输过程进行有效的管理。

（3）综合应用层

与实际需求相结合，将来源不同的物信息进行综合分析处理，实现物联网的各种应用。

3．分层模型比较

通过分析可以得出：物联网的层次划分无法直接对应互联网 OSI 模型中的某一层次。例如感知层，其所要完成的工作是对物进行识别和其他信息采集。在此过程中，可能会使用互联网中的全部 7 层协议。因此，物联网分层模型中的每一层，在一定条件下是 OSI 模型中应用层的子层。同时需要注意到，虽然将物联网分为感知层、传输网络层和综合应用层，但各层的具体实现方式有着巨大差异。例如，感知层中的物理接口可以通过 RFID 技术实现，也可以通过以太网实现；感知层所采集的数据，其数据标准也不唯一。

传统网络中的安全协议，例如 OSI 低三层中的 IPsec 协议和高四层中的 SSL/TLS 协议，无法直接应用到物联网中以实现端到端的数据安全传输。

12.3.2 互联网的安全保护

1．互联网应用场景

简化后的 OSI 分层模型，以万维网（World Wide Web，WWW）应用为例，如图 12.3.1 所示，其应用层协议基本由 HTTP 协议承担；传输层主要由 TCP 协议承担；网络层主要由 IP 协议承担；数据链路层可以有以太网（Ethernet）、Wi-Fi（IEEE 802.11）、WiMax（IEEE 802.16）、异步传输模式（Asynchronous Transfer Mode，ATM）、通用分组无线服务（General Packet Radio Service，GPRS）等多种实现方式；物理层可以有以太网、调制解调器（Modem）和光纤（Optical Fiber）等实现方式。

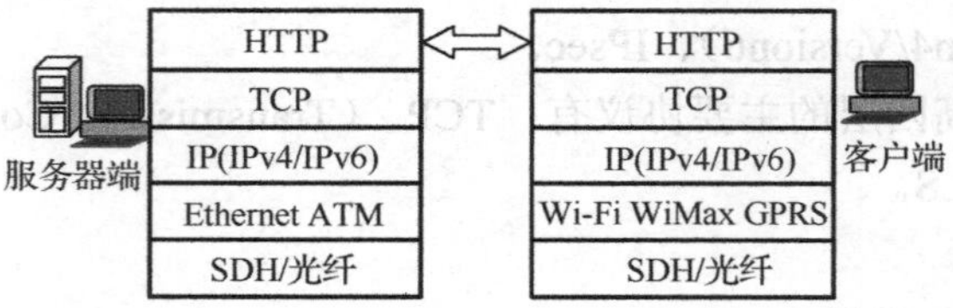

图 12.3.1 WWW 应用场景

2. 互联网安全保护

互联网中 TCP、UDP 和 IP 协议的设计初衷是为了解决数据端到端的传输问题，并在此基础上提高传输的可靠性和高效性。但这些协议缺乏安全性考虑，容易遭受窃听、篡改、伪造等一系列攻击。因此，一些安全协议被提出，用以提高互联网数据安全性，例如 SSL 安全套接层（Secure Sockets Layer）与 TLS 传输层安全（Transport Layer Security）、IPsec（Internet Protocol Security）和 DNSSEC 域名系统安全扩展（Domain Name System Security Extensions）等。

（1）SSL

互联网中，TCP/UDP、IP 协议解决了端到端的通信，但这些协议并不对其传送的数据进行安全保护。SSL 协议与 TLS 协议是工作在 OSI 模型应用层的安全协议，SSL 协议和 TLS 协议需要与 PKI 公钥基础设施（Public Key Infrastructure）相结合，通过公钥密码体制实现安全数据通信，防止客户端和服务器间的通信被窃听以及篡改。

（2）TLS

SSL 协议与 TLS 协议可以透明地为应用层协议提供服务。目前 SSL 与 TLS 协议已经广泛与其他应用层协议相结合，例如 HTTP、Post Office Protocol （POP）、Simple Mail Transfer Protocol （SMTP）、Internet Message Access Protocol （IMAP）。但 SSL 协议仅能对 TCP 协议进行有效保护，不支持 UDP 协议。

（3）IPsec

为了在网络层解决端到端、端到网络、网络到网络的数据传输安全，IETF 提出了 IPsec 协议族加强 IP 网络层的安全。IPsec 由两大部分组成：第一是密钥协商协议 IKE（Internet Key Exchange），它定义了密钥协商方案；第二是封装安全载荷协议 ESP（Encapsulating Security Payload）和认证头协议 AH（Authentication Header）。通过该 IPsec 协议可以保证数据在传输过程中的机密性，同时通信双方可以对数据的来源进行认证，另外 IPsec 协议能够抵挡重放攻击。

IPsec 可以使用不同的工作模式适应不同的应用场景。IPsec 的两种工作模式为：传输模式（Transport Mode）可提供安全的端到端通信；隧道模式（Tunnel Mode）可提供安全的端到网络的通信。

（4）DNSSEC

DNS 域名系统（Domain Name System）同样也是工作在 OSI 模型应用层的安全协议，其目的是方便最终用户对网络资源进行访问，将人们便于理解的域名转换为互联网所使用的数字地址。由于 DNS 在实现上为目录结构，每个 DNS 服务器一方面对终端提供域名解析服务，另外一方面向其他的 DNS 域名服务器请求域名解析，因此针对 DNS 的攻击主要有以下几种：第一种：拒绝服务攻击，攻击者向 DNS 服务器发送大量的 DNS 请求，导致 DNS 服务不可用；第二种：缓存污染攻击，攻击者向 DNS 缓存写入大量错误数据并将错误数据扩散至其他服务器，如果 DNS 服务器提供的结果是被“污染”的，将导致客户端在请求 DNS 服务器解析域名时，客户端最终得到的地址并非域名真实对应的 IP 地址；第三种：猜测查询攻击，攻击者监听 DNS 服务器与客户端间通信，并伪造服务器的解析结果，在 DNS 服务器返回结果前将伪造的结果发送给用户，以欺骗用户访问恶意的 IP 地址；第四种：不可信递归攻击，在一些应用场景下，客户端指定的 DNS 服务器依赖于 ISP 提供的 DNS 服务，而 ISP 提供的 DNS 服务由于各种原因将错误的解析结果返回客户端；第五种：否认存在攻击，当客户端请求一个并不存在的域名，攻击者在DNS返回正确结果前，伪造解析结果，使客户端认为该域名存在，或者当客户端请求一个存在的域名时，攻击者在DNS返回正确结果前，伪造解析结果，告知客户端该域名不存在。

DNSSEC可以确保最终客户端链接到的域名与实际服务器一致。DNSSEC同SSL和TLS协议类似，都需要公钥密码体制的支持。在DNSSEC中，所有应答数据都进行数字签名，客户端通过对签名的验证可以实现：对DNS解析结果进行来源验证，鉴别是否来自真实DNS服务器；对DNS解析结果进行完整性验证，鉴别数据是否被篡改或者伪造。因此DNSSEC能够比较有效地抵御DNS缓存污染攻击、猜测查询攻击、否认存在攻击，在一定程度上能够抵御不可递归攻击，但DNSSEC不能抵御拒绝服务攻击。

12.4 综合应用层安全

综合应用服务层的功能是实现物联网领域的应用，一般是一个庞大的信息系统，具有信息存储、处理和应用的功能，它包括各种服务支撑与行业应用两个层次。服务支撑层包括了数据存储、处理等功能方面的支撑技术；行业应用层面向各个行业，提供领域性的服务。由于综合服务层涉及非常复杂的多种领域、多种服务，因此综合应用层面临着非常多样、复杂的安全问题，需要特别重视。本节将介绍综合应用层安全的关键技术和面临的问题，以及云计算安全。

12.4.1 综合应用层安全的关键技术和面临的问题

物联网的综合应用层因为不同的行业应用，在信息处理后的应用阶段表现形式相差各异。综合不同的物联网行业应用可能需要的安全需求，物联网综合应用层安全的关键技术可包括如下几个方面。

1. 隐私保护

隐私保护包括身份隐私和位置隐私。身份隐私就是在传递信息时，不泄漏发送者（设备）的身份，而位置隐私则是告诉某个信息中心某个设备在正常运行，但不泄漏设备的具体位置信息。事实上，隐私保护都是相对的，没有泄漏隐私并不意味着没有泄漏关于隐私的任何信息，例如位置隐私，通常要泄漏（有时是公开或容易猜到的信息）某个区域的信息，要保护的是这个区域内的具体位置，而身份隐私也常泄漏某个群体的信息，要保护的是这个群体的具体个体身份。

在物联网中，隐私保护包括RFID、无线传感器网络（或节点）的身份隐私保护、移动终端用户的身份和位置隐私保护和大数据下的隐私保护技术等。

2. 移动终端设备安全

智能手机和其他移动通信设备为生活带来极大便利的同时，也带来了很多安全问题。当移动设备失窃时，设备中数据和信息的价值可能远大于设备本身的价值，因此如何保护这些数据不丢失、不被窃，是移动设备安全的重要问题之一。当移动设备作为物联网系统的控制终端时，移动设备的失窃所带来的损失可能会远大于设备中数据的价值。因此移动终端的安全保护是物联网安全中的一个重要的挑战。

3. 物联网安全基础设施

即使保证了物联网感知控制层安全、传输网络层安全和综合应用层安全，也保证了终端设备不失窃，但仍然不能保证整个物联网系统的安全。一个典型的例子是智能家居系统，假设传感器到家庭汇聚网关的数据传输得到了安全保护，家庭网关到云端数据库的远程传输得到了安全保护，终端设备访问云端也得到了安全保护，但对智能家居用户来说还是没有安全感，因为感知数据是在别人控制的云端存储。如何实现端到端安全，需要由合理的安全基础设施完成。对智能家居这一特殊应用来说，安全基础设施可以非常简单，例如通过预置共享密钥的方式完成，但对其他环境，如智能楼宇和智慧社区，预置密钥的方式不能被接受，也不能让用户放心。如何建立物联网安全基础设施的管理平台，是安全物联网实际系统建立中不可或缺的组成部分，也是重要的技术问题。

12.4.2　云计算安全

云计算是物联网的核心技术之一，由于云计算是以互联网（或网络）为基础的计算资源的共享，因此云也存在诸多安全方面的问题，需要有一套较完整的机制来保证云环境的安全。

1. 云计算环境下的相关安全性概念

（1）保密性（Confidentiality）

云计算环境下的保密性是指只有被授权才能进行访问。在云环境中，保密性主要指对传输和存储的数据进行访问的限制。

（2）完整性（Integrity）

完整性是指未被授权的篡改特性。在云环境下，数据完整性的一个重要的问题是，能否保证向云用户传送的云服务的数据与云服务接收到的数据完全一致。完整性可以扩展到云服务和云资源的数据存储、处理和检索等方面。

（3）真实性（Authenticity）

真实性是指由经过授权的源提供的这一特性，即包含了不可否认性，也就是一方不能否认或质疑以此交互的真实性。不可否认的交互中的真实性提供了一种证明，证明这些交互是否是唯一链接到一个经过授权的源。例如，在收到一个不可否认的文件后，如果不产生一条对此访问的记录，那么用户就不能访问该文件。

（4）可用性（Availability）

可用性是在特定的时间段内可以访问和可以使用的特性。在云环境下，云服务的可用性是云提供者和云运营商的共同责任，有时也可扩展为云用户的责任。

（5）安全机制

安全对策通常以安全机制的形式来描述，安全机制是构成保护计算资源、信息和服务的防御框架的组成部分。

（6）安全策略

安全策略是指建立一套安全规则和规章。通常，安全策略会进一步定义如何实现和加强这些规则和规章，例如安全策略会确定安全控制和机制的定位与使用。

2．威胁作用者（Threat Agent）

威胁作用者是引发威胁的实体，它能够实施攻击。云安全威胁可能来自内部也可能来自外部，可能来自于人，也可能来自软件程序。如图 12.4.1 所示为相对于漏洞、威胁和风险以及安全策略和安全机制建立起来的保护措施，以及威胁者所扮演的角色。

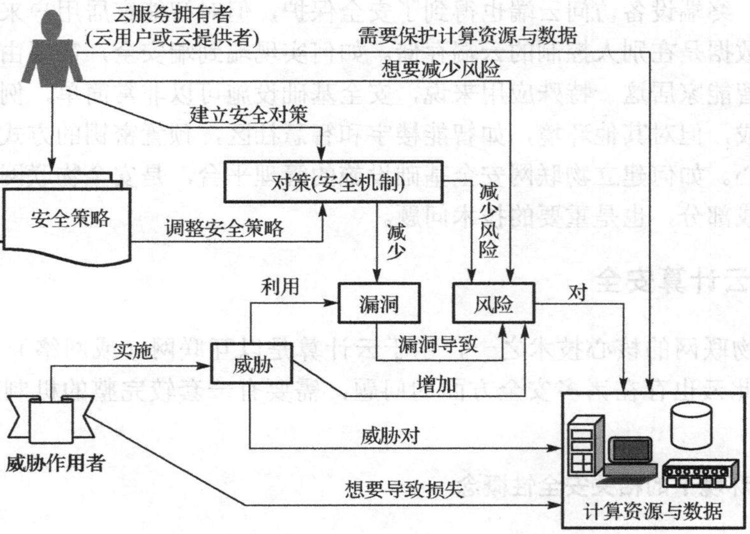

图 12.4.1　安全策略与威胁作用者的关系

在云计算环境下，对计算资源与数据产生威胁的因素主要如下。

（1）匿名攻击者（Anonymous Attacker）

匿名攻击者是云中没有授权的、不被信任的云服务用户。它通常为一外部软件，通过公共网络发动网络攻击。匿名攻击者往往绕过用户账号或采用盗用证书的手段，获取计算资源或发动攻击。

（2）恶意服务作用者（Malicious Service Agent）

恶意服务作用者能截获并转发云内的网络流量。它通常是带有被损害的或恶意逻辑的服务代理（或伪装成服务代理程序），也有可能是远程截取并破坏消息内容的外部程序。

（3）授信的攻击者（Trusted Attacker）

授信攻击者与同一云环境中的云用户共享计算资源，试图利用合法证书将云提供者以及与他们共享计算资源的云租户作为攻击目标。不同于非授信的匿名攻击者，授信的攻击者通常通过滥用合法的证书挪用敏感保密的信息，在云的信任边界内部发动攻击。他们的非法行为主要包括非法入侵证书薄弱的进程、破解和加密电子邮件账号、发送垃圾邮件以及发动拒绝服务攻击等。

另外，怀有恶意的内部人员也可能成为威胁作用者。

3．云安全威胁

对云计算安全有威胁的主要包括以下几种。

（1）流量窃听（Traffic Eavesdropping）

流量窃听是指当数据在传输到云中或在云内部传输时，被恶意的服务者截获，并用于非法的信息收集。这种攻击的目的是直接破坏数据的保密性，可能破坏了云提供者和云用户之间关系的保密性，这种攻击是被动性质的，攻击的时间长且不易发现。流量窃听的一个典型方法是拷贝消息，即在传输的路径上拷贝所传输的数据。

（2）恶意媒介（Malicious Intermediary）

恶意媒介威胁是指消息被恶意服务作用者截获并被篡改，因此这种威胁会破坏消息的保密性和完整性。它还有可能在把消息转发到目的地之前插入有害的数据。

恶意的服务作用者截获并修改云服务用户发往位于虚拟服务器上的云服务，因为有害数据也被打包进了消息，因此虚拟服务器可能受到损害。

（3）拒绝服务（DoS）

拒绝服务攻击的目的是使计算资源过载无法正确运行。这种形式的攻击通常是由以下几种方式发起的：

第一种，云服务的负载由于伪造的消息或重复的通信请求不正常地增加；

第二种，网络流量过载，降低了响应的效率，性能下降；

第三种，发出多个云请求，每个请求都设计成消耗过量的内存和处理资源。

DoS 攻击使得服务器性能恶化或失效。

（4）授权不足

授权不足攻击是指错误地授予了攻击者访问权限或授权太宽泛，导致攻击者能够访问到应受到保护的计算资源。通常结果就是攻击者获得了对某些计算资源的直接访问权，这些计算资源本对于应得到授权的用户才能访问。

这种攻击的一种变种称为弱认证（Weak Authentication），如果用弱密码或共享账户来保护计算资源，就可能导致这种攻击。在云环境中，根据计算资源的范围和攻击者获得的计算资源的访问权限范围，这类的攻击资源可能会产生严重影响。

（5）虚拟化攻击（Virtualization Attack）

虚拟化提供了一种方法使得多个云用户可以访问计算资源，这些计算资源共享底层硬件资源，但逻辑上是相互独立的。因为云提供者给予云用户对虚拟化资源的管理权限，随之带来的风险是云用户会滥用这种访问权限来攻击底层物理计算资源。

虚拟化攻击利用的是虚拟化平台中的漏洞来危害虚拟化平台的保密性、完整性和可利用性。一个授信的攻击者将成功进入到虚拟服务器，破坏它的底层物理服务器。在公有云中，一个物理计算资源可能要为多个用户提供虚拟化的计算资源，因此这种攻击的后果非常严重。

4．云安全机制

（1）加密

加密机制可以帮助对抗流量窃听、恶意媒介、授权不足等安全威胁。可通过常规的 SSL 和 TLS 来实现云环境中的加密。

（2）哈希（Hashing）

当需要一种单向的、不可逆的数据保护时，就会采用哈希机制。对消息采用哈希运算时，消息就会被锁住，并且不提供密钥打开该消息，该机制是常见的密码存储方式。

哈希技术可以用来获得消息的哈希代码或消息摘要（Message Digest），通常是固定的长度，小于原始消息。于是，消息发送者可以用哈希机制把消息摘要附加到消息后面。接收者对收到的消息使用同样的哈希函数，验证生成的消息和与消息一同收到的消息摘要是否一致。任何对原始数据的修改都会导致完全不同的消息摘要，而消息摘要不同就明确表明发生了篡改。

除了用哈希来保护存储的数据外，可以用哈希机制减轻云威胁，包括恶意媒介和授权不足。

（3）其他方法

除了上述两个方法外，还可采用数字签名、建立公钥基础设施、身份与访问管理、单一登录等方法。对于虚拟化攻击可以采用强化虚拟服务器映像的措施。

12.5 物联网安全案例

ioBridge[①]是一个物联网概念的平台，其通过互联网络实现对物品的信息交互、控制和监控。实现了通过移动设备或浏览器对电源开关进行控制的应用场景，如图 12.5.1 所示。I/O 模块可以对物理开关进行控制，完成感知层相应的工作；同时 I/O 模块提供以太网接口，借助 IP 协议实现传输层的相关工作；ioBridge 提供的云计算平台，实现应用层对数据的处理，同时支持不同的设备以不同的方式对数据进行访问。

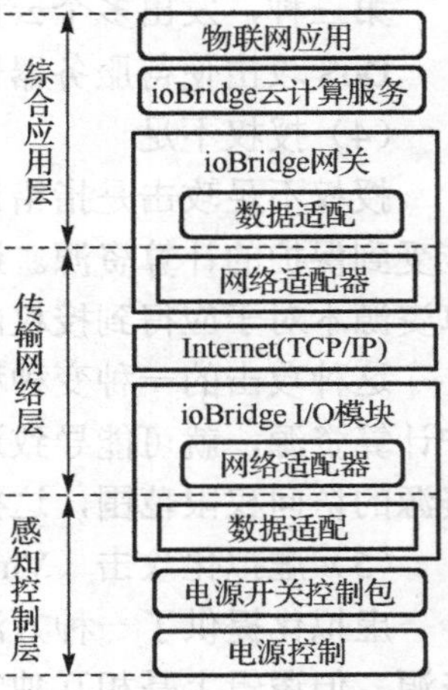

图 12.5.1 ioBrigde 平台

在 ioBridge 应用场景中，电源开关并不直接与最终访问设备（移动设备、网络浏览器）建立通信会话进行交互，而是通过中间服务转发的“接力”方式进行数据通信，进而实现控制和感知。

属于感知层的 I/O 模块与应用层的云计算服务之间的通信涉及了 OSI 模型中的各个层次，但没有完成从电源开关到最终用户的“端到端”数据交互，只实现了感知层的“物 I/O 网关”至应用层的“云服务网关”的“端到端”数据交互。

ioBridge 由于其控制端与被控端基于互联网进行通信，被控端较容易受到互联网中常见的攻击（例如：拒绝服务攻击、中间人攻击），同时通信双方的数据容易被监听、篡改，控制数据也较容易被伪造。另一方面，通信双方若要采用 SSL 或 TLS 协议对应用层数据进行加密，则将对 I/O 模块的性能产生一定要求，另外对其部署环境、物理位置以及第三方可信平台（如 PKI）等都有一定的要求。对此类“端到端”或“端到网络”的物联网应用的安全保护，可以采用一定的互联网防护手段进行加固，但随着通信双方数量的增加，其安全管理开销将会急剧增加。

小 结

从广义上来看，物联网的安全属于信息安全的范畴，但传统狭义上的信息安全仅是指网络安全。由于物联网在深度和广度上都是对互联网的延伸与扩展，因此，物联网的安全与传

① http://www.iobridge.com

统意义上的信息安全不论在外延上，还是在内涵上都具有非常大的不同。在外延方面，物联网涉及感知、传送和应用三个层次，在内涵上，物联网不但涉及虚拟的信息领域，还涉及实体的物理世界。物联网的安全是一个复杂的、多领域的安全问题。

本章我们讲解和探讨了物联网安全要素、物联网安全的研究现状、物联网安全架构；介绍了感知控制层安全、无线传感器网络安全、传输网络层安全、综合应用层安全的关键技术和面临的问题，并简单介绍了云计算的安全；最后介绍了一个 ioBridge 的物联网安全应用场景。

习　题

1. 物联网安全的要素涉及哪三个方面？试给予简单描述。
2. 物联网面临的威胁和攻击主要有哪些？
3. 物联网的安全架构如何？
4. 针对 RFID 的主要安全威胁有哪些？
5. 试述 RFID 安全措施。
6. 针对无线传感器网络的威胁主要有哪些？
7. 试述无线传感器网络的安全措施。
8. 移动智能终端存在哪些安全隐患？
9. 互联网的安全保护都有哪些安全协议？试简要说明。
10. 物联网综合应用层安全的关键技术可包括哪几个方面？
11. 云计算环境下的威胁作用者将会产生哪些主要威胁？
12. 云安全的措施主要有哪些？它们各自能防护哪些威胁？

第13章 物联网综合应用案例

本章学习目标

通过本章四个典型物联网应用案例的学习，读者应能掌握物联网应用的架构、物联网应用的需求和构建方法，激发起物联网相关的创新意识，贴近生活，服务社会、经济和民生。

本章知识点

- 物联网应用架构
- 智慧城市、校园，智能物流和智能家居

教学安排

本章安排4学时，13.1节和13.2节可用3学时教学，13.3节和13.4节安排1学时教学。

教学建议

在教学中，建议从需求分析着手，将物联网的三层体系架构融入到教学中，另外通过该部分的教学，应着重培养学生的创新意识。

物联网是信息技术与通信技术等学科的融合与交叉，它的应用将提升各行各业的自动化、智能化水平，使人类可以以更加精细和动态的方式管理生产和生活，达到“智慧”的性能，提高资源利用率和生产力水平。

构建一个物联网的应用就是构建物联网在具体应用领域的三层架构。首先，将感知控制设备“嵌入”到具体的应用环境中，即将传感、控制装置嵌入和装备到铁路、桥梁、隧道、公路、建筑、供水系统、大坝、油气管道等各种物体中；其次，将这些“嵌入”的感知控制设备与现有的互联网整合起来，实现人与物理系统的整合，从而形成“物联网”；再次，将“物联网”中的信息进一步进行存储、共享与处理为人们提供各种所需的“自动化或智能化”服务，在此过程中，信息处理必须依托计算机强大的信息处理系统的支撑。

13.1 智慧城市

13.1.1 智慧城市的由来及其特点

1. 智慧城市的由来

继20世纪90年代“信息高速公路”在美国提出后，互联网成为新经济的热点，从而掀起了信息技术革命的浪潮。1998年1月，时任美国副总统的戈尔在一次演讲中首次提出了“数字地球”的概念，他指出：“我们需要一个‘数字地球’，即一个以地球坐标为依据的、嵌入海量地理数据的、具有多分辨率的、能三维可视化表示的虚拟地球。”由此推动了由“数字地球”向智慧城市的演进与发展。

城市是地球的重要组成部分，城市是区域政治、经济、文化和众多人口聚集的载体，城市的发展主导着区域的发展。预计 2020 年全球有超过一半以上人口居住在城市，这种趋势将导致人们生活方式的改变、各种资源利用方式的改变。因此需要对城市的管理、调度及运行进行变革，使城市的运行更加科学、顺畅、协调。为了达成这些目的，就必须对城市有一个非常全面的了解，不论城市的管理者、城市的居住者，还是城市的过客等都需要及时了解城市的各种信息，于是城市信息的数字化就自然产生了。

“数字化城市”，即城市信息的数字化是利用数字技术、信息技术和网络技术，将城市的人口、资源、环境、经济、社会等要素，以数字化、网络化、智能化和可视化的方式加以呈现，将城市的各种信息资源整合起来用于监管城市、运营城市、预测城市。

数字化的城市主要涉及教育、科技、文化、医疗卫生、社会保障等方面，是改变居民生活方式、改善居住环境的直接体现。

2．从数字化城市到智慧城市

随着感知技术及其网络化的发展，依托新的信息技术、通信技术，数字化城市正向智能化城市演进。诸如环境监测、图像监控等感知装置在城市中的大规模装备而形成的传感器网络将成为城市的重要基础设施。它们的广泛应用将彻底解决城市实时信息获取的问题，这为从数字化城市向智慧城市的演进奠定了坚实的物质基础。

智慧城市是充分利用数字化及相关计算机技术和手段，对城市基础设施与生活发展相关的各方面内容进行全方面的信息化处理和利用，具有对城市地理、资源、生态、环境、人口、经济、社会等复杂系统的数字网络化管理、服务与决策功能的信息体系。智慧城市能够充分运用信息和通信技术手段感测、分析、整合城市运行核心系统的各项关键信息，从而对于包括民生、环保、公共安全、城市服务、工商业活动在内的各种需求做出智能的响应，为人类创造更美好的城市生活。智慧城市并不是数字城市简单的升级，智慧城市的目标是更透彻的感知，更全面的互连互通和更深入的智能。

3．智慧城市的特点

智慧城市与数字城市相比具有明显的特点，主要表现在以下几个方面。

（1）注重决策与反应

在智慧城市阶段，人们更多关注的是信息的分析，从而得出城市运行的趋势或规律，由此来制定城市的管理、运行机制，从而快速决策、快速反应。

（2）决策的自动化

数字城市以电子化和网络化为目标，智慧城市则以功能自动化和决策支持为目标。

（3）智慧化决策逐步替代人的决策

智慧化的实质则是用智慧技术取代传统的某些需要人工判别和决断的任务，达到最优化，这将意味着决策将从以前的由人来决策向无人化决策发展。

（4）由智慧化城市向知识化城市发展

智慧城市积累的大量的信息将通过数据挖掘形成知识，这些知识的获得将更好地为城市服务，城市将从工业化、信息化真正向知识化发展。因此，智慧城市的发展目标将是下一代的知识化城市。

13.1.2 智慧城市的架构

1. 智慧城市的总体目标[①]

智慧城市的总体目标是以科学发展观为指导，充分发挥城市智慧型产业优势，集成先进技术，推进信息网络综合化、宽带化、物联化、智能化，加快智慧型商务、文化教育、医药卫生、城市建设管理、城市交通、环境监控、公共服务、居家生活等领域建设，全面提高资源利用效率、城市管理水平和市民生活质量，努力改变传统落后的生产方式和生活方式。将城市建成为一个基础设施先进、信息网络通畅、科技应用普及、生产生活便捷、城市管理高效、公共服务完备、生态环境优美、惠及全体市民的智慧城市。

智慧城市的构建涵盖了智慧基础设施、智慧政府、智慧公共服务、智慧产业和智慧人文等五个方面。

（1）智慧基础设施

智慧的基础设施包括信息、交通和电网等城市基础设施。信息基础设施应使现有的有线宽带网、无线宽带网、3G移动网、无线宽带网尽可能地覆盖到城市的各个角落。交通等公用设施应尽可能地扩展到城市的各个区域，惠及广大市民。

（2）智慧政府

加强社会管理，整合资源，形成全面覆盖、高效灵敏的社会管理信息网络，增强社会综合治理能力，强化综合监管，满足转变政府职能、提高行政效率和规范监管行为的需求，深化相应业务系统建设，使城市政府运行、服务和管理更加高效。

（3）智慧服务

智慧城市公共服务涉及智慧医疗、智慧社区服务、智慧教育、智慧社保、智慧平安和智慧生态等方面。依托信息技术和互联网，以信息丰富完整、跨服务部门为基础，面向市民，使整个社会的服务资源得到更充分、更合理地利用，为城市服务带来革命性变化。

（4）智慧产业

智慧城市孕育智慧产业，智慧产业托起智慧城市。对于城市而言，智慧产业当属第三产业。在“互联网+”的引领下，大力发展包括电子信息、现代物流、金融保险、咨询顾问等在内的先进制造业和现代服务业，形成智慧城市完整的智慧产业群，推动产业升级、向工业4.0迈进。

（5）智慧人文

提高城市居民的素质，造就创新城市的建设和管理人才，是智慧城市的灵魂。充分利用城市各高校、科研机构和大型骨干企业等在人才方面的资源优势，为构建智慧城市提供坚实的智慧源泉。努力挖掘和利用城市历史文化底蕴，梳理并开发现实文化资源禀赋，增强智慧城市的文化含量，突出文化、智慧，丰富智慧城市的内涵。

---

① 王志良，石志国. 物联网工程导论[M]. 西安：西安电子科技大学出版社，2011

2．华为智慧城市方案

华为智能城市方案就是实现城市的信息化和一体化管理，利用先进的信息技术随时随地感知、捕获、传递和处理信息并付诸实践，进而创造新的价值。华为智能城市平台主要由数字政务、数字产业和数字民生三个基础部分组成。在三个重要组成部分基础上，形成了政府热线、数字城管、平安城市、数字物流、智能交通、数字社区、数字校园等应用分支，涵盖了 e-Home、e-Office、e-Government、e-Health、e-Education、e-Traffic 等方面。智能城市的全景图如图 13.1.1 所示。从范围上讲，Smart City 可以是开发商开发的一个小区、城市中的一个经济开发区，也可以是一座城市甚至一个国家；可以是新城新区，也可以是经过信息化改造的旧城区。

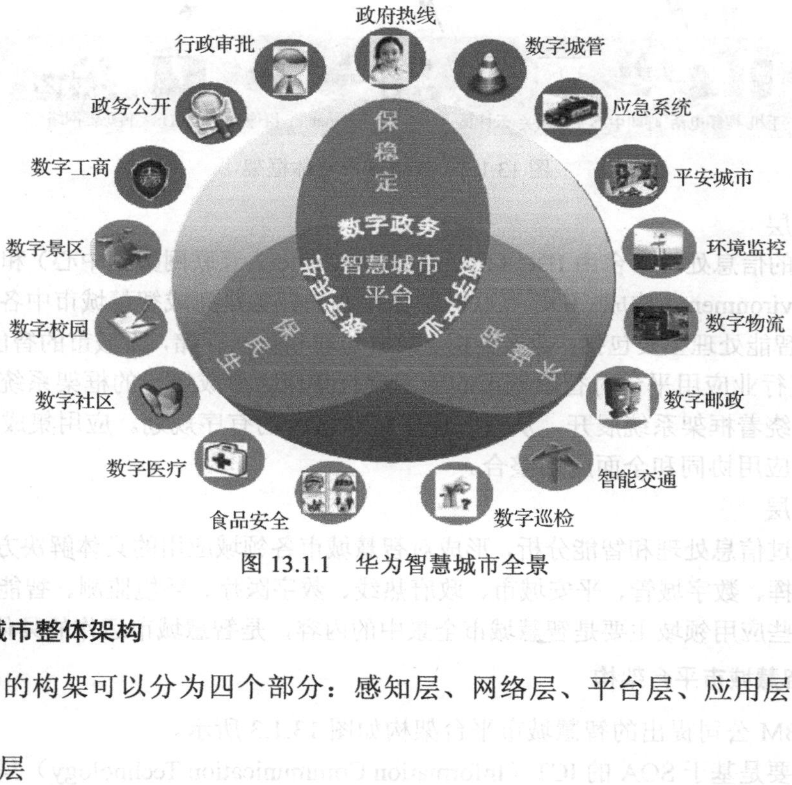

图 13.1.1　华为智慧城市全景

3．智慧城市整体架构

智慧城市的构架可以分为四个部分：感知层、网络层、平台层、应用层，如图 13.1.2 所示。

（1）感知层

智慧城市的感知层主要通过无线传感器网络实现。无线传感器网主要通过遥感、地理信息系统、导航定位、通信、高性能计算等高新技术对城市的各方面信息进行数据采集和智能感知，将得到的信息通过包括互联网在内的各种通信系统传输到平台层进行处理。

（2）网络层

网络层主要实现更广泛的互连功能，能够把感知层感知到的信息无障碍、高可靠性、高安全性地进行传送。网络层由通信网、互联网和短距离通信网组成。通信网主要是指目前各城市使用的移动通信网，如手机、视频电话、呼叫中心等使用的网络。互联网则是指基于 Internet 以及云的网络。短距离通信网指以 WLAN（或 Wi-Fi）、WSN、工业总线等技术组成短距离传输网络。通过这三个基础网络来实现智慧城市中 Anytime、Anyone、Anywhere、Anything 的连接，为平台层的处理提供稳定的传输环境。

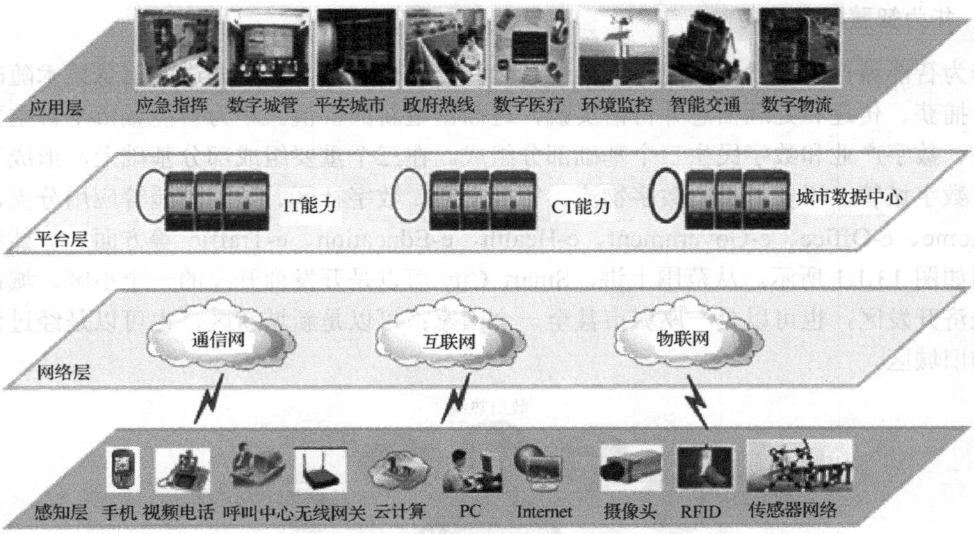

图 13.1.2　智慧城市整体框架

（3）平台层

智能城市的信息处理平台由 IDC（Internet Data Center，互联网数据中心）和 VAE（Vertical Application Environment）构成。IDC 互联网数据中心的任务是完成智慧城市中各种信息的汇聚和智能处理。智能处理主要包括：数据分析、数据处理和数据存储，为城市的智能化提供支撑。

VAE 垂直行业应用平台对智慧城市的应用进行集成，形成统一的框架系统，智慧城市中的各个系统围绕着框架系统展开，从而实现了智慧城市的有序规划。应用集成包括了规模应用聚集、快速应用协同和全面应用整合。

（4）应用层

应用层通过信息处理和智能分析，形成对智慧城市各领域应用的具体解决方案。业务应用涵盖了应急指挥、数字城管、平安城市、政府热线、数字医疗、环境监测、智能交通和数字物流等方面。这些应用领域主要是智慧城市全景中的内容，是智慧城市运作的具体体现。

4. IBM 智慧城市平台架构

美国的 IBM 公司提出的智慧城市平台架构如图 13.1.3 所示。

该平台主要是基于 SOA 的 ICT（Information Communication Technology）集成框架来实现智慧城市。ICT 就是通过信息与通信技术，用以满足“客户综合信息化需求”的一揽子解决方案，包括通信、信息收集、发布、自动化、传感、自动化等各个方面。上述平台的主要特点有：

（1）快速的应用提供能力

通过应用模板、能力引擎，基于工作流引擎的开发环境，提供应用快速交付能力。

（2）第三方系统集成能力

定义标准接口，支持多层次集成：数据集成、能力集成、应用集成。

（3）数据统一分析能力

城市仪表盘为决策者提供统一的城市数据分析视图。

（4）系统资源共享能力

通过对数字城市应用所使用系统资源的虚拟管理，提高系统资源的利用率。

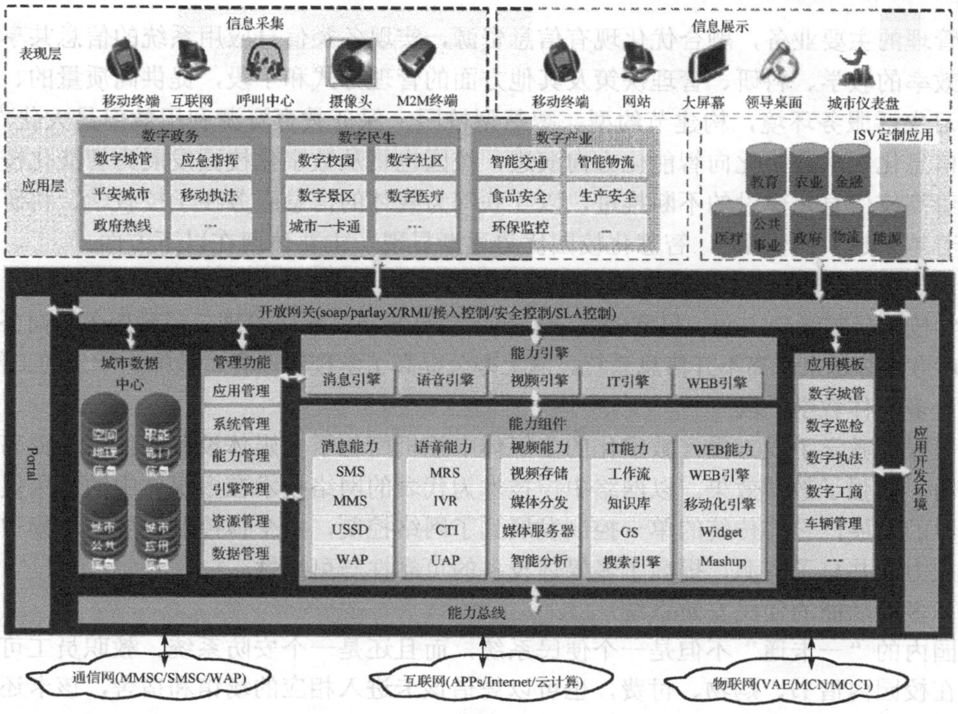

图 13.1.3　IBM 智慧城市平台架构

（5）统一硬件/存储/安全方案

硬件采用具有高安全性、高可用性、高可靠集群、高可扩展性、易管理易维护、低环境复杂度、低整合度、低难度的方案；应用各种存储技术搭建统一的存储平台，同时采用高性价比的存储整合技术；网络安全方案对业务系统网络基础架构进行分析优化，按结构化、模块化、层次化的设计思路进行结构调整优化，增加网络的可靠性、可扩展性、易管理性、冗余性。

（6）系统平滑演进能力

架构的平台能够在硬件、能力以及应用上实现自由扩展。同时，智慧城市平台支持分期建设，系统可成长、可持续发展。

13.2 智 慧 校 园

13.2.1　智慧校园及其发展

智慧校园是物联网技术在教育领域中的一个重要应用[1]，物联网是采用各种感知设备，感知各种“物”的信息，以互联网为传输平台，实现信息的全面感知、信息的智能处理和智能控制、完成相应服务应用的技术。物联网技术所派生出的智慧校园正是应用全面感知技术、获取相应的教学信息、以实现教育资源合理化应用、全面提高教学质量为目标的具体应用和实践。

目前，对智慧校园尚未有一个统一、明确的定义，但大家一致认为，所谓的智慧校园是指应用云计算、虚拟化等物联网的相关技术，通过监测、分析、融合、智能响应等技术，面

① 吕伟，张祥云，叶逢福等. “智慧校园”浪潮下的高教变革展望[J]. 高教探索，2014，(4)：27-30

向学校管理的主要业务，融合优化现有信息资源，实现各类信息应用系统的信息共享能力，提供高效率的教学、科研、管理决策及其他方面的管理方式和手段，提供高质量的、快捷便利的学习生活服务环境，构建节约型、智慧型校园，保证教育资源利用效率最大化[①]。目前校园的信息化正从数字化向智能化方向演进，校园也将从数字化校园发展为智能化校园。

随着高校信息化建设的不断推进，以互联网为载体的信息服务在学校教学、科研与管理中发挥着越来越大的作用[②]，智慧化校园优势逐渐显现，主要体现在以下方面。

（1）学校的日常管理

在学校的日常管理方面，日常的教学安排、信息发布、科研管理、后勤服务、财务报销等业务管理方面都越来越离不开信息系统。网上办公提高了学校管理者、教师、学生的工作效率。

（2）多媒体教学手段

在多媒体教学手段方面，数字化的多媒体中控机简化了多媒体设备的使用，提高了设备使用寿命，增强了教学效果。以网络中控技术为代表的网络技术在多媒体中的应用促进了多媒体教学的发展，它将传统的单一控制发展到了网络控制，由个体控制发展到了集中控制，节省了人力，共享了资源，提高了多媒体设备的可靠性与可用性。

（3）多种功能的便民安防系统

校园内的“一卡通”不但是一个便民系统，而且还是一个安防系统。教职员工可以通过一张卡在校园内借书、购物、付费，也可以凭借该卡进入相应的场馆和宿舍，该卡还可用于考勤。“一卡通”在校园内的广泛应用极大地方便了教职员工，提高了相关场馆的安全性，提高了管理效率，减轻了人工监管强度。

（4）多种教学资源在不断融合

电教资源在以网络化的校园信息系统中不断融合。单独的教学视频、辅导材料、传统的人工答疑等教学资源与手段在网络中不断融合。网上课堂、慕课等新的信息化课程不断涌现。网络化的教学手段扩展了教学资源共享的空间，学生可以不受传统教学模式的限制，可以随时、随地接受教学。

以上这些发展现状正向我们展示了以网络为核心的信息化、数字化校园正在不断的扩展其功能、不断地进行融合，不断地向教学、管理、生活、安防等方向全面发展，也就是正在向智慧化校园不断前行。

13.2.2 智慧校园的物联网特征及关键技术

1. 智慧校园的物联网特征

智慧校园以物联网为基础，应用云计算、移动互联、社交网络、大数据等关键技术，集成校园各种信息系统资源，为广大师生提供全面、协同的智能化感知环境，为教学、科研、管理和生活提供智能化、个性化、便捷化的信息服务[③]。智慧校园具有环境全面感知、网络无缝互通、海量数据支撑、开放学习环境、师生个性服务五个方面的特征[④]；同时，智慧校园还具有互连网络高速泛在、智能终端广泛应用、团队协作便利充分、集体知识共生共荣、

① 翟文彬，谭晶晶．高校智慧校园建设面临的问题与解决思路[J]．中国信息化·高教职教，2013，(20)：185

② 焦永杰．基于 WLAN 的无线校园网技术应用初探[J].电脑知识与技术（学术交流），2007，(05)：1213, 1261.

③ 王燕．智慧校园建设总体架构模型及典型应用分析[J]．中国电化教育，2014，(9)：88-92

④ 黄荣怀，张进宝等．智慧校园:数字校园发展的必然趋势[J]．开放教育研究，2012，(4)：12-17

业务应用智能融合、外部智慧融会贯通这六个方面的特征[①]；智慧校园展示了无处不在的互连网络、全面感知的校园环境、广阔开放的学习环境、智能化的数据处理和个性化的服务[②]。总体来说，智慧校园具有以下物联网特征。

（1）网络互连特性

物联网发展的特性之一是泛在互连，体现在“物—物”、“物—人”和“人—人”的互连方面。在智慧校园中，人（教职员工和学生）、物（各种教学资源）都能通过有线或无线网络、移动互联网等通信系统互连在一起。在校园的区域内完全可以通过有线或无线实现高速互连，以实现各种资源的快速传送。

（2）实时全面环境感知

应用各种感知技术和设备（包括光学、位置、视频、物理传感等）及时获取校园内的各种物理的、图形图像等的信息。这些信息应是校园内的全面的信息，包括各种人的信息、教学资源的信息、各种实体的信息（包括教室、设备等）、各种环境信息（包括温度、湿度、污染悬浮物等气象环境信息），以实现各种监视、监测的应用。

（3）各种与教学相关的业务的全面融合

在数字化校园的建设过程中，围绕着教学建设了功能较齐全的业务应用系统，这些系统在各业务的执行过程中，往往过多地需要人的参与，业务间缺少相互的协调与融合。基于网络的校园信息系统的融合性与智能化程度不高。然而，在智慧校园中，各种现有的信息资源将在云计算平台下获得充分的开放与融合。各种教学资源的海量数据在云间得到充分的挖掘和应用，以前过多依靠人来参与的业务将在智慧化的平台中大大减少，这将进一步提高决策支持能力，加快业务处理速度。

2．智慧校园的关键技术

智慧校园是物联网技术应用的一个领域，在该领域中，需要应用到一些物联网的关键技术，具体来说，智慧校园将应用以下物联网关键技术。

（1）云计算

云计算是物联网的关键技术之一，它为智慧校园提供了新的信息服务模式，它根据教职员工的需求向其提供相应的虚拟化硬件资源（包括存储资源、计算资源）服务、软件平台服务以及各种教学服务。这样，各种信息资源、各种软件平台资源均在云端汇总，各种教学资源（如课件、视频、图书等）以及各种业务均在云端协同融合。

（2）无线传感器网络、RFID、嵌入式技术

物联网中的核心感知技术——无线传感器网络和 RFID（Radio Frequency Identify，射频识别技术），以及嵌入式技术为感知、识别、互连提供了技术上的保障。通过这些关键技术可实现对校园的各种仪器设备、图书资料、楼宇出入人员等的实时信息获取，便于进行动态管理。

（3）大数据

物联网的全面感知带来了海量的信息，这些数据具有大数据的特点，即它们是大小超出了传统数据库软件工具的获取、存储、管理和分析能力的数据群。在智慧校园中，随着云教育平台的建设和应用，校园的各种数据呈现出了种类多、速度快、容量大的大数据的特征。

---

① 蒋东兴.“云端一体化”高校智慧校园畅想[J]. 中国教育网络，2014，(1)：49-52

② 纪佩宇，聂明辉. 江苏警官学院:打造智能化智慧校园[J]. 中国教育网络，2014，(2)：65-67

通过挖掘和建模分析的方法从海量数据中获取有价值的规律或知识，为学校制定科学的决策和合理的教学业务流程提供有力的帮助①。

（4）移动互联

移动通信是一种便捷的无线通信系统，3G/4G 移动通信系统提供了宽带接入的数据通信，同时也产生了移动互联的应用。在智慧校园中，移动互联提供了高效、稳定、可靠的互连环境，为广大师生在校园中随时、随地获取教学信息资源、相互交流互动提供了泛在化的网络基础。

（5）公众社交网络

社交网络是随着互联网的发展而出现的。在我国人们常用 QQ、微信、易信等社交网络进行交流沟通和信息服务。社交网络以其便捷、成本低、互动性强等特点成为校园内师生们维系交互关系的平台，它可以在智慧校园中提供一种互动、协作学习的工具②。

13.2.3 智慧校园的总体方案和系统架构

1. 智慧校园的总体方案

智慧校园应是基于云计算平台，整合各种现有硬件与软件资源，实现校园智慧化学习、管理、生活等科学运营的信息化系统。它的整体框架应按照物联网的结构来构建，主要分为感知层、网络传输层、平台支撑层和综合应用层。其基本结构如图 13.2.1 所示。

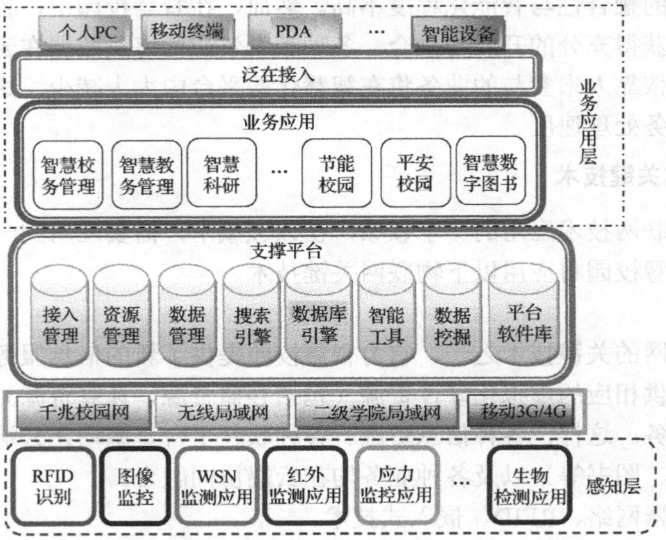

图 13.2.1 智慧校园总体架构

2. 各层的总体功能

（1）业务应用层

业务应用层分为泛在接入层和业务应用层两个层次。泛在接入层提供个人 PC、移动终端、PDA 和各种智能设备接入智慧校园的能力；业务应用层提供了智慧校园的各种智能应用，包括常规的管理业务、查询业务等。

① 宓詠，赵泽宇. 大数据创新智慧校园服务[J]. 中国教育信息化，2013，(24)：3-7

② 胡钦太等. 教育信息化的发展转型：从“数字校园”到“智慧校园”[J]. 中国电化教育,2014,(1):35-39

（2）平台支撑层

该层提供了基于云计算和大数据处理技术的各种相关的支撑软件平台，包括具有安全性管理功能的接入管理支撑、各种软件资源和硬件资源动态分配的资源管理支撑、对各种数据进行同一化处理的数据管理支撑；提供统一的高性能的搜索引擎、数据库引擎；提供数据挖掘所用的软件工具、用于智能处理和应用的常用软件工具以及用于教学和科研的平台软件库。

（3）网络传输层

网络传输层提供了校园内数据传输的各类网络，有现有的千兆校园网、覆盖校园的无线局域网以及公众移动 3G/4G 网络。

对于校园内的千兆网和无线局域网，该层还提供带宽动态分配和传输优先级管理能力，可按需分配使用者的带宽，使得传输资源得到更加有效的应用。

（4）感知层

感知层主要提供各种感知服务。RFID 识别应用提供如一卡通、设备管理等物联网应用；图像监控提供如安防等方面的视频监控服务；WSN 提供基于无线传感器网络的各种环境监测方面的感知服务；红外监控应用提供状态与安防、节能等方面的感知服务；应力监控提供如车辆管理、人群密度等方面的感知服务应用；生物监测提供食品安全、疾病监测、危险品监测等方面的感知应用服务。

3．业务应用层总体功能

业务层主要应实现智慧校务管理、智慧教学管理、智慧科研、节能校园、平安校园、智慧数字图书、便捷生活和智慧学习这八个方面的功能。

（1）智慧校务管理

主要内容包括：智能办公、学生与人事管理、新闻与要闻、财务、后勤与档案管理、各行政部门管理和网络管理。

（2）智慧教务管理

主要内容包括：智能教务管理、智能教学调度、云端云教学与云端实验和智慧课堂。

（3）智慧科研

主要内容包括：科研管理、云端科研。

（4）节能校园

主要内容包括：灯光、暖气、水的智能管理；智能绿化。

（5）平安校园

主要内容包括：智慧安防、疾病监测、环境监测、车辆管理和出入管理。

（6）智慧数字图书

主要内容包括：数字图书馆、智能信息检索、智能稿件处理和智能知识推送。

（7）便捷生活

主要内容包括：一卡通、课程提示和气象推送。

（8）智慧学习

主要内容包括：教辅资料推送、学习情况分析、学习方法推荐和云端作业。

13.3 物联网在港口物流领域的应用

1．相关概念

（1）物流的概念

被世界普遍认同的“物流”一词的解释是由美国物流管理协会所定义的：“物流是以满足客户需求为目的，以高效和经济的手段来组织原料、在制品、制成品以及相关信息从供应到消费的运动和储存的计划、执行和控制的过程”。

（2）智能物流

智能物流是在现代信息技术高度发展的基础上，利用先进的信息采集、信息处理、信息流通和信息管理技术，完成包括运输、仓储、配送、包装、装卸等多项基本活动的货物从供应者向需求者移动的整个过程，为供方提供最大化利润，为需方提供最佳服务，同时消耗最少的自然资源和社会资源，最大限度地保护好生态环境的整体智能社会物流管理体系。

（3）港口物理

港口物流、公路运输、航空物流领域、铁路物流、特种装备物流、军事物流。

2．智能港口物流网的特点及工作流程

（1）特点

现有的港口存在着作业效率相对较低、数据差错率较高、系统开放性不够的问题，为此需要采用物联网的技术对港口进行改造，达到提高作业效率和改善口岸环境的目的。

通过智能港口物流的建设以提升口岸信息管理水平和吞吐能力，实现全程信息综合集成，优化管理。

（2）工作流程

智能港口物流的工作流程如图 13.3.1 所示。

3．智能港口物流体系架构

整个体系架构如图 13.3.2 所示。其分为四个层次，即 RFID 传感网层、移动互联网层、云计算与应用服务层。

（1）RFID 传感网层

RFID 系统实时采集各车辆所装载的物品信息，传感网感知港口、码头的环境信息以及船舶信息等，并通过移动互联网将 RFID 和传感器采集的信息传送到云计算中心进行存储和处理，为应用层提供基础数据。

（2）移动互联网

采用移动通信中的 3G/4G 技术作为传送平台，将 RFID 传感网层感知的信息传送到云计算中心。

（3）云计算

云计算是智能港口物流系统的核心，由高性能的计算机和大容量、高可靠性的存储设备组成，为智能港口物流提供强大的存储能力和信息处理能力。

（4）应用层

提供各种服务应用。包括智能闸口管理系统、散杂货码头营运管理系统、智能堆场管理系统、电子车牌电子驾照系统、货物配送信息采集系统（包括 GIS 系统）等。

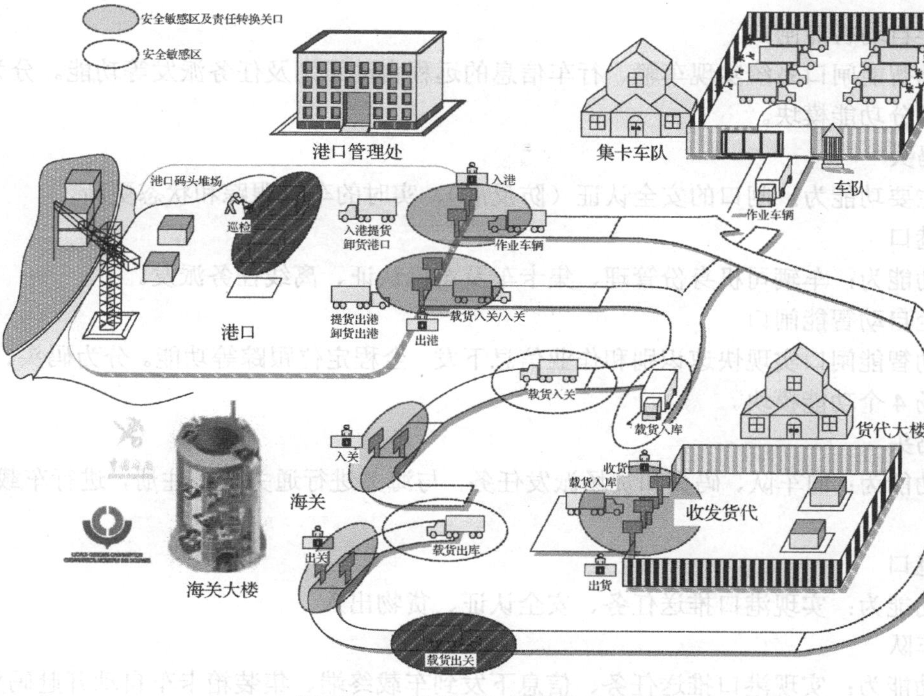

图 13.3.1　智能港口物流的工作流程

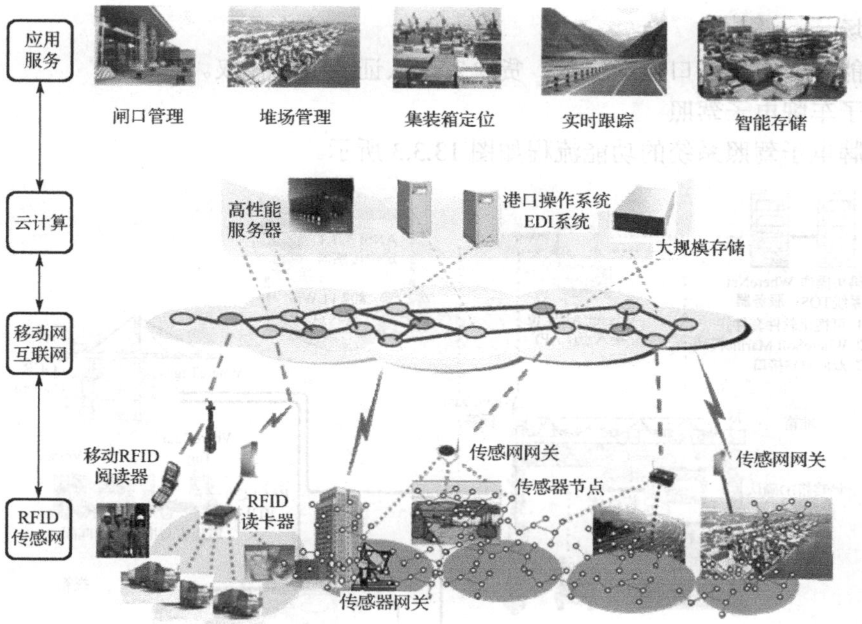

图 13.3.2　智能港口物流体系架构

4．智能港口的应用子系统

智能港口的应用子系统主要包括：半自动智能闸口系统、全自动智能闸口系统、电子车牌电子驾照管理、智能堆场管理系统、货物配送信息采集系统。以下简要介绍前三个应用子系统的功能。

（1）半自动智能闸口

半自动智能闸口系统实现车辆、行车信息的远程自动识别及任务派发等功能。分为码头和港口两部分功能模块。

（a）码头

码头主要功能为：闸口的安全认证（防反潜）、实时的车辆跟踪和状态更新。

（b）港口

港口功能为：车辆司机身份管理、集卡车及司机认证、离线任务派发。

（2）全自动智能闸口

全自动智能闸口实现快速识别和作业信息下发、全程定位跟踪等功能。分为码头、港口、车队和货场 4 个功能模块。

（a）码头

主要功能为：向车队、码头和货场派发任务，与海关进行通关任务注册，进行车载终端、身份管理。

（b）港口

主要功能为：实现港口推送任务、安全认证、货物出入。

（c）车队

主要功能为：实现港口推送任务、信息下发到车载终端、集装箱卡车自动开赴码头执行装运任务。

（d）货场

主要功能为：实现港口推送货单、货单安全认证、货物存取。

（3）电子车牌电子驾照

电子车牌电子驾照系统的功能流程如图 13.3.3 所示。

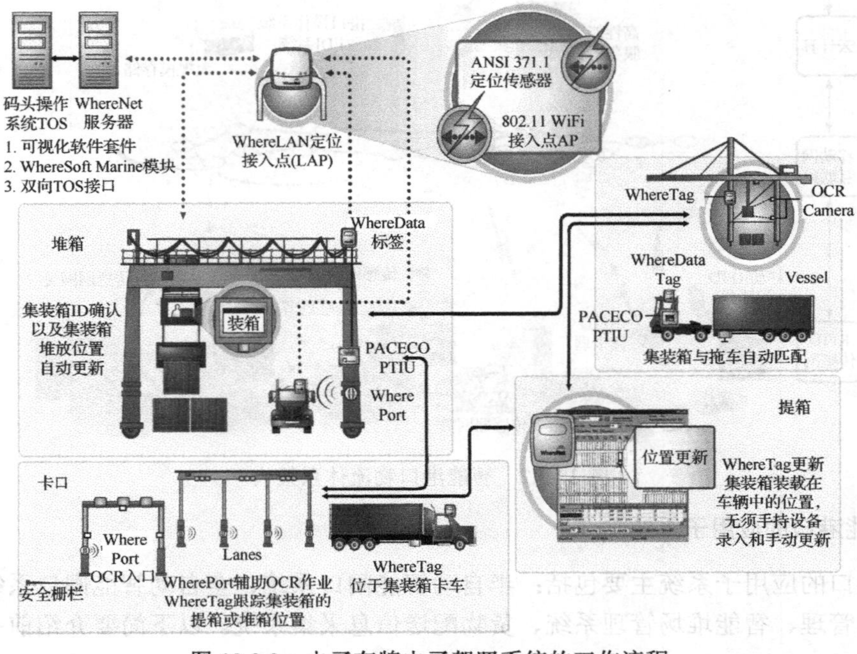

图 13.3.3 电子车牌电子驾照系统的工作流程

在图 13.3.3 中，WhereNet 服务器用于管理整个码头的物流调度，该服务器运行 TOS（Tape Operating System，码头集装箱管理系统），TOS 是一个专门用于码头集装箱管理的数据库系统，用来动态管理码头集装箱的物流。

在码头的集装箱堆栈（箱堆）、进入码头的卡口（包括卡口的各行车道）等各出行主要位置上设置了具有无线通信功能的 RFID 阅读器（WherePort），用来读取车辆和集装箱上的 RFID 标签（WhereTag）的信息，这些信息用来对车辆、集装箱进行跟踪和定位。RFID 阅读器（WherePort）通过设置在一定位置上的无线通信接入点（WhereLAN）将 RFID 阅读器（WherePort）的数据传送到 WhereNet 服务器。

13.4 智能家居

智能家居可以定义为一个过程或者一个系统。即利用先进的计算机技术、网络通信技术、综合布线技术，将与家居生活有关的各种子系统有机地结合在一起，通过统筹管理，让家居生活更加舒适、安全、有效。

智能家居不仅能提供舒适安全、高品位且宜人的家庭生活空间；还具有能动智慧的工具，帮助家庭与外部保持信息交流畅通，优化人们的生活方式，帮助人们有效安排时间。

物联网环境下的智能家居系统融合了无线传感器网络、Internet、人工智能等多种先进技术。它可以将家居中的所有物品连接起来，实现家居网络中所有物体均可被寻址、所有物体均具有通信能力、所有物体均可被操作、部分物体具有传感与信息上传共享能力。

（1）卧室智能控制

卧室智能控制的实现如图 13.4.1 所示。它可实现智能控制灯光、空调、窗帘、衣柜以及地板等。

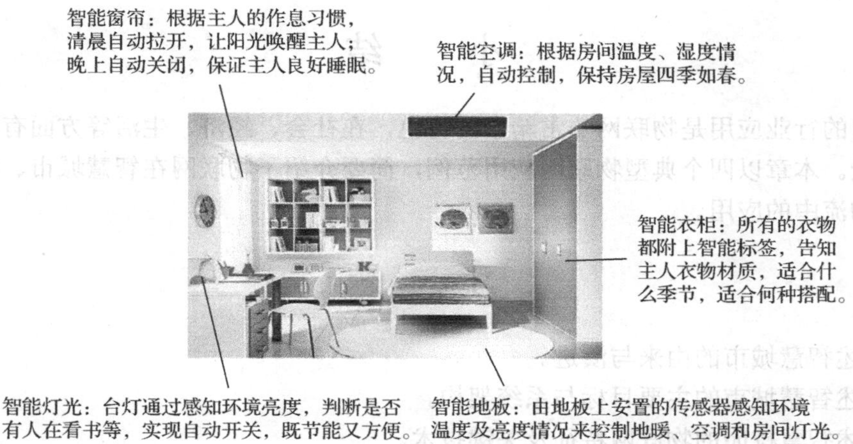
智能窗帘：根据主人的作息习惯，
清晨自动拉开，让阳光唤醒主人；
晚上自动关闭，保证主人良好睡眠。
智能空调：根据房间温度、湿度情
况，自动控制，保持房屋四季如春。
智能衣柜：所有的衣物
都附上智能标签，告知
主人衣物材质，适合什
么季节，适合何种搭配。
智能灯光：台灯通过感知环境亮度，判断是否
有人在看书等，实现自动开关，既节能又方便。
智能地板：由地板上安置的传感器感知环境
温度及亮度情况来控制地暖、空调和房间灯光。

图 13.4.1 卧室智能控制

（2）客厅智能控制

客厅智能控制的实现如图 13.4.2 所示。它可以控制客厅的电视、音响等家电设备。

（3）家庭安防

家庭中部署的传感器与无线网络相连，具有感知安全环境异常的功能。当发生异常时，这些传感器所发出的信息通过移动网通知到住户的手机，住户可以及时呼叫公安等机构给予安防处理。家庭安防的流程架构如图 13.4.3 所示。

智能电视：主人可以通过声控等方式直接与电视交流，互动收看节目，也可以进行娱乐。
远程遥控：在任何地方、任何地点，只要通过手机或者Internet就可以获取家居信息，并控制相关家电。
智能音响：根据个人喜好，通过声控等方式自动播出符合主人心情的乐曲。

图 13.4.2　客厅智能控制

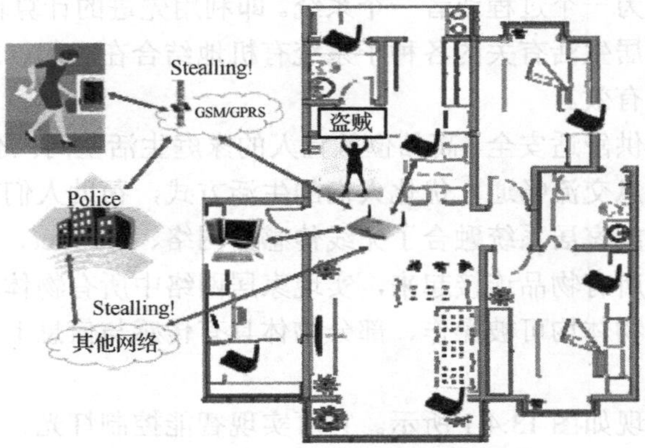

图 13.4.3　家庭安防的流程架构

小　　结

物联网的行业应用是物联网非常精彩的特色，在社会、经济、生活等方面有着非常广阔的应用前景。本章以四个典型物联网应用范例，简要介绍了物联网在智慧城市、智慧校园、智能港口物流中的应用。

习　　题

1．简述智慧城市的由来与演进。
2．简述智慧城市的主要目标与系统架构。
3．简述智慧校园的物联网特征及关键技术。
4．智慧校园主要有哪些功能？
5．智能物流主要的含义是什么？智慧港口物流系统由哪几个层次构成？
6．简述图 13.3.1 智能港口物流的工作流程。
7．智能家居是如何定义的？
8．能否设计一个智能家居的应用场景？如能，请设计。

附录1 相关实验

实验1 RFID实验

1. 实验目的

RFID是物联网的关键技术之一，通过本验证性实验达到以下目的：

（1）了解 RFID 的基本概念

（2）掌握 RFID 系统硬件射频设计技术

（3）了解防碰撞算法

（4）熟练掌握 RFID 应用系统设计技术

2. RFID系统组成和工作原理

RFID 技术利用无线射频方式在阅读器和应答器（标签）之间进行非接触双向数据传输，以达到目标识别和数据交换的目的。最基本的 RFID 系统由以下三部分组成。

（1）标签：由耦合元件及芯片组成，标签含有内置天线，用于和射频天线间进行通信。

（2）阅读器：读取（在读写卡中还可以写入）标签信息的设备。

（3）天线：在标签和读取器间传递射频信号。

3. 实验设备与实验元器件

标签若干、计算机、RFID试验箱、示波器，接线。实验箱如附图1.1所示。

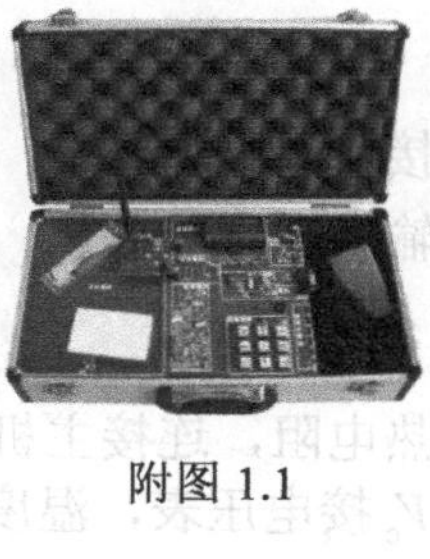

附图1.1

4. 实验内容

（1）软件操作界面设置

（2）查询标签 ID

（3）用示波器观测输出的编码信号

（4）观测系统产生的载波信号

（5）用示波器观测输出的调制信号

（6）用示波器观测放大后的 RF 输出信号

（7）用示波器观测 RF 末级输出调制载波信号

（8）进行 RFID 防碰撞实验

5．实验报告要求

（1）画出实验系统框图，测试点图

（2）画出记录示波器测试的图，并给以分析说明

（3）对实验的结果进行总结

实验 2　温湿度传感器实验

1．实验目的

了解和掌握温度传感器—铂热电阻的测温原理和方法。

2．实验原理

铂热电阻测温范围一般为–200～650℃，铂热电阻的阻值与温度的关系近似线性，当温度在 0℃≤T≤650℃时，

$$R_T = R_0(1 + AT + BT^2)$$

式中，R_T 为铂热电阻 T℃时的电阻值，R_0 为铂热电阻在 0℃时的电阻值；A 为一次温度系数（=3.96847×10–31/℃）；B 为二次温度系数（=–5.847×10–71/℃^{2}）。

将铂热电阻作为桥路中的一部分，在温度变化时电桥失衡便可测得相应电路的输出电压变化值。

3．实验设备与实验元器件

铂热电阻（Pt100）、加热炉、温控器、温度传感器实验模块、数字电压表、水银温度计或半导体点温计。

4．实验内容

（1）观察铂热电阻的结构

（2）完成铂热电阻测温回路的连接

（3）得出铂热电阻的测量温度和输出电压的关系

5．实验步骤

（1）观察已置于加热炉顶部的铂热电阻，连接主机与实验模块的电源线及传感器与模块处理电路接口，铂热电阻电路输出端 V_o 接电压表，温度计置于铂热电阻旁感受相同的温度。

（2）开启电源，调节铂热电阻电路调零旋钮，使输出电压为零，电路增益适中，由于铂热电阻通过电流时其电阻值要发生变化，因此电路有一个稳定过程。

（3）开启加热开关，设定加热炉温度为≤100℃，观察随炉温上升铂热电阻的阻值变化及输出电压变化，（温度表上显示的温度值是炉内温度，并非加热炉顶端传感器感受到的温度）。并记录数据填入附表 2.1。

附表 2.1

℃	
V_o（mV）	

画出 V-T 曲线，观察其工作线性范围。

实验 3 无线传感器网络的温湿度实验

1. 实验目的

（1）了解 SHT1X 系列温湿度传感器的使用方法；
（2）掌握在 Z-STACK 协议中添加温湿度传感器采集数据的方法。
（3）掌握在 Z-STACK 任务中添加事件的方式；
（4）掌握周期性事件的处理方法。

2. 实验原理

SHT10 为单片数字温湿度传感器，采用 CMOSens 专利技术将温度湿度传感器、A/D 转换器及数字接口无缝结合，使传感器具有体积小、响应速度快、接口简单、性价比高等特点。其引脚定义如附图 3.1 所示。

引脚	名称	描述
1	GND	地
2	DATA	串行数据，双向
3	SCK	串行时钟，输入口
4	VDD	电源
NC	NC	必须为空

附图 3.1

典型应用电路如附图 3.2 所示。

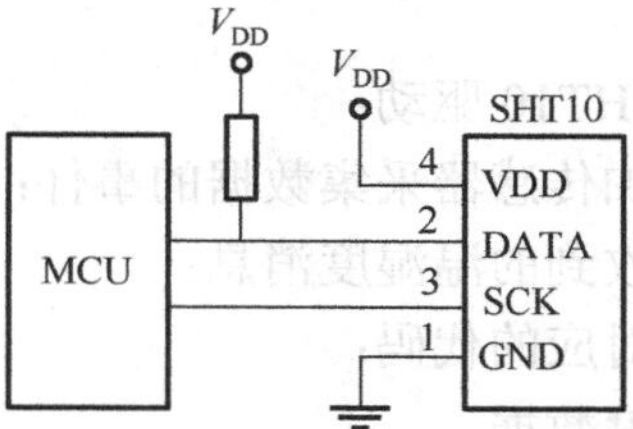

附图 3.2

（1）SHT10 的主要特点

- ➢ 相对湿度和温度的测量兼有露点输出；
- ➢ 全部校准，数字输出；
- ➢ 接口简单（2-wire），响应速度快；
- ➢ 超低功耗，自动休眠；
- ➢ 测湿精度±4.5%RH，测温精度±0.5℃（25℃）。

（2）电源引脚（VDD、GND）

SHT10 的供电电压为 2.4V～5.5V。传感器上电后，等待 11ms，从“休眠”状态恢复，在此期间不发送任何指令。电源引脚（VDD 和 GND）之间可增加 1 个 100nF 的电容器，用于去耦滤波。

（3）串行接口

SHT10 的两线串行接口（bidirectional 2-wire）在传感器信号读取和电源功耗方面都做了优化处理，其总线类似 I2C 总线但并不兼容 I2C 总线。

- 串行时钟输入（SCK）引脚是 MCU 与 SHT10 之间通信的同步时钟，由于接口包含了全静态逻辑，因此没有最小时钟频率。
- 串行数据（DATA）。DATA 引脚是 1 个三态门，用于 MCU 与 SHT10 之间的数据传输。DATA 的状态在串行时钟 SCK 的下降沿之后发生改变，在 SCK 的上升沿有效。在数据传输期间，当 SCK 为高电平时，DATA 数据线上必须保持稳定状态。

为避免数据发生冲突，MCU 应该驱动 DATA 使其处于低电平状态，而外部接 1 个上拉电阻将信号拉至高电平。

（4）SHT10 和 CC2530 连接原理图（如附图 3.3 所示）

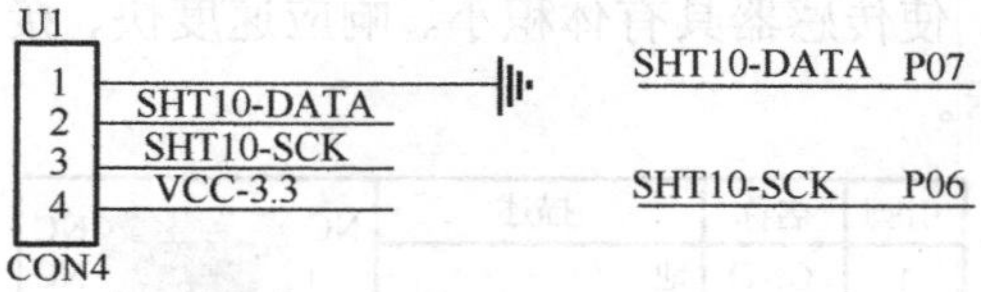

附图 3.3

3．实验设备与实验元器件

（1）装有 IAR8.10 软件的 PC 一台

（2）CC2530 仿真器一台

（3）物联网教学实验平台实验箱一台

4．实验内容

（1）编写基于 Z-STACK 的 SHT10 驱动；

（2）在温湿度节点代码中添加传感器采集数据的事件；

（3）在协调器代码中处理接收到的温湿度消息；

（4）分别烧写网关和传感器对应的代码；

（5）通过串口助手观察温湿度数据。

5．实验要求

（1）编程要求：按照实验步骤实现应用程序；

（2）实现功能：温湿度传感器节点周期性（1Hz）向协调器报告采集到的温湿度值。

实验 4　网络交换机与路由器的 VLAN 分析与设计实验

1．实验目的

（1）熟悉 VLAN 的概念，并了解其实现方法

（2）熟悉虚拟局域网 VLAN 配置实验的基本指令

（3）熟悉交换机接口和路由器的子接口的配置方法

（4）掌握利用 VLAN 和接口的配置来完成 VLAN 的划分

2．实验原理

（1）VLAN 概念

VLAN（Virtual Local Area Network）即虚拟局域网，它通过将局域网内的设备逻辑地址而不是物理地址划分成一个个网段，从而实现虚拟工作组。简单地讲，VLAN 是指那些看起来在同一个物理局域网中能够相互通信的设备的集合。对于以端口划分的 VLAN 而言，任何一个端口的集合（甚至交换机上的所有端口）都可以被看成一个 VLAN。VLAN 的划分不受硬件设备物理连接的限制，用户可以通过命令灵活地划分端口，使用 VLAN 的优点如下：VLAN 能帮助控制流量；VLAN 提供更高的安全性；VLAN 使网络设备的变更和移动更加方便。

（2）VLAN 的实现方法

（a）基于端口划分的 VLAN

在一个 Port-Based VLAN（基于端口的 VLAN）中，用一个 VLAN 的名字来代表交换机中的一个或多个端口组成的一组端口。不同 VLAN 中的成员不能相互通信，即使它们在物理上属于同一个交换机的同一个 I/O 模块。如果要互相通信就必须通过三层交换机或路由器进行路由。这就意味着每一个 VLAN 的 IP 地址必须唯一，且不属于相同网段。例如在交换机上，端口 1、9 和 15 属于 VLAN1，端口 3 和 14 属于 VLAN2，端口 6、18～21 属于 VLAN3。

（b）以标签划分的 VLAN

标签就是在以太网帧中插入的特定标记，称为 Tag，它也是某个指定 VLAN 的标识号 VLAN ID。

（c）Tagged VLAN 的应用

标签（Tagging）最常应用在跨交换机创建 VLAN 的情况中，此时交换机之间的连接通常称为中继。使用标签后，可以通过一个或多个中继创建跨多个交换机的 VLAN。一个 VLAN 可以很轻易地通过中继跨多个交换机。使用 Tagged VLAN 的另一个好处就是一个端口可以属于多个 VLAN。这一点在某个设备（例如服务器）必须属于多个 VLAN 的时候特别有用，此设备必须有支持 802.1Q 的网络接口卡。

（d）指定 VLAN 标签

每个 VLAN 都可被赋予一个 802.1Q VLAN Tag。当向一个由 802.1Q 标签定义的 VLAN 中添加端口时，可以决定该端口是否使用这个 VLAN 的标签。缺省模式是所有端口都属于一个名叫 Default 的 VLAN，其 VLAN ID 为 1。

并不是所有端口都必须使用标签。当数据流从交换机的一个端口输出时，交换机实时决定是否需将该 VLAN 的标签加入到数据包中。交换机根据每个 VLAN 端口的配置情况决定加上或者去掉数据包中的标签。

如果交换机收到带 Tag 标记的数据包，当这个 Tag 值与接收数据端口的 Tag 值不同时，说明这个数据包来自其他 VLAN，因此交换机将丢弃该数据包。

（e）混合使用 Tagged VLAN 和 Port-Based VLAN

可以混合使用 Tagged VLAN 和 Port-Based VLAN。一个给定的端口可以属于多个

VLAN，前提是该端口只能在一个 VLAN 中是未加标签的（Untagged），即端口所属的默认 VLAN TAG，当端口接收一个不带 Tagged 的包时，交换芯片会根据这个端口的默认 VLAN TAG 给收到的包打上 TAG，设置默认 VLAN TAG 可以通过命令 PortDefaultTag 来完成。换句话说，一个端口同时能属于一个 Port-Based VLAN 和多个 Tagged VLAN。

鉴于当前业界 VLAN 发展的趋势，考虑到各种 VLAN 划分方式的优缺点，为了最大程度上满足用户在具体使用过程中的需求，减轻用户在 VLAN 的具体使用和维护中的工作量，许多交换机都采用根据端口来划分 VLAN 的方法。

VLAN 之间不能通信，若要通信，需要经过接口或路由器进行三层路由转发。

3．实验设备与实验元器件

网络交换机（1 台），路由器（1 台），PC（2 台），电缆和网线。

4．实验内容

（1）在 Telnet 配置环境下熟悉交换机 VLAN 指令和接口的配置方法，并利用这些知识学习 VLAN 的划分，以达到掌握虚拟网网段划分的目的；

（2）学会路由器子接口和 VLAN 的配置方式。

5．实验步骤

（1）Telnet 方式配置交换机

（2）Telnet 方式配置路由器

实验 5　虚拟机安装与克隆实验

1．使用 VMware 安装 Windows Server 2008 并使用克隆虚拟机

实验步骤与方法如下。

（1）启动 VMware，选择“File”->“New”->“Virtual Machine”，出现新建虚拟机向导，选中“Typical”，单击“Next”，如附图 5.1 所示。

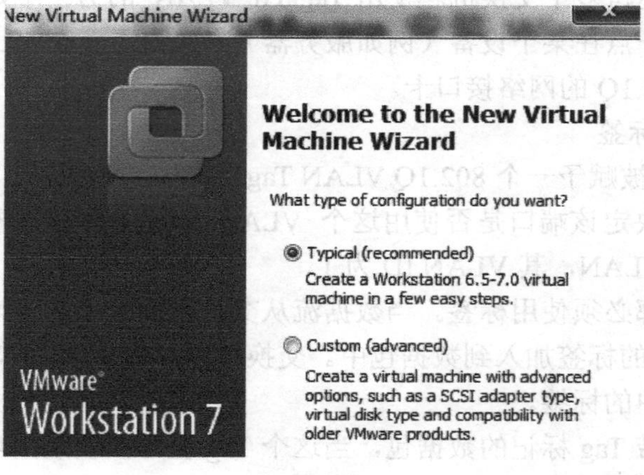

附图 5.1

（2）以光盘或 ISO 作为安装媒体，这里使用 ISO，单击“Next”，如附图 5.2 所示。

（3）填入相应的信息，序列号可以省略，单击“Next”，如附图 5.3 所示。

（4）单击“Browse…”选择虚拟机文件的位置，单击“Next”，如附图 5.4 所示。

（5）选择磁盘分配方式为“Split virtual disk into 2GB files”，单击“Next”，如附图 5.5 所示。

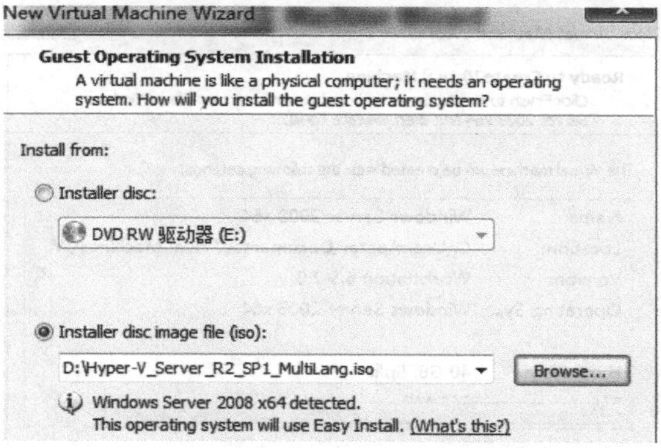

附图 5.2

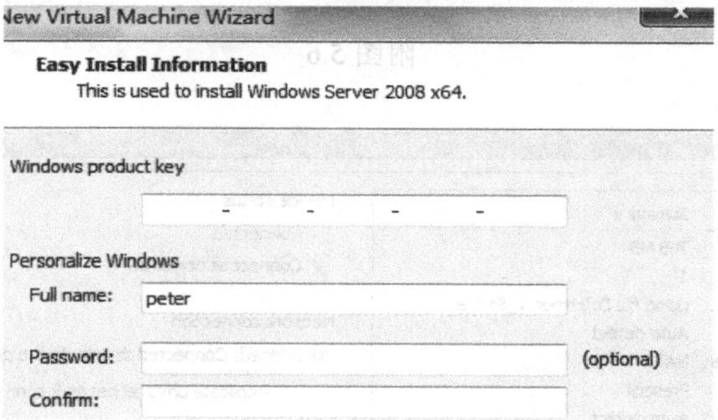

附图 5.3

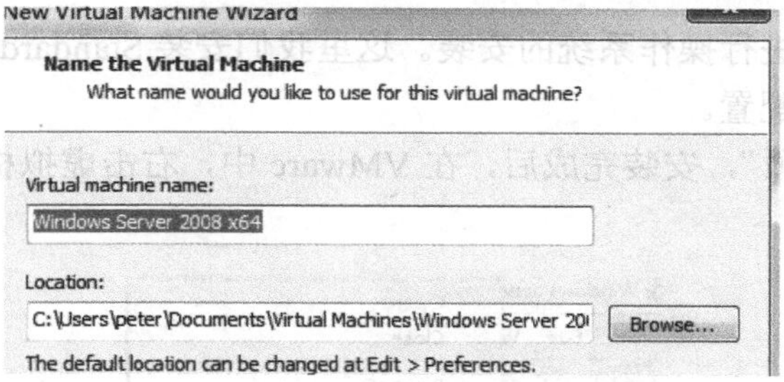

附图 5.4

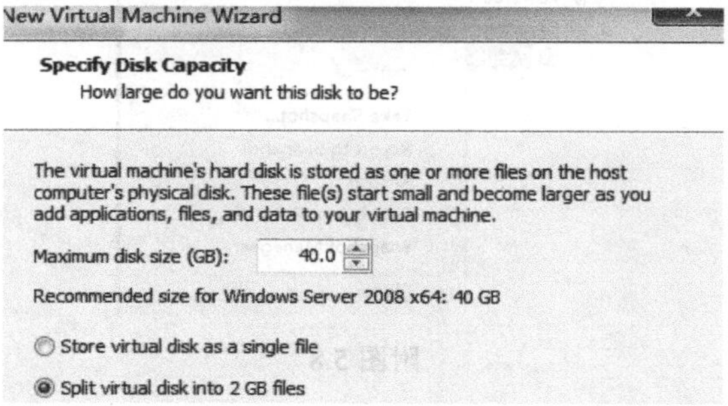

附图 5.5

（6）单击“Customize Hardware…”，在弹出的对话框中配置网卡连接方式，选择“Bridged:”行，完成配置虚拟机的配置。如附图 5.6、附图 5.7 所示。

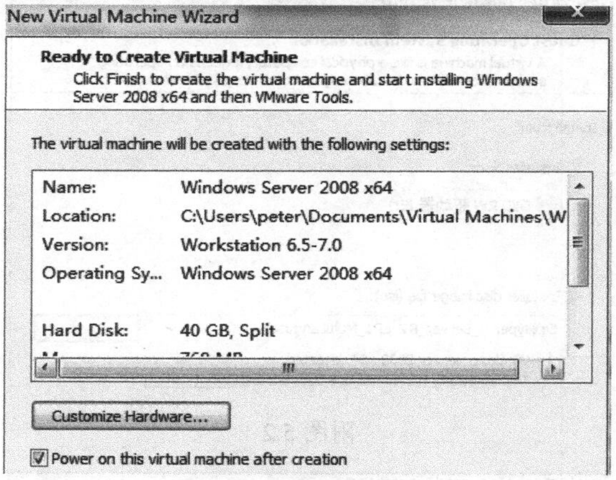

附图 5.6

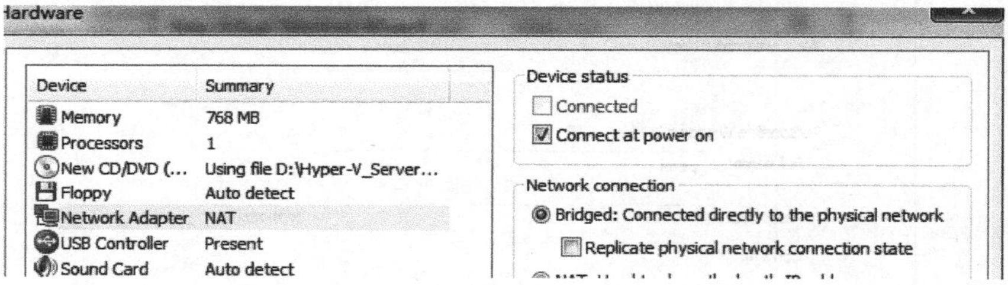

附图 5.7

（7）按照屏幕提示进行操作系统的安装。这里我们安装 Standard 版本。安装完成后，进行账号、活动目录等的配置。

（8）使用“克隆选项”，安装完成后，在 VMware 中，右击虚拟机，出现如附图 5.8 所示的菜单。

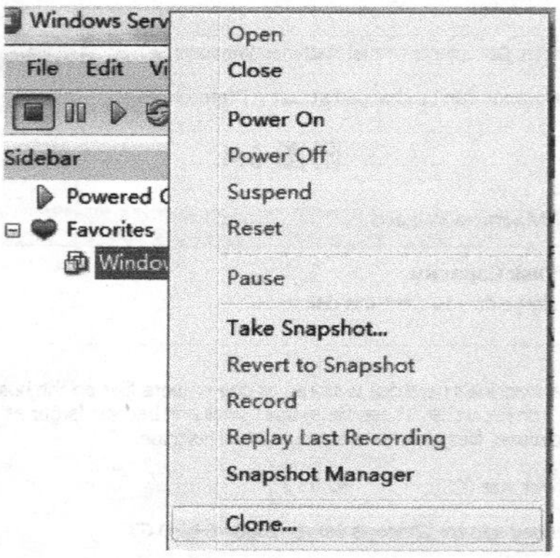

附图 5.8

选中“Clone”，将出现克隆向导，直接单击“Next”。

（9）克隆来源中选择“The current state in the virtual machine”，单击“Next”，如附图 5.9 所示。

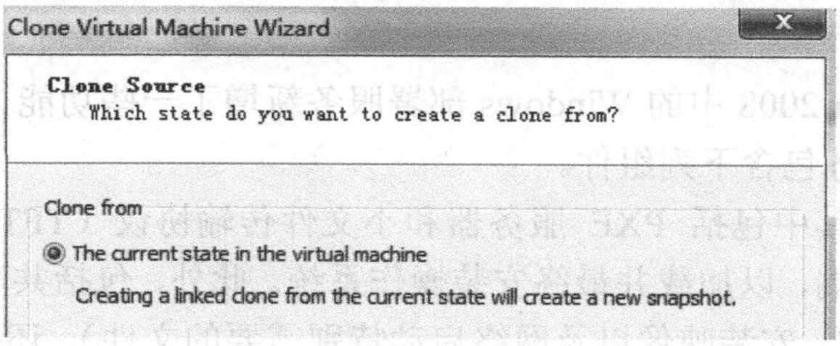

附图 5.9

（10）在克隆类型中选择“create a linked clone”，可以快速创建一个虚拟机副本，由此大大节省了创建虚拟机的时间。

2．使用 PXE 安装 Windows Hyper-V Server 2008

PXE（Preboot Execute Environment）是由 Intel 公司开发的最新技术，工作于 Client/Server 的网络模式，支持工作站通过网络从远端服务器下载映像，并由此支持来自网络的操作系统的启动过程，其启动过程中，终端要求服务器分配 IP 地址，再用 TFTP（Trivial File Transfer Protocol）或 MTFTP（Multicast Trivial File Transfer Protocol）协议下载一个启动软件包到本机内存中并执行，由这个启动软件包完成终端基本软件设置，从而引导预先安装在服务器中的终端操作系统。

（1）Windows 部署服务

WDS 包含以下三个组件。

（a）服务器组件

用于网络启动客户端的 PXE 服务器和 TFTP 服务器，以加载并安装操作系统。此外还包括一个共享文件夹和映像存储库，其包含网络启动所需要的启动映像、安装映像及文件。Windows Server 2008 的 WDS 不但提供了 PXE 的支持，而且对用于传输启动映像的 TFTP 等协议也进行了优化，能够提供更快的 PXE 启动速度。

（b）客户端组件

WDS 为我们提供了一个集中化管理操作系统和启动映像的类 MMC 统一界面。在此可以方便地设置 WDS、添加/删除操作系统和启动映像。此外也可以用来捕获已安装好的计算机操作系统。

（c）管理组件

包括 WDS 管理控制台和命令行工具，他们可以用于管理服务器、操作系统映像和客户端计算机账户。利用 WDS 多播部署，可以将操作系统同时快速部署到多台计算机中。

（2）Windows 部署服务的优势

- 降低部署的复杂程度以及与手动安装过程效率低下关联的成本
- 允许基于网络安装 Windows 操作系统（包括 Windows Vista 和 Windows Server 2008）
- 将 Windows 映像部署到未安装操作系统的计算机上
- 支持包含 Windows Vista、Windows Server 2008、Microsoft Windows XP 和 Microsoft Windows Server 2003 的混合环境

- 为将 Windows 操作系统部署到客户端计算机和服务器提供端到端的解决方案
- 基于标准的 Windows Server 2008 安装技术（包括 Windows PE、.wim 文件和基于映像的安装）
- Windows Server 2008 中的 Windows 部署服务新增了一些功能

Windows 部署服务包含下列组件。

- 服务器组件：其中包括 PXE 服务器和小文件传输协议（TFTP）服务器，用于通过网络启动客户端，以加载并最终安装操作系统。此外，包括共享文件夹和映像储存库（包含启动映像、安装映像以及网络启动特别需要的文件），还有网络层、多播组件和诊断组件。
- 客户端组件：这些组件包括在 Windows PE 内部运行的图形用户界面。用户选择操作系统映像后，客户端组件与服务器组件进行通信，以安装该映像。
- 管理组件：这些组件是用于管理服务器、操作系统映像和客户端计算机账户的一组工具。

（3）实验步骤

安装映像

在服务器上至少拥有一个启动映像之后，便可以安装映像。Windows 部署服务依赖于 PXE 技术使客户端计算机能够执行网络启动，并且能够通过 TCP/IP 网络远程连接到 Windows 部署服务服务器。安装映像的步骤为：

➢ 配置计算机的 BIOS，以启用 PXE 启动，并设置启动顺序，使其先从网络启动。

➢ 重新启动计算机，并在提示时按“F12”键启动网络启动。

➢ 在启动菜单中选择适合的启动映像。（只有服务器上有两个或两个以上的启动映像时，此启动映像选择菜单才可用。有关详细信息，请参阅本指南前面的配置启动菜单部分）

➢ 按照 Windows 部署服务客户端中的说明进行操作。

➢ 完成安装后，计算机将重新启动并且安装程序将继续执行操作。

附录2 缩 略 语

AOA	Angle of Arrival	到达角度
APS	Application Support Layer	应用支持子层
ARP	Address Resolution Protocol	地址解析协议
ASIM	Application Specific Integrated Micro-tansducer	专用集成微型传感器技术
ATM	Asynchronous Transfer Mode	异步传输模式
BS	Base Station	基站
BSS	Basic Service Set	基本服务集
CASAGRAS	Coordination and Support Action for Global RFID-related Activities and Standardisation	全球 RFID 运作及标准化协调支持行动
CCD	Charge Coupled Device	电荷耦合器件
CDMA	Code Division Multiple Access	码分多址
CSMA/CA	Carrier Sense Multiple Access with Collision Detection	载波侦听多址接入/冲突检测
CTD	Charge Transfer Device	电荷转移器件
DCE	Data Communication Equipment	数据通信设备
DDN	Digital Data Network	数字数据网
DLSS	Directed Local Spanning Sub Graph	方向局部生成子图
DNS	Domain Name Server	域名服务器
DNSSEC	DNS Security Extensions	DNS 安全扩展
DRNG	Directed Relative Neighbor Graph	方向关联邻居图
DSSS	Direct Sequence Spread Spectrum	直接序列展频
DTE	Data Terminal Equipment	数据终端设备
DV-Hop	Distance Vector- Hop	距离向量—跳段
EAS	Electronic Article Surveillance	电子物品监控
EBM	Event-Based Middleware	基于事件的中间件
EC2	Elastic Computer Cloud	弹性云计算服务
EIA	Electronic Industries Association	美国电子工业协会
EMS	Event Management System	事件管理系
EPC	Electronic Product Code	电子产品编码
ESS	Extended Service Set	扩展服务集
FF	Function Fiber Optic Sensor	功能型光纤传感器
FPLMTS	Future Public Land Mobile Telephone System	未来公用陆地移动电话系统
GAF	Geographical Adaptive Fidelity	地理自适应保真
GLN	Global Location Number	GLN 参与方位置代码
GS1	Globe standard 1	全球第一商务标准化组织
GSM	Global System for Mobile Communications	全球移动通信系统
GTIN	Global Trade Item Number	全球贸易项目编码

GTIN	Global Trade Item Number	全球贸易项目代码
H2H	Human to Human	人到人
H2T	Human to Thing	人到物品
HF	High Frequency	高频
HTTP	Hyper Text Transfer Protocol	超文本传输协议
HVAC	Heating, Ventilation and Air Conditioning	供热通风与空气调节
IaaS	Infrastructure-as-a-Service	基础设施即服务
ICMP	Internet Control Message Protocol	Internet 控制报文协议
ICT	Information Communication Technology	信息通信技术
IoT	The Internet of Things	物联网
IoT-MW	Internet of Things Middleware	物联网中间件
IP	Internet Protocol	Internet Protocol
IPSO	IP for Smart Objects	具有 IP 的智能体
ISM	Industrial Scientific and Medical	频段为免许可证
ISO	International Organization for Standardization	国际标准化组织
ISP	Internet Service Provider	因特网服务提供商
ITU-T	International Telecommunication Union-Telecommunication Sector	国际电信联盟
JDL	Joint Direction of Laboratories	实验室理事联合会
LAN	Local Area Network	局域网
LEACH	Low Energy Adaptive Clustering Hierarchy	低功耗自适应集簇分层型协议
LLC	Logic Link control	逻辑链路控制
LOS	Line of Sight	视线关系
M2M	Machine/Man to Machine/Man	机器/人对机器/人
MAC	Medium Access Control	介质访问控制
MAN	Metropolitan Area Network	城域网
MEMS	Micro-Electro-Mechanical System	微电子机械系统
MIC	The Japanese Ministry of Internal Affairs	日本总务省
MIT	Massachusetts Institute of Technology	麻省理工学院
MOM	Message Oriented Middleware	面向消息的中间件
MTSO	Mobile Telephone Switching Office	移动电话交换局
NF	None Function Fiber Optic Sensor	非功能型光纤传感器
NFC	Near Field Communication	近场通信
NLOS	No LOS	非视线关系
NPDU	Network Protocol Data Unit	网络协议数据单元
NTP	Net work Time Protocol	网络时间协议
OOM	Object Oriented Middleware	面向对象中间件
ORB	Object Request Broker	对象请求代理
OSI	Open System Interconnection	开放式系统互连
PaaS	Platform-as-a-Service	平台即服务
PDA	Personal Digital Assistant	个人掌上电脑
PDH	Ple-synchronous Digital Hierarchy	准同步数字系列
PDN	Public Data Network	公用数据网
PSTN	Public Switched Telephone Network	公众电话交换网
PVC	Premanent Virtual Circuit	永久虚电路
QoS	Quality of Service	服务质量
QPSK	Quadrature Phase Shift Key	正交相移键控
RAN	Radio Access Network	无线接入网

RARP	Reverse Address Resolution Protocol	反向地址解析协议
RBS	Reference Broadcast Synchronization	参考广播同步
RCU	Remote Concentrate Unit	远程集中器
RF	Radio Frequency	射频
RFID	Radio Frequency Identification	射频识别
RIED	Real-time In-memory Event Database	内存事件数据库
RPCM	Remote Procedure Call Middleware	远程过程调用中间件
RS	Recommended Standard	推荐标准
RSSI	Received Signal Strength Indicator	接收信号强度指示
SaaS	Software-as-a-Service	软件即服务
SCTP	Stream Control Protocol	流控制协议
SDH	Synchronous Digital Hierarchy	同步数字系列
SOA	Service-Oriented Architecture	面向服务构架
SSCC	Serial Shipping Container Code	系列货运包装箱代码
SST	Smart and Secure Trade lines	智能保安贸易路线
SVC	Switched Virtual Circuit	交换虚电路
T2T	Thing to Thing	物品到物品
TCP	Transmission Control Protocol	传输控制协议
TDMA	Time Division Multiple Access	时分多址
TDOA	Time Difference of Arrival	到达时间差
TD-SCDMA	Time Division Synchronous Code Division Multiple Access	时分同步码分多址
TIA	Telecommunication Industry Association	远程通信协会
TLS	Transport layer security	传输层安全
TMS	Task Management System	任务管理系统
TOA	Time of Arrival	到达时间
TopDisc	Topology Discovery	拓扑发现
TPM	Transaction Processing Monitors	事务处理监控器
UDDI	Universal Description Discovery, and Integration	统一描述、发现和集成
UDP	User Datagram Protocol	用户报协议
UMTS	Universal Mobile Telecommunications System	通用移动通信系统
URL	Uniform Resource Locator	统一资源定位符
USB	Universal Serial Bus	通用串行总线
UTC	Coordinated Universal Time	标准时间协调
UWB	Ultra-Wideband	超宽带
VIM	Virtualization Infrastructure Management	虚拟化基础设施管理
VMM	Virtual Machine Monitor	虚拟机监视器
WAN	Wide Area Network	广域网
WI-FI	Wireless Fidelity	无线保真
WPAN	Wireless Personal Area Network	无线通信的个域网
WSDL	Web Service Description Language	Web 服务描述语言
WSN	Wireless Sensor Network	无线传感器网络
ZDO	ZigBee Device Object	ZigBee 设备对象

参考文献

[1] 王志良，王粉花. 物联网工程概论[M]. 北京：机械工业出版社，2011
[2] 刘云浩. 物联网导论[M]. 北京：科学出版社，2011（第一版）
[3] 张凯，张雯婷. 物联网导论[M]. 北京：清华大学出版社，2012
[4] 张飞舟，杨东凯，陈志. 物联网技术导论[M]. 北京：电子工业出版社，2011
[5] 王志良，石志国. 物联网工程导论[M]. 西安：西安电子科技大学出版社，2011
[6] 许爱装. 物联网全球发展现状及趋势[J]. 移动通信，2013，(9)：60-63
[7] 安千家. 国内外物联网发展现状解析[J]. 集成电路应用，2015，(8)：28-30
[8] 苏美文. 物联网产业发展的理论分析与对策研究[D]. 吉林大学博士论文，2015
[9] 王志良，闫纪铮. 普通高等学校物联网工程专业知识体系和课程规划[M]. 西安：西安电子科技大学出版社，2011
[10] 朱洪波，杨龙祥，朱琦. 物联网技术进展与应用[J]. 南京邮电大学学报（自然科学版），2011,31（1）：1-9
[11] ITU. ITU Internet Reports 2005：The Internet of Things[R]. Tunis，2005.
[12] 宁焕生，徐群玉. 全球物联网发展及中国物联网建设若干思考[J]. 电子学报，2010，38(11) : 2590-2599.
[13] EPC global. The EPCglobal Architecture Framework [OL]. http：// www. epcglobalinc. org/ standards/ architecture/ architecture-1- 3-framework- 20090319. pdf, 2009-03- 19.
[14] 张平，苗杰，胡铮，等. 泛在网络研究综述[J]. 北京邮电大学学报，2010，33（5）：1-6
[15] 陈海明，崔莉，谢开斌. 物联网体系结构与实现方法的比较研究[J]. 计算机学报，2013，36（1）：168-188
[16] 钱志鸿，王义君. 物联网技术与应用研究[J]. 电子学报，2012，40（5）：1023-1029
[17] Ma HD. Internet of things: Objectives and scientific challenges[J]. Journal of Computer Science and Technoloy, 2011, 26(6)：9-19
[18] 唐宝民. 通信网技术基础[M]. 北京：人民邮电出版社，2001
[19] 王晓军，毛京丽. 计算机通信网[M]. 北京：人民邮电出版社，2007
[20] 杨露菁，余华. 多源信息融合理论与应用[M]. 北京：北京邮电大学出版社，2001
[21] 洪文学，李昕，等. 基于多元统计图表示原理的信息融合和模式识别技术[M]. 北京：国防工业出版社，2008
[22] 童利标，漆德宁. 无线传感器网络与信息融合[M]. 合肥：安徽人民出版社，2008
[23] 彭力. 信息融合关键技术及其应用[M]. 北京：冶金工业出版社，2010
[24] 徐湘元. 传感器及其信号调理技术[M]. 北京：机械工业出版社，2011
[25] 余成波，陶红艳. 传感器与现代检测技术（第二版）[M]. 北京：清华大学出版社，2014
[26] 马祖长，孙怡宁，梅涛. 无线传感器网络综述[J]. 通信学报，2004，25(4)：114-124
[27] 孙立民，李建中，陈渝，等. 无线传感器网络[M]. 北京：清华大学出版社，2005
[28] 肖俊芳. 无线传感器网络的若干关键技术研究[D]. 上海交通大学，2009
[29] 李晓维. 无线传感器网络技术[M]. 北京：北京理工大学出版社，2007

[30] 张少军. 无线传感器网络技术及应用[M]. 北京：中国电力出版社，2009
[31] 曾宪武，高剑，任春年，包淑萍. 物联网通信技术[M]. 西安：西安电子科技大学出版社，2014
[32] 刘威，孔艳敏，李莉. 无线网络技术[M]. 北京：电子工业出版社，2012
[33] 肖竹，王东，李仁发 等. 物联网定位与位置感知研究. 中国科学：信息科学，2013，43: 1265-1287
[34] 洪大永. GPS 全球定位系统技术及其应用[M]. 厦门：厦门大学出版社，1998
[35] 李天文. GPS 原理及应用（第一版）[M]. 北京：科学出版社，2003
[36] 王巍. CDMA 蜂窝网络移动台无线定位技术的研究[D]. 国防科学技术大学博士论文，2006
[37] 王秀贞. 超宽带无线通信及其定位技术研究[D]. 华东师范大学博士论文，2009
[38] 万群，郭贤生，陈章鑫. 室内定位理论、方法和应用[M]. 北京：电子工业出版社，2012
[39] 杨铮，吴陈沭，刘云浩. 定位计算：无线网络定位与可定位性[M]. 北京：清华大学出版社，2014
[40] 王小平. 无线传感器网络定位技术研究[D].国防科学技术大学博士论文，2010
[41] 李仁发，等. 无线传感器网络中间件研究进展[J]. 计算机研究与发展，2008，45(3)：383-391，2008
[42] 王苗苗. 面向普适计算的无线传感器网络中间件研究[D]. 中国科学技术大学博士学位论文，2008
[43] 吴泉源. 网络计算中间件[J]. 软件学报，2013，24(1):67-76
[44] 武传坤. 物联网安全关键技术与挑战[J]. 密码学报，2015，2(1): 40–53
[45] 刘宴兵，胡文平，杜江. 基于物联网的网络信息安全体系[J]. 中兴通讯技术，2011，17(1)：17-20
[46] 杨光，耿贵宁，都婧，等. 物联网安全威胁与措施[J]. 清华大学学报（自然科学版），2011，55(10): 1335-1340
[47] 杨庚，许建，陈伟 等. 物联网安全特征与关键技术[J]. 南京邮电大学学报（自然科学版），2010，30(4): 20-29
[48] 王延炯. 物联网若干安全问题研究与应用[D]. 北京邮电大学博士论文，2011
[49] Thomas Erl，Zaigham Mahmood，Ricardo Puttini 著. 龚奕利，贺莲，胡创 译. 云计算概念、技术与架构[M]. 北京：机械工业出版社，2015
[50] 王鹏，黄炎，安俊秀，等. 云计算与大数据技术[M]. 北京：人民邮电出版社，2014
[51] Kai Hwang，Geoffrey C.，Fox Jack 等著. 武永卫，秦中元，李振宇 等译. 云计算与分布式系统——从并行处理到物联网[M]. 北京：机械工业出版社，2015
[52] 中国第一届物联网大会会议论文集[C]. 北京，2010